北京市农业技术推广站

北京玉米栽培65年技术创新与发展

◎ 宋慧欣　主编

中国农业科学技术出版社

图书在版编目（CIP）数据

北京玉米栽培·65年技术创新与发展／宋慧欣主编.—北京：中国农业科学技术出版社，2015.11
ISBN 978－7－5116－2293－8

Ⅰ.①北…　Ⅱ.①宋…　Ⅲ.①玉米－栽培技术－概况－北京市
Ⅳ.①S513

中国版本图书馆CIP数据核字（2015）第238152号

责任编辑　徐　毅
责任校对　马广洋

出 版 者　中国农业科学技术出版社
北京市中关村南大街12号　邮编：100081
电　　话　（010）82106631（编辑室）（010）82109702（发行部）
（010）82109709（读者服务部）
传　　真　（010）82106631
网　　址　http://www.castp.cn
经 销 者　各地新华书店
印 刷 者　北京卡乐富印刷有限公司
开　　本　787 mm×1 092 mm　1/16
印　　张　19
字　　数　450千字
版　　次　2015年11月第1版　2015年11月第1次印刷
定　　价　80.00元

《北京玉米栽培·65年技术创新与发展》

编 委 会

主　　编　宋慧欣

副 主 编　叶彩华　赵久然　周继华　裴志超　郎书文

编　　委（以姓氏笔画为序）

马希跃　王立征　石　然　朱青艳　刘志群

刘国明　刘建玲　杨殿伶　李玉泉　佟国香

谷艳蓉　张泽山　罗　军　徐向东　高　东

高燕虎　郭自军　曹海军　康　丽　满　杰

顾问审稿　李继扬　陈国平　王维贤

内容简介

本书介绍新中国成立以来北京地区玉米种植技术的发展与演变。全书共5章，内容包括：北京玉米生产概况，重点论述玉米产业在首都农业生产中的地位和65年来京郊玉米生产规模、分布、产量及经济效益的变化情况；北京玉米种植制度的演变及其在玉米增产中的重要作用；京郊玉米品种、杂交种和种子加工技术的发展情况及生产上主要推广应用的品种简介；京郊玉米种植单项关键耕作栽培技术的发展及创新和玉米生产综合配套栽培技术体系的创新与发展。本书附录部分收录了由北京市推广、科研和质量技术监督局等单位联合制定的相关技术规程地方标准。

序

由北京市农业技术推广站宋慧欣研究员主编的《北京玉米栽培·65 年技术创新与发展》要出版了，从 1949 年写到 2010 年代，时间长、内容广，既要掌握玉米生产本身方面的专业知识，而且还牵涉到有点农业会议、方针、政策及多种农业设备的引进，不是随便某位个人能写出来。看到这本书之后我感到十分欣喜和钦佩。

玉米作为 C4 和多用途作物，不仅产量高，经济效益突出，生态效益也十分显著。建国以来，玉米一直是北京市种植面积最大和总产最高的农作物，在广大农业科技工作者和农民群众的努力下，玉米生产在保障首都的粮食供应、畜牧业生产和保护生态环境等方面发挥了极为重要的作用。在当前水资源日益紧缺的北京地区，作为雨养旱作节水作物的玉米，在现代都市型农业建设中的地位也益显突出。

《北京玉米栽培·65 年技术创新与发展》回顾了六十五年来北京市玉米种植历史的演变、耕作制度的改革和关键技术的创新和发展，资料翔实，内容丰富。通过对建国以来京郊玉米栽培技术发展的梳理，引领读者完整地重温了北京玉米生产的改革与发展过程，既有历史的厚重，也不乏新时代的启发和思考。通读此书，可以在了解历史的基础上，全面总结北京市玉米科学研究及生产实践的经验，以史为镜，以明得失、知兴替，可说是我市玉米界的一项重要成果。本书主编宋慧欣研究员从事玉米一线技术研究及推广工作 25 年，亲历了许多重大农业变革和高新技术的研发工作，收集、整理和积累了大量一手文字和图片历史资料，特别是虚心请教前辈，保障了本书编写的科学性和准确性。全书编写团队均是常年从事玉米一线生产和技术研究的科研、技术人员，在撰写风格上注重深入浅出，文字凝练，图文并茂。

现在农业工作者对当今玉米生产比较了解，但对建国后30年（1949—1979）内的玉米生产知之甚少，所以该书具有承上启下的作用，可作为从事农业科学研究的专业院所的教师、科研人员的业务参考书，也可作为各级农业管理、技术推广服务部门的实用科技参考书。

陈国平

北京市农林科学院研究员

2015年9月

前　　言

京郊玉米种植已有400余年的历史，玉米以其生物学的优势属性、独有的多元功能和综合效益，在北京种植业生产中处于十分重要地位，对首都粮食生产具有举足轻重的作用。

北京地区位于北纬39°54′，东经116°23′，属暖温带半湿润大陆性季风气候。全年≥0℃积温4 400℃·d，无霜期190天左右，属一年种植一熟有余，两熟不足区，处于我国东华北和黄淮海两大玉米主产区的交界地带。京郊的地势、地貌、土壤类型、肥力状况及生产条件多样，玉米种植包括春、套、夏播不同类型，因此，京郊玉米种植技术改革与发展要求多元化，因地制宜，分类指导。

在新中国成立后的65年中（1949—2013年），玉米一直是北京市种植业第一大作物，播种面积、单产和总产均居粮食作物首位，是粮食、饲料生产的重中之重。京郊玉米生产技术经历了恢复生产、起伏曲折发展、增长高峰和种植结构调整几个发展阶段。在广大农业科技工作者和农民的实践中，京郊玉米耕作方式、品种和综合配套栽培技术的创新、示范和推广取得长足发展，玉米单产显著提高、类型不断丰富、效益大幅提升，玉米生产为服务首都、农民致富和改善生态环境作出了重大贡献。

本书共五章。第一章北京玉米生产概况，重点论述玉米产业在首都农业生产中的地位和65年来京郊玉米生产规模、分布、产量及经济效益的变化情况；第二章概述了北京玉米种植制度的演变及其在玉米增产中的重要作用；第三章介绍了京郊玉米品种、杂交种和种子加工技术的发展情况及生产上主要推广应用的品种；第四章阐述了京郊玉米种植单项关键耕作栽培技术的发展及创新；第五章较详细地记述了北京市玉米生产综合配套栽培技术体系的创新与发展。附录中收录了饲用籽粒玉米、夏播青贮玉米、优质鲜食甜、糯玉米生产技术规程等北京市地方标准及两个技术规范。

本书由北京市农业技术推广站牵头，各区（县）农技推广站（农科所）及北京市气候中心等单位合作参编完成。本书得到原北京市农业局李继扬副局长、王维贤处长和北京市农林科学院陈国平研究员的大力支持和指导，特别是提供了多年积累的从事玉米科研与技术推广相关科技资料，为本书的顺利编写作出了重要贡献，在此表示深深的感谢！

本书可以作为北京市及相同生态区广大农村技术人员、科技管理人员和职业农民从事玉米生产与管理的参考书籍，也可为相关领域的工作人员提供资料借鉴。希望本书的出版对玉米种植技术试验、示范、推广起到积极的推动作用。

受编者水平的限制，书中错误和不足在所难免，欢迎广大读者批评指正。

北京市农业技术推广站　宋慧欣

2015 年 6 月

目　　录

第一章　北京玉米生产概况

玉米，别名玉蜀黍，又称苞谷、苞米、棒子、玉茭。玉米起源于美洲，15 世纪末哥伦布发现新大陆将玉米带到欧洲并传播到世界各地，16 世纪初期传入我国，其传播和发展速度超过其他农作物。

北京地区种植玉米始于明代万历年间（1570—1600 年），至今已有 400 余年种植历史。新中国成立之前，由于长期战乱和自然灾害，科学技术发展缓慢，物质投入未能增加，管理粗放，玉米生产停滞不前，技术极其落后，1949 年北京玉米平均亩（1 亩≈667m^2；15 亩 =1hm^2。全书同。）产仅为 64.3kg。新中国成立后，随着政府重视粮食生产政策的逐步增强、社会生产力的提高、科学技术的不断进步、生产条件的改善和管理水平的提高，京郊玉米生产得到长足发展，最大面积曾达 335.6 万亩（1990 年），占粮食种植总面积的 46.2%；全市每亩最高平均产量达到 480kg（1994 年），多数时期产量水平处于全国前列，是北京市粮食和饲料生产的重中之重，处于领军地位，发挥了举足轻重的支柱作用。在都市型现代农业建设中，玉米以其生物学的优势属性、独有的多元功能和综合效益，为首都社会发展和经济建设作出了重要贡献。

第一节　玉米在首都农业生产中的地位

北京地区种植玉米最初仅作为果蔬辅助食品，零星种植于田边园圃，清代乾隆年间种植面积发展加快，19 世纪末已普遍种植。新中国成立 65 年来，玉米作为重要的粮食、饲料和工业加工原料，在全市一直是种植面积最大的农作物，单产和总产也均居粮食作物首位。

一、玉米在粮食生产中占据重要地位

玉米是世界上重要的粮食作物之一。玉米籽粒含有丰富的营养成分，籽粒中平均含淀粉 72.0%、脂肪 4.9%、蛋白质 9.6%、糖分 1.58%、维生素 1.92% 和 1.56% 的矿物质元素。1949—1980 年，玉米生产在京郊粮食生产中一直占主导地位，是城乡居民的主要口粮。1980 年以后，随着社会经济和人民生活水平的不断提高，畜牧业发展速度加快，玉米用途主要转变为饲料，作为居民主食用量逐渐减少，成为调节膳食结构的杂粮。

二、玉米高产高效对农民致富具现实意义

玉米是 C4 作物，光合效率高，呼吸作用消耗的干物质较少；杂交优势突出，生长

期与光、热、水资源的优势时段正相重合，因而单位面积产量较高。玉米适应性广，抗旱、耐涝，产量较稳定，种植风险小，且在水、肥条件良好的情况下更能发挥高产潜力。玉米现代种植技术以播种阶段为核心，中期管理简化，生产成本较低，产品易储藏，销售价格属于粮食中较高档次。在粮食生产中玉米的经济效益高，21 世纪的 10 年代亩产 800 ~1 000kg的春玉米亩纯效益可达 1 500元以上。玉米是京郊农民最喜欢种植的农作物之一，已成为农民就业和致富的重要选项。今后随着土地经营流转的加快进行，实现规模生产后玉米生产的经济效益将更加可观，对农民劳动就业和增加收入具有现实意义。

三、玉米生产是发展畜牧业的基础

玉米是发展畜牧养殖业的基础和支柱，也是发展肉、蛋、奶等农产品不可或缺的原料。改革开放以来，北京市生猪、蛋鸡、肉鸡、奶牛、肉牛生产飞速发展，饲养量由 1978 年的 1 507. 13万头（只）发展到 2008 年 15 742. 5万头（只），30 年间增长 10 倍。到 21 世纪初期，全市每年对玉米的需求总量达 25 亿 kg 左右，同期本市生产量仅能满足需求量的 30% 左右，饲料企业须从河北、东北等地大量外购。特别是玉米作为牛、羊等草食性牲畜所需青贮饲料的主要原料，每年需要大量的青贮玉米生产，而青贮玉米饲料不便从市外长途调运，必须就地生产解决。

四、玉米生产对首都生态建设具重要意义

玉米是不可替代的旱地主栽作物，具有高光合效率和高水分利用效率。玉米生长发育所需的水、温条件与京郊雨、热自然条件同步，可以完全雨养旱作种植，在农业节水中发挥特殊作用。玉米属深根系作物，根系发达，耐旱能力较强，比较适合旱地种植。据《中国玉米栽培学》，玉米的耗水系数通常为 400 ~500，每生产 1kg 玉米籽粒需耗水 500 ~600kg，玉米的水分利用效率约为水稻的 4 倍、小麦的 2 倍。实践证明，采用综合抗旱节水技术措施，在年降水量 400mm 以上的地区种植玉米可以获得较高的产量。

作为 C4 作物的玉米，其吸纳二氧化碳、释放氧气、净化空气的能力显著强于其他农作物，具有天然氧吧的功能，生态效益显著。据北京市农林科学院测算，每生产 1kg 籽粒玉米，可以吸收固定 3. 26kg 二氧化碳，同时，释放出 2. 38kg 氧气。依此测算，每亩玉米田可吸收 1 145kg二氧化碳，释放 859kg 氧气；再加上培肥地力、保持水土、减少沙尘等功能，玉米生产的综合生态价值功效可超过同等面积的森林。

第二节 生产规模、分布与产量变化

新中国成立后，北京作为首都辖区范围经过了 5 次调整，面积不断增加。1949 年 6 月，华北人民政府调整北平市界，将察哈尔省所属昌平县西北旺五个村和长辛店、丰台、门头沟、南苑等地区划属北平市。调整后全市土地面积为 1 255km^2，比调整前增加 548km^2。1952 年 7 月，经华北行政委员会批准，河北省宛平全县和房山县 75 个村、良乡县 3 个村划归北京市。调整后，全市土地面积增大至 3 216km^2。1956 年 2 月，经国

务院批准，河北省昌平县和通县所属7个乡划归北京市，全市土地面积增至4 820km^2。1958年3月，经国务院批准，河北省通县、顺义、大兴、良乡、房山五个县和通州市划归北京市，同年10月又将怀柔、密云、平谷、延庆4县划归北京市，北京市的土地总面积达到16 410km^2。随着行政辖区范围的扩延，全市耕地和玉米种植面积也在不断扩大。

据北京市统计局统计，1949年北京市玉米种植面积265.2万亩（各年度统计数据范围均以现在行政区域为准），1950—2000年的50年内基本保持在200万～336万亩。进入21世纪，北京市进行农业结构调整和发展都市型现代农业，玉米播种面积急剧下降，但在种植业中仍一直是面积比重最大的农作物。2001—2013年全市玉米种植面积变动在100万～230万亩，后期又有一定幅度的回升。1949—2013年，北京市玉米播种面积变化情况，见图1－1。

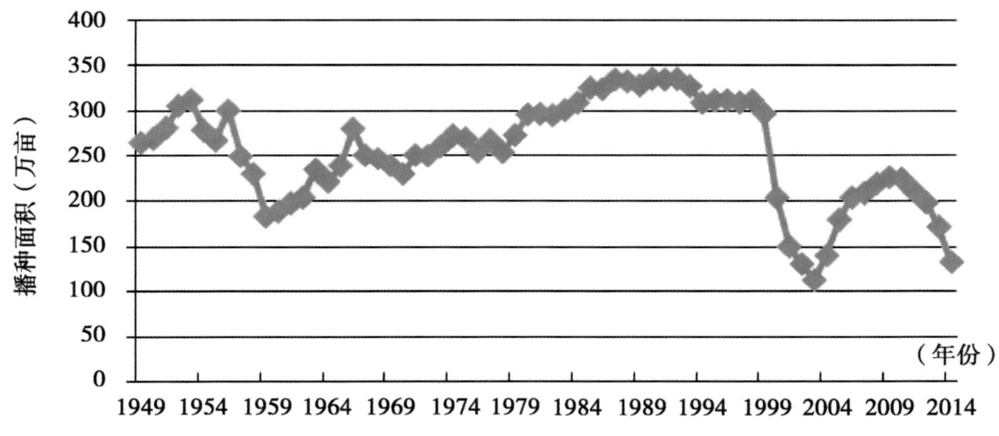

图1－1　1949—2013年北京市玉米播种面积变化

1949—2013年的65年中，北京市玉米亩产由1949年的64.3kg增加到2013年的437.8kg，并在1994年达到480kg，增长了6倍多。其主要原因是基础建设和科学技术的飞速发展，包括：种植制度的改革使土地利用率得以大幅度提高；品种的不断更新，特别是杂交种的应用和其株型的改进；种植密度由每亩1 000株增加到4 000余株；肥水条件的改善与应用技术的提高；植物保护技术的创新与普及应用；农业机械化的发展。

北京市玉米单产的变化大体是在前40年中每经历10年上升一个台阶，约提高100kg，到1990年代达到最高。进入21世纪，玉米单产的变化总体趋势呈“V”字形，先是急剧下跌，之后实施“玉米高产创建”又逐步提升到较高水平。总产量的变化趋势与种植面积的变化趋势相近，占全市粮食总产量的60%～80%。1949—2013年，北京市玉米亩产和总产的变化情况，见图1－2和图1－3。

第三节　发展时期及其特点

1949—2013年65年间，北京郊区玉米生产经历了恢复发展、曲折发展、快速发展

600
500
400
300
200
100
0
亩产量（kg/亩）
（年份）
1949 1954 1959 1964 1969 1974 1979 1984 1989 1994 1999 2004 2009 2014

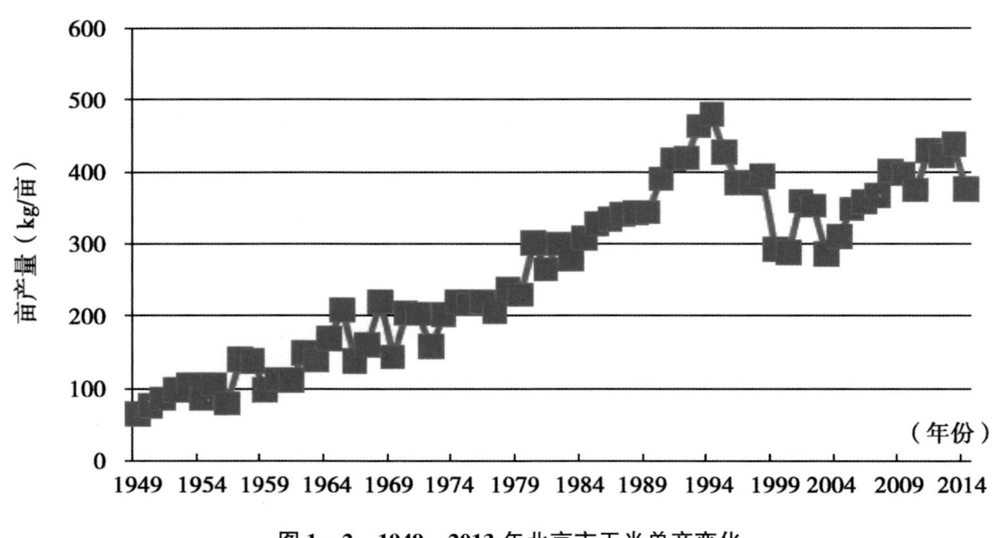

图 1－2　1949—2013 年北京市玉米单产变化

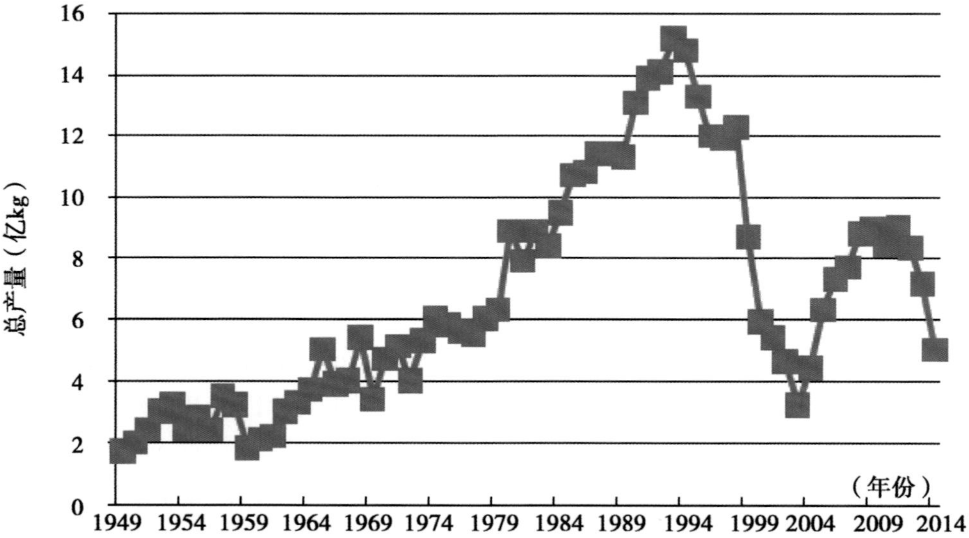

16
14
12
10
8
6
4
2
0
总产量（亿kg）
（年份）
1949 1954 1959 1964 1969 1974 1979 1984 1989 1994 1999 2004 2009 2014

图 1－3　1949—2013 年北京市玉米总产量变化

和调整发展等多个历史阶段。

一、恢复生产时期（1949—1957 年）

恢复生产期为 1949—1957 年，持续 9 年时间。玉米生产的主要特点是：人民政府发展农业生产的政策措施得力；农民从事粮食生产的积极性高；玉米生产技术应用以总结推广群众增产经验和优良品种为主；耕地规模和水利、农机等基础设施条件快速改善和提高，玉米生产得到迅速恢复。

（一）时期背景

新中国成立前，农村经济因长期战乱和自然灾害受到严重破坏，玉米生产水平很低。新中国成立后，完成了土地改革，实施了保护农民权益和奖励发展生产的政策。为了迅速恢复和发展粮食生产，农业部组织开展全国爱国增产竞赛，各地涌现了一批丰产模范。1950 年 2 月召开全国玉米工作座谈会，制定了《全国玉米改良计划》，选育和推广品种间杂交种，推广人工辅助授粉和去雄选种等简而易行的增产措施。

农业经营形式密切关联着玉米生产发展水平。恢复生产期间，京郊农业生产经营形式经历了 3 个发展阶段，由最初个体生产，到初级农业生产合作社，再到高级农业生产合作社。实现农业合作化后土地、耕畜、大农具等重要生产资料由集体调配使用，统一经营，按劳分配。

1953 年建立了市、县级农业技术推广机构，示范推广应用先进技术，实现科学种田。广大农民积极投入农田水利建设，新式农机和化肥、农药开始应用，玉米生产在恢复的基础上稳步提高。

（二）生产规模

恢复发展期间京郊玉米种植面积基本上是随着耕地面积的变化而增减（表 1－1）。

表 1－1　1949—1957 年北京市耕地、水浇地、粮食作物和玉米种植面积变化

年份	总耕地面积（万亩）	有效灌溉田		粮食作物		玉米	
		面积（万亩）	占耕地（%）	耕地面积（万亩）	占总耕地（%）	种植面积（万亩）	占粮食作物（%）
1949	796.5	21.3	2.7	654.4	82.2	265.2	36.1
1950	830.5	24.3	2.9	749.5	90.2	269.5	33.3
1951	847.1	29.6	3.5	752.6	88.8	281.5	34.7
1952	911.1	37.3	4.1	768.4	84.3	305.7	36.3
1953	895.0	35.6	4.0	794.0	88.7	312.3	34.7
1954	884.8	35.9	4.1	747.2	84.4	278.9	32.8
1955	872.8	36.4	4.2	734.0	84.1	267.4	31.3
1956	859.0	62.0	7.2	696.8	81.1	300.6	35.2
1957	798.9	58.1	7.3	724.6	90.7	249.8	29.1

注：水浇地包含水田面积

1949 年，京郊总耕地面积为 796.5 万亩，其中，有效灌溉面积 21.31 万亩，仅占耕地面积的 2.7%。农业生产以粮食作物为主，粮田面积占总耕地的 82.2%。玉米种植面积 265.2 万亩，占粮食种植面积的 36.1%，绝大部分是旱地生产。

随着土地改革的进行，人民政府鼓励农民发家致富，发展农业生产，农民群众的生产积极性高，扩大再生产的劲头大。到 1952 年，全郊区的耕地面积扩大到 911.1 万亩，耕地面积增加主要是垦种荒地和过去的弃耕地。此后随着市区不断扩大，道路交通占用部分耕地，从 1953—1957 年的 5 年内，郊区耕地面积减少 100 多万亩，其中，被占用的主要是距城区近的近郊区。

恢复发展时期，郊区农业生产以粮食生产为重中之重，粮田始终占耕地面积的80%以上，最高的1957年达到90.7%。玉米种植面积维持在250万亩~310万亩，占耕地面积的30%~36%。此期农田水利建设发展很快，到1957年有效灌溉面积达到58.1万亩，占总耕地面积的7.2%，平均每年增加5.81万亩；机耕占耕地面积的8.3%。水浇地的增加促进了蔬菜和小麦等作物的发展，对玉米生产也有推动作用。

（三）分布区域

恢复发展期间，据北京市统计局数据，北京市玉米种植区域是除城区外的地区，包括海淀、朝阳、丰台、石景山、门头沟、昌平、房山、大兴、通州、顺义、平谷、怀柔、密云和延庆14个区县。1957年京郊玉米种植分布，见图1-4。

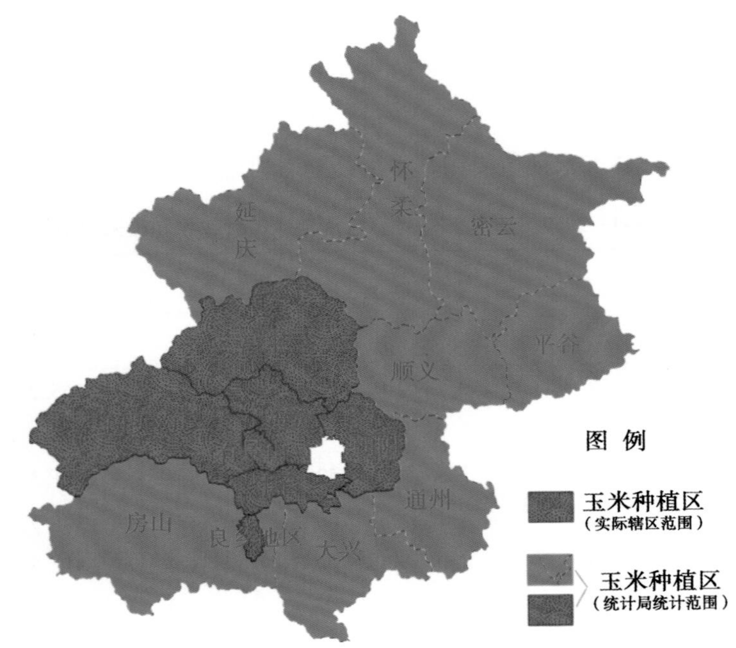

图1-4　1957年京郊玉米种植分布

（四）单产与总产

1949年北京郊区265.2万亩玉米平均亩产仅64.3kg，总产1.7亿kg，生产水平极为低下（表1-2）。其原因是多方面的：一是连年战争造成破坏；二是品种杂劣，栽培技术落后；三是农田基础设施差，有水浇条件的田块很少；四是旱涝、风雹等自然灾害繁多。

进入20世纪50年代，按照中央人民政府“农业的恢复是一切部门恢复的基础”的精神，京郊农民通过开垦荒地，总结推广农家优良品种和栽培管理经验，增施肥料、防治病虫害，从而持续大幅度提高了亩产量。到1957年，全市玉米平均亩产达到140.1kg，较1949年增长117.9%；总产达到3.5亿kg，增长105.9%，玉米总产占到粮食总产的44.6%（表1-2）。

表1-2　1949—1957年北京市玉米产量变化

年份	平均单产（kg/亩）	总产量（亿kg）	占粮食总产（%）
1949	64.3	1.7	40.9
1950	75.5	2.0	37.7
1951	85.6	2.4	38.7
1952	97.6	3.0	40.7
1953	103.8	3.2	40.5
1954	85.3	2.4	40.9
1955	105.6	2.8	38.4
1956	78.8	2.4	41.6
1957	140.1	3.5	44.6

总体上看，恢复生产期的玉米单产处于100kg以内，9年期间仅有3年单产超过100kg，其中，1957年140.1kg，其余两年仅略超出100kg。

二、起伏曲折时期（1958—1978年）

1958—1978年为京郊玉米生产起伏曲折发展时期，共持续了21年时间。玉米生产的主要特点是：受政治动荡、自然灾害、农田基础建设、科技发展等诸多因素的影响，玉米单产在起伏曲折中发展。20世纪60年代单产登上100kg台阶，70年代单产登上200kg台阶。随着单产的提高，总产也有较大幅度增长，占粮食总产量30%~40%，超过了小麦和水稻。

（一）时期背景

据中国农科院作物所佟屏亚编著的《中国玉米科技史》记载，1957年9月召开中共八届三中全会，通过了《1956—1967年全国农业发展纲要（修订草案）》，会上国家领导要求"中国要变成世界第一个高产大国"。随后《人民日报》发表社论，要求"有关农业和农村的各个方面的工作，在12年内都按照必要和可能实现一个巨大的跃进"。随后农业生产出现高指标、瞎指挥和浮夸风，严重挫伤了农民的生产积极性，粮食生产几经徘徊落入低谷。1962年国民经济实行"调整、巩固、充实、提高"的八字方针，加强农业基础建设、增加物质投入、推广优良品种、重视农业科研。号召全国农业学大寨、贯彻落实"农业八字宪法"。上述政策与措施使农业生产开始复苏。此后"文革"再次使农业生产受到干扰影响。

与此同时，1959年、1960年连续遭受涝、旱灾害。特别是1959年的雨涝灾害历史上少见，7~8月累计降水量887mm，造成290多万亩农田被淹，其中，101万亩绝收，占当年粮田面积的20%多，其中，绝大部分为玉米。1960年又出现干旱，全年降水量仅487.4mm，其中，1~5月合计仅22.7mm，对春玉米播种出苗造成极大影响。

起伏曲折时期京郊农业生产经营形式是人民公社。1958年中共中央通过了《中共中央关于建立人民公社的决议》，当年京郊就由2 357个农业生产合作社合并为73个人民公社，下设生产大队和生产队。人民公社政社合一，土地、耕畜、大农具等重要资料为公社所有，实行高度集中统一的经营管理制度，劳动力按编制组织统一调配使用，实行工资制与供给制相结合的分配制度。

这一时期农田水利建设达到高潮。修建水库，开挖水渠，水利设施发展迅速。但由于缺乏排水配套工程，发生大面积土壤次生盐碱化，最多时达到70余万亩。之后通过采取水利与耕作栽培措施，盐碱地得到根治。由1971年北方农业会议后，在1960年代后期水利工程的基础上，先后开展了8次大平大整土地，共平整土地260万亩，同时，对易涝的200万亩耕地全面进行田间排涝工程建设。

培育推广玉米杂交种。1960年，广泛推广“白马牙”、“小八趟”、“英粒子”、“金皇后”等优良品种，北京农业大学、中国农业科学院先后培育出一批品种间杂交种和中外自交系组配的双交种，“农大号系列”、“春杂号系列”、“夏杂系列”等全面推广应用于生产。20世纪70年代初期，各类玉米种子并存，有农家品种、综合种、双交种、单交种等各类玉米良种并存，1977年实施了以“白单号系列”为主栽的第一代单交种的试验、示范、推广。

研发推广玉米丰产栽培技术。随着灌溉面积的不断扩大，玉米从以春播旱地生产为主发展为与小麦间作套种为主，种植方式有“小对垅”、“两密一稀”、“三密一稀”、“三种三收”等，大大提高了粮田复种指数和土地资源利用率。在提高复种指数的基础上，玉米种植密度大幅度提升，每亩株数从50年代中期的1 000株左右增加到2 500株左右，确保了单位面积有效穗数的提高。同时，机播保苗、科学施肥特别是增施化肥、合理灌溉及病虫草害防治等配套技术也得到较快发展。

农业机械发展较快，在平整土地的基础上农业机械装备水平大幅度提高。1957年全市农业机械总动力仅3万马力，1965年达到32.7万马力（1马力≈735W），到1975年发展到169马力，增加了55.3倍。多种机引农机具相应配置，机耕、机播和机收面积显著增加，特别是粮食生产机耕面积1957年仅66.3万亩，1965年达到313.9万亩，到1975年发展到476.1万亩，增加了6.2倍。玉米机耕规模逐年扩大，深耕的要求逐步实现，一般耕作层深达15~20cm，有效改善了土壤通气保墒条件，促进了玉米增产。

（二）生产规模

1958年人民公社成立后，修建水库和道路等占用了一定量耕地，使郊区耕地大幅减少（表1-3）。该期间，北京郊区总耕地面积1978年比1957年减少155.0万亩，减少近20%；由于大力开展农田水利建设，1978年有效灌溉面积比1957年增加了7.2倍，占耕地面积比重已近80%。

随着农田有效灌溉面积的持续增加，粮食种植复种指数不断提高。该时期玉米种植面积略有增加（表1-3），1978年比1957年增加了4.4万亩，基本上保持稳定，占粮食作物的比重一直基本保持在30%左右。在这21年当中玉米种植面积曾出现起伏波动，面积最小的是1959年为183.0万亩，最大的是1966年达到280.4万亩。

表 1－3　1958—1977 年北京市耕地、水浇地、粮食作物和玉米种植面积变化

年份	总耕地面积（万亩）	有效灌溉田		粮食作物种植		玉米种植	
		面积（万亩）	占耕地（%）	耕地面积（万亩）	占总耕地（%）	面积（万亩）	占粮食作物（%）
1958	739.2	142.9	19.3	597.7	80.9	230.2	30.4
1959	668.7	206.2	30.8	534.6	79.9	183.0	27.0
1960	652.3	222.8	34.2	494.5	75.8	188.5	29.1
1961	656.1	176.5	26.9	546.3	83.3	197.4	28.6
1962	667.2	161.6	24.2	590.4	88.5	203.7	28.7
1963	670.1	219.1	32.7	590.8	88.2	235.0	34.1
1964	670.8	310.4	46.3	580.2	86.5	221.3	30.0
1965	669.8	344.7	51.5	567.3	84.7	239.2	32.3
1966	667.4	460.7	69.0	568.8	85.2	280.4	31.6
1967	666.7	371.0	55.7	569.0	85.3	251.1	30.8
1968	665.4	383.4	57.6	572.4	86.0	247.2	31.6
1969	665.9	393.0	59.0	571.6	85.8	239.5	29.7
1970	661.3	460.9	69.7	566.1	85.6	229.8	28.4
1971	660.5	469.7	71.1	561.0	84.9	251.2	30.0
1972	660.6	470.0	71.2	554.2	83.9	250.4	30.7
1973	658.1	450.0	68.4	544.5	82.7	260.5	31.0
1974	655.5	469.3	71.6	535.7	81.7	273.1	27.5
1975	653.6	488.2	74.7	528.3	80.8	269.7	30.1
1976	651.2	509.2	78.2	510.0	78.3	254.7	28.8
1977	648.3	513.1	79.1	512.2	79.0	267.6	30.8
1978	643.9	475.4	79.7	488.8	75.9	254.2	30.2

注：水浇地包含水田面积

（三）分布区域

起伏曲折时期北京市玉米种植区随着全市辖区的大幅度拓展而扩大。种植区包括海淀、朝阳、丰台、石景山、门头沟、昌平、房山、大兴、通州、顺义、平谷、延庆、密云和怀柔 14 个区县。随着农田机械化水平和粮田复种指数的提高，以及灌溉面积的扩大，全市玉米种植面积稳定增长，以平原产区面积最大。1978 年京郊玉米种植分布，见图 1－5。

20 世纪 60—80 年代全市玉米产区可划分为 3 种类型。

①山区：包括房山、门头沟、延庆、怀柔、密云、平谷等县（区）的山区，约占玉米总种植面积的 20%，玉米种植方式为春播一年一熟制，多间作、混作豆类。

②浅山丘陵区：包括房山、门头沟、丰台、海淀、昌平、怀柔、密云、平谷等区县

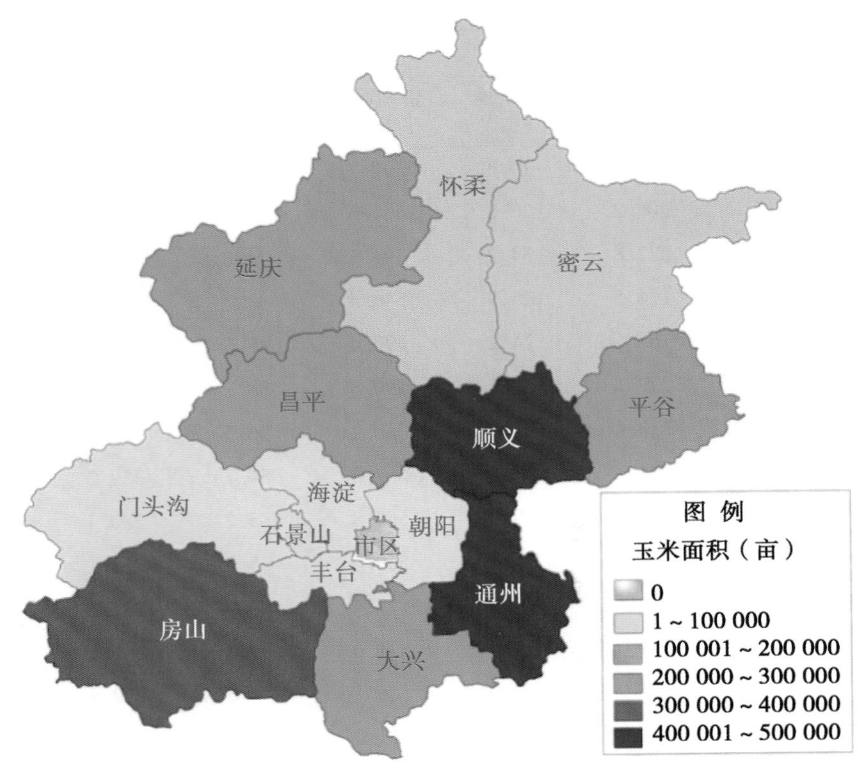

图 1－5　1978 年京郊玉米种植分布

的浅山丘陵地带，约占玉米总种植面积的 15%。玉米种植方式有春播一熟制、间作套种二熟制、两年三作制及部分小麦玉米两茬平播制。

③平原区：包括通州、顺义、大兴、朝阳、房山、丰台、海淀、昌平、怀柔、密云、平谷等区县的平原地区，约占玉米总种植面积的 65%。以小麦、玉米两茬套种和 2.5m 畦式间作套种"三种三收"为主要种植方式。

（四）单产与总产

1958—1978 年起伏曲折时期玉米产量的变化情况，见表 1－4，单产和总产均在波动中增长。亩产最低的是 1959 年，受雨涝灾害影响仅 97.6kg/亩，比上年度减产 41.3%；单产最高的年份是 1978 年达 237.4kg/亩，高低差距为 139.8kg/亩。该阶段最后一年 1978 年与上阶段最后一年 1957 年亩产比较，提高了 97.3kg，增长 69.5%。随着单产的提高，加上种植面积稳中有升，京郊玉米总产量得到较大幅度增长。由于夏粮面积的大幅度增加，玉米总产占粮食总产量的比重比前期有所下降，保持在 30%～40%。

总体上看，起伏曲折时期内 60 年代平均亩产进入 100kg 以上，10 年平均亩产 154.6kg；70 年代进入 200kg/亩以上（其中，大旱的 1972 年为 157.9kg/亩），1971—1978 年 8 年平均亩产为 203.1kg。

表 1-4　1958—1978 年北京市玉米产量变化

年份	平均单产（kg/亩）	总产量（亿 kg）	占粮食总产（%）
1958	137.9	3.2	37.6
1959	97.6	1.8	30.8
1960	112.2	2.1	38.3
1961	111.7	2.2	36.2
1962	148.3	3.0	38.1
1963	138.4	3.3	38.0
1964	168.9	3.7	38.3
1965	207.6	5.0	41.7
1966	137.6	3.9	35.0
1967	159.0	4.0	35.2
1968	219.2	5.4	42.5
1969	143.2	3.4	29.6
1970	203.7	4.7	33.2
1971	202.3	5.1	35.7
1972	157.9	4.0	33.6
1973	202.0	5.3	34.4
1974	219.0	6.0	35.0
1975	215.5	5.8	31.6
1976	219.4	5.6	32.8
1977	204.9	5.5	36.5
1978	237.4	6.0	32.4

三、增长高峰期（1979—1998 年）

1979—1998 年为京郊玉米生产增长的高峰期，共持续了 20 年时间。“稳定面积，主攻单产、增加总产”是该阶段京郊玉米生产的主题。在改革种植制度的基础上，科技人员大力开发推广玉米新品种和高产栽培技术，为单产和总产的快速提高提供了技术支撑。本阶段玉米种植面积达到历史最大，并在 20 年间始终保持在高位。玉米生产水平上了两个台阶，由平均亩产 200kg 上升到 400kg，单产和总产均达到了历史最高水平。玉米占粮食总产量的比重随之持续上升，保持在 36% ~58% 。

（一）期间背景

1978 年 12 月，中共中央召开十一届三中全会，北京郊区确立了“服务首都，富裕农民，建设社会主义新农村”的农村工作指导方针。农村经济政策不断调整完善，推行家庭联产承包和统分结合、双层经营体制，平原地区粮食生产逐步推行适度规模经营，以适应科学种田和生产社会化的需要。逐步取消了各级指令性计划指标，改革农产品统购派购制度，放开农产品流通经营，农民在生产经营上重获自主权，极大地提高了发展生产的积极性。市政府组织实施“米袋子”工程，强调粮食生产的基础地位和特殊商品的属性，在“稳定面积，主攻单产，提高总产”的基础上，实现“两高一优（高产、高效、优质）”。划定基本农田并加强保护，确定了商品粮基地区县，建立了现代化粮食生产基地，扶持建设乡镇级农业科技服务站，加大物质财力投入，进一步改善生产条件，研发、引进、示范推广现代先进生产技术。20世纪90年代国家采取一系列有利于发展玉米生产的政策措施，玉米种植面积和产量双创历史最高水平。

狠抓技术推广，提高科技种田水平。恢复健全了各级农业技术推广机构。聘请在京的中央和本市玉米专家组建了北京市玉米科学技术顾问团。及时总结、大力推广行之有效的品种、栽培、植保等增产技术措施。大力组织农民技术培训，开展评比检查和高产竞赛，千方百计保证粮食稳产高产。

改革种植制度，发展机械化。20世纪80年代，建设现代化农业成为京郊农业发展的主题。机械化是农业现代化主要标志之一，也是减轻农民劳动强度、保证农时、提高单产和解放劳动力的有效手段。农技人员依托科技进步，大力发展农业机械化和推广早熟优良玉米品种及其配套栽培技术，因地制宜改革传统种植制度，逐步将京郊平原地区小麦、玉米两茬套种和2.5m畦式间作套种“三种三收”改为两茬平播，提高资源利用率和农田经济效益。经过几年努力，到1990年京郊平原区已基本普及了两茬平播种植方式，生产全程机械化作业率显著提高。机械化生产大大减少了三夏三秋农耗，使京郊有限的热量资源得以充分挖掘利用，扭转了两茬套种和大畦式因夏粮占地比例过大造成玉米产量徘徊不前的局面，玉米单产与总产显著提高。

1990年3月，北京市政府专门召开了玉米攻关动员大会，提出了“玉米年”，树立“粮食要登台阶，玉米必须挑重担”的思想，要打一场玉米攻坚战，力争玉米平均亩产实现400kg。这次会议决定成立玉米攻坚指挥部。由副市长任指挥，市顾问委员会主任王宪同志任顾问。农委、计委、科委、商委、农业局、农机局、水利局、农科院、财政局、供销社、农行、物资局、供电局、石油公司、粮食局、气象局等部门负责同志参加指挥部。指挥部制定了关于努力实现玉米亩产400kg的方案。经过努力，当年从技术上实现了5个新突破：一是推广新品种；二是化肥投入明显增加；三是播种质量和种植密度提高；四是夏平播面积增加；五是山区地膜玉米面积大幅度增加。1990年全市335.6万亩玉米平均单产达到390.1kg，比上度年增13.3%。“玉米年”活动将京郊粮食的工作重点转移到玉米生产上来，促进京郊玉米产量迈上了新台阶。之后的1991—1995年，京郊连续5年全市玉米平均亩产均在410kg以上，其中，1994年达到历史最高单产480kg/亩。

推广紧凑型品种，建设吨粮田。20世纪80年代初期，京郊推广应用的玉米品种主要是叶片平展型的品种，如“京杂6”等。因这类品种耐密性较差，收获穗数较少，玉米产量达到一定水平后很难再取得突破。从1988年开始至1990年实现了第三次杂交玉米种的更新换代，株型从平展型改为紧凑型。紧凑型品种因植株紧凑耐密性提升，抗倒能力增强，特别是其光合效率与物质积累能力显著提高，显示出较强的增产潜力。初期推广应用的品种主要有："农大60"、"沈单7"、"中单120" 等。特别是通过示范推广从山东莱州引入的紧凑型"掖单"号系列品种，紧凑型品种面积迅速扩大，到1990年，"掖单2号"种植面积达29.6万亩，"掖单4号"的种植面积有98.8万亩，分别占春播和夏播玉米面积的一半。玉米收获穗数由每亩3 000穗增加到4 000穗左右，产量大幅提高。进入1990年代后，又加强了优质抗病新品种的推广力度，主要有："掖单52"（面积达到78.3万亩）、"唐抗5号"（面积达到98.8万亩）。在推广应用紧凑型品种的同时，京郊晚播小麦技术获得成功且日趋成熟，为小麦、玉米两茬平播种植实现亩产吨粮创造了条件，20世纪90年代初京郊出现了一批吨粮村。

推广高产综合栽培技术，促进平衡增产。为充分利用先进科学技术促进中低产田增产，1988—1998年，北京市农业技术推广站先后主持承担了"京郊干旱冷凉山区玉米地膜覆盖栽培技术示范"、"山区玉米高产高效综合配套技术推广"、"玉米优新简栽培技术示范推广"和"百万亩粮田科技推广示范工程"等科技项目，重点开发和示范推广了玉米地膜覆盖技术、玉米长效肥一次底施技术、山区秸秆覆盖技术等一批新技术，有效解决了北部山区低温干旱、生长后期追肥难、偏远山区技术不配套等技术问题。这些先进技术年平均推广面积均在200万亩以上，为全市玉米大面积均衡增产提供了技术支撑。

（二）生产规模

1978—1998年，随着城市和乡村建设的加快，总耕地面积呈现连年减少趋势（表1－5），由于蔬菜生产的发展，菜田规模扩大较快，使粮食耕地面积下降更为明显，此期最后一年1998年粮食耕地面积比上一个时期最后一年的1978年减少了111万亩，减幅达到22.7%。

"增长高峰期"京郊玉米种植面积达到历史最大，并在20年间始终保持在高位（表1－5）。面积最大的年份出现在1990年达到335.6万亩，与1977年比较，在总耕地面积和粮食耕地面积分别下降29.2万亩、68.6万亩的情况下玉米面积还增加了68万亩，增长25.4%。这期间全市玉米种植面积占粮食作物的比重基本是随着面积的扩大而增加，最高时达到51.5%（1992年）。由此可见，北京市在粮食生产上十分清楚玉米的高产潜力并高度重视玉米生产。

表1－5 1978—1998年北京市耕地、水浇地、粮食作物和玉米种植面积变化

年份	总耕地面积（万亩）	有效灌溉田		粮食作物种植		玉米种植	
		面积（万亩）	占耕地（%）	耕地面积（万亩）	占总耕地（%）	面积（万亩）	占粮食作物（%）
1979	640.3	511.3	79.9	495.9	77.4	273.4	32.6
1980	638.7	510.5	79.9	498.1	78.0	296.1	36.0
1981	636.9	515.7	81.0	489.4	76.8	296.9	37.4
1982	635.8	517.5	81.4	484.7	76.2	295.2	37.3
1983	634.3	517.5	81.6	486.0	76.6	301.0	37.9

（续表）

年份	总耕地面积（万亩）	有效灌溉田		粮食作物种植		玉米种植	
		面积（万亩）	占耕地（%）	耕地面积（万亩）	占总耕地（%）	面积（万亩）	占粮食作物（%）
1984	632.6	514.5	81.3	480.6	76.0	309.1	39.4
1985	630.8	510.9	81.0	472.7	74.9	325.6	42.4
1986	628.4	506.8	80.7	468.0	74.5	324.1	43.3
1987	626.6	502.3	80.2	466.1	74.4	334.7	45.1
1988	623.8	492.3	78.9	451.2	72.3	332.5	45.4
1989	621.7	490.3	78.9	444.6	71.5	328.1	45.3
1990	619.1	493.0	79.6	443.6	71.7	335.6	46.2
1991	616.8	489.2	79.3	436.5	70.8	334.6	51.4
1992	613.3	478.1	78.0	428.5	69.9	335.3	51.5
1993	608.4	472.0	77.6	415.7	68.3	327.3	50.2
1994	603.3	485.1	80.4	400.9	66.5	309.1	47.9
1995	591.6	484.5	81.9	388.6	65.7	311.7	47.9
1996	515.9	428.2	83.0	382.1	74.1	311.8	48.7
1997	513.5	425.1	82.8	377.8	73.6	309.4	48.6
1998	511.6	426.9	83.4	370.4	72.4	311.6	49.1

注：水浇地包含水田面积

（三）分布区域

增长高峰期内玉米面积和产量达到历史最高水平，种植区域有所扩大，分布向远郊平原区和丘陵、山区区县相对集中。种植方式以平播为主，随着品种改进和栽培技术的提高，春播玉米产量有了较大幅度增长，在全市玉米生产中的地位有所上升。1998 年京郊玉米种植分布，见图 1－6。

（四）单产与总产

1978—1998 年玉米增长高峰时期的产量情况，见表 1－6。20 年间，北京市玉米生产上了两个台阶，单产量由每亩 200kg 上升到 400kg 水平，单产和总产均达到了历史最高水平。单产最高的年份是 1994 年，平均亩产 480.0kg，比前一时期最高亩产 219.4kg（1976 年）提高了 260.6kg，增长 118.8%；随着单产的提高，加上种植面积稳定增加，玉米总产量持续大幅度增长，总产最高的 1993 年达到 15.2 亿 kg，比前一时期最高的 6.0 亿 kg（1974 年）增长 153.3%。玉米总产占粮食总产量的比重持续上升，基本保持在 36%～58%。

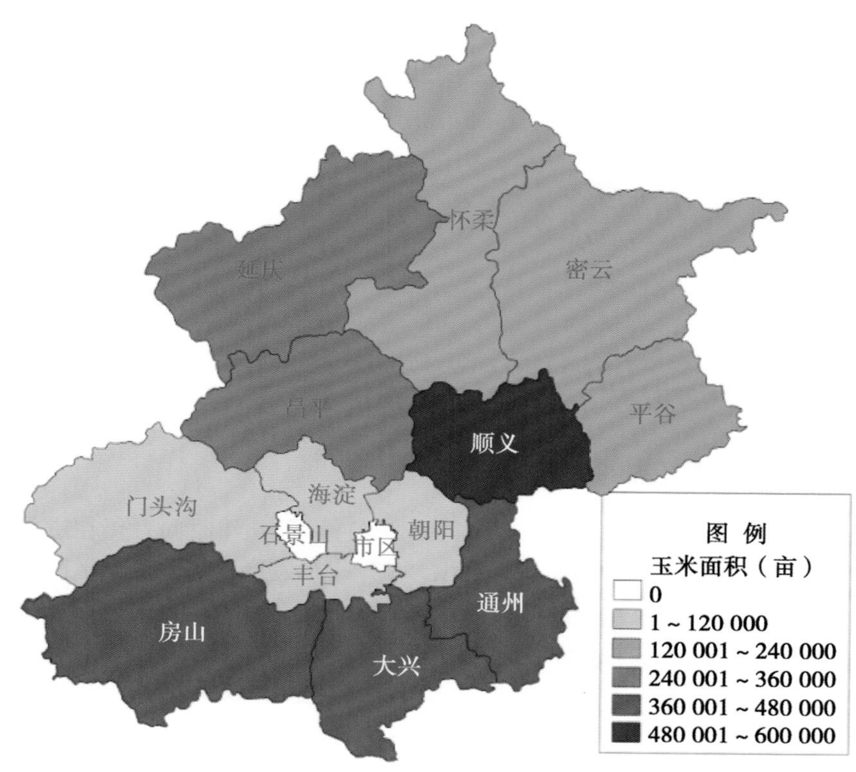

图 1－6　1998 年京郊玉米种植分布

表 1－6　1979—1998 年北京市玉米产量变化

年份	平均单产（kg/亩）	总产量（亿 kg）	占粮食总产（%）
1979	228.9	6.3	36.2
1980	300.3	8.9	47.8
1981	264.5	7.9	43.5
1982	299.8	8.9	47.7
1983	277.8	8.4	41.5
1984	308.0	9.5	43.8
1985	327.5	10.7	48.6
1986	334.0	10.8	49.8
1987	340.5	11.4	50.2
1988	342.9	11.4	48.6
1989	344.2	11.3	47.3
1990	390.1	13.1	49.5
1991	416.6	13.9	53.5

（续表）

年份	平均单产（kg/亩）	总产量（亿 kg）	占粮食总产（%）
1992	418.9	14.1	54.2
1993	463.3	15.2	58.5
1994	480.0	14.8	53.6
1995	426.6	13.3	51.2
1996	384.1	12.0	50.4
1997	384.4	11.9	50.1
1998	393.6	12.3	51.2

四、结构调整期（1999—2013 年）

1999—2013 年为京郊玉米生产结构调整期，持续了 15 年时间且仍在进行中。此时期玉米生产的主要特点是：种植面积呈现出“V”字形发展，先是急剧下降，达到新中国成立以来最低的 112.8 万亩。此后按照国家大力抓粮食生产的部署，接连出台了强农惠农政策调动农民种粮积极性，加上市场需求加大和价格提升的带动，种植面积很快恢复到 200 万亩以上。饲料、青贮、鲜食三大专用玉米得到较快发展，产品功能趋向多元。此期玉米单产受持续干旱自然灾害及结构调整的影响，在每亩 300kg 上下徘徊 7 年，之后得到恢复性增长，2013 年达到历史第三高位水平。此时，玉米总产占粮食总产量的比重进一步上升，达到并保持在 43% ~78% 。

（一）时期背景

1998 年以后，根据市场经济发展需求，市政府大力推进种植业结构调整，粮食面积减少，畜牧业和园艺业迅速发展。1999 年玉米种植面积开始下降，至 2003 年降至 112.8 万亩。为适应畜牧业发展和市场需求的变化，北京市农业技术推广站与科研单位和相关企业合作，研究开发优质专用玉米生产技术，调整产品方向，以玉米优质专用和增效为目标，先后主持实施了“北京地区优质饲用玉米高产高效技术研究与示范推广”和“优质饲用玉米高产高效技术示范推广及其产业化”等科技项目，引领京郊玉米生产走上了优质化、专用化、产业化轨道。

在农业结构调整期，北京市委、市政府认真贯彻党中央、国务院“多予、少取、放活”的“三农”工作方针，落实了粮食直补、良种补贴、农资综合直补等一系列强农惠农政策，玉米生产各项补贴合计亩均 87 元（种植补贴 32 元/亩，农资综合补贴 45 元/亩，中央农作物良种补贴 10 元/亩），在全国各省市中数额最高，对稳定玉米产业发展发挥了积极作用。

此时期京郊发生了持续干旱。北京市 1949—1998 年的 50 年年平均降水量为 574mm，但从 1999 年开始进入严重的缺水期，1999—2005 年平均降水量仅 486mm，仅为多年平均值的 85%，持续性严重干旱给玉米生产造成较大影响。

随着消费结构的调整，市场对玉米需求量大增，京郊玉米生产进入以优质、高产、高效、安全、生态为目标的都市型现代农业发展阶段。面对玉米生产的新形势，北京市农业局、北京市科委联合北京市农林科学院等单位主持实施了“玉米雨养旱作节水技术示范工程”项目，并通过“春玉米保护性耕作技术示范推广”、“玉米高产创建及标准化粮田示范工程”、“环境友好型粮食高产创建技术研究与示范”、“玉米主栽品种更新换代”、“玉米生产风险互助”及“冬季设施鲜食玉米生产模式试验示范”等一系列科技项目的实施，引进筛选新品种，研发集成新型增产技术，在全市逐步建立起资源节约型和环境友好型的玉米优质高产高效技术体系，通过规模示范和实施农业保险等，为农民从事玉米生产保驾护航，开辟增收致富新途径。

（二）生产规模（表1－7）

表1－7　1999—2013年北京市粮食作物和玉米种植面积变化

年份	粮食作物（万亩）	玉米种植	
		面积（万亩）	占粮食作物（%）
1999	614. 7	297. 2	48. 4
2000	462. 4	203. 7	44. 1
2001	320. 7	150. 1	46. 8
2002	253. 4	130. 9	51. 6
2003	212. 0	112. 8	53. 2
2004	231. 7	140. 3	60. 5
2005	288. 3	179. 6	62. 3
2006	329. 4	203. 7	61. 9
2007	296. 2	208. 5	70. 4
2008	339. 5	219. 3	64. 6
2009	339. 4	226. 1	66. 6
2010	335. 2	224. 6	67. 0
2011	. 14. 1	210. 8	67. 1
2012	290. 8	198. 0	68. 1
2013	238. 4	171. 7	72. 0

注：水浇地包含水田面积

（三）分布区域

随着农业结构的逐步调整，玉米生产以优质专用和增加效益为目标，开始调整产品方向。近郊平原产区面积比重下降，远郊丘陵山区春播玉米面积比重上升。同时，适应市场多元需求，一些优质、专用玉米的产区成点片集中分布于相关区（县）（图1－7）。

（四）单产与总产

1999—2013年北京市农业结构调整时期的玉米产量情况，见表1－8。该15年间，

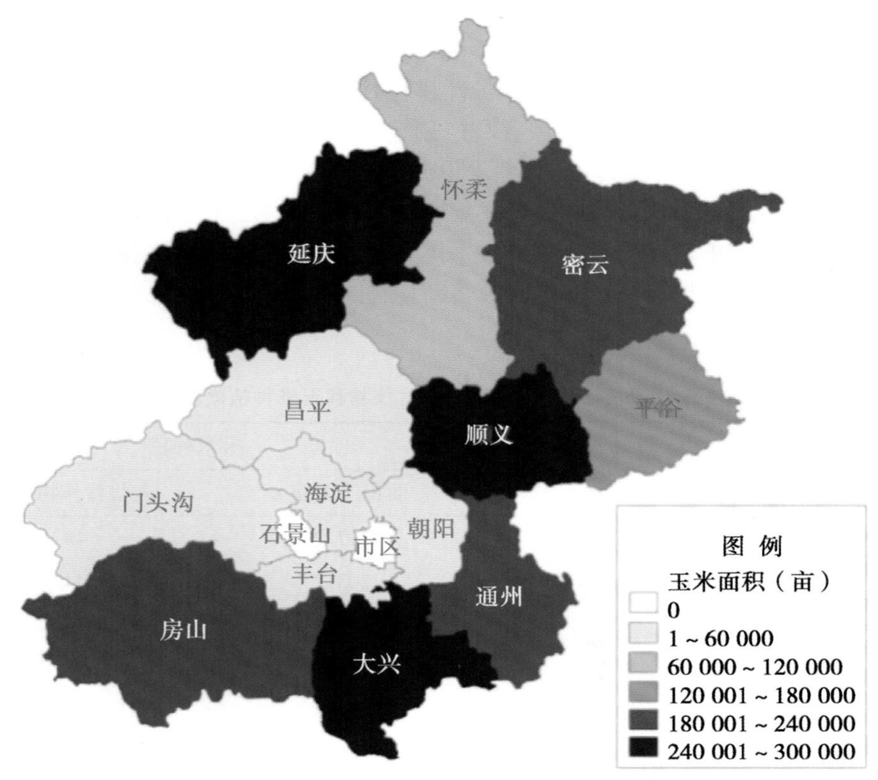

图 1-7　2013 年京郊玉米种植分布

其中，前 9 年受农业结构调整、农民种粮积极性下降和持续干旱灾害的多重影响，全市平均亩产又下降至 200 ~ 300kg 水平，最低的 2003 年仅 285.4kg/亩。总产量也随之下降，2003 年总产量为 3.2 亿 kg，比最高年份的 15.2 亿 kg 下降 78.9%。2008 年起实施玉米高产创建，促进了单产和总产的恢复性提高，经过 6 年努力至 2013 年全市玉米平均亩产达到 437.8kg，比最低年份提高了 53.4%。玉米总产量也随着生产面积和单产的提高而大幅度增长，最高时达到 9.0 亿 kg（2009 年、2011 年）。玉米总产占粮食总产量的比重为 43% ~78%。

表 1-8　1999—2013 年北京市玉米产量变化

年份	平均单产（kg/亩）	总产量（亿 kg）	占粮食总产（%）
1999	291.6	8.7	43.1
2000	288.2	5.9	40.7
2001	359.0	5.4	51.3
2002	352.6	4.6	56.1
2003	285.4	3.2	55.5
2004	310.1	4.4	62.0

（续表）

年份	平均单产（kg/亩）	总产量（亿 kg）	占粮食总产（%）
2005	348.5	6.3	65.9
2006	357.8	7.3	66.8
2007	367.1	7.7	75.0
2008	401.2	8.8	70.1
2009	396.9	9.0	71.9
2010	374.7	8.4	72.8
2011	428.6	9.0	74.2
2012	422.1	8.4	73.5
2013	437.8	7.5	78.2

第四节　经济效益的变化

我国玉米产业的生产和经营与国外不同，属于第一产业中的基础产业，在计划经济体制下，产品由国家统一收购，以保民生需要为重。收购的玉米价格实行国家定价制度，远远低于国际玉米市场价格。改革开放以后，玉米产业逐步走向市场经济，种植效益也随之提高。总体而言，65 年来北京市玉米产业为保障全市的粮食和畜牧产品供应作出了重大贡献，社会效益占第一位，经济效益占次要位置。

1979 年之前，我国农业生产为集体统一经营，玉米价格、劳动力生产成本、农业生产资料价格均由国家或集体统一确定，且比较稳定无大的起伏变化。因此，京郊玉米生产成本、产值及效益情况基本保持在 1978 年的水平（产品价格：每千克 0.3 元；亩产值 109.2 元）。进入 1980 年代，农村联产承包责任制推行以后，确立了农民经营的主体地位，逐步推行市场经济体制，价值规律对玉米生产的调节作用日益增强，玉米生产得以合理的投入获取最大的产出，从而成为支持农民生产经营行为的主要驱动力。北京市农业技术推广站记录的 1995—2013 年京郊玉米生产成本、产值及效益监测情况，见表 1－9。

从玉米生育动态监测数据可以看出，改革开放以后，随着市场经济的发展，玉米产量和产品价格不断攀升，玉米生产效益逐年提高（2000 年亩效益大幅度下降的原因是当年减产严重，平均亩产比 1995 年减少 32.4%）。其中，2011 年实现大飞跃，亩均效益达到了 810.1 元。还应提及的是产量不同的地块之间，效益高低相差悬殊：2008—2011 年北京市建立的 69.7 万亩玉米高产创建示范区平均每亩纯效益达到 1 003.0元/亩，其中，2011 年亩经济效益达到 1 148.3元/亩，远远高于全市平均水平，说明京郊玉米生产提高效益的潜力还有较大空间，种植玉米是农民创收重要选项之一。

表1-9 1995—2013年京郊玉米生产成本、产值及效益

年份	物质成本（元/亩）					人工成本（元/亩）	总成本（元/亩）	价格（元/kg）	产值（元/亩）	纯收入（元/亩）
	种子	肥料	农药	农机	水电					
1995	21.6	87.4	2.5	38.5	2.4	12.9	165.3	0.90	383.9	218.6
2000	22.5	67.4	3.0	48.2	2.5	15.8	156.4	1.00	305.3	148.9
2004	33.0	108.4	7.5	50.0	5.0	40.0	243.9	1.17	490.2	246.3
2005	33.2	112.0	7.5	50.0	10.0	40.0	252.7	1.13	529.1	276.4
2006	33.1	114.0	7.5	50.0	5.0	40.0	249.6	1.50	536.7	317.1
2007	31.5	122.0	7.5	60.0	5.0	50.0	276.0	1.60	587.4	341.4
2008	31.8	184.0	7.5	68.0	5.0	50.0	326.3	1.75	702.1	375.8
2009	31.8	103.7	11.5	70.2	10.0	121.1	346.6	1.84	730.3	383.7
2010	25.7	96.5	11.1	68.7	15.5	122.5	340.0	2.00	734.4	394.4
2011	40.6	135.6	14.2	112.4	13.8	183.2	499.8	2.40	1 309.9	810.1
2012	46.5	165.9	14.4	99.9	15.2	253.3	595.2	2.56	1 407.5	812.3
2013	46.2	162.6	16.6	159.2	4.0	210.0	598.6	2.30	1 406.8	808.2

第二章　北京玉米种植制度演变与发展

一个地区的种植制度是随着其自然条件、生产条件和社会经济条件的发展而变化的。65 年来，北京地区随着粮田生产条件的不断改善，科学技术的进步，特别是玉米品种的更新换代和栽培技术的创新与提高，进行了多次种植制度改革。从 1949—1998 年的 50 年中，粮田种植制度由一年一熟向两年三熟、再向一年两熟发展，玉米茬口由春播为主变为夏播为主。随着种植制度的变革，玉米种植方式以增产为目标进行了探索和改进，使全年土地产出率和杂交种优势逐步得到发挥，确保了玉米单产呈现持续较快增长，对促进郊区农业生产的发展起了重大作用。

第一节　气候条件与玉米生态区划分

一、气候条件

北京地区位于北纬 39°54′，东经 116°23′，属暖温带半湿润大陆性季风气候。由于地处中纬度，又在东亚大陆的东岸，受蒙古高压的控制，因此北京地区具有大陆性季风气候区的特征。冬季干燥，春季多风，夏季多雨，秋季天气晴朗、温和。西、北、东三面环山，经由西北吹来的冷空气受高山阻挡，下沉时产生增温作用，故而冬天比其他同纬度的地区要温暖，而夏季东南暖湿气流受海洋的调节作用亦不太炎热。但是，春季干旱频发，增温快，多大风，有时出现霜冻；秋季降温快，秋高气爽，易出现洪涝和霜冻；西北延庆山区有向半干旱地区过渡的趋势；再加上背山面海的地形影响，使得北京的气候条件比同纬度的其他地区要复杂得多。

就玉米生产而言，北京地区的气候条件主要有三大特点：一是热量资源偏少，粮食种植一熟有余，两熟不足；二是雨热同步，基本符合玉米生长发育对水分和热量的需求，在气候正常年份可实现无灌溉雨养生产；三是 7 月暴风雨集中，正值玉米生长中前期，易造成涝害和严重倒伏。

（一）热量

北京地区年平均温度为 11.8℃，最热的 7 月平均气温 26.1℃，最冷的 1 月平均气温 -4.7℃。

1. 年平均气温

北京农耕区年平均气温为 8.5～11.8℃，最低地区位于门头沟的东灵山和延庆的海坨山，仅为 2.0℃左右，前山平原地区年平均气温较高为 11～12℃，最高地区位于昌平达 12.0℃。随着海拔高度的增加，气温由平原向西部、北部山区逐渐降低，海拔 500m

左右的延庆盆地年平均气温仅为8℃左右。

海拔高度是年平均气温分布不一的主导因子，海拔高度每升高100m年平均气温约降低0.6～0.7℃，北京地区最大相对高差为2 295m，可导致年平均气温约有10℃的差异。经度与纬度对年平均气温变化的作用比海拔高度要小，本地区纬度差在1.5°以内，可引起年平均气温有0.23℃的差异；经度差约为2°，可引起年平均气温有1.4℃的差异。

2. 无霜冻期

随着海拔高度的增加，无霜冻期逐渐减少，海拔每上升100m无霜冻期减少3～4天。北京平原地区无霜冻期为190～195天，80%保证率的无霜冻期比多年平均无霜冻期要少10天左右。

玉米为喜温性作物，开花至灌浆期间要求月平均气温大于20℃，而北京玉米种植区7—8月平均气温均在20℃以上。

3. 积温

北京地区常年≥0℃积温4 463～4 624℃·d，平原较高，北部山区较低。由于地形复杂，各地热量资源差异颇大。昌平、房山暖区面积较大，年平均积温均在4 600℃·d左右，80%保证率的年平均积温在4 480℃·d以上，是北京地区热量资源最丰富的区域。通州、大兴一带年平均积温比上述地区少50～150℃·d，是平原暖区中的相对冷的区域。平原与山区过渡地带热量梯度数较大，随海拔高度的增加，大约每升高100m年平均积温减少159℃。海拔低于500m以下的浅山、丘陵区年平均积温为3 900～4 500℃·d，80%的保证率为3 800～4 400℃·d；海拔高于500m以上的延庆、怀柔、密云、平谷的山区年平均积温少于3 800℃·d，80%保证率的积温不足3 700℃·d。玉米全生育期需≥0℃积温2 400～2 800℃·d，因此，北京属于“一年一熟有余、两熟不足”地区。

近50年来，北京地区气候年际变化趋势是热量增加。据北京市气候中心监测统计，全市农耕区1961—1980年、1981—2000年、2001—2013年3个阶段的年平均≥0℃积温分别为4 463℃·d、4 500℃·d、4 624℃·d，后一阶段分别比前一阶段增加37℃和120℃，说明气候变暖非常明显（图2－1、图2－2、图2－3）。

（二）降水

北京地区属暖温带半湿润半干旱季风气候区，年平均降水量626mm，从东南向西北逐渐减少。山前因受地形影响，年降水量可达700mm以上。山区一些盆地属于雨影区降水较少，如延庆年降水量仅500mm。从近50余年气象统计数据看，全市农耕区1961—1980年、1981—2000年、2001—2013年3个阶段的年降水量有一定变化，总体趋势是减少，其中南部地区、城区和西北部地区减量明显（图2－4、图2－5、图2－6）。

北京地区降水呈以下4个特点。

1. 降水量集中在6～8月

北京地区受季风影响年降水集中在夏季，占全年降水量的70%～85%，春季降水占全年的9%～18%，秋季占4%～8%，而冬季仅占2%～4%。北京地区的降水特点

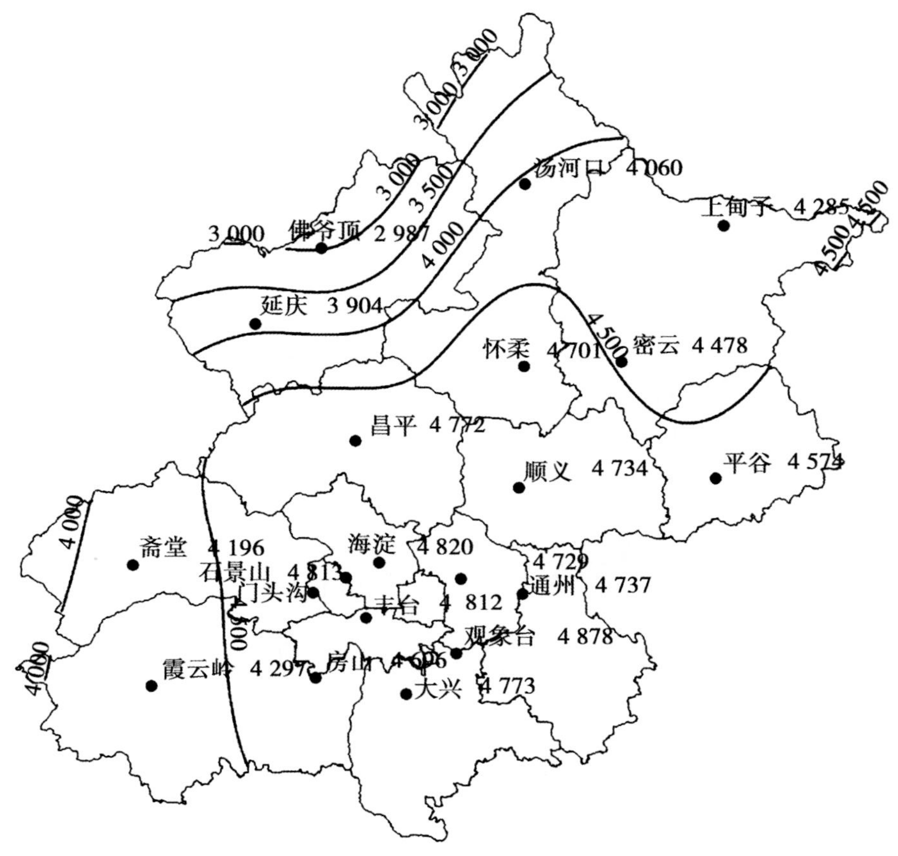

图 2－1　1961—1980 年≥0℃积温分布（℃·d）

与玉米生育需水规律总体上是比较一致的，7、8 月的集中降水正值春、夏玉米的需水临界期。

2. 降水量年际变化大

北京地区的降水量年度间变化较大，年内也分布不均，7～8 月雨季多暴雨对玉米生产有很大影响。降水量随海拔高度增加而增加。根据北京市气候中心对 1949—2013 年有降水资料的 63 年（1951—2013 年）全市年平均降水量统计，年平均降水量为 592.3mm，年际之间降水量变化大，最多年降水量为 1 406mm（1959 年），最少年降水量为 327.3mm（1999 年），两者相差 4.3 倍。

3. 春季干旱频繁发生

北京市一年当中春、夏、秋、冬四季特点分明。春季气温回升快，干旱少雨，大风次数多，全市春旱概率在 80% 以上，而延庆、怀柔和房山达 90% 左右。

春旱是北京地区经常遇到的灾害。据统计 1841—2013 年有资料的 145 年降水量，春旱年（3～5 月降水量＜45mm）有 58 年，发生频率为 40%，大约每两年发生一次，其中，春大旱年（3～5 月降水量＜25mm）有 25 年，发生频率为 18.2%，平均每 5 年

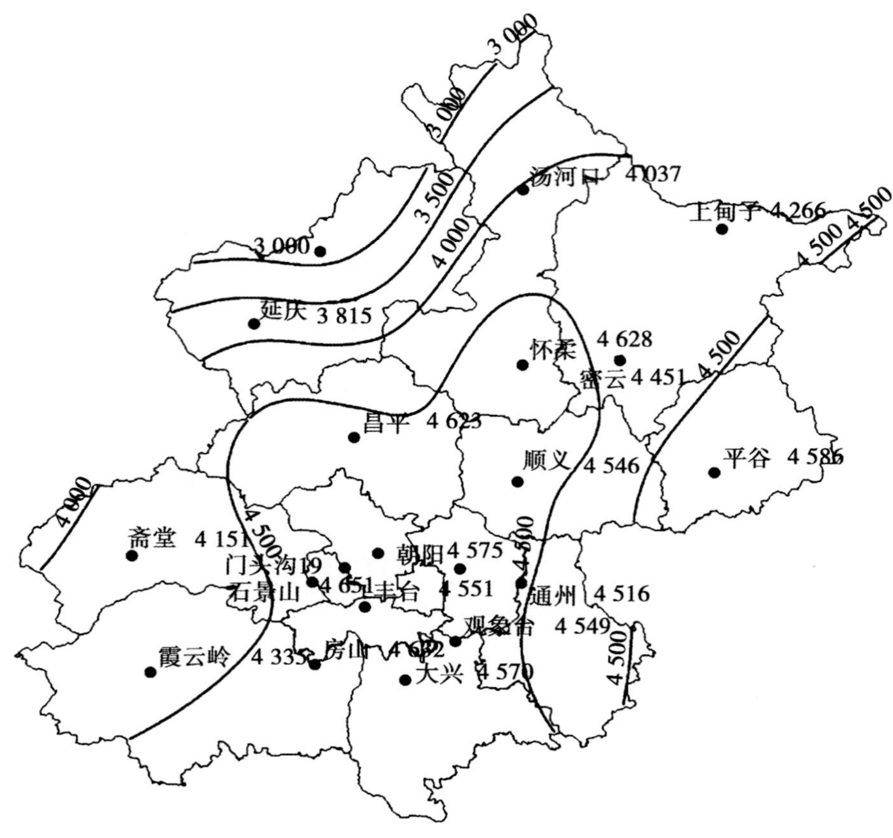

图 2－2　1981—2000 年≥0℃积温分布（℃·d）

发生一次（表 2－1）。

表 2－1　北京地区 1841—2013 年每 10 年间发生春旱年代

年代	有资料年数	春旱出现年份 （3～5 月降水量＜45mm）	春大旱出现年份 （3～5 月降水量＜25mm）
1841—1850	10	1842、1845、1846	1842、1845
1851—1860	6	1853、1854、1855	1855
1861—1870	3	1869	1869
1871—1880	10	1870、1871、1875、1876、1879、1880	1875、1876、1879
1881—1890	5	1882、1884、1890	/
1890—1900	8	1892、1898	1898
1901—1910	5	1907、1908、1910	1908
1911—1920	8	1917、1919、1920	1917、1920
1921—1930	9	1921、1922、1923、1924、1927	1922、1924
1931—1940	8	1935、1937、1940	1935

（续表）

年代	有资料年份	春旱出现年份 （3～5 月降水量 <45mm）	春大旱出现年份 （3～5 月降水量 <25mm）
1941—1950	10	1941、1942、1947	1941、1947
1951—1960	10	1957、1959、1960	1960
1961—1970	10	1961、1962、1965、1968	1968
1971—1980	10	1971、1972、1973、1974、1975、1976	1972、1975、1976
1981—1990	10	1981、1982、1984、1986	1986
1991—2000	10	1993、1996	1993、1996
2001—2010	10	2001、2009	2001
2011—2013	3	2011、2013	/
共计	145 年	58 年	25 年
频率	/	40.0%	18.2%
特征	/	两年一遇	五年一遇

注：本表中数据来源北京市气象局，1841—1980 年数据为北京市农业局李继扬统计，后面为宋慧欣补充

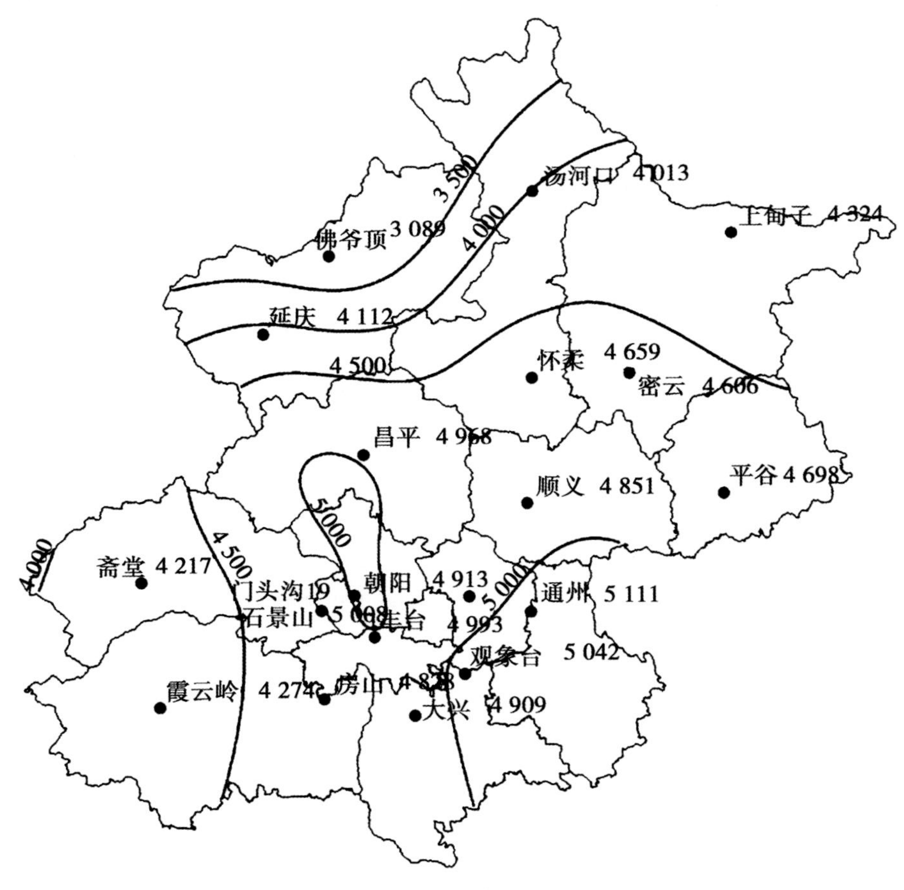

图 2-3　2001—2013 年≥0℃积温分布（℃·d）

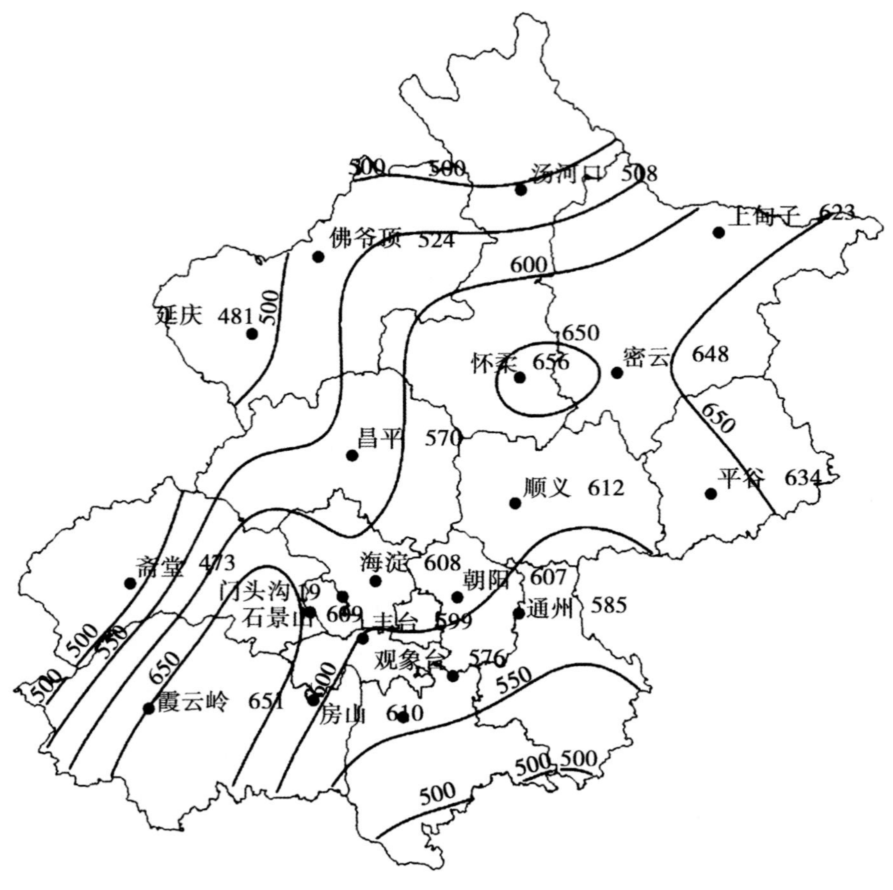

图 2-4 1961—1980 年降水量分布（mm）

北京春季（3~5 月）降水量历年在几毫米到 180mm。春季降水量不足 60mm 占总年数的 52.7%，不足 100mm 占总年数的 82.9%，春季降水量最少的只有 5.9mm（1876 年），最多的达 186.2（1950 年）（表 2-2）。

表 2-2 北京春季（3~5 月）不同等级降水量出现的频率（1841—2013 年）

降水量等级（mm）	<20	20~40	40~60	60~80	80~100	100~120	120~140	140~160	>160
出现年数	14	37	26	28	16	14	5	3	3
频率（%）	9.6	25.3	17.8	19.2	11.0	9.6	3.4	2.1	2.1

北京地区容易发生春旱原因是位于华北平原的北端，具有明显的季风气候。冬季经常刮西北风，它起源于蒙古、西伯利亚等寒冷干燥地方，空气里水汽很少，不容易有雨雪。夏季常刮东南风，主要是东南方海洋上温暖湿润的空气，空气里的水汽比较丰富，下雨也多。

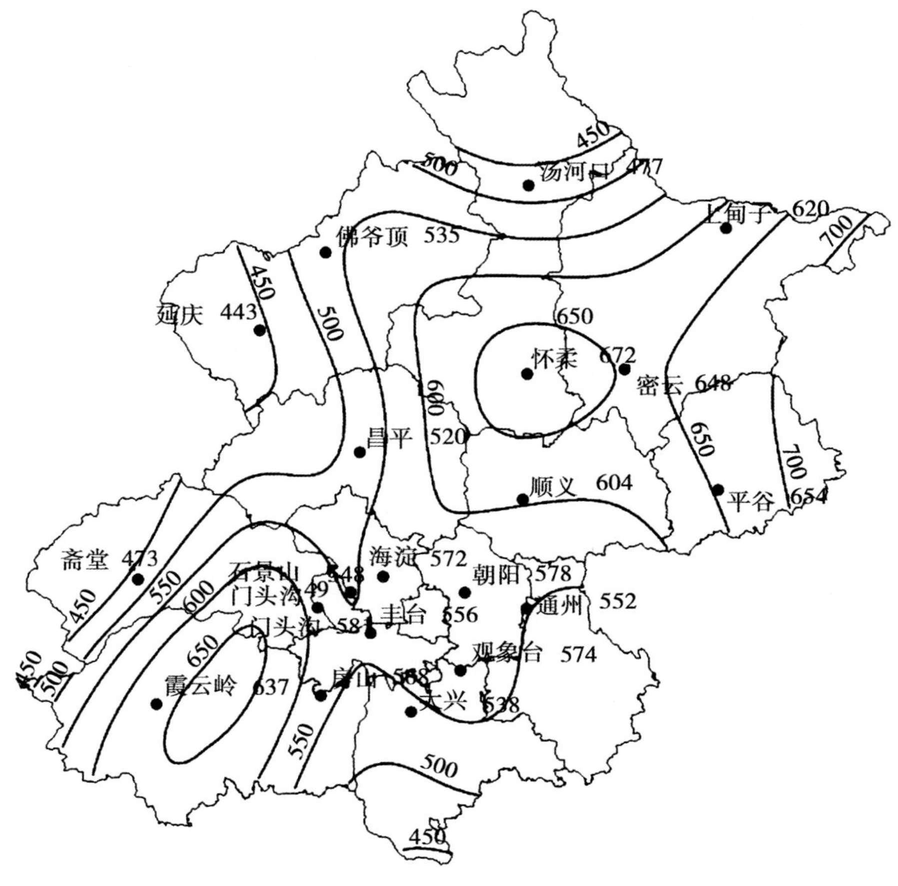

图 2－5　1981—2000 年降水量分布（mm）

北京地区春季气温升高很快。2 月平均气温还是零下 1.8℃，3 月就跳到了 5.1℃，4 月跃升到 13.7℃，5 月竟达到 20.1℃。温度升高得快，水分增加就少，空气就显得特别干燥。春季是北京一年四季湿度最小的季节，尤其是 4 月，空气干燥的最厉害。4 月平均相对湿度只有 47%。春天又是北京大风最多的季节。从 3～5 月每月都要刮 10 天左右 4～6 级以上的大风。春季风速最大，特别是 4 月的平均风速，多年平均达到 3.1m/秒，要比其他各月大得多。温度猛升、空气干燥，加上大风，蒸发量就大大增加。北京春季是一年四季蒸发最强的季节。多年统计表明，3 月平均蒸发量达到 132.1mm，比 2 月的 67.7mm 增加 95%；4 月蒸发量达 225.5mm，比 3 月增加 71%。5 月还在继续增高，蒸发量达 283.1mm。

北京市春季降水少，蒸发多，形成入不敷出的状态，这是造成春旱的症结所在。农谚说："春雨贵如油"，一语道破了北京春旱的严重性。

危害农业生产大的春旱有两种情况：一是当年透雨下得过迟。如 1972 年直到 7 月 19 日才下透雨，从 3 月上旬至 7 月上旬降水量仅有 33mm。郊区当年干旱成灾面积达 203 万亩，其中，颗粒不收的有 40 多万亩。二是头年雨季结束早。如 1962 年从 8 月上

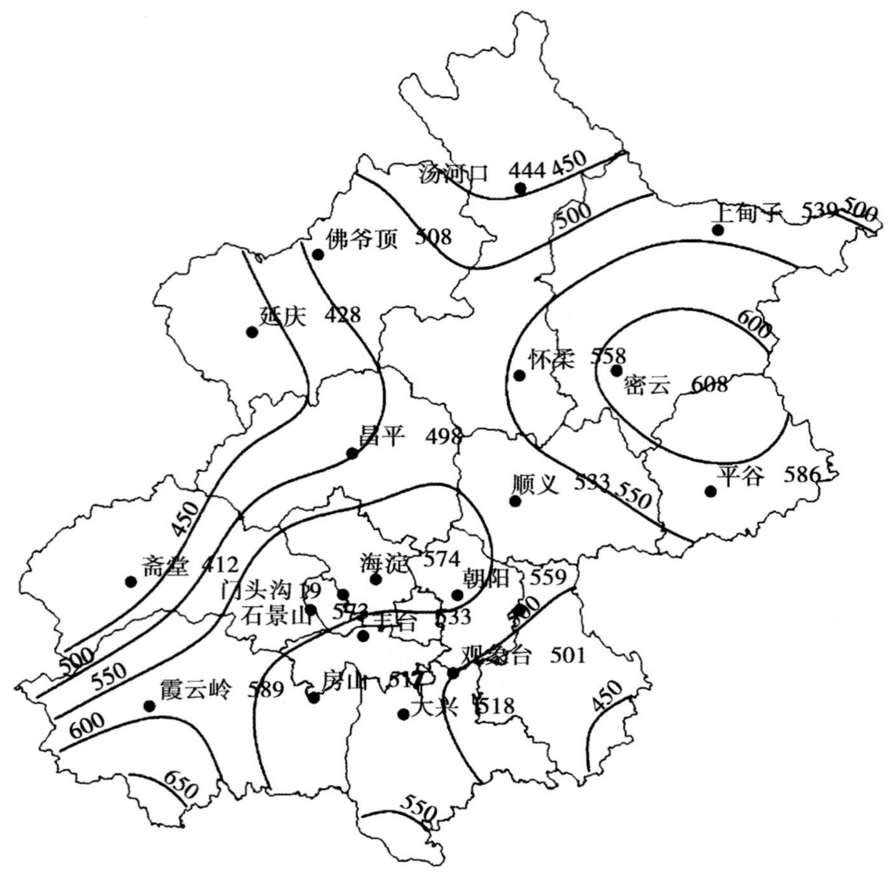

图 2－6　2001—2013 年降水量分布（mm）

旬至 12 月上旬降水量只有 50mm，相当于多年同期平均值的 19.4%，对第二年农业生产造成很大危害。

4. 夏季旱涝交替

京郊夏季（6～8 月）的雨水较充沛，大部分地区的降水量在 400～600mm。但干旱仍时常出现，主要是由于夏季降水集中且强度大，土壤来不及吸收多余降水，造成地表径流增大，从而降低雨水的有效性。据估算，北京地区每年夏季有 25% 左右的雨水成为无效的地表径流，是形成伏旱的主要因素之一。

（三）光照

北京地区是全国日照时数较长、阳光辐射资源优越的地区之一。全年日照总时数为 2 600～2 800小时（表 2－3），太阳年总辐射平均 112～136kcal/cm^2。东北部古北口、汤河口一带及延庆盆地日照时数最多，约在 2 800小时以上；西部山区日照时数最少，约 2 600小时。玉米全生育期日照需 800～1 100小时，京郊玉米的生育时间是 5～9 月，此期间日照时数 1 400小时左右，可满足玉米需求。

表 2 –3　北京市部分地区气象台站日照资料表

站名	年日照时数（小时）	年日照百分数（%）
观象台	2 749.0	62
延　庆	2 801.3	63
昌　平	2 687.8	61
密　云	2 753.0	62
平　谷	2 693.0	61
房　山	2 621.3	59
大　兴	2 744.1	62
古北口	2 083.7	47
汤河口	2 807.8	63
霞云岭	2 872.4	65

从近 50 余年气象资料统计看，全市农耕区 1961—1980 年、1981—2000 年、2001—2013 年 3 个阶段的年日照时数有较大变化，呈现减少趋势。从图 2 –7、图 2 –8、图 2 –9 中可知，北京有两个高值区，一是延庆盆地；另一个在密云至怀柔北部，年总

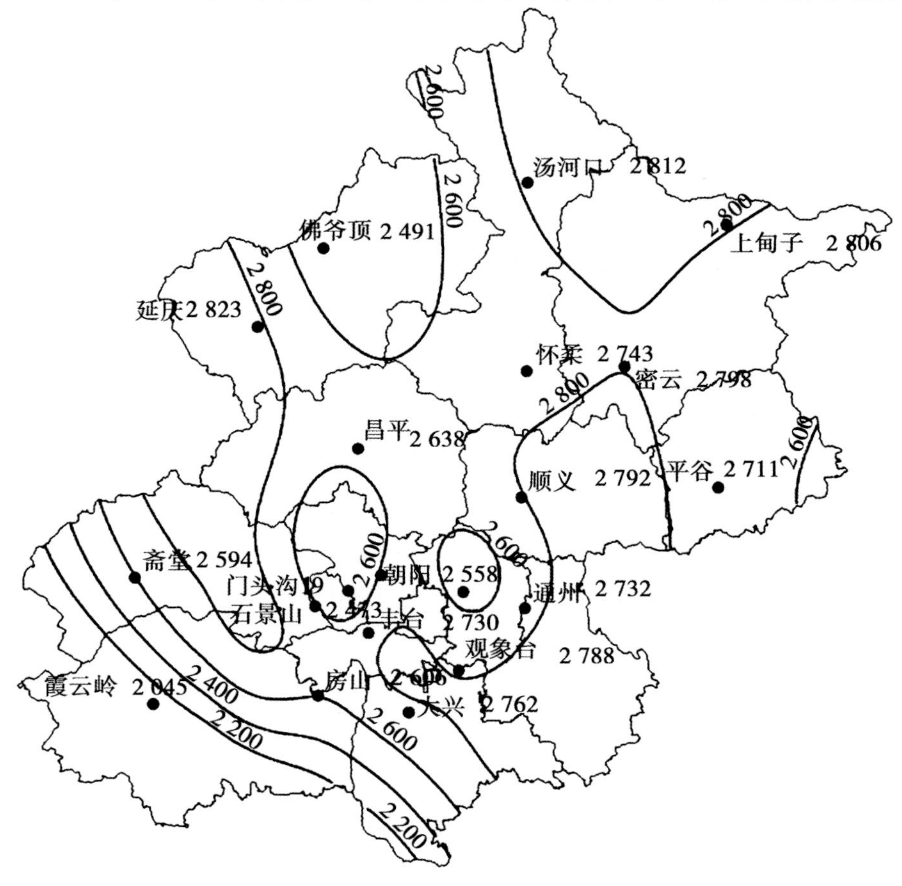

图 2 –7　1961—1980 年日照时数分布（小时）

日照在 2 500 ~ 2 850 小时；一个低值区位于房山霞云岭附近，年平均总日照仅为 2 000 ~2 150小时。一般说来，气候干旱少雨的地区，其光能资源就比气候潮湿多雨的同纬度地区要充足一些。

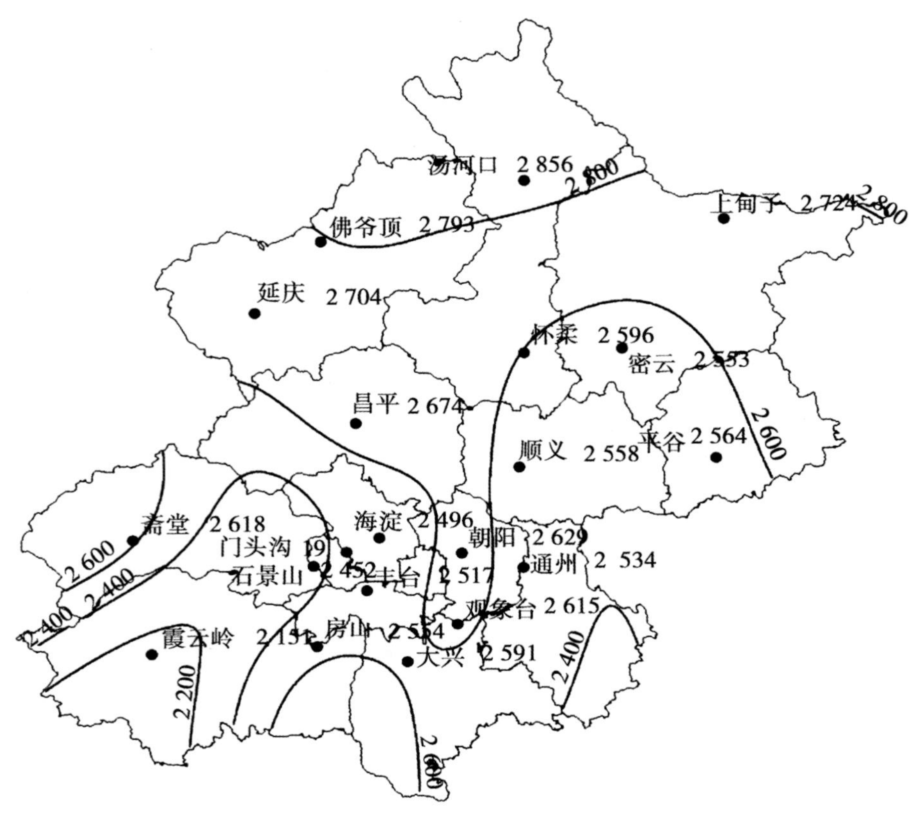

图 2 -8　1981—2000 年日照时数分布（小时）

玉米起源于热带，属短日照作物，当延长日光照时间时营养生长量增加。同一个品种，在北京的延庆等北部地区种植就比在大兴等南部地区种植生育期偏长。

二、生态区划分

北京地区玉米生产遍及通州、顺义、大兴、房山、昌平、平谷、怀柔、密云、延庆、门头沟 10 个区（县）及城近郊区的朝阳、海淀和丰台。尽管总面积不多，但由于地形地势多样，形成了 3 个不同生态条件的生产区。

1. 山区春播玉米生态生产区

包括延庆全县和房山、门头沟、怀柔、密云、平谷 5 个区县的西北及东部山区，含 74 个乡镇（1995 年）。玉米种植面积最大时期在 50 万 ~60 万亩，占当时北京市玉米总种植面积的 20% 左右，总产量也占 20% 左右。这一玉米产区海拔在 400 ~ 1 500m，≥0℃积温为 2 900 ~3 990℃ · d，80% 保证率为 2 800 ~ 3 480℃ · d，无霜期 150 ~ 160 天。年降水量时空分布不均，春季多干旱，秋季多低温，严重威胁玉米的播种和成熟。玉米

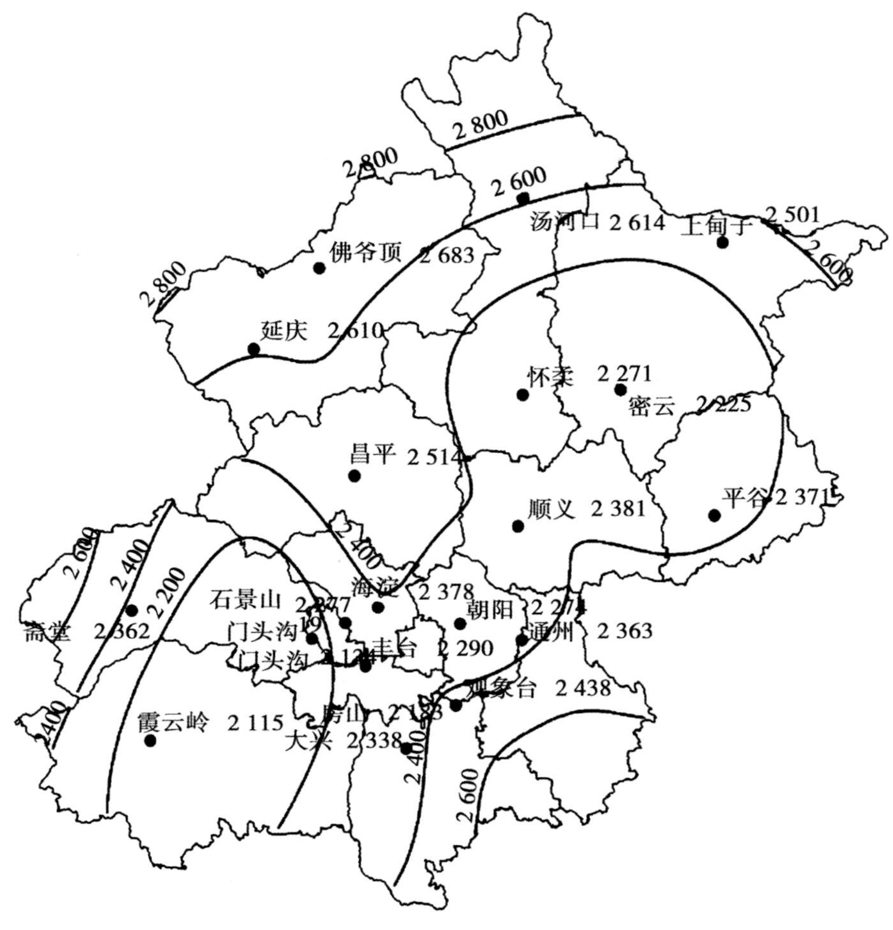

图 2－9　2001—2013 年日照时数分布（小时）

种植方式为春播一年一熟制。

2. 浅山丘陵玉米生态生产区

包括房山、门头沟、丰台、海淀、昌平、怀柔、密云、平谷 8 个区县的浅山丘陵地带，含 50 个乡镇（1995 年）。玉米种植面积最大时期保持在 40 万～50 万亩，占当时全市玉米总种植面积的 15% 左右，总产量也占 20% 左右。这一玉米产区海拔在 100～400m，≥0℃积温 4 000～4 560℃・d，无霜期 170～180 天。玉米种植方式有春播一年一熟、间作套种两熟和两年三作，也有小麦、玉米两茬平播。

3. 平原夏播玉米生态生产区

包括通州、顺义、大兴、朝阳的全部和房山、丰台、海淀、昌平、怀柔、密云、平谷等区县的平原地区，含 145 个乡镇（1995 年）。玉米种植面积最大时期保持在 200 万亩左右，占当时全市玉米总种植面积的 65% 以上，总产量也占 70% 左右。这一玉米产区的海拔在 100m 以下，≥0℃积温 4 500～4 600℃・d，无霜期 180～190 天，经常出现春旱、秋涝，以夏平播和麦田套种玉米为主要种植方式。

第二节　平原区玉米种植制度的演变与发展

北京地区玉米种植制度的演变主要是发生在平原区，历史上京郊平原地区粮田除稻田外，均以旱作一茬春玉米为主。新中国成立后，随着农田基础设施建设和生产条件的不断改善，粮田种植制度经历了一年一熟春玉米、两年三熟、两茬套种（4.5 尺畦〈150cm〉）、7.5 尺畦〈250cm〉三种三收、三密一稀）、两茬平播等改革与发展阶段。总体趋势是随着种植制度的变化，粮田复种指数提高，耕地粮食单产显著提高，全年粮食总产量大幅度增加（表2-4）。山区和半山区粮田受热量和灌溉条件的制约，种植制度一直以一年一熟春玉米为主，但为促进单产提高，在种植方式方面也进行了改革与创新。

表2-4　种植制度与粮食产量的关系

年份	主要种植制度	复种指数（%）	粮食总产（亿kg）	粮食耕地单产（kg/亩）
1949	一年一熟	112	4.2	63.8
1958	一年一熟，两年三熟	126	8.4	141.3
1965	一年一熟，两茬套种	130	11.9	210.1
1970	一年一熟，两茬套种	143	14.1	248.9
1975	间作套种三种三收为主	169	18.4	348.0
1980	间作套种三种三收，两茬套种，两茬平播	165	18.6	373.4
1985	两茬套种、两茬平播	162	22.0	464.7
1990	两茬平播，两茬套种	164	26.5	596.5
1995	两茬平播，两茬套种	168	26.0	668.4
2000	一年一熟，两茬平播	161.0	14.4	502.0

数据来源：①张新兴、李继扬，《北京郊区耕作制度的演变与发展》，1980年9月；②《北京志．农业卷．种植业志》

一、1950—1960年从一年一熟向套种两熟发展

新中国成立时，平原地区以旱作一年一熟春玉米种植制度为主，之后主要实行以玉米高产为主攻目标的两年三熟制：第一年春播玉米，玉米收后种冬小麦，第二年麦收后平播夏玉米。夏玉米受夏涝影响，产量较低。20世纪50年代末开始，以小麦为前茬的套种得到迅速发展，主要依靠人、畜力播种管理，实行以“大对垄”和“单挑杠”等为主的套种两熟制（“大对垄”种植方式即小麦宽幅条播，呈大小行或等行距分布，麦收前每隔两垄套种一行玉米。“单挑杠”方式是每隔一垄小麦套种一行玉米），既解决了两熟无霜期不足的问题，又减轻了涝灾威胁，特别是满足了人们对增加“细粮”改善生活的需求，在京郊推广很快。

20 世纪 60 年代初期，在农田水利发展的基础上，大力推广房山南韩继“小对垅”的小麦、玉米两茬套种技术，用宽腿耧或耠子开沟手撒籽方式播种小麦，小麦播幅 10cm 左右，麦收前半个月左右在小麦行间套种中熟玉米；60 年代后期推广平谷的“三密一稀”小麦、玉米两茬套种新种植方式，这种方式是在“小对垅”基础上发展起来的，畦宽 100cm，埂宽 40cm，畦面机播 6 行，麦收前畦埂套种单行玉米（图 2－10）。

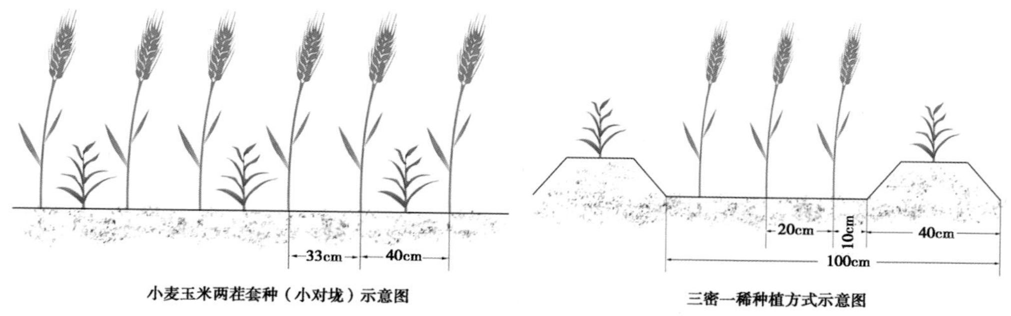

图 2－10　小麦、玉米“小对垅”和“三密一稀”种植方式

无论是“小对垅”还是“三密一稀”套种，都是建立在人畜力作业基础上的，而且小麦占地面积有限，增产潜力受到一定限制。为便于使用手扶拖拉机进行机播，“三密一稀”形式畦面逐步扩大到 170～180cm，埂宽 40cm，畦面种 8 行小麦，分成两组，组间预留 30cm 空隙，与埂上玉米同时套种，形成“四密一稀”的种植方式。

二、20 世纪 70 年代大力推广间作套种三种三收制

进入 20 世纪 70 年代，伴随着对“细粮”种植规模增加的强烈需求，特别是大、小型拖拉机和手扶拖拉机数量的不断增加，7.5 尺畦宽（250cm）和 4.5 尺畦宽（150cm）间作套种的种植方式迅速扩大，进一步推动了粮食生产的发展。“7.5 尺畦三种三收”的畦宽度正好适于手扶拖拉机往返作业两次，畦面种植小麦，畦埂套种两行中茬玉米，小麦收获后下茬钻套或移栽三茬早熟玉米或豆类、绿肥、花生等作物（图 2－11）。这一方式充分利用了农时、土地和生产条件，在 1970 年代末全市发展到 250 万亩，占全市粮田面积的 60%～70%。

4.5 尺畦两茬套种种植方式适用于人少地多、低洼易涝地区，它同时具有争取农时，充分利用积温、阳光和抗灾稳收的优越性，20 世纪 70 年代面积曾达到近百万亩。一般畦面 2.7 尺（90cm），种麦 7 行，留埂 1.8 尺（60cm），套种两行玉米，玉米密度加大至每亩 3 000株左右，对肥水条件要求中等，能避开“三夏”劳力紧张高峰，秋粮产量较高而且比较稳定，并能种上适时麦。缺点是小麦占地比重减少，据 1977 年北京市农科院试验，4.5 尺畦（150cm）小麦比 7.5 尺畦（250cm）减产 18.1%；且不便于现有大、中型拖拉机进地作业，整地打埂费工较多。

7.5 尺畦三种三收种植方式的主要优点是：土地和光能利用率高，在肥水、劳力、栽培技术有保证的前提下，增产潜力大。在中、上等水肥条件下，上茬小麦边行优势强，虽比平播小麦略减产，但中茬玉米由于躲过春旱夏涝，趋利避害，且更换了生育期

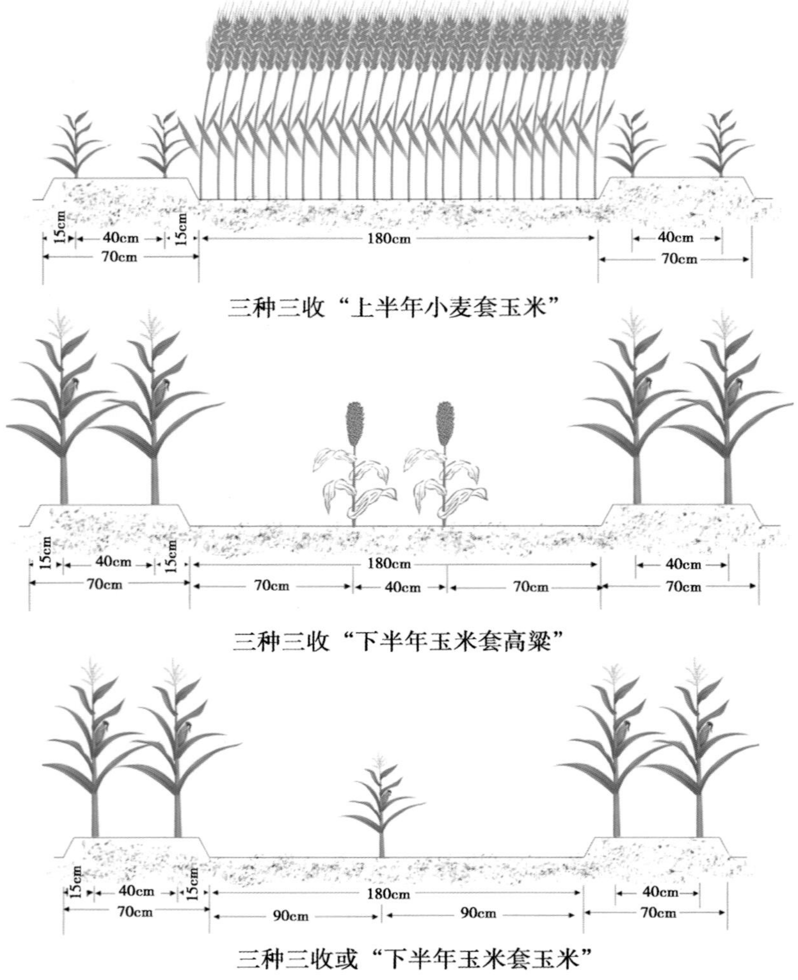

三种三收“上半年小麦套玉米”

三种三收“下半年玉米套高粱”

三种三收或“下半年玉米套玉米”

图 2－11　“7.5 尺畦三种三收”种植方式

长的高产杂交种，稳产性好。在热量丰年，下茬作物也有较好的收成，利用第三茬因地制宜种植、玉米、高粱、豆类、油料、绿肥、饲料等作物，用地养地结合，农牧结合，并有利于解决小杂粮和玉米争地的矛盾，增产小杂粮。

小麦、春玉米、夏玉米（或杂粮等）“三种三收”模式，其特点主要是增加了全田玉米的密度，春玉米、夏玉米的总株数与单作接近，更充分地利用光能和土地，体现了复合群体的密植效应。京郊间作套种三种三收最多时面积在 300 万亩左右，其中，第三茬以玉米为主的粮食作物面积在 200 万亩左右。

三、20 世纪 70 年代末逐步推行“两茬平播”种植制度

到 20 世纪 70 年代末期，随着农田基本建设的发展，农田灌溉技术和机械化程度的持续提高，特别是玉米早熟优良品种“京早 7 号”的选育成功及其配套栽培技术的推

广应用，为推广两茬平播创造了有利条件。在市政府持续政策的推动下，北京郊区在热量资源比较充足的南部及机械化程度较高的社队，或在小麦比重较多的地区，小麦、玉米两茬平播种植方式发展很快，逐步取代了间作套种三种三收种植制度。据统计，1978年两茬平播近10万亩，1979年为30余万亩，1980年发展为40多万亩，到1990年代平原地区全面实行了两茬平播种植制度，面积达到了300万亩左右。

小麦、玉米两茬平播突出的优点是：复种指数高，利于大型机械作业，且两茬作物行株距分布均匀，土地利用率高，增产潜力大。两茬平播种植制度有利于提高土地和光、热、水资源利用率，可采用大型、高速、宽幅农业机械进行耕地、播种和收获，充分发挥现代化生产条件的优势。平原区两茬平播种植制度的普及，使粮田复种指数达到2.0，玉米占地比重100%，使全市粮田复种指数上升到了168%左右。房山县窦店大队就是一个典型，这个大队在发展机械化两茬平播上积累了不少经验，并取得了粮食逐年增产的明显效果。

两茬平播种植制度是在三茬套种基础上向前发展了一步，在大面积推广中对生产条件的要求更高。由于京郊夏秋积温不够充裕，加之6月下旬苗期阶段易遇旱涝，中期容易倒伏，后期易受低温影响，加上机械力量不足，两茬平播种植制度的推广也遇到一些问题。

进入21世纪，随着农业结构调整的进行，畜牧业的快速发展，特别是北京市水资源量短缺的严重形势，平原地区小麦种植面积持续下降，调减下来的麦田一部分用于造林，另一部分为一年一作春玉米，全市两茬平播面积大大缩减。

第三节　山区、半山区玉米种植制度的发展

京郊山区有耕地110多万亩（山区40多万亩，半山区60多万亩），其中，水浇地30万～40万亩，主要分布在延庆盆地和密云库北地区，其余50%以上为旱地，实行一年一熟制，以春玉米为主，还有高粱、谷子、豆类等杂粮作物。

一、水浇地

20世纪70年代以来，随着生产条件的改善，此类地区大面积推广了间作套种一年二熟制。延庆盆地无霜期150～160天，日平均气温大于10℃的积温3 400℃·d左右。1970年代中后期，推广“三为主”的种植制度（两茬套种为主，秋粮为主，玉米为主），种植形式多数为6尺带的双成畦，即小麦、玉米各占3尺（100cm），分别成畦；少数为八尺半带的双成畦，即小麦占5.6尺（185cm），机播14行，玉米占2.9尺（95cm），播2行。密云县库北地区无霜期170天左右，日平均气温大于10℃的积温4 000℃·d左右，1970年代后期至1980年代主要推广小麦、玉米4.5尺畦（150cm）两茬套种和7.5尺畦（250cm）间作套种三种三收，第三茬因地制宜种植豆类、绿肥、早熟高粱或谷子。1990年代以后，随着京郊畜牧业的快速发展，玉米市场需求旺盛，且节水省工，山区、半山区水浇地的三种三收种植制度又改为一年一熟春玉米种植制度。

二、旱地

京郊山区、半山区旱地多为土层薄的土壤，种植方式多为平作和间套作一年一熟，从1950年以来种植制度变化不大。为了保土、保水、保肥，有垒沿、扶唇、垒坝阶、造梯田的历史习惯。战乱年代梯田、坝阶破损失修，1950年以后结合水土保持的开展又逐步修整恢复。20世纪70~90年代，为创玉米高产，开发出一系列抗旱、培土、培肥等旱地种植方式。

（一）沟田

“沟田”是把土壤耕作和种植技术综合一起的旱地耕种方式，怀柔、密云、平谷等东北部山区应用较多。具体操作是：把梯田耕作带的耕层熟土起出，深翻生土层，回填熟土后田块呈现带状条沟。每年轮流深翻1/3，3年内耕地全部深耕施肥，有利于改良土壤，培肥地力、保水保土、增强抗旱能力。沟田内玉米与矮秆作物相互间作，有利于通风透光、抗灾稳产。1970年冬北京山区挖沟田达60多万亩。平谷县南岔大队挖沟田总长9万多m，局部深翻、集中施肥，比不挖沟田的田块增产76%。1973年全村玉米亩产达312kg，比1970年增长37%，成为京郊综合治理，玉米增产的先进典型。

（二）埯子田

北部山区有挖埯子田的习惯。即在耕耙保墒、平整土地的基础上，于冬前土地未封冻前挖埯，深翻施肥，粪土拌匀；表土回填，不乱土层；埯子田里凹外凸，利于保水。每埯种2株或3株玉米并可混作豆类，增产显著。密云县新城子乡20世纪70年代3 000亩埯子田旱地玉米平均亩产350~400kg，有的地块亩产超过500kg。

埯子田种玉米的优点：一是能使土地做到局部深翻，增加了活土层，提高了地力，土地不断升级。每个埯2尺见方（66.7cm^2），深翻20~26cm，把石头捣出来，表土还原，使土质松软，为玉米根深根粗创造了良好条件，增强了抗倒伏能力。二是肥力集中，施埯肥比平铺撒施肥效突出。三是增强保水保肥性能，有利于抗旱播种和苗期管理。山坡地虽然整块地高低不平，但挖出的埯每埯有10cm高的土埂，保土保水又保肥，旱时还可以挑水集中浇埯，省水增效有利于抗旱。四是利于合理密植，通风透光。每亩挖埯1 000个，每埯留苗2~3株，每亩能达到2 500~2 800株，亩产可达到325~500kg。五是投工少，两个人一天可点种8亩地。

（三）地膜覆盖栽培

山区玉米地膜覆盖栽培始于20世纪80年代中后期，主要在延庆、怀柔、密云、昌平、房山及门头沟等6个冷凉山区县示范推广。1987—1989年3年示范3.54万亩地膜覆盖玉米，平均亩产543.5kg，比不盖膜的田块增产158.5kg。采用地膜覆盖栽培有效地解决了山区早霜、干旱等不利自然条件的制约，改善了土壤物理性状，延长了玉米生长期。到1995年该技术已在全市累计推广70余万亩（表2-5）。

表 2-5　北京郊区玉米地膜覆盖栽培技术推广面积

年份	面积（万亩）	年份	面积（万亩）
1987	0.29	1992	13.05
1988	0.88	1993	5.57
1989	2.37	1994	7.51
1990	14.36	1995	5.40
1991	20.75	/	/

第四节　科技进步推动玉米种植制度发展

农业生产的实质，是借助绿色植物的光合作用，把日光能转变为化学能而储存起来。以间套复种为特征的多熟种植制度是现代农业富有特色的重要组成部分，在有限的耕地上，通过间套复种最大限度地充分利用时间和空间，大幅度提高光、热、水等资源利用效率，是增加光合作用产物，提高单位面积产量的重要措施之一。65 年来，北京郊区随着科学技术水平的不断提高，玉米种植制度在长期的农业生产实践中不断地得到丰富和发展，有效地促进了京郊玉米高产高效。

一、农业机械的发展与种植制度的变化

京郊 1950—1960 年推广的“一年一作”春玉米和“小对垄”、“三密一稀”、“四密一稀”等小麦、玉米两茬套种模式，都是建立在人畜力作业基础上的，粮食亩产仅 500kg 上下。随着大、中型拖拉机数量的不断增加以及化肥、水利、农药等生产条件的迅速改善，广大农业科技工作者与农民紧密结合，开发了适应大、中型拖拉机进地田间作业的间作套种三种三收种植方式，该模式能利用铁牛 55、东方红 28 等大、中型拖拉机及其配套农机具完成小麦耕地、播种、施肥、收获等田间作业。该模式扩大了小麦占地面积，提高了粮田复种指数，促进了粮食单产进一步提高，使生产条件较好的粮田全年亩产可达到 700～800kg，较两茬套种模式每亩增产 40%～60%。

三种三收种植方式玉米套种和收获等工序仍需人畜作业。为进一步提高京郊粮食生产机械化水平，实现小麦、玉米生产全程的大型、高速、宽幅高效率农业机械作业，全面发展两茬平播种植制度，在三茬套种基础上又向前发展了一步，不仅利于大型机械作业，且使粮田复种指数达到 200 的高水平，促进了小麦、玉米单产显著提高，20 世纪 90 年代北京郊区涌现出一大批吨粮田和吨粮村，小麦平均亩产超过 400kg，夏玉米平均亩产超过 600kg。

二、品种的发展与种植制度的变化

（一）玉米早熟品种的选育成功，为实现两茬平播创造了条件

北京地处我国冬小麦区的最北部，热量资源不足是发展小麦、玉米两茬平播的突出

问题。平原地区小麦收获期到当年秋分适时播种期，即从6月20日至9月20日多年平均有活动积温为2 240℃·d，80%保证率只有2 180℃·d；从6月20日至9月30日有活动积温2 400℃·d，80%保证率仅2 260℃·d。随着北京市农科院和中国农科院协作选育的抗病、早熟玉米优良品种“京早7号”的问世，小麦、玉米两茬平作的关键技术问题得到了较好解决。

（二）专用青贮玉米生产及品种应用，使京郊两茬平播模式热量资源利用恰到好处

冬小麦下茬安排专用青贮玉米生产，小麦和青贮玉米两者生育期均有保证，小麦6月15~22日收获；青贮玉米6月16—25日播种，9月底收割并播种小麦。该模式下茬专用青贮玉米品种可用京科青贮301、科青1号等专用青贮玉米品种，也可用农大108、郑单958等中晚熟春播玉米品种，9月底收获时其干物质积累及水分含量正适宜制作优质青贮饲料。2000年以来，这种种植方式在奶牛养殖小区饲料基地和青贮饲料订单生产上广泛推广应用，每年面积稳定在30万亩左右。

（三）饲草小黑麦生产及品种应用，可使下茬种植高产优质春玉米

小黑麦是通过小麦与黑麦属间杂交、应用染色体工程育种技术人工创造的新物种，为奶牛、肉牛等草食性牲畜的优质青贮或干草饲料，北京郊区曾于本世纪初期大面积种植。饲草小黑麦于10月初播种，5月中下旬收割青贮或干草，随后立即播种春玉米，其播期与平原区春玉米播种时间基本相同。该种植模式是京郊粮、饲生产地区适应当地光热资源和生态条件的一种完美结合，上、下两茬作物均能充分满足其所需要的光能和热量。

（四）早熟西瓜生产及品种应用，开辟了一条平原区春玉米高产高效生产技术新途径

2000年后，京郊早熟西瓜每年种植面积超过10万亩，西瓜下茬一般平播中早熟玉米。2005—2006年，北京市农业技术推广站对该模式进行改良性试验示范，形成了“早熟西瓜/中晚熟春玉米”模式及配套技术，下茬春玉米更加经济高效地利用西瓜茬土壤富集的养分，提高模式产量水平和经济效益。京郊早熟西瓜通常在6月下旬成熟收获，余下的安全生长期约100天。根据西瓜套种玉米试验结果，西瓜、玉米的适宜共生期为20~25天，因此，应选择生育期120~125天的品种作为“西瓜/玉米”模式的配套玉米品种。这一技术改进措施经过大面积示范取得了良好经济、生态效果，玉米亩均增产16.9%~60.4%，经济效益提高10.8%~12.6%。

（五）多类型鲜食玉米品种及其种植，进一步丰富了京郊玉米种植方式

随着鲜食玉米特色品种的不断涌现，京郊一些农户和科技园区围绕实现全年生产鲜食玉米开发了不少新的种植方式，如“露地甜玉米—糯玉米高效生产技术模式”、“反季节设施鲜食玉米配套栽培技术”等。

三、栽培技术的发展与种植制度变化

（一）三种三收种植方式第三茬高产系列技术

三茬套种的主要问题有4个方面：一是第三茬直播玉米在缺乏早熟品种情况下，在

热量不足年份延迟成熟；二是套种玉米保全苗技术要求高，若管理不当，常常造成缺苗断垅，密度偏稀；三是第二和第三茬玉米共生期长，第三茬光照条件差，生长受影响较大，产量往往低而不稳；四是麦田套种玉米后，玉米受黏虫为害加重，防治失时会造成重大损失。

为提高第三茬产量，广大科技人员和农民探讨了“带麦钻套”、“营养钵矮化育苗移栽”、“间苗移栽”、“抢早直播”等高产栽培技术经验，有效促进了三茬创高产。“带麦钻套”是在收麦之前将第三茬玉米播在麦垄里，通过提早播种达到早发苗、早成熟的一种较好的套种形式。“营养钵矮化育苗移栽”是利用营养钵提前育苗，通过多次挪动营养钵，控制根系生长，培育矮化壮苗，争取有效积温的一项措施。“间苗移栽”是利用埂上中茬玉米间下来的苗子栽到畦内作为第三茬。采用这种方法，也能达到争取有效积温，促进第三茬早熟增产的目的。“抢早直播”即麦茬直播抢早进行，以便保证三茬正常成熟所必需的有效积温。

（二）夏玉米综合高产栽培技术

玉米两茬平播的缺点是，热量资源不足，京郊夏播期间发生夏涝概率较大，大部分年份很难做到适时播种，还常常遇到“芽涝”和灌浆期的低温。缺乏早熟丰产品种，机械化水平不高是限制夏玉米发展的重要因素。

从20世纪80～90年代末的近20年中，通过不断引进、创新和配置各类农机具以及夏玉米早熟品种选育、晚播小麦栽培技术、化控植保技术、夏玉米免耕播种技术等相继研究成功，逐步完善和发展了京郊两茬平播种植模式，促进小麦、玉米单产显著提高，并实现了亩产吨粮的高产水平。

第三章　玉米品种的发展

品种是玉米增产的内因，是决定群体光合作用性能高低的重要因素，是先进技术的物化载体，在玉米总增产量中可起到20%～30%的作用。新中国成立前的300余年间北京郊区种植玉米均以农家品种为主，主要是从国外引进而后农户自主选、留、用。20世纪20～40年代曾开展自交系征集及配制，择优在近郊区进行了示范种植，增产效果显著，但由于战乱应用面积较小。新中国成立以后，京郊先后选育、引进和推广了一大批优良玉米品种，对玉米增产发挥了至关重要的作用。

第一节　京郊玉米品种发展概况

按照栽培面积较大、且有代表性的主栽品种的应用时期进行划分，65年来北京郊区玉米品种的选育与应用与全国一样，主要经历了优良农家品种→组配选育品种间杂交种→双交种、三交种→单交种等7个发展时期。

一、1949—1959年以众多农家品种为主

新中国成立初期，人民政府非常重视玉米品种改良工作，1952年3月和7月农业部先后发布《五年良种普及计划》草案和《全国玉米改良计划》。随即在全国广泛开展了大规模的群众性选种留种活动，政府组织群众开展收集、整理农家品种和选种工作。生产上应用的品种有：快籽白、狗乐、灯笼红、黄金屯、白磁、小把粗、一路快、二路快、白马牙、金皇后、小八趟、英粒子、华农2号、墩子黄等40多个品种。该时期玉米品种应用特点是品种数量多、地域性强，某一个品种往往集中在某几个村或某一个县的小区域范围内种植。

与此同时，北京农业大学李竞雄、郑长庚等利用我国品种资源选育的自交系与美国自交系组配成双交种，主要在科研单位、国营农场进行试验、示范、繁殖，先后育成推广的有春杂7、春杂12号，农大4、农大7、农大14号等；另从国外引进的有维尔156、罗马尼亚409、罗马尼亚311等，在生产上先后示范推广的有春杂1号、春杂2号、夏杂1号、荣杂号系列等。1959年，品种间杂交种种植面积达到6万余亩，约占玉米种植面积的3.3%。

二、1960—1969年以主栽农家种为主

在收集、整理、筛选农家品种工作的基础上，确定了主栽品种进行大面积推广：春播重点推广白马牙、金皇后、英粒子等；夏播重点推广小八趟、墩子黄、白磁等。1965

年白马牙种植面积达到100余万亩，约占春玉米的70%，占玉米总面积的41.8%；小八趟的种植面积达到70多万亩，约占玉米总面积的29.3%。在利用这些优良农家种的同时，又大力试验、推广了中国农科院选育的春杂号系列和北京农业大学选育的农大号系列品种；同时，从国内外引进的一批品种和双交种也在生产上示范推广。

京郊虽然从20世纪50年代初期就开始试种、推广玉米杂交种，但由于当时对杂种优势利用认识不足，推广的组合不十分理想，致使杂交种的种植面积不大。到20世纪60年代中期，大量引入和盲目推广罗马尼亚杂交种，1966年由于发生大、小斑病造成严重减产，使杂交玉米的推广受到很大挫折，从1966—1970年，杂交种的应用几乎处于停滞状态。

三、1970—1977年第一代单交种示范推广

20世纪70年代初期，育种单位侧重于研究抗病育种和自交系生产力的提高，很快选育出一批高产、抗病、质优、抗倒适合郊区生产需要的单交种。由于显著增产，杂交玉米从70年代初开始一直积极而又稳妥地向前发展，至70年代末，全郊区75%的玉米田块采用了单交种，到80年代基本普及。1970—1977年，为第一代单交种试验、示范、推广阶段。这一阶段单交种发展迅速，1970年种植面积仅1.9万亩，占玉米种植面积比重不足1%；到1973年已达到78.7万亩，占玉米播种面积的30%以上；1977年种植面积已扩增到近200万亩。先后推广种植的品种有：“白单4号”为主的“白单”号系列、“黄白单1号”、“丰收”号系列、“京黄”号系列、“京早”号系列等。为加速玉米良种的繁殖，采用冬季在海南岛加代繁育的办法加速品种更新换代。其中，“白单4号”是我国第一个育成的紧凑型杂交种。

四、1978—1987年第二代单交种示范推广

1978—1987年，为第二代单交种示范推广应用阶段。1978年京郊杂交玉米推广面积已达239万亩，占玉米种植面积的94%。主要杂交种有：春播“京杂6号”、“京白10号”、“京黄113号”、“中单2号”、“中单11号”、“黄417”、“京单403”等；夏播用早熟种“京早7号”、“京早8号”。10年期间累计推广面积486万亩，平均每年48.6万亩。其中，表现最突出是由北京市国营农场管理局选育的“京杂6号”杂交种，10年累计种植966.6万亩，平均每年96.7万亩，高峰年（1981年）种植面积达150.2万亩，占玉米总面积的50.6%。“京杂6号”生育期115天左右，生长势强，抗大、小斑病，无黑穗病，抗涝性较好，十分适宜当时京郊“三种三收”中茬套种应用。

五、1988—1997年第三代单交种示范推广

1988—1997年，实现了第三次玉米杂交种更新换代，株型从平展型改为紧凑型。紧凑型品种因植株紧凑、耐密性提升，抗倒能力增强，特别是其光合效率与物质积累能力显著提高，显示出较强的增产潜力。基本形成了以“掖单”号系列为主，搭配农大60、沈单7、中单8的品种布局。从山东莱州引入的“掖单”号系列紧凑型品种，通过示范推广种植面积迅速扩大，到1990年，“掖单2号”面积达29.6万亩，“掖单4号”

的面积达 98.8 万亩，分别占当年春播和夏播玉米面积的一半，玉米收获穗数由每亩 3 000穗增加到 4 000穗左右，产量大幅提高。

进入 20 世纪 90 年代后，在推广紧凑型品种的同时，加强了优质和抗病新品种的推广力度，主要应用品种春播以“掖单 13”、“掖单 2”为主，还有中单 120、农大 60 等；夏播以“掖单 52”为主，还有“掖单 4”等。春播品种中面积较大的是“掖单 13”，1992—1995 年 4 年累计种植 149.4 万亩，平均每年 37.4 万亩，高峰的 1994 年种植规模达到 41.4 万亩，占当年玉米总面积 13.4%。夏播主栽品种是“掖单 52”，四年累计种植 179.6 万亩，平均每年 44.9 万亩，高峰的 1992 年种植规模达到 78.3 万亩，占当年玉米总面积 23.4%。该时期夏播品种前期还有“黄 417”、“京黄 127”等；后期有“唐抗 5 号”、“京早 10 号”等。“唐抗 5 号”在后期表现很突出，以年均百余万亩速度推广应用，高峰的 1997 年种植面积达 142.2 万亩，占当年玉米总播种面积的 45.9%（图 3－1）。

图 3－1　紧凑型玉米的株型与增密增产优势

（图片为陈国平先生提供）

在京郊推广应用紧凑型玉米品种的同时，晚播小麦生产技术获得成功且日趋成熟，这样上、下两茬作物均储备了具有高产量潜力和稳产性好的配套品种，为“小麦—玉米”两茬平播实现亩产吨粮创造了条件，经过各方努力，20 世纪 90 年代初京郊出现了一批吨粮村。通过推广紧凑型玉米品种和开展吨粮田建设，1994 年京郊玉米单产增长到 480.0kg/亩，比 1987 年提高了 41%。

随着使用年限的增加，“掖单”号品种系列抗病性和适应性随之减弱，影响了京郊玉米产量的提高与稳定，造成了个别年份的大减产。如 1994 年北京市种植的 40 万亩掖单 13，粗缩病和大斑病严重发生，其中，26 万亩出现了 12%～29% 的空秆。农大 60、沈单 7 号等品种也出现了病害加重和早衰现象。

六、1998—2008 年第四代单交种示范推广

1997 年，中国农业大学选育的农大 108 通过了北京市品种审定，随着“掖单”号系列抗病性、适应性的减弱，农大 108 于 1998 年被定为主推新品种。该品种为中国农大许启凤利用国内和美国的优良单交种选育二环系，并导入亚热带种质，是一个具有突

破性的玉米新品种。农大 108 玉米赖氨酸含量 0.36%、粗脂肪含量 4.25%，属优质品种。在该品种通过审定前，经全国和北京市多点试验示范表现突出，增产显著：1994 年 11 个省、市、自治区 23 个试点平均亩产 581.3kg，1995 年 15 个省、市、自治区 65 个试点平均亩产 550.2kg，1996 年在延庆示范，亩产 718.3kg，均比对照显著增产。为使农大 108 尽快在京郊春播区大面积推广应用，北京市种子管理站和北京市农业技术推广站联合对其在北京地区种植的生育特性、配套技术及制种技术进行试验研究，并开展了大面积示范推广应用。农大 108 由于其高产优质稳产及制种高产等特性，1997 年开始示范，1998 年即推广 25.96 万亩，1999 年达到 38.1 万亩，占玉米总种植面积的 12.9%，到 2008 年累计应用 600 余万亩，在京郊作为主栽品种长达 11 年之久。这一阶段，夏播玉米当家品种前期是“唐抗 5 号”，后期为“京早 13”；搭配品种有唐玉 5、唐抗 9 号、新唐抗 5 号、宽城 1 号等（图 3－2、图 3－3）。

图 3－2　农大 108 示范田

图 3－3　农大 108 果穗

这一时期内，京郊还示范推广了不同类型优质饲料玉米品种，如高油玉米、高蛋白玉米，两者代表品种有高油 115、京早 13 号。高油玉米脂肪含量平均比普通品种提高 2 个百分点，高蛋白玉米粗蛋白含量平均比普通品种提高 1.5 个百分点（图 3－4、图 3－5）。

图 3－4　高油 115

图 3－5　京早 13 号

随着京郊草食性牲畜的发展，对青贮玉米需求量逐年递增。由于青贮饲料需求量大、水分含量高，不宜长距离运输，不能依靠外埠供应，必须在本市就地解决，因此，为满足草食性家畜青饲需求，北京市于21世纪初建成了30万亩青贮玉米生产基地。基地主要应用品种为夏播农大108、科青1号、北农青贮208等品种。

甜、糯鲜食玉米鲜嫩适口、甜糯适宜、品味纯正且具保健作用，因而成为人们膳食结构调整中的新宠，成为京郊都市型农业发展的新亮点。为满足首都市场的旺盛需求，北京市广泛引进了优质甜、糯鲜食玉米特色品种，并进行筛选和示范推广。甜玉米主要推广的品种有农大甜单8、甜单10、甜单21号系列，还有科甜120、京科甜183等；糯玉米主要品种有：中糯1号、京科糯2000、紫香糯等，其中，中糯1号和京科糯2000占主导地位。自2001年起全市鲜食玉米种植规模连年增长，经济效益达到普通玉米的2~5倍，成为农民致富的重要途径（图3-6、图3-7）。

图3-6　京科糯2000

图3-7　紫香糯

七、2009年至今第五代单交种示范推广

春玉米主栽品种农大108推广11年后表现出退化，产量水平下降。北京市于2009年实施了品种更新换代工作，将已在全国推广应用的耐密型高产稳产中熟品种郑单958和早熟品种京单28作为京郊春、夏玉米更新换代的主栽品种，搭配品种春播为中单28、联科96、中金368等品种，夏播主要是纪元1号、京玉11、京科25等品种。经过几年努力，原主栽品种农大108等被淘汰，京郊春、夏玉米建立了新的品种布局，为高产稳产奠定了坚实基础。2007年郑单958的应用面积仅7.8万亩，2012年上升到104.9万亩，全市应用率达到50%以上。2013年后春播新品种农华101和夏播新品种京农科728两个品种上升势头迅猛，该品种种子质量高，可以单粒播种。

青贮玉米主要品种有农大108、农大86、京科345、北农青贮208、京科青贮516、郑单958、京科青贮301等，其中，农大108和郑单958为主栽品种，这两个品种高产、稳产性突出。

这一时期京郊鲜食玉米中甜玉米品种主要有京科甜183、中农大甜413、京科甜2000等；糯玉米主要有京科糯2000、斯达22号等。甜玉米以京科甜183、糯玉米以京科糯2000为主栽品种。京科糯2000品质好，丰产性表现突出，深受到广大消费者欢迎（图3-8至图3-15）。

图 3－8　郑单 958

图 3－9　郑单 958

图 3－10　京单 28

图 3－11　中单 28

图 3－12　京农科 728 成熟期

图 3－13　京农科 728 果穗

图 3－14　农华 101 示范田

图 3－15　京科甜 183

第二节 玉米种子生产加工发展

种子加工是提高种子质量的重要措施，通过加工可以提高玉米良种的科技含量和商品价值，并为实现机械化精量播种和提高出苗质量奠定基础。

新中国成立以来，北京市玉米种子工作在农业生产发展中大体经历了："家家种田，户户留种"、"四自一辅"、"四化一供"和实施"种子工程"4 个阶段，总体上和国家的步伐一致。

一、1950—1977 年自留种与人工粗筛选阶段

1950 年，农业部召开华北农业技术会议，制订了《粮食作物良种普及计划实施方案》，提出就地选种就地推广的原则，农村普遍实行"家家种田，户户留种"，当时在一定程度上促进了农业的发展。但种子加工只能使用簸箕、手筛、风车、木锨等原始工具，生产力极其低下，这种方式只能适用于生产水平低的状况，由于户户留种，邻里串换，易造成品种混杂。

合作化特别是人民公社化以后，土地实行集体耕种，种子由社、队统一安排，实行计划生产；国家调剂部分，也是实行计划生产、计划收购、计划调拨。1958 年，在全国种子工作会议上，针对种子大调大运，甚至以粮做种，造成种子混杂的状况，提出了实行"四自一辅"即"主要依靠农业社自繁、自选、自留、自用，辅之以必要调剂"的种子工作方针。1962 年，中共中央、国务院发布《关于加强种子工作的决定》，要求"生产队应该有自己的'种子田'，为自己繁殖良种"。但在种子加工和储运方面的装备和设施基本上还是空白。种子加工仍旧沿用簸箕、手筛、风车、木锨等原始工具，有的生产队开始使用谷物扬场机，加工的速度有了相当大的提高，但生产出的种子仍没有实现分级，只能勉强应用于生产。

这一阶段北京市玉米杂交种子生产和基地的建设取得进展。从 20 世纪 50 年代中期到 60 年代推广玉米品种间杂交种和双交种时期，基本上是以国营农场为主要繁殖、制种基地。70 年代以后推广玉米单交种，亲本繁殖和杂交制种主要是在市区县国营原（良）种场和社队特约基地。起初主要在平原地区分散制种，由于气候特点、技术水平、隔离条件等因素的影响，制种产量低、质量差，政府年年给予补贴。之后，开辟了山区制种区，因其气候凉爽、隔离条件好，制种产量和质量均有大幅度提高。

二、1978—2008 年专业化生产、机械化加工和质量标准化时期

1978 年，国务院批转农林部《关于加强种子工作的报告》，要求健全良种繁育体系，逐步实现"品种布局区域化 、种子生产专业化、种子加工机械化、种子质量标准化，以县为单位统一组织供种"，即"四化一供"的种子工作方针。品种布局区域化即按照作物品种不同的区域适应性，合理安排品种的布局，使在一个自然区划内，种植相宜的当家品种和搭配品种。种子生产专业化即根据各种作物用种的需要建立专门的种子生产基地，按照一定的操作规程，繁殖原种和大田用种。种子加工机械化即把专业化生

产出来的“半成品”种子，采用种子加工机械进行精选处理，以机械代替手工操作。种子质量标准化即供应社队的种子，必须按照规定的技术标准进行检验，使这些种子符合国家对原种、良种规定的质量标准。以县为单位组织统一供种就是要改变由生产队分散留种、样样自给的落后状况，由县种子公司统一组织供应全县的大田用种。

在这一时期，市、县种子公司相继成立，玉米种子加工机械化正式提上了工作日程。但是，由于机械性能、种子价格、农业生产水平和人们的认知程度等因素所限，此时期的种子机械加工还处于示范、推广阶段，主要应用的是自制的简易筛选机和引进的加工单机。

1979年，北京市种子站在总结各地制种高产经验的基础上，提出四项玉米制种改革措施：改分散制种为集中连片制种；改稀植为合理密植；改父母本小行比为大行比；改春播一茬制种为春套或与菜间作、夏播制种。建立制种专业队，实行岗位责任制。

据向世英等的《北京种业五十年》介绍，1980年联合国粮农组织援建北京市奥地利海德公司生产的谷物种子生产流水线，安装在通县种子公司，对北京市种子加工业起到了示范和推动作用。20世纪80年代中后期，利用世界银行贷款和地方配套资金，又引进了一批种子加工成套设备，北京市种子公司引进了丹麦的大型加工设备。这两批种子加工成套设备的引进，使北京市玉米种子加工工艺有了很大提高，并起到了示范促进作用。通县农机修造厂等厂家积极消化吸收进口设备，设计生产了几种型号的主机，分别被延庆、怀柔、密云、昌平、顺义、房山、大兴区县的种子公司安装使用。这个时期其主要工艺是：机械清选、机械精选、机械包衣、计量包装（最小5kg）。

1983年，全市玉米制种面积达到12.4万亩，平均亩产105kg。其中，市、区县种子公司集中制种7.67万亩，平均亩产117.6kg，该年达到本市玉米制种面积最高峰。此后，由于产量不断提高，面积逐渐回落，制种基地向山区发展，以怀柔为主的北部山区玉米制种基地逐渐形成。同时，由于本市制种价格偏高，一部分制种外移到河北、山西等地。1990年4月3日北京市政府农办召开玉米种子生产会议，提出玉米种子生产以本市为主，外地为辅；本市以怀柔为主，其他县为辅的原则。1992年6月20日农业部将怀柔列入“国家级玉米制种基地”，北京市玉米制种基地经历了由分散到集中、由平原到山区的发展历程。年玉米制种面积一度达2.5万亩，年产量750万kg以上，种子销售辐射全国20多个省市，北京市场占有率达50%。

1995年，全国农业种子工作会议在天津召开，提出了为实现2000年农业增产目标，确保粮棉油等主要农产品的有效供给和稳定增长，推动我国农业上新台阶，实施种子产业化工程的构想。决定以种子加工、包装、统供为突破口，从中间环节抓起，带动科研育种和良种良法推广。同年10月，党的十四届五中全会通过的《中共中央关于制定国民经济和社会发展“九五”计划和2010年远景目标的建议》中指出：要“突出抓好‘种子工程’，加快良种培育、引进和推广”。《中共中央、国务院关于“九五”时期和今年农村工作的主要任务和政策措施》中进一步提出“各级政府要把实施种子工程作为依靠科技进步发展农业的一件大事，安排专项资金，组织专门力量，确保种子工程顺利实施”。1996年3月，全国人大八届四次会议通过的《中华人民共和国国民经济和社会发展“九五”计划和2010年远景目标纲要》中明确提出：“强化科教兴农，突出抓好‘种子工程’”。“实施‘种子工程’，完善优良品种的繁育、引进、加工、销售，推广体系，到2000年把水稻、小麦、玉米和棉花的用种全面更新一次”。至此，实施“种子工程”成为党和国家的重要战略决策（图3－16）。

图3－16　种衣剂包衣种子

为了建立适应市场经济的种子管理体制和经营机制，北京市各地农业行政主管部门均不同程度地进行了相关改革。一些地方基本做到了种子管理站和种子公司分开。同时，按照建立现代企业制度的要求和国有企业改革的思路，积极探索国有种子公司产权制度、人事制度和分配制度等改革途径，进行强强联合和资产重组，涌现了一批由种子科研、生产、经营单位和相关企业联合组成的“育繁推销”一体化种子公司或种业集团，有的已成为大型种业股份有限公司，引入了现代企业管理制度和经营方式，种子加工也得到了长足发展。

由于实施了种子工程项目，各级政府对种子加工装备方面的投入加大。为杜绝市场伪劣种子现象，种子加工以包衣和包装为突破口，翻开了种子加工机械发展的崭新一页。1998年，市种子公司又从丹麦引进了具有世界先进水平的种子烘干加工流水线设备一套。主要工艺是：烘干、清选、精选（分级）、比重选、机械包衣、定量包装（1kg）。到1999年，全市拥有外国引进和自行设计、制造的种子加工流水线16套。使北京市种子加工设备的数量、质量和加工能力、技术水平都有了很大的提高。

三、2008年至今现代化种子生产加工时期

20世纪60年代，西方发达国家玉米播种已经普遍采用玉米机械化精量播种技术，即等距单粒播种。此种方法由于要求较高的播种机质量和种子质量，直到进入21世纪随着我国玉米种子加工技术的提高和精致包装、种子包衣等技术的发展，才正式引进和推广应用。

2004年和2006年，美国先锋种子公司培育的先玉335玉米品种分别通过了夏、春

播国家审定。先玉335种子引入我国后，首推按粒包装、单粒播种技术，要求种子发芽率在95%以上，原种纯度在99.8%，杂交种纯度在98%以上；播种前进行分级处理和种子包衣。先玉335的种子有良好的发芽率、发芽势和纯度，并率先以企业行为补贴小型气吸式单粒播种机，使良法与良种有效配套，且全程技术服务到位，使该品种和单粒播种配套技术很快在我国东北地区推广应用。北京市延庆县与先锋种子公司合作，引进了该品种并进行了一定面积的示范推广。

进入21世纪，北京市作为一个现代化的大都市，其农业面临着从传统农业到现代农业的转变，同时农业功能也发生着变化，突出了示范功能。随着玉米单粒精量播种机的普遍应用，对种子加工技术也有了更高的要求。只有经过精细分级的玉米种子，才能确保粒型均匀一致，适应机械化单粒精量播种的需要，保证玉米行距、株距更趋一致，提高光合作用的效率；只有经过药物处理、包衣或种子丸粒化，才能杀灭种子可能携带的病菌，保证幼苗生长期杀虫与微肥营养需要；只有提高了种子的发芽率和出苗率，才能保证玉米生产苗全、苗匀、苗壮，促进玉米增产。2010年，京郊玉米生产上已经有一批较适合单粒精量播种的玉米品种及种子，包括先玉335、联科96、郑单958、农华101、京农科728、京单68等，包装规格以种子粒数为计量标准，重量只作为包装的参考（图3－17）。

图3－17　按粒包装

我国销售的单粒播种玉米种子大部分都进行了分级处理和种子包衣，但距离美国标准仍有一定差距。由于我国种子公司的种子加工机械设备差、投入少，玉米品种数量又多，因而短期内还不可能生产出更多的符合标准的单粒播种玉米种子。

第三节　京郊主要应用玉米品种介绍

一、优良农家品种

（一）白马牙

品种来源：华北一带农家品种。

特征特性：晚熟种，春播生育期140天左右。植株高大，株高270cm左右，穗位高120cm以上。果穗圆柱形，籽粒马齿形，白色，千粒重350g以上。抗逆性强，耐涝，喜肥水。

产量表现：亩产200~300kg。

栽培要点：春播每亩留苗2 000~2 500株。

（二）金皇后

品种来源：原产美国，抗日战争前山西省从国外引进。

特征特性：中熟种，春播生育期120~125天。株高约240cm以上，穗位高120cm左右。果穗圆柱形，籽粒马齿形，金黄色，千粒重280g以上。对肥、水条件要求较高，轻感黑粉病，适应性广。

产量表现：亩产200~250kg。

栽培要点：春播每亩留苗2 000株左右。

（三）小八趟

品种来源：从东北地区引进。

特征特性：中熟种，春播生育期120天，夏播110天。株高约240cm以上，穗位高100cm左右。果穗长筒形，粒行数多为8行，籽粒半马齿形，白色，千粒重400g以上，品质好。抗风、抗涝、抗旱，耐水肥，适应性广。

产量表现：亩产200~250kg，高产地块可达400kg以上。

栽培要点：春播每亩留苗2 500株，夏播每亩留苗3 000株左右。

（四）英粒子

品种来源：从辽宁省引进。

特征特性：中熟种，生育期110天。株高230cm左右。果穗细长呈圆柱形，穗轴深红紫色，粒行数多为12行，籽粒马齿形，金黄色，千粒重300g以上，品质较好。抗旱、抗倒伏、抗病，耐瘠薄，适应性强。

产量表现：亩产200kg左右。

栽培要点：适宜中等肥力种植，春播每亩留苗3 000株左右。

（五）华农2号

品种来源：前华北农业科学研究所从农家品种“通州早生”中选育而成。

特征特性：早熟种，夏播生育期90天。矮秆品种，株高150~180cm，穗位高75cm左右。果穗圆锥形，粒行数多为12~14行，籽粒硬粒型，橘黄色透明，千粒重192g左右，品质好。

产量表现：亩产200~250kg，高产地块曾达350kg/亩。

栽培要点：适宜较肥沃地种植。每亩留苗3 500株左右。

二、粒用玉米杂交种

（一）春杂二号

品种来源：华北农业科学院研究所选育，组合为东陵白马牙×197。

特征特性：晚熟种，生育期130天左右。株高260～300cm。果穗圆柱形，籽粒马齿形，籽粒顶部黄色，千粒重300g左右，品质好。适应性广，抗倒伏，黑粉病较轻。

产量表现：亩产300kg左右。

栽培要点：喜肥水，适宜高水肥条件种植。每亩种植密度3 000株左右。

（二）夏杂1号

品种来源：华北农业科学院研究所选育，组合为华农二号×英粒子。

特征特性：早熟种，生育期95天左右。株高200～230cm。果穗圆锥形，籽粒马齿形，籽粒黄色，千粒重200g左右，品质好。抗倒伏能力强，抗黑粉病。

产量表现：亩产200～250kg。

栽培要点：每亩种植密度3 000株左右。

（三）白单4号

品种来源：中国农业科学院作物研究所1968年育成，组合为小八趟912×埃及205。

特征特性：中熟种，春播生育期115～120天。株高250cm左右，穗位高120cm左右。果穗圆筒形，籽粒马齿形，白色，品质好。株型紧凑，是我国第一个紧凑型杂交种。

产量表现：亩产300～400kg。

栽培要点：要求高肥水条件，每亩种植密度2 800～3 000株。

（四）丹玉6号

品种来源：辽宁省丹东农业科学研究所选育，组合为旅28×自330。

特征特性：中熟种，生育期115～125天，株高250～280cm，穗位高110～120cm。果穗圆筒形，粒行16～20行，籽粒马齿形，黄色，出籽率86%，千粒重330g左右，品质中等。抗倒伏，抗大、小斑病。

产量表现：亩产250～300kg，高产田可达400kg。

栽培要点：适宜京郊春播和套种。每亩种植密度3 000株以上。

（五）中单2号

品种来源：中国农业科学院作物研究所1973年育成，组合为莫17×自330。为我国第二代当家种。

特征特性：中熟种，生育期110天左右，株高240cm左右，穗位高80cm左右。果穗长筒形，穗长25cm，粗4.2cm，粒行数12～14行，籽粒马齿形，黄色，穗轴紫色，千粒重330～350g。品质中等。抗大小斑病，抗丝黑穗病，不抗病毒病，抗涝性较差。

产量表现：亩产300～400kg，高产田可达500kg。

栽培要点：适宜高肥水排涝条件较好的地块种植。套种时间略比农家种小八趟晚3～5天为好，不宜在低洼易涝区种植。

（六）京杂6号

品种来源：北京市东北旺实验站选育，组合为自330×许052。为北京市第二代当家种。

特征特性：中熟，生育期115天左右。株高250cm左右，穗位高90cm左右。果穗圆筒形、白轴，穗长23～27cm，粒行数12～14行，浅马齿形黄白色粒，品质好，千粒重450g左右。生长势强，抗大小斑病，无黑穗病。抗涝性较好。缺点是植株、叶片较高大，要求高肥水种植条件。

产量表现：亩产350～400kg，高产地块可达500kg。

栽培要点：适于高肥水条件下种植。套种时要适当早播，密度以每亩2 200～2 300株为宜。

（七）黄417

品种来源：京郊群众选育，组合为黄早4×莫17。

特征特性：中熟种，京郊春播生育期120～125天，套种110天左右，夏平播100天左右。株型紧凑，叶片浓绿上冲。株高230cm左右，穗位高90cm左右。果穗圆筒形，粒行数12～14行，籽粒浅马齿形、黄色、品质一般，千粒重370～380g，出籽率85%。抗大、小斑病，抗旱、抗倒伏，适应性强，抗涝性差。缺点是植株、叶片较高大。

产量表现：亩产350～400kg，高产地块可达500kg。

栽培要点：适于中等肥力条件下种植。每亩密度平播3 500～4 000株、套种3 000～3 200株。

（八）京黄113

品种来源：北京市东北旺实验站选育，组合为墩子黄×W591。

特征特性：早熟种，夏播生育期85天左右，株高250cm左右，穗位高80cm左右，果穗圆筒形，籽粒行数14～16行，千粒重280～290g，出籽率84%左右，籽粒黄色，浅马齿形，品质较好，抗大、小斑病，耐涝，适应性广。

产量表现：亩产400kg左右。

栽培要点：平作密度每亩3 500株左右。作为间作套种第三茬每亩2 500株左右。

（九）京早7号

品种来源：北京市农林科学院作物研究所和中国农业科学院作物研究所协作选育，组合为黄早4×罗系3。

特征特性：早熟种，生育期为90～95天。株高240cm左右。穗位100cm左右。植株紧凑，株形好，整齐清秀。果穗长筒形，穗长16～18cm，行粒数35～40，千粒重250～300g，籽粒黄白色，半硬粒型，品质较好。单株粒重可达125g，轴细，出籽率高达88%。双穗率30%～50%。抗斑病能力强，成熟时青枝绿叶。缺点是用作两茬平播的下茬生育期稍长。

产量表现：亩产350～400kg。

栽培要点：适宜在肥水条件较好及施肥水平较高的地块种植。夏播应在6月25日之前、钻档套种应在6月上旬播完。每亩种植密度：平播每亩3 500～4 000株，第三茬钻档套种1 500～2 000株。

（十）京早8号

品种来源：北京市农林科学院作物研究所选育，组合为白黄混×墩白。

特征特性：早熟种，生育期为 90 天。株高 230～240cm。穗位 100cm 左右。上部叶片紧凑，下部叶片平展，株形好。千粒重 320～350g，籽粒白色，粒大，半硬粒型，品质好。抗倒、抗病能力较强。

产量表现：亩产 400kg 左右。

栽培要点：适宜在中上等肥力水平地块种植。平播每亩种植密度 4 500株。

（十一）掖单 4 号

品种来源：山东莱州农业科学研究所选育，组合为 8112 × 黄早 4。

特征特性：中早熟种，生育期 105 天左右。株型紧凑，中上部叶片直立。株高 250～270cm，穗位 90～100cm。千粒重 310～320g，籽粒黄色，半马齿形，光合强度高，灌浆速度快。

产量表现：亩产 400kg 左右。

栽培要点：适宜密植，平播每亩种植密度 5 000株。

（十二）掖单 5 号

品种来源：山东莱州农业科学研究所选育，组合为 8112 × 双 741。

特征特性：早熟种，生育期为 100 天左右。株型紧凑，中上部叶片直立。株高 244cm 左右，穗位 100cm 左右。果穗近圆筒形，穗行数 14～16 行，千粒重 320g，籽粒橙黄色，硬粒型，品质好。抗大小斑病，抗青枯病。高抗根倒和茎折。

产量表现：亩产 400～500kg。

栽培要点：适宜密植，平播每亩种植密度 4 500～5 000株。

（十三）掖单 13 号

品种来源：山东莱州农业科学研究所选育，组合为 478 × 丹 340。

特征特性：中晚熟种，春播生育期为 120～125 天。株型半紧凑，中上部叶片直立。株高 260～265cm。果穗近圆筒形，穗行数 16～18 行，千粒重 320～330g，籽粒马齿形，黄色，出籽率 86%～87%。抗倒伏能力强，活秧成熟。

产量表现：在肥力较高条件下亩产 750kg，高产地块亩产可达 1 000kg以上。

栽培要点：适宜密植，平播每亩种植密度 4 600～5 300株。

（十四）掖单 52 号

品种来源：山东莱州农业科学研究所育成，组合为 8112 × 双 105。

特征特性：早熟种，生育期为 94 天左右。株型紧凑，中上部叶片直立。株高 240cm 左右，穗位 100cm 以下。籽粒半硬粒型，黄色，千粒重 350g 左右，品质优良。

产量表现：亩产 300kg 左右，高产地块可达 600kg。

栽培要点：适宜密植，平播每亩种植密度 5 000～5 500株。

（十五）农大 60

品种来源：北京农业大学农学系选育，组合为 5005 × 综 31。

特征特性：中晚熟种，春播生育期 120～130 天。株高 250cm 左右，穗位 85cm。果穗长 23～25cm，穗行数 14～16 行，籽粒马齿形，黄色，千粒重 340～520g，出籽率 85%～88%。抗大、小斑病、黑粉病和丝黑穗病。

产量表现：一般亩产550kg左右。

栽培要点：喜肥水，平播每亩种植密度3 000～4 000株。

（十六）京黄127

品种来源：北京市农场局农业科学研究所选育，组合为黄331×黄801。

特征特性：早熟种，生育期91～99天。株高250cm左右，穗位90～100cm。果穗近圆筒形，穗行数14～16行，籽粒马齿形，黄色，千粒重340～520g左右。

产量表现：亩产300～350kg。

栽培要点：平播每亩种植密度3 000～4 000株。

（十七）沈单7号

品种来源：沈阳农业科学研究所选育，组合为5003×E28。1986年引进。

特征特性：中晚熟种，生育期126～130天。株型较好，植株繁茂、下部叶宽大，穗上部叶片上冲。株高220～260cm左右，穗位80～100cm。果穗圆筒形，穗行数16～18行，籽粒马齿形，纯黄色，千粒重250～280g，品质中等。

产量表现：亩产600～700kg。

栽培要点：适宜密植，平播每亩种植密度4 000株左右。

（十八）中单120

品种来源：中国农业科学院作物研究所选育，组合为早49×早27。

特征特性：早熟种，生育期为95天左右。株型紧凑，中上部叶片直立。株高240cm左右，穗位100cm以下。果穗圆筒形，籽粒马齿形，穗行数14～16行，千粒重310g左右，出籽率85%。根系发达，抗倒能力强，抗大、小斑病等。

产量表现：亩产400～550kg。

栽培要点：夏播每亩种植密度4 200～4 500株。

（十九）中单8号

品种来源：中国农业科学院作物研究所选育，组合为478×黄22。

特征特性：中熟种，生育期为116天左右，夏播105天左右。株高238cm左右，穗位95cm左右。果穗长圆筒形，穗行数14～18行，籽粒半马齿形，黄色，千粒重300～350g，品质优良。株型紧凑，植株健壮，根系发达，抗倒伏能力强，高抗小斑病，中抗大斑病和丝黑穗病，耐青枯病和病毒病。

产量表现：亩产500～700kg。

栽培要点：每亩种植密度春播4 200～4 500株，夏播4 500株为宜。

（二十）唐抗5号

品种来源：唐山农科所抗病育种组选育，北京市种子公司、房山区种子公司引进。组合为黄野四3×获唐黄17。

特征特性：早熟种，夏播生育期95～98天。上部叶片上冲，下部叶片平展，株高260cm左右，穗位105～115cm，果穗近圆筒形，穗长16cm左右，穗粗4.5cm，籽粒纯黄色，硬粒型，千粒重约300g。高抗青枯、粗缩和矮花叶病，抗大、小斑病和丝黑穗病，轻感褐斑病。抽雄后发育快，灌浆速度快。缺点是穗位偏高，有倒伏的潜在危险。

产量表现：亩产 400～500kg。

栽培要点：适宜密度 4 000～4 500株/亩。

（二十一）中玉 5 号

品种来源：中国农业科学院品种资源研究所选育，组合为 HR962×CN1483。

特征特性：早熟种，北京夏播生育期 96～97 天。株高 280cm 左右，穗位 117cm。果穗圆筒形，穗长 16～17cm，穗粗 4.8～4.9cm。籽粒黄色，半硬粒型，千粒重约 270g。高抗青枯病毒、丝黑穗和小斑病，抗褐斑、眼斑，中抗大斑病。缺点是穗位偏高，有倒伏的潜在危险。

产量表现：亩产 400～500kg。

栽培要点：麦收后播种越早越好。适宜密度 3 500～3 700株/亩。

（二十二）京垦 114

品种来源：北京市农场局农科所（东北旺农场科技站）选育，组合为原黄 81×丰 5。

特征特性：早熟种，北京夏播生育期 96 天左右。株型较为紧凑，上部叶片上冲。株高 250cm 左右，穗位 90cm 左右。果穗长圆筒形，穗长 16.5cm 左右，穗粗 4.3cm 左右，穗行数 14 行。籽粒黄色偏红，半硬粒型，千粒重 250g 左右。高抗矮花叶病，中抗大、小斑病。

产量表现：亩产 400kg 左右。

栽培要点：适宜密度 4 200～4 400株/亩。

（二十三）农大 3138

品种来源：中国农业大学选育，组合为综 31×P138，1998 年通过国家审定。

特征特性：中晚熟种。在北京地区春播生育期为 115 天左右。株型半紧凑，穗位叶以上的叶片上冲，以下的叶片平展。株高 247cm，穗位 105cm。果穗圆筒形，穗行数 14～16 行，穗长 18～24cm，穗粗 4.7～5.2cm。籽粒黄色，半马齿形，千粒重 330～350g，单株粒重 140～220g，出粒率 84.7%。中抗大斑病，抗小斑病，中抗矮花叶病，抗丝黑穗病。

产量表现：亩产 560～600kg。

栽培要点：平播每亩 3 500～4 000株，套种每亩 3 000株左右为宜。

（二十四）农大 108

品种来源：中国农业大学选育，组合为黄 C×178，1997 年通过国家审定（国审玉 980002）。

特征特性：中晚熟种。在北京地区春播生育期为 118～121 天。株型半紧凑，穗位叶以上叶片上冲，以下叶片平展。株高 250～280cm，穗位 80～120cm。果穗近圆筒形，穗行数 16 行，穗长 14～18cm，穗粗 4.5～4.7cm。籽粒黄色，半马齿形，千粒重 280g 左右，单株粒重 125～142g，出粒率 84%。中抗大、小斑病，中抗弯孢菌叶斑病，感矮花叶病田间发病较轻。根系发达，喜水喜肥，

产量表现：亩产 600kg，高产田可达 750kg。

栽培要点：一般水肥条件下种植密度春播3 000～3 500株/亩，条件好的密度可适当增加。

（二十五）中原单32

品种来源：中国农业科学院原子能利用研究所通过核辐射技术选育而成，组合为齐318×原辐黄。

特征特性：早熟种。北京地区夏播生育期为93天左右。株型半紧凑，株高240～270cm，穗位80～110cm，总叶片数21～22片。果穗锥形，穗长18～22cm，穗行14～16行，籽粒橘黄色，硬粒型，千粒重300～380g；茎秆韧性强，根系发达，综合抗性强，高抗矮花叶病、粗缩病，抗大小斑、青枯、穗腐、粒腐、丝黑穗病。耐旱、耐阴雨、耐高温、耐冷害，光合效率高，绿叶活秆成熟，可直接青饲、青贮，也可将收获籽粒后的秸秆青饲、青贮。

产量表现：亩产400～500kg。

栽培要点：夏播种植密度每亩3 500～4 000株。

（二十六）中金368

品种来源：中国农业大学作物学院、北京金粒特用玉米研究开发中心选育，组合为112×036，2001年通过北京市审定。

特征特性：中晚熟种，生育期122天左右，属中晚熟品种。株型较紧凑，穗位下部的叶片略上倾叶尖略下垂，穗位上部的叶片直立上冲。株高253cm，穗位100cm，空秆率1.7%。籽粒黄色、半硬粒型，千粒重368.3g，出籽率77.4%，籽粒品质好。适宜与矮秆作物间作、套种。抗大、小斑病、矮花叶病。品质分析：含水分9.8%，粗脂肪5.46%，粗蛋白10.56%，粗淀粉67.76%，赖氨酸0.34%。

产量表现：生产示范田亩产700kg左右。

栽培要点：适宜中等以上肥力种植，每亩留苗密度控制在3 000株以内。

（二十七）京早13

品种来源：北京市农林科学院玉米研究中心选育，组合为J853－2×P007，2000年通过北京市审定，2003年通过国家审定。

特征特性：早熟种。北京夏播生育期93天，株型紧凑，叶片上冲，全株20片叶，叶色浓绿。高抗大、小斑病和粗缩病、矮花叶病毒病。株高240cm，穗位高95cm。果穗锥形，穗长15～17cm，穗粗5cm，16～18行，多者可达20行。行粒数35粒左右，穗粒数稳定在560粒左右，千粒重300～320克，单穗粒重达150g。穗轴红色，籽粒橘红色，硬粒型。品质优，含粗蛋11.25%，粗脂肪4.47%，粗淀粉70.92%，赖氨酸0.36，容重725g/L，各项指标均超过国家一级饲料粮标准。一般亩产500kg左右，最高亩产787.8kg。成熟时茎秆养分含量为：粗蛋白7.83%，粗脂肪1.78%，粗纤维22.93%，粗灰分8%，适合做青贮饲料。

产量表现：生产示范田平均亩产500kg左右。

栽培要点：适宜种植密度为4 000株/亩左右。

（二十八）京玉7号

品种来源：北京市农林科学院作物所选育，组合为京系501×京系24，2002年通过北京市审定（京审玉 2002004）。

特征特性：早熟种。北京地区夏播生育期 99.3 天，株高 236kg，穗位高 90kg。雄穗分枝中等，主轴明显，分枝较直，花药绿色，花丝黄绿色。穗位上部叶片角度在 45°左右，下部叶片较为平展，生长繁茂性好，活秆成熟。穗长 16.7kg，穗粗 4.8kg，果穗圆筒形，穗轴红色，穗行数 12～14 行；籽粒黄色，半硬粒型，千粒重 319.5g，穗粒重 146.3g，出籽率 79.6%；区试平均亩产 511.6kg。抗倒，稳产性好。对玉米大斑病、小斑病、矮花叶病、弯孢菌叶斑病等有较好的抗性。品质分析：粗蛋白 8.09%，赖氨酸 0.26%，粗脂肪 4.12%，粗淀粉 74.12%，容重 727g/L。

产量表现：区试平均亩产 511.6kg。

栽培要点：适宜种植密度为 3 500～3 800株/亩。干旱年份应注意及时灌溉，防止秃尖。

（二十九）京科 25 号

品种来源：北京市农林科学院玉米中心选育，组合为吉 853 ×J0045，2003 年通过北京市审定（京审玉 2003001）。

特征特性：早熟种。北京地区夏播生育期 99 天，幼苗出叶快，芽鞘紫色，株型半紧凑，茎秆粗壮，气生根发达，抗倒伏性较好。株高 260.0cm，穗位高 105.0cm。果穗长 18.5cm，穗粗 4.9cm 左右，穗行 14～16 行。籽粒黄色，半硬粒型，穗轴白色，粒深 1.0cm。果穗均匀，籽粒角质淀粉多，商品性好。千粒重 303.9g，单穗粒重 146.6g，出籽率 79.9%。抗大、小斑病，高抗矮花叶病毒病，中抗玉米螟。

产量表现：亩产 550kg 左右。

栽培要点：北京地区 6 月中旬播种，每亩留苗密度 3 500株左右。

（三十）宽城 1 号

品种来源：河北省宽城种业有限责任公司选育，组合为海 35 × 海 91，2004 年通过国家审定（国审玉 2004016）。

特征特性：早熟种。在北京地区夏播生育期 93 天，比对照唐抗 5 号晚 1 天。幼苗叶鞘浅紫色，叶片绿色。株型半紧凑，株高 265cm，穗位 96.5cm，成株叶片数 21 片。果穗圆筒形，穗长 19cm 左右，穗行数 12～14 行，穗轴红色，籽粒黄色，硬粒型，千粒重 316.7～344.3g。

产量表现：一般亩产 500kg 左右。

栽培要点：适宜密度为 3 500株/亩，低洼、盐碱地不宜种植过密。

（三十一）纪元一号

品种来源：河北新纪元种业有限公司选育，组合为廊系 -1 × K12 - 选，2005 年通过北京市审定（京审玉 2005008）。

特征特性：北京地区夏播生育期平均 103.6 天，株高 210cm，穗位 83.7cm，空秆率 0.3% ～4.5%。穗长 17.2cm，穗粗 5.3cm，穗行数 12～14 行，秃尖长 1.7cm。穗粒重 155.2g，出籽率 83%。籽粒黄色，硬粒型，粒深 1.0cm，千粒重 355g。籽粒含粗蛋白 9.68%，粗脂肪 3.96%，粗淀粉 74.21%，容重 755g/L。接种鉴定抗大斑病、小斑病，感弯孢菌叶斑病、丝黑穗病、矮花叶病和茎腐病。抗倒性中等，保绿性较好。

产量表现：生产试验田平均亩产 557.2kg。

栽培要点：6 月 25 日前播种，10 月 5 号前都能正常成熟。适宜种植密度 3 800 ~ 4 000株/亩。

（三十二）京单 28

品种来源：北京市农林科学院玉米研究中心选育，组合为郑 58 × 京 024，2006 年通过北京市审定（京审玉 2006004）。

特征特性：北京地区夏播生育期平均 103.2 天，株高 231.5cm，穗位 89.5cm，空秆率 0.5% ~4.6%。穗长 17.7cm，穗粗 4.9cm，穗行数 12 ~14 行，秃尖长 0.4cm，穗粒重 167.6g，出籽率 84.4%。籽粒黄色，半马齿形，粒深 1.1cm，千粒重 365.9g。接种鉴定抗大斑病、小斑病，感弯孢菌叶斑病、矮花叶病和茎腐病。田间综合抗病性好，抗倒性中等，保绿性好。粗淀粉含量 74.86%，粗脂肪含量 3.95%，粗蛋白含量 8.72%，赖氨酸含量 0.26%，容重 742g/L。

产量表现：2006 年生产试验平均亩产 643.2kg。

栽培要点：适宜种植密度 4 000 ~4 500株/亩。

（三十三）京玉 11 号

品种来源：北京市农林科学院玉米研究中心选育，组合为京 89 × 京 24，2004 年通过北京市审定（京审玉 2004005）。

特征特性：北京地区夏播生育期 101.5 天，株高 238cm，穗位高 97cm，空秆率 0.7%，株型紧凑，活秆成熟；雄穗分枝中等，主轴明显，分枝较直，花药绿色，花丝黄绿色；穗长 17.6cm，穗粗 5.1cm，穗行数 12 ~14 行，果穗圆筒形，穗轴红色，穗粒重 156.6g；粒深 1.1cm，籽粒黄色，半硬粒型，千粒重 362.5g，出籽率 86.0%。籽粒（干基）含粗淀粉 75.32%，粗脂肪 4.17%，粗蛋白 8.17%，赖氨酸 0.26%，容重 712g/L。接种鉴定抗大斑病、小斑病，高抗矮花叶病，感弯孢叶斑病、丝黑穗病。抗倒性较好。

产量表现：2003 年参加夏播区试亩产 618.6kg。

栽培要点：适宜种植密度 3 800 ~4 100株/亩。

（三十四）郑单 958

品种来源：河南省农科院粮作所选育，组合为郑 58 × 昌 7 －2，2008 年通过北京市审定（京审玉 2008005）。

特征特性：北京地区春播生育期平均 119.9 天，株型紧凑，花丝粉红色，花药黄色，雄穗分枝 11 个，株高 269cm，穗位高 119cm，空秆率 3.0%。穗长 17.4cm，穗粗 5.3cm，穗行数 14 ~16 行，穗粒重 184.3g，出籽率 88.4%。籽粒黄色，半硬粒型，粒深 1.2cm，千粒重 360.4g。籽粒（干基）含粗淀粉 75.46%，粗脂肪 3.88%，粗蛋白 8.47%，赖氨酸 0.25%，容重 759.6g/L。接种鉴定抗玉米大斑病、小斑病、茎腐病、丝黑穗病，感弯孢菌叶斑病。

产量表现：生产示范田平均亩产 599.1kg。

栽培要点：适宜种植密度 4 000 ~ 5 000株/亩；苗期发育较慢，注意增施磷钾提苗肥，重施拔节肥。

（三十五）中单28

品种来源：中国农业科学院作物育种栽培研究所选育，组合为中 1128 × 中 5493，2005 年通过北京市审定。

特征特性：北京地区春播生育期平均 125.9 天，株高 271cm，穗位 115cm，空秆率 0.6% ~4.1%。穗长 19.8cm，穗粗 5.2cm，穗行数 12 ~ 16 行，秃尖长 2.6cm。穗粒重 180.7g，出籽率 82.3%。籽粒橘黄色，半马齿形，粒深 1.1cm，千粒重 342.5g。籽粒含粗淀粉 71.98%，粗脂肪 3.08%，粗蛋白 9.95%，赖氨酸 0.28%，容重 761g/ L。活秆成熟，接种鉴定抗大斑病、小斑病、矮花叶病、茎腐病，感弯孢菌叶斑病、丝黑穗病。

产量表现：生产示范亩产 625kg 左右。

栽培要点：适宜种植密度 3 500 ~ 3 800株/亩。

（三十六）京科528

品种来源：北京市农林科学院玉米研究中心选育，组合为 90110 - 2 × J2437，2008 年通过北京市审定（京审玉 2008008）。

特征特性：中熟种，北京地区夏播生育期平均 104.2 天，株高 256cm，穗位 102cm，空秆率 1.3%。穗长 18.15cm，穗粗 5.0cm，穗行数 12 ~ 14 行，秃尖长 1.65cm。穗粒重 153.9g，出籽率 80.9%。籽粒黄色，半硬粒型，粒深 1.1cm，千粒重 352.1g。籽粒（干基）含粗淀粉 75.50%，粗脂肪 3.74%，粗蛋白 8.71%，赖氨酸 0.27%，容重 726g/L。接种鉴定抗玉米大斑病、小斑病、矮花叶病，感弯孢菌叶斑病、茎腐病、丝黑穗病。

产量表现：一般亩产 500 ~ 600kg。

栽培要点：适宜种植密度 4 000株/亩。

（三十七）联科96

品种来源：北京联科种业有限责任公司选育，组合为 067 ×997，2010 年通过北京市审定（京审玉 2008001）。

特征特性：北京春播生育期 120 天。株型紧凑，花丝浅粉色，花药黄色，雄穗分支 6 ~ 9 枝，花粉量大。株高 287cm，穗位高 116cm，果穗圆筒形，白轴。平均穗长 17.6cm，穗粗 5.4cm，秃尖长 0.8cm。穗行数 16 ~ 18 行，行粒数 36.5 粒，穗粒重 196.9g，出籽率 86.6%。籽粒黄色，半硬粒型，粒深 1.2cm，千粒重 356.6g。籽粒（干基）含粗蛋白 10.39%，粗脂肪 3.55%，粗淀粉 73.46%，赖氨酸 0.32%，容重 786g/L。接种鉴定抗玉米大斑病、小斑病、矮花叶病，感弯孢菌叶斑病、茎腐病、丝黑穗病。

产量表现：生产示范平均亩产 648.0kg。

栽培要点：适宜种植密度 3 500 ~ 3 800株/亩。

（三十八）京单68

品种来源：北京市农林科学院玉米研究中心选育，组合为 CH8 × 京 2416，2009 年通过国家审定（国审玉2010003）。

特征特性：在京津唐地区出苗至成熟98天，比京玉7号晚1天。幼苗叶鞘淡紫色，叶片绿色，叶缘淡紫色，花药淡紫色，颖壳绿色。株型紧凑，株高247cm，穗位高99cm，成株叶片数20片。花丝淡紫色，果穗圆筒形，穗长17cm，穗行数14行，穗轴白色，籽粒黄色、半马齿形，千粒重415g。经中国农业科学院作物科学研究所两年接种鉴定，抗小斑病，中抗茎腐病，感大斑病和矮花叶病，高感弯孢菌叶斑病和玉米螟。经农业部谷物及制品质量监督检验测试中心（哈尔滨）测定，籽粒容重730g/L，粗蛋白含量8.78%，粗脂肪含量3.90%，粗淀粉含量73.65%，赖氨酸含量0.26%。

产量表现：生产试验平均亩产674.7kg。

栽培要点：在中等肥力以上地块栽培，每亩适宜密度4 500株左右，弯孢菌叶斑病重发区慎用。

（三十九）农研2号

品种来源：北京市农业技术推广站选育，组合为W7黄×24－14，2011年通过北京市审定（京审玉2011004）。

特征特性：北京地区夏播生育期平均106.3天，株型半紧凑，株高274cm，穗位高108cm，空秆率1.4%。果穗锥形，穗轴红色，穗长16.5cm，穗粗5.2cm，秃尖长0.7cm，穗行数14～16行，穗粒重160.1g，出籽率82.7%。籽粒黄色，半硬粒型，粒深1.1cm，千粒重358.1g。籽粒（干基）含粗淀粉73.66%，粗蛋白8.49%，粗脂肪3.99%，氨基酸0.30%，容重744g/L。接种鉴定抗大斑病，中抗小斑和弯孢菌叶斑病，高感矮花叶和茎腐病。

产量表现：生产试验平均亩产495.0kg。

栽培要点：适宜种植密度为每亩3 500～4 000株。矮花叶病和茎腐病高发区慎用，注意防倒伏（折）。

（四十）京单38

品种来源：北京市农林科学院玉米研究中心选育，组合为CH3×京2416，2009年通过国家审定（京审玉2009005）。

特征特性：北京地区夏播生育期平均102.5天，株型紧凑，花丝粉红色，花药淡紫色，雄穗分枝4～8个，株高233cm，穗位90cm，空秆率0.85%。穗长17.5cm，穗粗4.9cm，穗行数14行，穗粒重153.4g，出籽率83.6%。籽粒黄色，半马齿形，粒深1.2cm，千粒重384.2g。籽粒（干基）含粗淀粉74.48%，粗脂肪4.08%，粗蛋白8.32%，赖氨酸0.27%，容重724g/L。接种鉴定中抗大斑病、抗小斑病和茎腐病，感弯孢菌叶斑病和矮花叶病。

产量表现：生产示范平均亩产629.4kg。

栽培要点：适宜种植密度4 000～4 500株/亩。

（四十一）农华101

品种来源：北京金色农华种业科技有限公司选育，组合为NH60×S121，2010年通过国家审定（国审玉2010008）。

特征特性：中熟种，在黄淮海地区出苗至成熟100天。株型紧凑，株高296cm，穗位高101cm，成株叶片数20~21片。果穗长圆筒形，穗长18cm，穗行数16~18行，籽粒黄色、马齿形，千粒重367g。抗灰斑病，中抗丝黑穗病、茎腐病、弯孢菌叶斑病和玉米螟，感大斑病。

产量表现：一般亩产600~800kg

栽培要点：华北地区每亩适宜密度4 000株左右；黄淮海地区每亩适宜密度4 500株左右。

（四十二）京科968

品种来源：北京市农林科学院玉米研究中心选育，组合为京724×京92，2011年通过国家审定（国审玉2011007）。

特征特性：北京地区春播出苗至成熟128天，与郑单958相当。幼苗叶鞘淡紫色，叶片绿色，叶缘淡紫色，花药淡紫色，颖壳淡紫色。株型半紧凑，株高296cm，穗位高120cm，成株叶片数19片。花丝红色，果穗圆筒形，穗长18.6cm，穗行数16~18行，穗轴白色，籽粒黄色、半马齿形，千粒重395g。高抗玉米螟，中抗大斑病、灰斑病、丝黑穗病、茎腐病和弯孢菌叶斑病。籽粒容重767g/L，粗蛋白含量10.54%，粗脂肪含量3.41%，粗淀粉含量75.42%，赖氨酸含量0.30%。

产量表现：生产示范平均亩产716.3kg。

栽培要点：适于中等肥力以上地块种植，每亩适宜密度4 500株左右，弯孢菌叶斑病重发区慎用。

（四十三）京农科728

品种来源：北京农科院种业科技有限公司选育，组合为京MC01×京2416，2012年通过国家审定（国审玉2012003）。

特征特性：早熟种，京津唐夏播区出苗至成熟98天，与对照京玉7号相当，比京单28早熟1天。株型紧凑，株高276cm，穗位94.5cm，成株叶片数19片，花丝淡红色，果穗圆筒形，穗长17.7cm，穗行数14~16行，籽粒黄色，半马齿形，千粒重371g。中抗大斑病、小斑病和茎腐病，感弯孢叶斑病，高感玉米螟。籽粒容重757g/L。

产量表现：一般亩产700kg左右。

栽培要点：适于中等肥力以上地块种植，每亩适宜密度4 000~4 500株。

三、专用青贮玉米杂交种

（一）北农青贮208

品种来源：北京农学院植物科学技术系选育，组合为2193×7922，2007年通过北京市审定（京审玉2007012）。

特征特性：北京地区春播播种至最佳收获期118天左右，株型半紧凑，株高324cm，穗位高163cm，茎秆柔韧，叶片较宽，叶色浓绿，持绿性好，收获期单株绿叶数13.1片，枯叶数2.9片。穗长19~22cm，穗行数14~16行。籽粒黄色，半硬粒型，千粒重348g。接种鉴定抗玉米大斑病、小斑病、弯孢菌叶斑病、矮花叶病，感茎腐病、丝黑穗病。地上部中性洗涤纤维含量44.43%，酸性洗涤纤维含量17.18%，粗蛋白含量9.63%。

产量表现：生产示范亩产青贮玉米（鲜重）5 000kg左右。

栽培要点：北京地区最适播期为4月下旬到5月上旬，最适种植密度为4 000～4 500株/亩，高肥力地块可适当增加密度，最高不超过5 500株/亩。

（二）北农青贮316

品种来源：北京农学院植物科学技术系选育，组合为MQ704×H736760，2009年通过北京市审定（京审玉2009007）。

特征特性：北京地区春播播种至收获期116天，株型半紧凑，株高320cm，穗位125cm；持绿性较好，收获期单株绿叶数为15.4片，枯叶数为3.3片；营养品质较好，中性洗涤纤维含量49.52%，酸性洗涤纤维含量23.16%，粗蛋白含量7.67%；接种鉴定高抗大斑病和茎腐病，抗小斑病，感矮花叶病、弯孢菌叶斑病，高感丝黑穗病。

产量表现：生产示范亩产青贮玉米（鲜重）5 000kg左右。

栽培要点：北京地区最适播期为4月下旬到5月上旬，需使用种子包衣防治丝黑穗病。最适种植密度为4 400～4 800株/亩。

（三）三元青贮2号

品种来源：北京三元农业种业分公司选育，组合为旺406×781，2007年通过北京市审定（京审玉2007013）。

特征特性：北京地区播种—收获生育期119天，抽雄、吐丝比农大108晚4天。株高310～320cm，穗位高150～155cm，叶片数24片，茎粗3～3.5cm，株型半紧凑，果穗长19～20cm，近锥形，行数12～14，果穗粗5cm，穗轴白色，籽粒黄色，顶白，浅马齿形，千粒重300～330g，田间表现成株叶色深绿，持绿性好，抗倒性好，接种鉴定抗玉米大斑病、小斑病、弯孢菌叶斑病、矮花叶病、茎腐病，感丝黑穗病。地上部中性洗涤纤维含量43.29%，酸性洗涤纤维含量18.66%，粗蛋白质含量9.62%。

产量表现：春播生产示范亩产青贮玉米（鲜重）5 000kg左右；夏播生产示范亩产（鲜重）4 000kg左右。

栽培要点：适宜种植密度为4 200～4 300株/亩。

（四）京科青贮301

品种来源：北京市农林科学院玉米研究中心选育，组合为CH3×1145，2006年通过国家审定（国审玉2006053）。

特征特性：出苗至青贮收获110天左右，比对照农大108晚2天。幼苗叶鞘紫色，叶片深绿色，叶缘紫色，花药浅紫色，颖壳浅紫色。株型半紧凑，株高287cm，穗位高131cm，成株叶片数19～21片；夏播种株高250cm，穗位100cm。花丝淡紫色，果穗圆筒形，穗轴白色，籽粒黄色、半硬粒型。抗小斑病，中抗丝黑穗病、矮花叶病和纹枯病，感大斑病。全株中性洗涤纤维含量平均41.28%，酸性洗涤纤维含量平均20.31%，粗蛋白含量平均7.94%。

产量表现：夏播生产示范亩产（鲜重）4 000kg左右。

栽培要点：每亩适宜密度4 000～4 500株。

（五）京科青贮516

品种来源：北京市农林科学院玉米研究中心选育，组合为MC0303×MC30，2007年通过国家审定（国审玉2007029）。

特征特性：华北地区出苗至青贮收获期为115天，比对照农大108晚4天，需有效积温2 900℃·d左右。幼苗叶鞘紫色，叶片深绿色，叶缘紫色，花药黄色，颖壳紫色。株型半紧凑，株高310cm，成株叶片数19片。经中国农业科学院作物科学研究所两年接种鉴定，抗矮花叶病，中抗小斑病、丝黑穗病和纹枯病，感大斑病。经北京农学院植物科学技术系两年品质测定，中性洗涤纤维含量47.58%～49.03%，酸性洗涤纤维含量20.36%～21.76%，粗蛋白含量8.08%～10.03%。

产量表现：春播生产示范亩产青贮玉米5 000kg（鲜重）左右；夏播生产示范亩产（鲜重）4 000kg左右。

栽培要点：适于中等肥力以上地块种植，每亩适宜密度4 000株左右。

（六）北农青贮356

品种来源：北京农学院植物科学技术系选育，组合为60931×2193，2013年通过北京市审定（京审玉2013006）。

特征特性：北京地区夏播从播种至收获99天。株型半紧凑，株高295cm，穗位130cm；收获期单株叶片数15.1片，单株枯叶片数2.9片。田间综合抗病性好，抗倒性好，保绿性较好。中性洗涤纤维含量51.03%，酸性洗涤纤维含量20.09%，粗蛋白含量8.82%。接种鉴定高抗大斑病和小斑病，抗茎腐病，感弯孢叶斑病和矮花叶病。

产量表现：夏播生产示范亩产（鲜重）4 000kg左右。

栽培要点：适宜在中等肥力以上地块种植，种植密度每亩5 000株左右。

四、甜、糯鲜食玉米杂交种

（一）京科甜183

品种来源：北京市农林科学院玉米研究中心选育，组合为双金11×SH－251，2005年通过北京市审定（京审玉2005014）。

特征特性：超甜型玉米单交种。北京地区春播播种至鲜穗采收平均84天，株型平展，花丝绿色，花药绿色，雄穗分枝20～25个，株高189cm，穗位60cm，单株有效穗数0.99个，空秆率2.49%。穗长19.2cm，穗粗4.6cm，穗行数12～16行，秃尖长2.4cm，出籽率63.4%，粒色黄白，粒深0.9cm，鲜籽粒千粒重315.2g。自然条件下抗多种病害，抗倒性较好。

产量表现：生产示范鲜穗平均亩产806kg。

栽培要点：适宜种植密度3 000～3 500株/亩，授粉后23天左右采收鲜果穗。

（二）中农大甜413

品种来源：中国农业大学选育，组合为BS621×BS632，2009年通过国家审定（国审玉2006060）。

特征特性：在黄淮海地区出苗至采收期 74.4 天，比对照绿色先锋（甜）早 2 天。幼苗叶鞘绿色，叶片绿色，叶缘绿色，花药绿色，颖壳绿色。株型松散，株高 200cm，穗位高 64cm，成株叶片数 20 ~ 21 片。花丝绿色，果穗圆筒形，穗长 19cm，穗行数 16 ~ 18 行，穗轴白色，籽粒黄白双色，千粒重（鲜籽粒）250g。区域试验中平均倒伏（折）率 7.7%。

产量表现：两年区域试验鲜穗平均亩产 733.3kg。

栽培要点：每亩适宜密度 3 500株左右，注意隔离种植和防止倒伏，防治茎腐病和玉米螟。

（三）京科糯2000

品种来源：北京市农林科学院玉米研究中心选育，组合为京糯 6 × BN2，2006 年通过国家审定（国审玉 2006063）。

特征特性：在西南地区出苗至采收期 85 天左右，与对照渝糯 7 号相当。幼苗叶鞘紫色，叶片深绿色，叶缘绿色，花药绿色，颖壳粉红色。株型半紧凑，株高 250cm，穗位 115cm，成株叶片数 19 片。花丝粉红色，果穗长锥形，穗长 19cm，穗行数 14 行，千粒重（鲜籽粒）361g，籽粒白色，穗轴白色。在西南区域试验中平均倒伏（折）率 6.9%。

产量表现：生产示范鲜穗平均亩产 879.5kg。

栽培要点：该品种适应性广，在北京及周边地区春、夏播均可，每亩适宜密度为 3 000 ~ 3 500株。

（四）斯达 22

品种来源：北京中农斯达农业科技开发有限公司选育，组合为天紫 1 × W22 - 2，2006 年通过北京市审定（京审玉 2006010）。

特征特性：北京地区种植播种至鲜穗采收平均 87 天，株高 250cm，穗位 121cm，单株有效穗数 1.0 个，空秆率 2.35%。穗长 16.2cm，穗粗 3.9cm，穗行数 12 ~ 16 行，秃尖长 0.85cm，粒色紫、白色相间，粒深 0.91cm，白轴，鲜籽粒千粒重 268.0g，出籽率 57.1%。经接种鉴定抗大斑病、小斑病。田间综合抗病性较好，抗倒性较强。鲜食品质较好，果皮柔嫩。支链淀粉/粗淀粉比例为 100%，粗蛋白含量 9.81%，粗脂肪含量 5.77%，粗淀粉含量 73.61%，容重 793g/L。

产量表现：生产示范鲜穗平均亩产 600 ~ 700kg。

栽培要点：种植密度 3 500株/亩为宜；在开花授粉后 21 ~ 23 天籽粒开始着色后 3 天采收较为适宜。

（五）斯达 30

品种来源：北京中农斯达农业科技开发有限公司选育，组合为宿 1 - 41 × 天紫 1，2012 年通过北京市审定（京审玉 2012005）。

特征特性：北京地区种植播种至鲜穗采收期平均 89 天，株高 238cm，穗位 104cm，单株有效穗数 1.1 个，空秆率 1.0%，穗长 18.4cm，穗粗 4.4cm，穗行数 14 ~ 16 行，行粒数 34 粒，秃尖长 0.4cm。粒色紫白相间，粒深 0.9cm，鲜籽粒千粒重 342.2g，出籽率 59.8%。籽粒（干基）含粗蛋白 12.11%，粗脂肪 4.09%，粗淀粉 61.26%，支链淀粉/粗淀粉 100.00%，赖氨酸 0.30%。

产量表现：生产示范鲜穗平均亩产 700～800kg。

栽培要点：适宜在中等肥力以上地块种植，适宜密度为每亩 3 500～3 800株。粗缩病高发区慎用。

（六）京科糯 928

品种来源：北京中农斯达农业科技开发有限公司选育，组合为京糯 6 × 甜糯 6，2013 年通过北京市审定（京审玉 2013012）。

特征特性：北京地区种植播种至鲜穗采收期平均 89 天。株高 251.7cm，穗位 106.7cm，单株有效穗数 1.0 个，空秆率 2.6%，穗长 21.7cm，穗粗 4.9cm，穗行数 12～14 行，行粒数 41 粒，秃尖长 1.8cm。粒色白色，粒深 1.1cm，鲜籽粒千粒重 377.5g，出籽率 64.2%。籽粒（干基）含粗蛋白 11.33%，粗脂肪 5.42%，粗淀粉 50.13%，支链淀粉/粗淀粉 100%，赖氨酸 0.35%。

产量表现：生产示范鲜穗平均亩产 800～1 000kg。

栽培要点：适宜在中等肥力以上地块种植，种植密度每亩 3 300～3 500株。

第四章　玉米耕作栽培关键技术的发展

作物生产水平的发展和提高依赖综合配套生产技术体系的应用，而综合配套生产技术体系则必须在品种和单项耕作、栽培技术进步的基础上形成。玉米生产关键的单项耕作栽培技术包括整地、播种、密度、施肥、灌溉、植保、机械作业等。

本章介绍新中国成立以来，对京郊玉米生产发展发挥了关键作用的玉米单项耕作、栽培技术的发展情况。

第一节　耕地整地技术

1949 年新中国成立以后，京郊玉米生产耕地整地技术得到大力发展，主要经历了人工畜力作业为主的浅耕作、以机械化作业为主的深耕作和保护性耕作为主的发展过程。

一、以人畜力作业为主的浅耕作业技术

据《北京志·农业卷·种植业志》记载，新中国成立初期，京郊仅有民国政府遗留下来的 5 台小型拖拉机，玉米耕地、整地作业以人工作业为主、畜力为辅，基本无机械动力，缺乏农具。耕地深度较浅，整地质量差，是当时玉米产量水平低的主要原因之一。1950 年，首先在近郊 3 个区建立起新式农具推广站，开始推广新式步犁、三齿耘锄、手摇玉米脱粒机等比较先进的农具。土地改革以后，农民生产积极性高，又开展农业生产互助合作社运动，新式农具推广工作进展加快，成效很大，仅 1953 年近郊就推广新式步犁 400 多件。新式农具的推广提高了耕地作业效率和质量，对提高玉米产量发挥了重要作用。

土壤是供给作物水分、养分的来源，是玉米生长发育最重要的基础条件之一。据 1962 年版《中国玉米栽培》记载，广大农民很早就充分认识深耕的作用，“深耕一寸田，赛过水浇园”、“秋天翻地如浇水，来年无雨也提苗”“犁出生土，晒成阳土”、“今年秋翻好，来年草就少”等农谚即是农民对深耕作用的深刻体验。1950 年代中共中央发布《关于深耕和改良土壤的指示》，强调“深耕是农业增产技术措施的中心”，“在两三年内，要把一切可能深耕的土地全部深耕一遍……深耕的标准是 33cm 以上”。中共北京市委动员郊区全党全民投入到深翻活动中，在农业机械不多的情况下，主要依靠人畜力和少量新式农具使深耕面积迅速扩大。

20 世纪 50 年代，京郊春玉米生产耕地整地技术主要包括：

①灭茬翻地。在可能的条件下争取时间早早翻地，一般在前茬收获后即刻进行。灭

茬采取人工刨茬、用犁浅耕灭茬或用圆盘耙。翻地深度15～20cm。掌握在土壤持水量在40%～60%时进行宜耕性最好，此时土壤的凝聚性、黏着性、可塑性均减至最小限度，耕地阻力小，容易散碎，过干过湿阻力大，容易形成大坷垃和泥条，影响整地质量。翻地这项充分发挥深耕作用的重要技术环节有利于土壤熟化，接纳雨雪，沉实土壤。此时期主要依靠人力锨翻，或畜力新式步犁及少量的新式双铧犁进行土地深翻，耕地深度由原来的10cm左右加深到15～20cm，但仍没有达到耕深30～40cm的要求。按照土层的厚薄、土层结构和地温上升情况决定耕地深度，结合深耕增施有机肥料或采取黏土铺砂措施改良土壤。

②顶凌耙地。农谚说“秋耕生土，春耕熟土，冬滚碎土压土，早春耙地湿土”。在早春刚解冻、气温不高，蒸发量不大时，利用圆盘耙浅耙横耙或斜耙。

③作畦。主要是水浇地采取畦作，依靠人力、畜力进行；旱地采用平作。

二、以机械化作业为主的深耕作业技术

20世纪60年代以后，特别是1970—1990年，北京郊区农用拖拉机拥有量大幅度增加。据《北京志》记载全市农业机械总动力1957年仅为3.0万马力，到1965年增加到32.7万马力，1975年猛增到169.1万马力，1985年为435.3万马力，1995年达到468.1万马力。随着拖拉机及配套机具的增多，机耕面积逐年扩大，粮田机耕面积从1957年的66.3万亩发展到1985年的460.5万亩。1995年，机耕面积为435.1万亩，粮田基本实现了机耕全覆盖。同时，耕地整地配套机具也得到配置，包括与大、中、小型拖拉机配套的铧式犁、机引耙、旋耕机、镇压器等，基本上满足了玉米耕地整地作业的要求。

该时期的耕地整地技术随着种植制度和种植方式的改革和发展而有所变化和提高，包括春、套、夏播玉米生产。

（一）春玉米耕地整地技术

主要包括：

前茬收获后立即重耙灭茬。边收边耕地，前边耕后边细耙，不留坷垃和白茬地，有利于蓄秋墒抗春旱。

耕翻深度达到25～35cm。随着农用拖拉机的增加，深耕的要求也逐步实现。

早春顶凌耙耧保墒。春季耙碎耙平，耙后再细细打耧一遍，不让地面裂缝，防止水分蒸发。表面虽有一层干土，表层以下潮湿有底墒，播前镇压可以提墒。随着耕地整地技术的提高，有效地改善了土壤条件，提高了耕层深度并创造了上虚下实理想结构，熟化了土壤，提高了土壤含水量，减少了田间杂草和病虫害，促进了玉米生长发育，大幅度提高玉米产量。

（二）套种玉米耕地整地技术

主要在前茬小麦地上进行，包括重耙灭茬、耕翻、对角耙、作畦等精细耕地工序，玉米套种前只进行破埂开沟作畦整地。

（三）夏玉米耕地整地技术

进入20世纪80年代以后，旱涝保收农田面积扩大到300余万亩，早熟品种和农业

机械的发展和应用为大幅度提高粮田复种指数创造了条件。平原地区小麦、玉米“两茬套种”和 250cm 畦式“三种三收”等种植方式逐步改为机械化两茬平播种植制度，套播玉米改为夏播玉米。夏玉米的耕翻整地采取小麦秸秆粉碎还田、撒施底化肥、耕翻、耙平 4 道工序，农耗需要 1 周左右。

三、保护性耕作技术

保护性耕作技术是指在能够保证种子发芽的前提下，通过少耕、免耕、化学除草等技术的应用尽可能保持作物残茬覆盖地表，减少土壤水蚀、风蚀，实现农业可持续发展。20 世纪 70～80 年代，京郊刚开始实施保护性耕作的主要目的是解决秸秆焚烧的问题，以确保航空和道路安全；2000 年后进一步加强了这项技术的研究和扩大其应用范围，则重点考虑了其抑制扬尘、保护环境和培肥地力的作用。

（一）夏玉米

京郊夏玉米实施保护性耕作技术早于春玉米。小麦、玉米两茬平播种植制度实行以后，由于大量麦秸还田，造成整地和播种质量变差，为减少其影响，农民被迫将麦秸焚烧掉，焚烧麦秸形成的烟雾，造成空气能见度下降，可见范围降低，影响航空和道路安全。另外，夏玉米生长期短，抢时抢墒早播是实现高产的关键，整地应该从利于早播、抢墒、防涝和降低成本等方面考虑。为避免秸秆焚烧和争取早播，通过农机和农艺结合攻关，试验示范推广了免耕播种配套技术。

京郊试验示范免耕播种技术开始于 20 世纪 70 年代末，主要是进行铁茬播种，麦秸未能还田而另作他用。据陈国平 1979 年京郊玉米培训班教材《麦茬平播玉米生长发育特点和栽培技术》中介绍，1978 年房山县窦店大队在同一块地上对比，在同时播种的情况下，铁茬播种同旋耕一次或两次的产量基本一样，但当地干部群众认为铁茬播种至少可争取早种 2～3 天，土壤墒情也较好，增产效果是肯定的。除此之外，硬茬播种地遇旱易浇，多雨时“窝汤”的风险较小，而且大大节省整地的用工及燃料。实践证明，在同期播种的情况下硬茬播种同旋耕或浅耕后播种的产量相近，但如因省略整地工序而提早几天播种，则硬茬播种比整地后播种的有明显的增产效果。

通过多年农机农艺结合试验示范，特别是免耕播种机的研制成功，研发出《夏玉米免耕覆盖栽培技术体系》，解决了小麦秸秆粉碎还田后免耕直播玉米的技术难题。该项技术体系已于 20 世纪 90 年代中期以后在北京郊区全面应用于夏玉米生产。

（二）春玉米

2000 年以后，随着北京举办奥林匹克运动会的临近和农民发家致富的心情迫切，研究与推广春玉米生产保护性耕作技术势在必行。

传统耕作长期采用深耕深耙、晾垡晒垡措施，使我国北方农田生态环境逐步恶化。北京地区春玉米主产区约有 50 万亩种植面积，基本环绕在西北部山区。由于采用一年一熟制，冬、春季有近半年时间土地休闲，土壤耕作采用秋翻耕和晾垡晒垡技术。冬、春干旱、多风，裸露的耕地极易产生扬沙扬尘。多年来北京频繁发生沙尘暴，测定研究表明经过翻耕的裸露农田是沙尘来源之一。同时，扬尘也使千万吨肥沃的表层土壤被吹走，使农田土壤结构破坏，逐步导致农田沙化和贫瘠。

在中国农业大学高焕文的主持下，我国春玉米免耕少耕与秸秆覆盖技术首先在山西、河北等地一年一作玉米生产上研究成功，经济、生态和社会效益显著。保护性耕作取消铧式犁翻耕，在保留秸秆覆盖的前提下免耕播种，促进土壤自我保护和营造机能，是机械耕作由单纯改造自然到利用自然、与自然协调发展农业生产的革命性变化。保护性耕作技术的实施，通过秸秆残茬覆盖地表，增加土壤蓄水量，减少灌溉对地下水的需求，减缓地下水位的下降；秸秆覆盖不仅降低了风速，而且根茬可以固土、秸秆可以挡土，同时，土壤水分的增加也增强了表层土壤之间的吸附力，改善团粒结构，使可风蚀的小颗粒含量减少，可有效抑制农田起尘，减轻沙尘暴的危害；降低生产成本，增加农民收入，防止秸秆焚烧。

2003 年 5 月 29 日，农业部和北京市人民政府在人民大会堂举行“北京全面实施保护性耕作项目启动仪式”，双方签订了全面实施保护性耕作项目实施方案和责任书，北京市农业局主持实施了农业部下达的相关项目。2003 年北京市农委下达了《京郊农田防尘保护性耕作技术体系研究与示范》科技招标项目，在北京市农业局的领导下，由北京市农业技术推广站联合中国农业大学、北京市农机鉴定推广站、北京市农林科学院玉米研究中心等单位协作实施。通过农机农艺紧密结合，在进行全面深入研究的基础上建立了京郊春玉米保护性耕作技术体系，包括 4 项核心技术：一是整秆覆盖技术：玉米收穗后秸秆作为覆盖物留在田间，根据作业工艺覆盖形式分立秆和倒秆两种。立秆覆盖是玉米摘穗收获后秸秆仍直立于田间；倒秆覆盖则是玉米收获后用机械或人工将秸秆顺风向压倒放于行间；二是免耕施肥播种技术：应用“迪尔 – 1750”或“2BQM – 6”改进免耕播种机，一次性完成施肥与播种作业，肥料可选用长效保水复混肥一次底施，也可选用尿素实行底、追分施，种、肥间距确保在 5cm 以上；三是杂草与病虫害综合防治技术：防除播前明草应用 41% 农达水剂或 20% 百草枯水剂、20% 克草快水剂，亩用量分别为 100 ~ 200mL、150mL 和 150mL；播后土壤封闭推荐应用 38% 莠去津、96% 金都尔和 41% 草甘膦混合使用，其亩用量及配合比例是 100mL、60mL、200mL。苗期杂草较重时，用百草枯对玉米行间杂草定向喷雾。丝黑穗病的防治选用 20% 粉锈宁乳油或 12.5% 特谱唑可湿性粉剂、50% 多菌灵可湿性粉剂进行拌种，每千克玉米种子用药剂量分别为 0.2%、0.3%、0.3%；四是深松土技术：保护性耕作土壤须 3 ~ 4 年深松土 1 次，提高土壤通透性，以防土壤板结。机械化保护性耕作由于减少机具作业工序，降低了生产成本，秸秆覆盖，逐步减少化肥用量，减少地表裸露，减轻风蚀、水蚀强度，改善生态环境，达到了生态效益与经济效益的有机统一。

据北京市农业局统计，2009 年全市完成粮食作物机械化保护性耕作面积 293.4 万亩，占总播种面积的 86.4%，成为全国首个省市级保护性耕作示范区。此后，继续加强土壤深松作业，2010 年保护性耕作面积达到 296.6 万亩，占粮食总播种面积的 88.5%。

第二节　播种技术

播种技术是玉米最关键的生产技术之一。北京郊区自 1949 年新中国成立以来，随着农业科学技术的不断发展和机械化水平的提高，京郊玉米播种技术经历了从人工撒播到精量单粒播种的发展过程，主要应用和研究示范推广了五项播种技术。

一、人畜力条点播技术

新中国成立初期，由于农业机械化水平很低，京郊玉米播种沿用传统播种技术和方法，基本依靠人畜力完成。主要有条播和点播两种方法。

条播是用开沟工具开沟，把玉米种子撒在沟内，然后覆土。人畜力条播主要采用的播种工具是“耧”，由人或牲畜牵引，后面有人把扶，可以同时完成开沟和下种。条播的另一种方法是“犁种”，即第一犁开沟把种子撒在沟内，随后一犁掩埋种子，一般每隔二三犁撒一犁种子。条播方法用种量较多，但播种工作效率较高，犁种一般每亩需4.0～5.0kg，耧播播种量为每亩3.0～4.0kg。播深因土壤质地、墒情和种子大小而定，一般7～8cm，由于播种工具简陋，播种深度不够一致，播种质量较差。

点播即按计划的行距、穴距开穴、施肥、点播、覆土。点播全靠人工作业，虽较费工，但能够保证质量，并可节约种子、肥料，间定苗、中耕和追肥也较方便。点播播种量一般每亩2.0～3.0kg。播种深度一致性相对条播较好。

播后进行镇压，方法包括石砘子压、锄板推、脚踩、镇压器镇压等。

人畜力条、点播技术主要问题是：①费工，劳动强度大；②作业效率低，延误农时；③作业质量差，播种深度、行距难以保持一致。

20世纪50～60年代，由于京郊玉米生产以旱地为主，为抗旱增产广大科技工作者和农民群众以“人畜力条、点播技术”为基本技术，在多年的实践中总结出很多抗旱播种方法：

（一）抢墒播种

山区的斜阴坡地和沟地积雪溶化较晚、墒情较好，多数年份基本上能满足种子发芽出苗要求的土壤水分，抓住墒情好的有利时机抢墒播种。平原低洼地和其他墒情好的地块，早春采取耙、盖保墒措施，选用抗黑粉病品种，抢墒播种。

（二）接墒播种

在仅表土干旱时采用，播种时用两个耧，前边的豁开干土，后面的把种子播在湿土内。

（三）做大小畦，局部浇水

水源不足的春白地，每隔2.0m左右开沟做小畦，小畦内浇水种两行玉米。大畦内雨后抢种二三行谷子、豆子等杂粮作物。这种方法的特点是集中灌溉，提高水的利用率。

（四）深播浅盖

在底土有墒、表土干燥的情况下，先用犁开一条较深的沟，将种子种在沟底的湿土层中，然后浅盖一层湿土。这种方法可使种子吸收土壤深层的水分，还能保证正常的播种深度。

（五）提前耠假垄，雨后抢种

在干旱严重的旱地，提前按玉米行距用犁将沟开好，施好底肥，等待有一定数量降水后沟内沟边就有 2 ~ 3cm 的湿土，立即将种子播于沟内，再将沟边的湿土覆盖在种子上面，可保证出苗。

（六）茅肥湿粪点种

将腐熟的人粪尿对水浇入播种穴内，或放入经过渗水充分湿润的土圈粪，不但能满足种子发芽出苗所需水分，还能起到施肥作用。

（七）玉米秸秆带水播种

播种前把玉米秸秆铡成 5 ~ 7cm 的小段放在水中浸泡吸足水分，播种时把催过芽的种子夹在玉米秆中，按原定穴距播下，覆土盖严，依靠玉米秆陆续释放的水分供种子发芽出苗。

（八）挑水点种

距水源较近或运水工具较好的地块，进行挑水点种。根据土质、墒情、水源远近等条件确定座水穴的大小、深浅和数量，以求在同样水量下取得最好的保苗效果。

二、机械化套播技术

北京郊区自 20 世纪 60 年代示范推广小麦、玉米间作套种种植方式，一直到 70 年代中期均是采用畜力开沟，人工撒肥、点籽、覆土、镇压方法套种玉米。手工作业效率低，劳动强度大，也不易保证播种质量。实现套种机械化或半机械化是 20 世纪 70 年代中后期玉米生产上需要解决的重点问题，随着套种玉米畦埂扩大，加宽了破埂作畦面积，为套播机具作业创造了便利条件。

机械化套播的关键技术内容及作业程序是：①5 月中下旬适期套种，与小麦共生期一个月。②破埂作畦，浇足底墒水。其好处：一是畦面疏松平整，能一次拿全苗；二是玉米种在畦里，水分适宜，还可利用小畦单独为玉米浇水；三是后期不再高培土，秋后整地方便；四是改善玉米在麦垄里的通风透光条件，有利于培育壮苗。小畦灌溉的适宜土壤含水量要求：黏壤土 19% 以上，壤土 16% 以上，沙壤土 13% 以上。③精选良种，测定发芽率。种子经过粒选、晒种，发芽率达 90% 以上。④采用半机械化播种，耧条播或点播。保证播深均匀，行距整齐，密度适宜。

玉米套播机具有四方面优点：①省工省力，作业效率高，机播每人每天可播 15 ~ 20 亩，比人工播种功效提高 5 ~ 6 倍，每 100 亩地可省 20 ~ 25 个工；②播种较深且深度一致，利于出苗齐、匀；套播机播种干土溜回沟里较少，带有镇压轮起镇压保墒作用；③节省种子，以 7.5 尺畦（250cm）套种二行玉米为例，套播机亩播量 2.0 ~ 2.5kg，人工播种则需要 3.0 ~ 4.0kg，每亩可省 1.0 ~ 2.0kg 种子；④玉米的行距均匀一致，利于通风透光。

京郊套种玉米在运用套播机上经历了逐步完善成熟的过程，开始由于套播机具性能不过关，常常出现漏播或堵塞等现象，加上种子质量差，缺苗断垄现象较严重。通过不断改进套播机具，加强种子精选分级，机械化套播质量逐步达到了苗全、苗齐、苗匀的要求。

三、套种三茬播种（育苗移栽）技术

20 世纪 70 年代前后，间作套种“三种三收”是平原地区主要的种植制度，种好第三茬是“三种三收”种植方式的重要环节。当时全市第三茬作物面积在 300 万亩左右，其中以玉米为主的粮食作物面积在 200 万亩左右，占郊区秋粮总产 5% ~10%，对秋粮生产有一定的影响。

据北京市农业局李继扬的《搞好第三茬，全年夺丰收》论文中介绍，第三茬作物平均亩产仅有 25 ~50kg，是间作套种“三种三收”的薄弱环节。造成第三茬产量低而不稳的原因是多方面的，从栽培技术看主要原因有四点：一是生长时间短。第三茬作物全生育期仅 90 多天时间，播种有先有后，就整个第三茬作物而言 90 天的生长时间也不能都得到保证。二是中茬遮阴重。“中茬打伞，下茬乘凉”，高大的中茬玉米对第三茬作物遮阴比较严重。三是施用肥料少。一般不施底肥，化肥数量也很少，有的甚至从种到收不施肥。据调查，第三茬亩产超过 100kg 的地块，一般亩施碳铵化肥都在 25kg/亩左右。四是自然灾害多。麦收后过旱或过涝都会影响出苗或幼苗不发棵；出苗后正好赶上雨季，杂草丛生；7 ~8 月气温高，湿度大，幼苗嫩弱，病虫害也会加重感染；由于生长速度快，加之中茬遮阴，第三茬作物茎秆一般都比较细弱，易受风灾危害引起倒伏；后期低温，正值第三茬禾本科作物灌浆壮粒期间，对千粒重有严重影响。

间作套种“三种三收”种植制度的第三茬作物产量低而不稳的关键是积温不足，不能正常成熟。要想提高产量，就要千方百计争取有效积温，延长作物生育天数，保证安全成熟。《搞好第三茬，全年夺丰收》中介绍的主要技术有以下 5 种。

（一）带麦钻套

收麦之前将第三茬玉米套播在麦垄里，通过提早播种达到早发苗、早成熟。技术要点：麦收前 10 ~15 天进行钻套；种麦时要留出 23 ~27cm 空档；墒情差或保水性能差的地应先播种后浇麦黄水，墒情好或保水性能强的地可先浇麦黄水后播种；播种密度尽量做到“宁密勿稀”。1977 年房山县周口村大队 60 亩第三茬亩产为 248kg，中茬玉米亩产 256. 8kg，中下茬合计 504. 8kg。据 1977 年统计，全市带麦钻套面积达到 40 多万亩。

（二）营养钵矮化育苗移栽

利用营养钵提前育苗，通过多次挪动营养钵，控制根系生长，培育矮化壮苗，争取有效积温。技术要点：

①做好营养钵。主要成分是优质农家肥、熟土以及少量磷肥。肥、土比例一般为 6∶4或 7∶3。营养钵的规格分为圆桶形（直径 6. 7cm，高 8. 3cm）和方块形（6. 7cm^3）。营养钵中间扎一个 2cm 深的播种穴。

②选用适宜品种。一般以中熟或早中熟杂交种为宜。例如玉米中单 2 号，京单 403、京早七号等。

③确定适宜苗龄。生育期 110 天的适宜苗龄以 30 天、6 ~7 片叶为宜；生育期 120 天的适宜苗龄以 35 天、7 ~8 片叶为宜。育苗期在 5 月 15 ~30 日，移栽期在 6 月 20 ~30 日为宜。

④苗床选择和设计。选择苗床要考虑到移栽时的运输问题和管理中的用水问题，应

以地势平坦、水源方便、就近育苗为原则。苗床规格一般长为5～10m，宽为1～1.5m。苗床畦头应留有空地，便于“挪位”。苗床一般设计成“地上式”，周围有排灌小渠，便于管理。

⑤苗床管理。要选取发芽率高、大小均匀的种子播种，否则容易形成大小苗。播后浇一次透水以保证出苗，水渗下后在营养钵上覆盖一层干沙土，覆土厚度1～2cm以利保墒出苗。育苗期间如果幼苗“早上醒、晚上挺、中午叶搭楞”，则不需浇水。如果晚上叶片还萎蔫，则需洇水或喷水。在幼苗长到二叶一心时进行第一次“挪位”，一般每长2～3片进行一次“挪位”，防止幼苗窜高。“挪位”后应用沙子弥缝保住墒情。

⑥移栽和栽后管理。移栽时，钵体要比地表低1～2cm，过浅不喷根，过深不发棵。栽后应及时浇水。取苗时不要将土抖掉。要做到随起苗，随栽苗，不栽隔夜苗。栽后管理以促为主，一般应连浇二水并及时中耕松土破除板结通气保墒。每亩追碳铵15～25kg，促其迅速生长。1977—1978年郊区推广面积7万～8万亩，取得高产效果。例如，1977年平谷县后北宫大队10亩，亩产169.3kg，中下茬合计479.9kg。1978年顺义县前进大队70亩，亩产99.6kg，中下茬合计亩产399.6kg。密云县新农村大队100亩，亩产142.0kg，中下茬合计亩产439.0kg。

（三）间苗移栽

间苗移栽是利用埂上中茬玉米间下来的苗子栽到畦内作为第三茬，能达到争取有效积温、促进第三茬早熟增产的目的，在劳力和水源有保证的社队间苗移栽是促进第三茬早熟增产的一种比较好的办法。通县杨庄大队1977年50亩地间苗移栽第三茬，其中，20亩栽单行的亩产138.8kg，中下茬合计亩产468.8kg；另外30亩栽双行的亩产173.4kg，中下茬玉米合计亩产394.1kg。

（四）抢早直播

第三茬作物生长时间短，采用麦茬直播必须抢早进行，以便保证正常成熟所必需的有效积温。否则，容易造成贪青晚熟，延误种麦或砍青影响产量。早熟品种在6月25日之前播种，并加强田间管理，拿到比较高的产量是可能的。例如，1978年密云县高岭大队10亩京黄113品种，6月21日直播，亩产183.0kg，中茬玉米亩产328.5kg，中、下茬合计511.5kg。麦茬直播第三茬有利于机械化、半机械化作业，播种比较省工。但由于小麦腾地早晚、墒情好坏，机具及劳力紧张等原因，一个大队的第三茬作物很难都做到抢早播种。因此，除了合理搭配品种以外，应与带麦钻套、育苗移栽等方式合理搭配，确保第三茬作物均衡增产。

（五）催芽播种

催芽播种是东北地区抗御低温冷害、促进早熟增产的一条重要措施。对于京郊“三种三收”第三茬也是一种争取有效积温的方法。据密云县高岭大队1977年试验，用温水浸泡京黄113品种种子催芽，从试验结果看，催芽处理的玉米千粒重增加，产量提高13.5%。

四、机械化平播技术

20世纪80年代初，北京郊区随着农业现代化的发展，提出了大田粮食生产全面实现机械化的任务。经过几年努力，到 1988 年京郊平原地区完成了由传统间作套种向两茬平播过渡的种植制度改革，小麦、玉米主要生产过程基本上实现了由机械作业代替手工劳动。与此同时，与小麦、玉米一年两熟机械化平播种植制度相配套的新品种、大型联合作业农机具、喷灌等新技术得到广泛应用。使土地利用率得到大幅度提高，农田复种指数由原来的 1.5 左右提高到 2.0；小麦、玉米单位面积穗数明显增加，平均增加 40% ~50%；大型机械作业进度快、质量高，生产效率显著提高，劳动强度下降，从根本上改变了传统农业作业方法，京郊粮食生产进入了机械化和规模化生产新阶段（图 4 –1）。

图 4 –1　传统常规播种

北京郊区最早采用机械化平播技术是 1960 年前后。据 1962 年出版的《中国玉米栽培》介绍，“玉米精密联合点播机”是创建于 1959 年的北京农业机械研究所发明研制的，工作幅宽 3.0 ~4.2m，行距 50 ~70cm，株距 30 ~60cm，可根据需要加以调整。每穴能播 1 ~3 粒种子，并能按穴施肥（施颗粒肥料或化学肥料），覆土深浅一致。开沟、播种、施肥、覆土、镇压等作业一次完成，用铁牛 40 型拖拉机牵引，每天能点播 200 亩左右。

20 世纪 70 年代末，北京市农业科学院提出了以小麦、玉米两茬平作为中心的京郊粮食生产现代化的设想与研究。据北京市农业科学院程序等《两茬平作是京郊平原地区耕作制度的方向》（1979 年 1 月 21 日《光明日报》）介绍，从 1978 年起在房山县窦店等几个大队开展试验，采用宽 4m 以上的大畦，用小麦、玉米早熟优良品种和国产农机具，初步实现了冬小麦、夏玉米生产全过程的机械化。1978 年千亩试验方亩产小麦 382.5kg，夏玉米 375.5kg，全年平均亩产 758.0kg，比该大队“三种三收”亩产增加了 18%。由于较充分地发挥了机械化的威力，“三夏”和“三秋”农时分别比以往缩短了十天左右。平均每亩用工量大大减少，劳动生产率显著提高。京郊平原地区各县区的多点试验结果也表明，即使是在连续发生初夏或秋季雨涝的几年中，仍然连续出现多个夏玉米平作亩产千斤以上的地块。

机械化平播技术的关键技术内容及作业程序是：①浇麦黄水，在小麦收获前5～7天浇玉米底墒水，以确保播前土壤底墒充足，及时发芽出苗；②麦秸粉碎还田，用联合收获机在收获小麦的同时将秸秆粉碎，并均匀地抛撒于地面；③撒施底化肥，根据麦秸数量确定氮肥用量把碳氮比调整到（20～25）：1的适宜范围，加速秸秆腐解；④精细整地，做到无沟脊，无坷垃，地面平整，确保播种深度一致。⑤精量或半精量播种，利用精量或半精量播种机一次完成开沟、播种、施种肥、覆土和镇压工序；⑥化学除草，播后喷化学除草剂进行土壤封闭。

五、秸秆覆盖免耕施肥播种技术

北京地区于20世纪90年代示范推广了夏玉米秸秆覆盖免耕施肥播种技术，又于本世纪初期开发、示范推广了春玉米秸秆覆盖免耕施肥播种技术。机械化平播技术进一步得到发展和提高。

传统的夏玉米耕翻播种技术作业次数多、农耗长，尤其耕地后遇雨后，播种机组进不了地，更会耽误农时。因此，一年两熟平作种植制度给全年粮食生产带来新的问题，即生产上为保证小麦适时播种，夏玉米往往被迫提早收获，强制缩短玉米生育期导致两方面负面影响：一是玉米成熟度差，严重影响籽粒品质，玉米收购等级降低，致收购价格下降；二是为了减少夏收、夏种的农耗，被迫超额配备农机具，造成粮食生产成本大幅提高。据有关部门测算，北京地区粮食生产成本比周边省市高20%以上，大多增产而不增收。京郊小麦收获和夏玉米播种期正值光、温、水充沛时节，缩短农耗，争取早播，增加夏玉米生育期对产量和品质具有决定性影响。研究表明，夏玉米6月17～27日播种，10月10日前收获，每早播一天，可增产14.9kg/亩，同时品质升级。对于北京地区夏玉米生产来说，时间就是产量，早播是最重要的关键技术。农谚“夏播无早，越早越好”是京郊农民群众从长期实践中总结出的。高产夏玉米应使用早熟品种在6月23日前播种。

为了减少农耗损失争取热量资源配置，通过农机、农艺技术人员联合攻关，在夏玉米机械化平播技术基础上，研究集成了“夏玉米免耕播种栽培技术体系”。技术体系的核心内容是：免耕、施肥、半精量播种（技术内容详见第五章第三节“平播玉米高产稳产玉米综合配套技术体系”）。夏玉米秸秆覆盖免耕施肥播种技术的主要创新是：应用玉米免耕播种机直接在铺满麦秸的地面上进行分层施肥和播种，减少耕、耙、平整等多道农机作业工序，可实现收、种作业一天内完成，使三夏农耗压缩2～4天，争取到≥0℃积温60～120℃·d，保障夏玉米提质增产增收。

21世纪初北京郊区有春玉米田100万亩，主要分布在本市西北部山区，实行一年一熟耕作制度。2003年京郊启动了春玉米保护性耕作前茬秸秆覆盖播种技术研究，筛选确立了整秆覆盖方式，引进国际先进免耕播种机，同时，改进研制出国产免耕播种机，建立了京郊春玉米保护性耕作综合配套技术体系，使京郊春玉生产也实现了秸秆覆盖免耕施肥播种技术的全面应用。

六、单粒精准播种技术

单粒精准播种技术于20世纪60～70年代在美国等玉米优势产区已普及应用，2010

年前后在我国东北等玉米主产区得到广泛推广应用。2012 年，北京市农业技术推广站主持实施了《粮食可持续增产关键技术研究与应用》项目，通过多点、多品种、多机型试验示范结果表明，选用纯度达到 99% 以上、发芽率达到 93% 以上的玉米种子，利用现有的“迪尔”等精准播种机进行玉米单粒播种，保证种植密度达到理想株数，简化了人工作业环节，提高了播种质量，从而实现了增产增效的目标（详见第五章第三节中第二部分“玉米高产创建综合配套技术模式”）。

玉米单粒播种技术应用玉米精量播种机按照田间要求的留苗密度及行距、株距准确播种，一穴一粒，确保“一粒种子一棵苗”，一般亩均增产 10% 左右，节本 80 ~ 100 元/亩，总增收节支可达 200 ~ 260 元/亩。具体优点如下。

①省种。单粒播种每亩用种量为 1.5kg 左右，比传统播种技术节省种子 1.0kg 以上。

②省工。传统播种技术需要进行间苗、定苗，人工费为 40 ~ 50 元/亩。单粒播种减少了间苗、定苗环节，节省了所需的人工成本。

③养分、水分利用最大化。传统播种技术每穴 2 ~ 3 粒，出苗后一穴多苗，会出现苗欺苗和间掉的苗浪费养分、水分现象。且人工定苗时对苗的根部会造成损伤，易出现三类苗影响正常生长。单粒播种没有多余的苗争肥、争水，不需间定苗，不存在伤根现象，能保证养分被苗充分利用，促进幼苗前期早生快发，保证苗齐苗壮，提高植株的综合抗性。

④保证最佳密度。决定产量的关键因素是合理控制密度，单粒播种按照品种的合理密度进行播种，能够更好地发挥该品种的产量潜力。

⑤提高除草剂药效。由于单粒播种省去了间苗、定苗环节，不会因人工进地操作破坏地表除草剂所形成的药膜，有利于提高除草效果。

⑥提高果穗均匀度及产量。单粒播种的种子经过精选和分级，粒型一致，粒重一致；单粒播种使每一棵植株吸收的营养保持一致；保证良好的通风透光，果穗均匀一致，降低空秆和小穗率，每亩可以增产 50 ~ 70kg（图 4 - 2、图 4 - 3）。

图 4 - 2　单粒播种苗期

图 4 - 3　单粒播种中期

第三节　密植技术

新中国成立前玉米施肥少、耕地浅，致使玉米种植密度很稀。据《北京志·农业卷·种植业志》记载，春播玉米一般每亩仅种植800～1 000株，有“玉米地里卧下牛，还嫌玉米种的稠”和“稠一千，稀八百”等说法。1949年以后，随着深耕与肥、水条件的不断改善，耐密品种的大量育成与应用以及综合增密栽培技术的研发与示范推广，京郊玉米种植密度逐步上升，保障了收获穗数的持续增长。据北京市农业技术推广站玉米生育动态监测结果，2013年全市170余万亩玉米平均每留苗密度达到4 250株/亩，每亩收获穗数3 857.2穗；而延庆县康庄镇百亩高产地块平均收获株数5 163株/亩，收获穗数达到了4 852.2穗/亩。密植技术的不断提高是京郊玉米单产持续增长的关键技术之一。

北京郊区应用玉米密植技术并发挥增产效应经历了3个发展阶段：第一阶段是1951—1980年，依靠改善农田栽培条件促增密，通过培肥地力、增施肥料、改善灌溉条件等措施，全市玉米种植密度从800～1 000株/亩增加到2 800株/亩左右，每亩收获穗数增加了1 700穗左右；第二阶段是1981—1998年，依靠推广紧凑型品种及其配套栽培技术促进种植密度的增加，每亩种植株数从2 800株增加到3 800株左右，平均每亩收获穗数又增加了700穗左右；第三阶段是1999年以后，依靠综合技术促增密，包括耐密型品种、土壤深松、测土配方施肥、化控等措施，每亩种植密度从3 800株增加到4 300株左右，每亩收获穗数再增加400穗左右。

一、改善栽培条件促增密

玉米的合理密植是按照环境条件在单位面积上种植适当的株数，使群体发育和个体发育的矛盾取得协调，充分利用光、热、水分和矿物质营养，从而增加同化养分的有效积累，提高单位面积产量。试验研究表明合理密植增产的原因有两方面：一方面是解决穗多、穗大、粒重三因素间的矛盾，由于穗大和粒重受品种遗传因素影响较大，因而穗数在产量上起着决定性作用；另一方面是充分利用单位面积的光能、水分和矿物质营养。

农业科技人员在改善栽培条件和促进种植密度增加方面开展了大量研究探讨。据《中国玉米栽培》介绍，1960年中国农业科学院作物育种栽培所开展了合理密植的增产效果试验，试验设6个密度处理，分别设每亩1 500株、2 000株、2 500株、3 000株、3 500株、4 000株。以春杂五号为供试验品种，栽培条件明显优于一般大田，耕地深度21cm，基肥每亩施堆肥4 000kg，追肥每亩施硫酸铵15kg和过磷酸钙10kg，分两次追入，第一次追肥时并施钾镁肥5kg/亩，折合每亩施纯N 3.15kg、P_2O_5 1.80kg、KO_2 1.15kg及少量微肥。试验结果见表4－1。

表 4-1　合理密植增产效果

密度处理（株/亩）	产量（kg/亩）	产量百分比（%）
1 500	529.1	90.5
2 000	584.7	100.0
2 500	656.9	112.4
3 000	648.8	111.0
3 500	601.6	102.0
4 000	535.7	91.6

注：中国农业科学院作物育种栽培所，北京，1960 年

试验结果表明，在良好的栽培条件下以亩种2 500株的产量最高，除了亩种3 000株的产量与之相仿外，2 000株/亩以下及3 000株/亩以上的密度均显著减产。

据北京市农林科学院作物所陈国平 1994 年出版的《夏玉米栽培》一书介绍，掖单 13 在高肥地上产量最高的密度是5 300株/亩，而在中肥地上则是4 600株/亩，而且在同一密度下，亩穗数、穗粒数和千粒重高肥地均高于中肥地，这充分说明提高地力有利于增加密度。同样，水分对密度的影响与地力和施肥的影响完全一样，“水地宜密，旱地宜稀”。

新中国成立以来，北京市各级政府和广大农民群众高度重视粮食生产条件的改善，不断加大投入，经过 60 多年的不懈努力，农业生产条件得到显著改善，为粮食增产增效提供了重要的保障。

二、推广紧凑型品种促增密

20 世纪 80 年代初期，京郊玉米推广应用的主要是叶片平展型的品种，如“京杂 6”等。受这类品种耐密性的限制收获穗数较少，产量达到一定水平后很难再取得突破。

北京市从 1988 年开始至 1990 年实现了第三次杂交玉米品种更新换代，株型从平展型改为紧凑型。紧凑型品种植株紧凑、耐密性提升，抗倒能力增强，特别是其光合效率与物质积累能力显著提高，显示出较强的增产潜力。

北京市农林科学院作物所赵久然于 1992—1994 年连续在该所和郊区基点试验得出（表4-2、表4-3、表4-4），紧凑型品种比平展型品种能够显著增产，原因有两方面：一是株型的作用，即叶片上冲改善群体内部通风透光条件、适于密植，可通过增加亩穗数而增产。二是单株生产潜力高。紧凑型玉米品种的高单株生产力的基础是高叶绿素含量、高光合速率和高光合叶面积，此外，多数紧凑型玉米品种还有根系发达、茎秆坚韧、抗病、虫、抗旱等优良性状。

表 4－2 紧凑型与平展型玉米品种叶绿素含量比较

（赵久然，1994 年）

平展型品种	全株叶片平均夹角（°）	叶绿素含量（mg/g）	紧凑型品种	全株叶片平均夹角（°）	叶绿素含量（mg/g）
京早 8 号	41.2	3.188	掖单 13 号	25.0	3.658
中单 120	47.0	2.713	京早 10 号	24.6	4.116
京黄 133	40.3	2.379	掖单 20 号	22.0	3.948
平均	42.8	2.759	平均	23.9	3.907
紧凑型品种比平展型品种				－18.9	＋1.148（41.6%）

表 4－3 紧凑型与平展型玉米品种叶片光合速率对比

（赵久然，1993 年）

品种类型	品种名称	叶片夹角（°）	光合速率（$mgC_2O/dm^2 \cdot h$）		
			吐丝期	吐丝后 15 天	吐丝后 30 天
平展型	京杂 6 号	37.5	29.5	25.1	10.1
	沈单 7 号	29.8	35.3	26.5	9.3
	丹玉 13 号	37.0	30.9	21.9	5.9
	中单 2 号	54.5	27.6	26.4	6.5
	京多 80	39.0	36.5	26.8	10.3
	平均	39.6	32.0	24.5	7.5
紧凑型	掖单 13 号	25.0	36.2	25.1	10.1
	掖单 12 号	24.4	39.4	24.2	9.6
	矮秆 138	20.9	38.7	26.8	6.3
	农大 3527	29.9	37.5	24.7	14.5
	掖单 20 号	22.0	40.3	26.3	13.9
	平均	24.4	38.4	25.4	10.9

京郊示范推广的紧凑型玉米品种主要是从山东莱州引进的“掖单”号系列，包括掖单 19 号、掖单 20 号、掖单 2 号、掖单 4 号、掖单 13 号、掖单 52 号等。到 1990 年，掖单 2 号种植面积达 29.6 万亩，掖单 4 号的种植面积有 98.8 万亩，分别占春播和夏播玉米面积的一半，玉米收获穗数由每亩 2 800穗增加到 3 800穗左右，使玉米产量大幅提高。之后，京郊在紧凑型品种推广的同时，加强了优质和抗病能力新品种的推广力度，主要品种有：“掖单 13”、“掖单 52”、“唐抗 5 号” 等。

三、运用综合栽培技术促增密

当种植密度达到较高水平后，仅靠单项技术很难再取得突破。2008 年，北京市农

表 4－4　紧凑型与平展型玉米品种不同密度群体产量构成要素对比

（赵久然，1993年）

密度（株/亩）	项目	平展型							紧凑型							
		京杂6	沈单7	丹玉13	中单2	京多80	中试8	平均	掖单13	掖单12	矮秆138	农大3527	掖单20	莱9037	平均	比平展±%
500	穗粒数	556.0	769.0	696.0	596.0	809.0	991.0	736.0	859.0	664.2	502.0	708.0	1 307.0	782.0	805.0	9.4
	千粒重（g）	401.2	347.4	347.6	394.2	320.8	353.2	360.7	334.2	334.4	436.6	420.6	363.4	364.4	375.6	4.1
	单株粒穗（g）	223.0	267.0	242.0	235.0	260.0	350.0	262.8	222.0	222.0	219.0	298.0	475.0	285.0	298.3	13.5
2 000	亩穗数	2 037	2 546	2 824	2 361	2 454	2 870	2 515	2 268	2 685	2 685	2 407	2 731	3 241	2 670	6.1
	穗粒数	475.0	599.0	570.0	453.0	390.0	472.0	493.2	462.0	497.0	451.0	584.0	449.0	444.1	481.2	-2.4
	千粒重（g）	351.4	303.6	266.2	305.6	302.6	292.6	303.7	363.6	324.0	414.6	354.4	343.2	373.8	362.3	19.3
	单株粒重（g）	167.0	182.0	151.8	138.5	118.0	138.0	149.2	168.0	161.0	187.0	207.0	154.0	166.0	173.8	16.5
	亩产（kg/亩）	340.1	463.4	428.6	453.2	396.0	396.0	345.2	381.0	432.3	502.1	198.3	420.6	538.0	462.1	33.8
3 500	亩穗数	3 333	3 379	3 796	2 685	4 444	3 704	3 557	3 333	3 843	3 565	3 426	3 657	4 074	3 650	2.6
	穗粒数	455.0	631.0	417.0	335.0	396.0	544.0	463.0	414.0	589.0	389.0	575.0	518.0	415.0	183.0	4.4
	千粒重（g）	288.2	206.9	280.6	301.4	255.0	314.6	274.5	331.0	261.8	343.3	325.2	324.6	332.2	319.7	16.5
	单株粒重（g）	131.0	130.5	117.0	101.0	101.0	171.0	125.3	137.0	151.5	133.5	187.0	168.9	138.0	152.5	21.8
	亩产（kg/亩）	436.6	441.0	444.1	271.8	448.8	633.8	445.9	456.6	582.2	475.9	640.7	614.5	562.2	555.4	24.0
5 000	亩穗数	3 796	3 519	3 657	2 500	3 935	3 519	3 488	2 778	5 139	4 491	4 120	3 704	5 046	4 213	20.8
	穗粒数	4 200	484.0	493.0	244.0	373.0	427.0	406.8	507.0	540.0	321.0	606.6	514.0	412.0	483.0	18.8
	千粒重（g）	274.1	219.0	213.2	333.6	303.3	361.0	276.5	245.8	214.9	336.4	258.8	315.4	304.5	279.4	1.0
	单株粒重（g）	115.0	106.0	105.0	81.4	113.0	135.0	109.2	124.5	116.0	108.0	157.0	162.0	125.5	132.2	21.8
	亩产（kg/亩）	436.5	373.0	384.0	205.0	444.7	475.1	386.4	345.9	596.1	485.0	646.9	600.0	633.3	551.2	42.0

业技术推广站实施玉米高产创建工程，通过研究分析京郊玉米产量影响因素，发现种植密度低仍是玉米增产的主要限制因子，特别是从技术操作难易和增产潜力等方面解析，种植密度是最容易掌控的因子。因此，实施高产创建的技术方案确定从增加种植密度入手，通过合理调控密度提高群体生产力，实现京郊玉米高产稳产。基于这一思路，制定出“一增二改三提高”的综合技术方案，即：以增加密度为核心构建合理群体结构；以改换耐密型品种和改进施肥技术为突破口提升增密后的单株生产力；狠抓播种质量提高植株生长整齐度，推广雨养旱作和节水灌溉技术提高水分利用效率，实施土壤深松促根系生长提高根系吸收能力和抗倒能力。

京郊玉米高产创建实践证明，种植密度的增加和单株生产力的提高，保障了示范区玉米单产稳步提升。2008—2012 年，北京市玉米高产创建示范区春玉米留苗密度和产量及产量构成因素的关系，见表 4 -5。示范区春玉米单产与留苗密度关系研究结果揭示：留苗密度在 2 500 ~5 000株/亩的范围内，密度越大，玉米单产越高；留苗密度不足 3 000株/亩，玉米单产很难达到 800kg/亩的高产创建产量指标；留苗密度从 3 000株/亩增至 5 000株/亩，玉米产量构成要素由于自行调节，单产均有可能达到 800kg/亩。高产创建示范区调查数据显示，收获穗数达到 4 000穗/亩的高产田占 76%，穗数达到 4 700穗/亩时单产甚至可以超过 900kg/亩，较前一密度级别增产 10%，说明留苗密度级别在 4 001 ~4 500株/亩的地块仍有较大的增密空间。调查数据表明，京郊玉米高产创建示范区选用的品种（郑单 958 等）允许在传统栽培密度的基础上再增加 500 ~1 000株/亩，争取亩穗数增加 450 ~850 穗。但需要注意的是过度增密可能发生倒伏等生产风险，增密须根据品种的耐密性和地力水平而定，主导品种的适宜密度应为 4 000 ~4 500株/亩，特殊生产条件下某些品种的种植密度可以增至 5 000株/亩，以获取更高的产量。

表 4 -5　春播示范区增密与产量及产量构成因素的关系

留苗密度级别（株/亩）	示范点数（百分比）	亩穗数（穗/亩）	穗粒数（粒/穗）	千粒重（g）	产量（kg/亩）
2 500 ~3 000	2（0.7%）	2 947.7	702.3	450.0	773.4
3 001 ~3 500	25（8.2%）	3 250.0	719.0	380.1	815.7
3 501 ~4 000	32（10.5%）	3 775.9	624.5	410.7	830.0
4 001 ~4 500	150（49.2%）	4 269.5	618.7	346.4	846.9
4 501 ~5 000	96（31.4%）	4 736.2	529.1	429.3	931.3
合计	305	4272.4	599.9	382.7	868.7

2008—2012 年，夏玉米高产创建示范区留苗密度与产量及产量构成因素的关系，见表 4 -6。夏玉米单产与密度关系研究结果揭示：留苗密度须超过 3 500株/亩，单产才有可能达到 550kg/亩；留苗密度达到 4 500 ~5 000株/亩，单产可以超过 600kg/亩；留苗密度 4 000 ~5 000株/亩为京郊夏玉米创高产适宜种植密度。田间调查数据显示，高产创建示范区近 85% 面积的夏玉米留苗密度超过了 4 000株/亩。

与春玉米留苗密度比较，夏玉米留苗下限密度提高了两个密度级别（按每级 500 株/亩）。分析其原因主要有两个：一是夏玉米播种时土壤墒情条件明显好于春玉米，更容易达到苗全、苗齐和增密；二是夏玉米由于生育期比春玉米短，植株相对矮小，单位面积的株容量相对较高。从不同留苗密级增产效果看，留苗密度为 4 001 ~ 4 500株/亩，单产比前一级别增产 8.6%；留苗密度为 4 501 ~ 5 000株/亩，单产比前一级别增产 2.6%；留苗密度若超过 5 000株/亩，单产则比前一级别减产 2.3%。说明京郊夏玉米高产田主栽品种（京单 28 等）最稳妥的留苗密度是 4 000 ~ 5 000株/亩，产量结构模式应该是收获穗数 4 200 ~ 4 400穗/亩，穗粒数 480 ~ 500 粒，千粒重 320 ~ 350g。

表 4 - 6　夏播示范区增密与产量及产量构成因素的关系

留苗密度级别（株/亩）	示范点数（百分比）	亩穗数（个）	穗粒数（粒）	千粒重（g）	产量（kg/亩）
3 501 ~ 4 000	20（6.2%）	3 777.4	501.5	324.7	550.9
4 001 ~ 4 500	132（40.6%）	4 208.0	478.1	350.0	598.5
4 501 ~ 5 000	156（48.0%）	4 472.0	507.9	318.0	613.9
5 000 以上	17（5.2%）	4 454.0	489.1	324.0	599.5
合计	325	4 321.1	494.4	331.7	603.0

玉米高产创建实施多年以来，通过大力推广“一增二改三提高”综合配套技术，示范区种植密度呈逐年增加的趋势（图 4 - 4）。从图 4 - 4 可见，春玉米示范区，2012 年平均种植密度较 2008 年增加了 11.1%，年均密度增长 2.8%；夏玉米示范区，2012 年平均收获穗数较 2008 年增加了 8.3%，年均密度增长 1.8%。

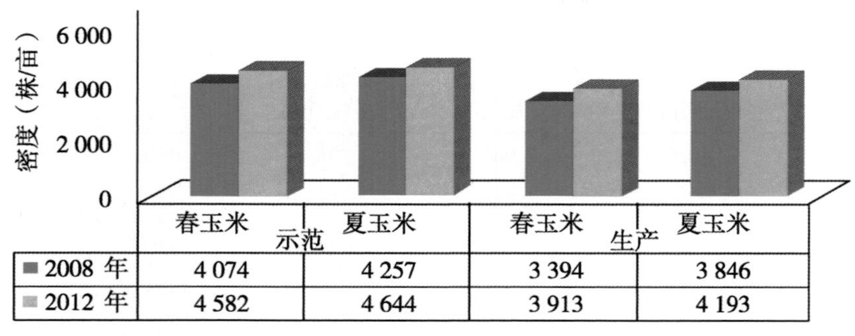

图 4 - 4　2008 年与 2012 年玉米收获穗数对照（生产田与示范区）

玉米高产创建示范区带动了大田生产有效增加密度。通过北京市农业技术推广站在京郊建立的春、夏玉米监测点统计结果（图 4 - 4）可以看出，2008—2012 年 5 年通过示范区高产高效的带动效果，全市玉米生产田玉米收获穗数也在不断提高，春玉米平均种植密度由 3 394穗/亩增加到 3 913穗/亩，增加了 13.3%；夏玉米平均种植密度由 3 846穗/亩增加到 4 193穗/亩，增加了 8.3%。

第四节　施肥技术

玉米是需肥较多的作物，并且需要的营养元素也多，俗话说“玉米是个大肚汉，能吃能喝又能干”，很形象地说出了这个道理。在玉米生长发育过程中，需要六种大量元素，即氮、磷、钾、硫、钙和镁，还需要少量的如铁、锰、铜、锌、硼、钼等微量元素。

据有关文献记载，1960 年前后，京郊玉米生产与全国各地当时的玉米施肥原则一样，即“基肥为主，种肥、追肥为辅；有机肥为主，化肥为辅；基肥、磷钾肥早施，化肥分期施”。新中国成立初期的近 20 年间，京郊玉米施肥以农家有机肥为主，大多是一次施用底肥，很少追肥。进入 1970 年以后，随着化肥供应的增加，农业科学研究的不断进步，以及种植方式的改革和玉米生产机械化的迅速发展，农家有机肥用量逐渐减少，化肥施用面积和施用量逐年增加，施肥技术逐步科学合理，同时，前茬作物秸秆还田得到重视和落实，有效地促进了京郊玉米持续增产。进入 21 世纪以后，随着都市型现代农业的建设与发展，保护生态环境成为京郊农业发展的主题，因此化肥特别是氮肥的用量呈现减少趋势。

一、对氮、磷、钾的需求研究

20 世纪 70 年代，北京市农业局张新兴《农田营养物质循环与玉米科学施肥》一文引录了中国科学院植物研究所在通县公庄开展“三种三收”种植模式（上茬小麦、中茬玉米、三茬高粱）高产田对氮、磷、钾的需求的研究结果表明：土壤养分消耗多少与农作物产量的高低密切相关。衡量产量高低的指标，一是生物学产量；二是经济产量，两者之间的经济系数代表着光合产量总积累中分配给籽粒部分的比重。通县公庄高产田生物学产量每亩为 1 829. 5kg，其中，小麦 863. 0kg，占 47. 1%；玉米 716. 2kg，占 39. 1%；高粱 250. 3kg，占 13. 6%。籽粒产量即经济产量每亩为 931. 2kg，其中小麦 387. 5kg，占 41. 6%；玉米 422. 5，占 45. 3%；高粱 121. 2kg，占 13. 0%。经济系数玉米第一，占 62. 1%；高粱第二，占 48. 4%；小麦第三，占 44. 9%（表 4 -7）。

表 4 -7　高产田生物学产量与经济产量

作物	茎叶		籽粒		合计
	每亩重（kg）	占总重量（%）	每亩重（kg）	占总重量（%）	每亩重（kg）
小麦	475. 45	55. 1	387. 45	44. 9	862. 95
玉米	293. 7	37. 8	422. 45	62. 1	716. 2
高粱	129. 05	51. 5	121. 2	48. 4	250. 3
合计或平均	898. 3	48. 1	931. 15	51. 3	1 829. 45

研究结果显示：从氮素循环的观点看，在茎叶全部还田条件下，还需向土壤中补充

因收获籽粒而带走的氮素15.8kg/亩，折硫铵76.0kg；磷素养分大量集中于籽粒，每亩每年2.7kg，占磷素总存留量的85.7%。这一结果说明，即使全部秸秆还田，也只能补充磷素养分的14.3%，而85.7%的磷素养分由籽粒吸收后离开土地，补施磷肥具有重要作用；钾素大部分存留在茎叶中，如能实行秸秆还田，钾素的供应是可以解决的。但如不实行秸秆还田，即使土壤中含有较多的钾素养分也会逐渐供不应求。这项研究认为，如能实行几种作物轮换种植（轮作倒茬）哪怕是（第三茬）实行小轮作，对合理利用土壤养分，避免某种养分消耗过多某种养分过剩，确保土壤养分的平衡很有必要，应当充分发挥三种三收在种地养地、轮作换茬方面的作用。

中国农业科学院作物研究所佟屏亚研究认为，玉米植株体内有24种元素，占干重的5%～6%，但最重要的是氮磷钾三种元素，需要量最大而土壤中含量又不多，必须通过施肥补充。其他元素需要量较少，只有在严重缺乏时才予补充。氮对玉米生命活动最重要，它是细胞原生质和蛋白质的主要成分，构成叶绿素的重要元素。缺氮时，叶片进行光合作用的效率减低，叶色淡绿，生长缓慢，特别是拔节至抽雄阶段缺氮会严重影响产量。磷素是构成细胞核中蛋白质的重要成分。它促进植物体内氮素和糖分的代谢使雌雄穗发育和受精良好，促进灌浆，提高千粒重。钾能促进植物体内碳水化合物的合成和运转，使茎秆粗壮，机械组织坚韧，抗倒伏能力增强。京郊套种玉米吸收氮素拔节前累积18%，抽雄前65%，乳熟前90%；吸收磷素累积量相应为7%，35%和80%；吸收钾素累积量相应为20%，65%和90%。总的来说，套种玉米一生中吸收氮磷钾的速度均以拔节—抽雄期最快。其中，以氮最快，钾次之，磷最慢；从吸收养分总量看，氮最多，磷次之，钾最少。

陈国平等研究了京郊夏平播玉米施肥技术，认为夏玉米由于生育期短，生长快，对肥料的要求更加迫切。玉米对土壤养分的吸收特点是前期和后期需肥少，而中期需肥多，特别是从抽雄前10天到抽雄后25～30天，玉米光合作用最旺盛，需要的养分也最多。在上述35～40天中，玉米吸收了占全生育期需肥总量70%～75%的氮，60%～70%的磷和大约65%的钾，吸肥高峰期在吐丝阶段。因此，施肥时应该遵循的一条重要的原则是：保证玉米在这个阶段土壤中有足够数量的可给性养分。研究得出，亩产400.0～591.4kg的夏玉米，每生产100kg籽粒需吸收N 2.67kg，P_2O_5 1.2kg，K_2O 2.5kg。

二、主要施肥技术研究与应用

（一）山区春玉米施肥技术

北京市农业技术推广站于1998年组织开展了春玉米“3414”肥效试验，确定适宜山区春玉米不同肥力水平的推荐施肥方案，结合测土进行配方施肥，达到增产增收的作用。

试验方法是氮、磷、钾三因素四水平多点分散试验，共安排了7个具有代表性的试验点，每个点不设重复。试验肥料统一提供，氮肥为一级硫铵，磷肥为一级普钙，钾肥为氯化钾。磷、钾肥全部底肥，氮肥50%作底肥，50%作追肥。根据土壤肥力等级标准（表4－8）和试验结果，确定了山区春玉米推荐施肥方案（表4－9）。

表 4－8　土壤肥力判别标准

土壤肥力	有机质（%）	碱解氮（mg/kg）	有效磷（mg/kg）	速效钾（mg/kg）
高	＞1.7	＞100	＞60	＞120
中	1.3～1.7	80～100	30～60	100～120
低	1.0～1.3	80～50	30～20	100～80
极低	＜1.0	＜50	＜20	＜80

表 4－9　京郊春玉米推荐施肥方案

肥力等级	空白产量（kg 亩）	推荐施肥量（kg/亩）			目标产量（kg/亩）
		N	P_2O_5	K_2O	
低	＜200	12～14	6～7	5～6	400～450
中	200～300	13～15	6～7	6～7	450～550
高	300～400	14～16	5～6	7～8	550～650
极高	＞400	15～17	5～6	8～10	＞650

（二）套种玉米施肥技术

佟屏亚研究套种玉米施肥技术结果表明，第一次肥应该早追重追，因为，中茬玉米苗期受欺，底肥不足，从麦收到穗分化时间短，定苗后只有重追一次速效化肥才能尽快把苗促起来，赶在拔节座胎之前长成壮苗。根据 1975 年试验，等量化肥在 4 叶展开时（6 月上中旬）施用的比 8 叶展开时（7 月上旬）施用每亩增产 40.7kg；在 6 叶展开时施用比 8 叶展开时施用每亩增产 21.9kg。1976 年试验，4～6 叶展开时追肥，比 8 叶展开时施用每亩分别增产 36.7kg 和 32.4kg，增 18.1% 和 16%。所以，中熟品种原则上应在麦收前 4～6 叶展开时追第一次肥，瘦地宜早，肥地略晚。晚熟品种穗分化开始较晚，第一次追肥可在 6～8 叶展开时追施；中熟和中晚熟种第二次追肥都在 13 片展开叶时。施肥量分配采用“前重后轻”的原则。

1970 年，京郊推广应用了套种玉米“前重后轻”按叶龄追肥技术，即将全生育期 60% 左右的氮素化肥在 4～6 片展开叶时施入，其余的在 13～14 片展开叶时追施。采用这种方法虽然一般可增产 5～10kg，但由于在玉米 4～6 片展开叶时正处于与小麦共生阶段，在 6.0～6.7cm 的畦埂（套种行）上施肥操作很不方便，而且还受到土壤墒情（小麦浇水）的限制，因而当时推广面积仅占套种玉米的 30%～40%。

为解决因带麦追肥操作不便使“前重后轻”施肥原则推广受到限制的问题，北京市农业局李继扬组织北京市农校、密云、平谷、门头沟、通庆、顺义、通县等区县农科所及部分社队联合开展了套种玉米施用底化肥研究。1980 年，套种玉米施用底化肥试验表明，播种前施用 30kg 碳铵、13 叶展开叶施 30～20kg 碳铵，比 6 片展开叶施 30kg 碳铵、13 片展开叶施 20kg 碳铵平均增产 6%～7%（表 4－10）。同时，苗期带麦追肥易伤苗（一亩地一般伤 100 多株），施用底化肥可避免伤苗现象，且每亩节省 0.15 个人工。

表4-10　各试验点不同施肥方法产量结果及与对照增产效果

项目 单位	底施30kg		苗期施30kg		不施氮肥（kg）	底施比苗期施增产（%）
	产量（kg）	每千克肥增产（kg）	产量（kg）	每千克肥增产（kg）		
密云农科所	469.5	1.5	423.5	1.0	322.5	10.9
顺义南王路大队	413.5	1.0	396.0	0.8	312.0	4.4
北京农校	354.5	—	319.5	—	—	11.0
平谷县小辛寨大队	401.5	0.9	357.5	0.4	315.5	12.2
门头沟乔户营大队	407.5	0.9	361.5	0.4	319.0	12.9
昌平县农科所	356.0	0.7	355.0	0.7	287.5	0.4
12个试验点平均	379.7	1.2	353.9	0.6	290.7	7.3

注：表中单位是联合试验12个点中的6个；玉米品种为京杂6号；除施用底肥外均在13片展开叶时施追肥20kg（农校施用的化肥为硫酸铵，其余均为碳酸氢铵）；上茬小麦亩产200～300kg；试验重复3次

试验表明，在施用50kg碳铵的情况下，重施底化肥可以取代“前重后轻”法，在壤土和黏土地套种玉米上应用效果良好；保水保肥较差的沙土地因铵态氮转化成为硝态氮以后容易流失渗漏，还应坚持“少吃多餐”的原则，不宜采用重施底化肥法。

上述研究表明，重施底化肥的套种玉米根系发达，幼苗健壮，单株叶面积增加，光合生产率提高，干物重增加，雌穗发育好，穗粒数增多，但对千粒重没有明显影响。虽然重施底化肥比在4～6片展开叶时重施苗肥的增产幅度不很大，个别试验还略有减产，但从节约工时、降低成本、提高肥效等方面来看仍然具有实际意义。这种施肥方法是把与小麦共生期间的追肥（这是一道比较困难的工序）提前至播种前进行，操作方便，可以保证施肥深度和质量，还便于调剂活茬。

套种玉米重施底化肥技术得到迅速推广，1980年达150万亩，占套种玉米面积76%以上。

（三）夏玉米施肥技术

北京市农科院作物所陈国平等在进行深入研究的基础上提出了夏玉米科学施肥技术。确定施肥量根据基础地力产量和计划产量算出生产多少玉米，再乘以每100kg籽粒的吸肥量和化肥的利用率，计算出每亩的施肥量。在大量麦秸直接还田的情况下，还要考虑调节土壤的C、N比。关于施肥时间，陈国平研究认为夏玉米应重施底化肥，在此基础上，追肥以夏玉米雌穗小穗分化阶段（10～11展开叶，叶龄指数50%～55%）施入增产效果最好。追孕穗肥增产的原因在于它不但能巩固已分化的小花数，同时还能继续在开花和籽粒发育阶段发挥作用，防止叶片早衰，满足雌穗和籽粒对氮素的大量需要，穗粒数和千粒重都得以提高。在追肥量较多的情况下，陈国平认为以轻施拔节肥重施孕穗肥为最好。具体施肥方法是：计划施肥量的全部磷、钾肥和1/3～1/2的氮肥用于底肥，其促根、促苗、促叶和促提前抽雄吐丝实现“缩前、延后”的作用明显。在此基础上余下1/3～1/2的氮肥于10～11展开叶的雌穗小穗分化追施。

夏玉米种在麦茬，长在雨季，秸秆根茎的腐解和雨水的淋洗都很容易造成可溶性养分的减少，而增施有机肥料可以提高产量。但因三夏期间劳力紧张，农时急迫，大量施用有机肥料有困难。比较切实可行的办法是用腐熟优质有机肥和氮、磷化肥制成颗粒肥料，在播种的同时施用。在机械化生产条件下，主要应从秸秆还田方面去设法提高土壤有机质。

北京市农科院作物所在麦秸还田条件下，进行 N 肥不同施用时期和施肥量分配的试验。各处理每亩均施硫酸铵 52.5kg，不进行秸秆还田，定苗时追 35kg、大喇叭口期追 17.5kg 的硫酸铵常规施肥方法为对照。试验在秸秆还田条件下分为底肥 17.5kg，拔节 35kg；底肥 35kg，拔节 13.5kg 和一次底施 52.5kg 三个处理。试验于 1985—1987 年在京郊 9 个点上进行。9 点的平均结果表明（表 4－11），产量以一次底施 52.5kg 为最高，亩产 347.9kg，比对照增产 14.9%；底肥 35kg，拔节 13.5kg 的次之，为 344.8kg，比对照增产 13.9%；底肥 17.5kg，拔节 35kg 的又次之，为 346.9kg，仅比对照增产 4.7%。这一试验肯定了重施底化肥的增产效果，而且底化肥的比重越大增产幅度越大。重施底化肥的增产效果主要体现在穗粒数的增加和千粒重的提高。

表 4－11　每亩 52.5kg 硫铵不同分配方案试验结果

处理（kg/亩）	拔节期苗情			穗粒数（数）	千粒重（g）	产量（kg/亩）
	株高（cm）	可见叶片	叶面积（cm^2）			
定苗 35，大喇叭口 17.5，对照	54.2	8.9	207.1	359.2	254.0	302.6
底肥 17.5，拔节 35	58.2	9.5	258.6	365.6	247.8	316.9
底肥 35，拔节 17.5	63.2	9.5	319.4	381.7	267.7	344.8
底肥 52.5	65.2	10.0	332.8	403.3	268.9	347.9

在秸秆还田条件下，重施底化肥之所以能增产，一是可以有效地调节碳氮比，不影响幼苗的生长；二是夏玉米苗期生长快，底化肥多可促苗早发。

（四）玉米施肥新技术

1. 平衡施肥技术

1997 年，北京市土肥工作站主持研究示范了平衡施肥技术。该技术以土壤养分测试与肥料田间试验为基础，通过土壤养分测试获得土壤的供肥潜力，通过田间试验获取土壤的实际供肥能力和肥料的增产效应，在此基础上，以顺义区为重点示范区，以信息技术为手段，利用 Access 和地理信息系统建立土壤养分数据库，根据土壤肥力水平和肥料效应函数，建立图形化和数字化的分区施肥电子地图，从而实现分区域施肥，宏观控制施肥总量及施肥结构，做到有的放矢，避免了盲目施肥及由此造成的施肥效益降低和环境污染问题。

研究试验的土壤取样单元为 300～500 亩，全市共计采集土样 2 500余个，采样区域以顺义、大兴、朝阳 3 个区县为主，兼顾其他区县，采样深度为 0～20cm，分析项目包括有机质、全氮、碱解氮、速效磷、速效钾、速效铁、速效锰、速效铜、速效锌，化验项次达 2 万余项次。以顺义区土壤养分测试结果为例，与全国第二次土壤普查（1979—

1980年）时期的土壤养分含量相比（表4－12），当前除土壤速效钾降低5.8mg/kg外，其他养分都有不同程度的提高，其中，土壤速效磷提高幅度达到141%。为此，在推荐施肥中降低了磷肥用量，而增加了钾肥用量。

肥料田间试验的目的在于验证土壤向作物供应养分的实际能力，并摸清肥料对作物的增产效果，建立推荐施肥模型。田间试验的重点是解决当时生产中存在的施肥问题，例如，夏玉米生长期处于高温多雨的夏季，是否还有必要施用磷肥？不同肥力水平下小麦后茬夏玉米的氮、磷、钾肥施用量以多少为宜？此时京郊的肥料利用率如何？针对这些问题，北京市土肥工作站布置了田间试验。

夏玉米磷肥施用效果表明，8个磷肥施用效果试验中，有4个点亩施磷肥（P_2O_5）5kg略有增产效果，但与不施磷肥相比，均未达到显著性差异。另外，4个点施用磷肥没有增产效果。平均来看，亩施磷肥（P_2O_5）5kg的夏玉米产量为407.2kg，不施磷肥的产量为402.8kg。因此建议，夏玉米应减少磷肥用量，速效磷含量较高的地区可以不施磷肥。

表4－12　1997—1998年度和1979—1980年度土壤养分含量比较（以顺义为例）

年度	有机质（%）	全氮（%）	碱解氮（mg/kg）	速效磷（mg/kg）	速效钾（mg/kg）
1979—1980	1.11	0.074	70.7	18.8	115.4
1997—1998	1.35	0.084	72.1	45.4	108.7
增加（%）	21.6	13.5	2.0	141.5	－5.8

试验表明，随肥料用量增加，夏玉米的肥料利用率均明显降低。对于夏玉米来说，当氮肥用量从6kg/亩增加到30kg/亩时，氮肥利用率从28%下降到12%；当磷肥用量（P_2O_5）从3kg/亩增加到9kg/亩时，磷肥利用率从9.3%降低到4.6%；当钾肥用量（K_2O）从为4.0kg/亩增加到16.0kg/亩时，钾肥利用率从8.2%增加到13.5%。从实际生产情况来看，北京市夏玉米氮、磷、钾肥用量平均为：纯N15kg/亩。

通过不同肥力水平氮磷钾肥合理用量试验获，得了北京市玉米推荐施肥模型，摸清了夏玉米和春玉米的肥料适宜用量（表4－13）。

表4－13　北京市玉米平衡施肥技术适宜施肥量

作物名称	肥力水平	适宜施肥量（kg/亩）			空白产量（kg/亩）	目标产量（kg/亩）
		N	P_2O_5	K_2O		
夏玉米	高	12~14	0~3	8~10	300~350	400~500
	中	13~14	3~4	8~9	250~300	350~400
	低	14~15	4~5	7~8	200~250	300~350
春玉米	高	12~14	5~6	8~10		>650
	中	13~15	5~6	>400		550~650
	低	13~15	6~7	300~400	200~300	450~550
	极低	15~17	6~7	5~6	<200	400~450

2. 长效肥料一次底施技术

20 世纪 90 年代后期，北京市农业技术推广站先后开展了春、夏玉米长效肥料一次底施技术试验研究。为了减少旱地玉米施肥造成的土壤墒情损失，施肥次数越少越好。普通氮肥由于肥效较短，在施足底肥的情况下须追肥才能保证玉米全生育期养分的平衡供应。若选用长效氮肥和磷、钾肥实行一次性底施的方法，玉米生长后期可不再追肥。

春玉米在耕前将长效尿素、玉米专用肥、微肥及 $1m^3$ 优质有机肥均匀地撒于地表后进行翻耕，翻耕深度在 20cm 左右，再进行旋耕，使肥料与土壤充分混合。为防止土壤水分散失，分别在 12 月及翌年 1 月镇压两次。山区春玉米采用这种施肥方法有很多好处：①保证了全生育期玉米对氮肥的需求，简化了工序，减少了投入，提高了经济效益；②减少土壤翻动次数，降低土壤水分蒸发量，并达到了以肥调水的目的；③减少了肥料损失，提高了肥料利用率。1998—1999 年长效氮肥一次性底施技术示范田 20 块，面积 1 956亩，与传统施肥相比平均亩增产 58. 5kg，为以后大面积推广起到了先导作用。

夏玉米采用翻耕前撒施和侧位施肥机侧施 8cm 等方法将长效碳酸氢铵、涂层尿素、沸石包衣长效复混肥等一次性施入，比传统施肥法“一底一追”或“一底二追”增产 13. 6% 。长效肥料一次底施技术彻底克服了高温、高湿季节人工田间作业困难、劳动强度大、农机又不易进地等缺点，并适宜规模作业，是我国玉米生产中实现规模经营和获得规模效益的重要措施。

3. 春肥秋施技术

1998—1999 年，北京市农业技术推广站还开展了改春季施肥为晚秋长效氮肥和磷钾肥或玉米专用复合肥一次性底施示范。这种方法可减少春施肥翻动耕层土壤而造成土壤水分蒸发损失，可使表层土壤含水量提高 3 ~4 个百分点，保墒效果明显；同时可避免春季因干旱而等雨追肥，减少肥料的损失，提高肥料利用率。试验表明，秋季一次底施与春季一次底施比较，平均亩增产 36. 0kg，增产幅度为 8. 0% ，增产效果极显著。

三、京郊玉米生产化肥投入的变化

据《北京志 · 农业卷 · 种植业志》记载和北京市玉米生育动态监测及高产创建示范统计数据，1980 年京郊玉米每亩纯 N 和 P_2O_5 施用量为 6kg 左右，1984 年增至 13kg/亩左右，1991 年以后稳定在 15kg/亩以上水平。总体看氮肥用量偏多，钾肥偏少（表 4 －14）。

表 4 －14　1989—2013 年北京郊区玉米化肥投入变化　（kg/亩）

投入养分类型	1989 年	1991 年	1993 年	1995 年	2008 年	2009 年	2010 年	2011 年	2012 年	2013 年
纯 N	11. 2	15. 3	16. 8	16. 4	17. 6	17. 9	17. 4	17. 4	17. 8	19. 5
P_2O_5	5. 0	7. 8	6. 5	6. 2	3. 9	4. 3	4. 4	4. 6	9. 3	8. 6
K_2O	—	4. 4	5. 0	3. 4	3. 1	4. 4	4. 6	4. 9	5. 1	3. 4
合计	16. 3	27. 5	28. 2	26. 1	24. 6	26. 6	26. 4	26. 9	32. 2	31. 5

注：表中 1989—1995 年引用《农业志》数据；2008—2013 年为北京市玉米生育动态监测及高产创建示范统计数据

第五节　灌溉技术

农谚说“肥是劲，水是命”，肥料只是影响产量的高低，而水过多或过少则可置玉米于非命。一方面，玉米是需水较多的作物，其一生除苗期对水分需要较少外，其他时期均需要满足适宜的水分才能保证其正常的生长发育，灌溉是玉米常规增产措施之一；另一方面，玉米起源于半干旱地区，因而也是较为耐旱的作物。玉米所需水分主要靠自然降水供给，北京地区年降水量550～650mm，但年度之间差异较大，多雨年份可达700～800mm，少雨年份仅400mm左右。京郊正常降水年份的季节分布与玉米生产需求基本同步，但经常发生春旱和秋旱，特别是春旱，有“十年九旱”一说，对玉米适期播种和后期籽粒灌浆有较大影响。因此，灌溉技术也是京郊玉米生产关键技术内容之一。

一、京郊农田水利建设情况

玉米灌溉与农田水利建设密不可分。新中国成立初期，由于没有水浇条件，京郊玉米生产基本是旱作栽培，只能是“靠天吃饭”。毛泽东主席说“水利是农业的命脉”，65年来各级人民政府十分重视农田水利的建设和发展，其变化可以用“天翻地覆”来形容。据《北京志·农业卷·种植业志》记载，1949年，京郊农田灌溉面积只有21万多亩，占当年耕地总面积的2.7%，主要用于蔬菜和水稻生产。1950—1956年期间，京郊大力开挖土井、砖井，开采浅层地下水用于灌溉，并对原有的灌区渠道进行了修复、扩建，使郊区的水浇面积（菜田和稻田）扩大到62万亩，占总耕地面积的7.2%。1957—1971年，大中型灌区大量建设，特别是密云水库、京密引水一二期工程和一批中小型水库的相继建成，使全市有效灌溉面积发展到470万亩，占当时耕地面积的71%。1971年，具有灌溉条件的套种玉米面积达到200万亩左右。1972—1983年，北京地区较为干旱，地表水已不能满足灌溉需要，农田灌溉开始转向以开采地下水为主。到1983年，郊区农田灌溉面积达到510多万亩，具有灌溉条件的套种玉米和夏玉米面积达到250万亩左右。1984年以后，由于连年干旱，水资源紧张，京郊农田进入以发展节水灌溉为主的技术改造阶段，技术措施包括衬砌渠道、发展喷灌方式等，玉米田灌溉面积曾一度达到280万亩左右（1990年）。2000年之后，随着京郊玉米种植规模的减少和持续干旱缺水，玉米灌溉面积又逐年减少。

二、玉米需水规律的研究

北京市农林科学院作物所陈国平主持开展了大量相关试验，经过深入研究，并汇总了有关科研人员的研究结果，探明了玉米需水规律和科学的需水量，确定了玉米科学灌溉理论与技术。

玉米需水规模主要涉及关键需水时期。针对北京地区玉米生产需水量的研究，据孙荣姿利用遮雨和田间测定条件下测定得出亩产650～700kg的夏玉米全生育期共耗水337.5mm；不同生育期的耗水量为：播种—拔节期间日耗水量2.2m^3，总耗水量

49.8m^3；拔节—抽雄期间日耗水量4.1m^3，总耗水量98.1m^3；抽雄—灌浆期间日耗水量5.4m^3，总耗水量32.2m^3；灌浆—成熟期间日耗水量3.6m^3，总耗水量159.9m^3；全生育期共耗水337.5m^3。试验表明，夏玉米耗水呈现“两头少，中间多”的趋势，特别是抽雄到灌浆期间平均日耗水量5.4m^3，为高峰期，也正是玉米需水临界期，此时，玉米对水分反应最为敏感，遇旱不浇会严重减产。

关于不同时期灌溉对夏玉米产量的影响研究，1990年北京市昌平县农科所进行了浇底墒水的试验，试验结果，见表4－15。试验表明，麦收前一周即6月10日浇底墒水增产效果明显高于6月5日浇水和对照，增产分别达到40.3%和59.6%。播种前灌溉是保全苗水，关系到收获穗数。

表4－15　夏玉米浇底墒水的增产效果

浇水期（日/月）	播后32天		亩穗数（个）	穗粒数（粒）	千粒重（g）	产量（kg/亩）	浇水增产（%）
	株高（cm）	展开叶（片）					
26/5（对照）	21.6	4.1	3 540	362.4	205.6	273.7	—
26/5＋5/6	53.8	6.1	3 941	374.0	273.6	384.0	40.3
26/5＋10/6	59.1	7.1	4 219	398.8	275.0	436.8	59.6

关于拔节期灌溉的增产效果，陈国平指出主要归功于穗粒数的增加。拔节期灌溉可培养壮苗，确保大喇叭口期植株生长健壮，使植株体内有充足的有机和无机营养供应小花分化，为增加粒数奠定基础。拔节期也是玉米施肥的主要时期，若水分供应不足植株就无法吸收利用肥料养分，因此，拔节水也是玉米生产灌溉关键期。

关于开花期灌溉的增产效果，陈国平认为开花期是玉米对缺水反应最为敏感的时期，每干旱一天就可以减产8%～9%。因此，必须重视开花期的抗旱灌溉，否则产生大量空秆和秃尖，即使已经受精的籽粒也会因营养不足而退化，造成严重减产，即所谓“花期遇旱不灌，减产一半”。

关于灌浆期灌溉的增产效果，北京市有关单位做了大量试验研究，结果表明浇灌浆水对提高千粒重作用明显，多点平均千粒重提高6.9%，亩产量提高11.8%（表4－16）。

高产玉米除了苗期浇水较少以外，其他任何时期发生干旱，都会对玉米生长造成不同程度的不良影响，及时浇水均有明显的增产效果。具体到北京地区由于降水与玉米需水总体同步，只是春季和秋季较旱，所以无论是春玉米还是夏玉米，最重要的是要抓好底墒水和灌浆水，前者是保全苗增穗，后者是保灌浆充分增粒重。当然，不同年份如果在不同生育时期遇干旱，都应及时浇水抗旱。关于灌溉技术，农民有“头水浅，二水深”的灌溉经验，即在玉米拔节前控制土壤水分实行蹲苗，孕穗期先浅浇攻秆水，抽穗前后再根据降水情况进行灌溉。

表4-16　灌浆水对增粒重的增产的作用

单位	千粒重（g）			产量（kg/亩）		
	不浇	浇灌浆水	±%	不浇	浇灌浆水	±%
大兴县农科所（1990）	276.8	306.6	10.8	354.8	407.1	14.7
通县农科所（1991）	293.2	316.0	7.8	614.8	665.4	8.2
通县西集乡（1991）	280.0	300.0	7.1	579.0	630.0	8.8
通县胡各庄乡（1991）	278.0	305.4	9.9	506.5	654.9	29.3
北京市农林科学院（1991）	244.3	250.5	2.5	844.8	879.3	4.0
北京市农林科学院（1991）	266.7	287.7	7.9	851.0	960.2	12.8
平均	276.2	295.2	6.9	599.4	670.1	11.8

三、春季抗旱技术

北京地区春季降水少，蒸发量大，造成十年九旱。春玉米播种季节如何能在干旱的条件下实现苗全、苗齐、苗匀、苗壮，对取得玉米高产十分重要。北京市农业局20世纪70年代的春耕生产建议总结介绍了京郊多年春季抗旱技术经验。主要有以下几方面。

（一）充分发挥农田水利建设在抗旱中的作用

搞好农田水利建设是解决干旱问题的根本措施。集中人力、物力，搞好机井、机电设备的检修工作，落实抗旱点播使用的工具和运水设备；利用坑塘、水池多蓄水，拦蓄河道基流、污水和其他闲散水源；有水源条件的要积极浇地，为春播作物备足底墒。

（二）采取保墒措施，减少农田水分蒸发

春季的蒸发量大大超过了降水量，尽量减少农田水分蒸发，是抗旱生产中一个重要的方面。在浇过冻水的地块，墒情比较好，早春解冻时在中间冻层没有化通之前，上层土壤解冻后水分不能下渗形成“翻浆”，表土含水量蒸发损失大。因此，在早春通过顶凌耙地和耧麦，切断土壤毛细管，使土壤表面疏松，减少水分蒸发。顶凌耙地的土壤蒸发量相当于不耙地的12%～25%。另外，春播前整地不要过深，愈深水分蒸发量越大，播后要及时碾地打碎土坷垃，减少水分蒸发。

（三）根据不同墒情，抗旱播种

在土壤墒情稍好的情况下，抢墒早播，当土壤解冻到开犁时立即播种。在适宜播期内，早播的墒情好，容易保苗。在山区坡地，应适当早播阳坡地，后播阴坡地。因为，阳坡地受光时间长，温度高，蒸发量大，同时，阳坡地结冻迟、解冻早，土面蒸发强烈，因而早春含水量偏低，必须安排抢先播种以保全苗。

在表墒较差而尚有底墒的情况下，采用播前压地、深耠浅盖的办法。播前压地，压碎土坷垃，有匀墒和保墒作用；加深播种深度，可以使种子同湿土接触，然后用耠起来的湿土浅盖并在播后镇压。这样能使种子同湿土接触顺利吸水，利于保苗。

在表墒很差、底墒较差深耠浅盖也不能保证出苗的情况下，只能实行座水播种。可

以分段开沟，浇沟播种，或挖埯子田，集中施肥，座水点种。座水播种时，要等水渗完后点播，再用湿土封住播种埯，轻轻镇压，不可踩实，以免表土发板影响出苗。

因劳力紧张或水源缺乏不能实行座水播种的，只有在雨后播种。调查表明，在长期干旱情况下，一次降水 40mm 以上才能解除旱情，一次降水 20mm 的及时抢种可以出苗，一次降水 10mm 不加其他措施难于出苗，因此要根据雨量的大小采取措施，实行雨后抢种。如透雨过迟，则要根据播种到霜冻之间的剩余积温，合理选用适宜品种。

（四）春改夏抗旱播种，种晚春播玉米

春季干旱，常使生产上春玉米的播种期推迟到6月上旬进行，按照我国春、夏玉米播种期标准6月播种为夏玉米，也称为“晚春播玉米”。在北京地区的正常气候条件下，6月上旬透雨后播种中熟或早熟玉米，可成功规避“卡脖旱”，抗旱节水高产高效。

2014 年，北京市农业技术推广站开展了晚春播玉米技术研究试验。结果表明，在 2014 年北京地区少风干旱的气候条件下，6 月上旬播种的晚春播玉米与 5 月 20 日适春播玉米产量水平相当，其丰产性不仅不低于适期播种的春玉米，还略有提高。晚播春玉米高产的主要原因是其穗粒数和千粒重均可达到适春播玉米水平，并且有效避开“卡脖旱”，在干旱年份有利于增产。而麦收后的夏播玉米由于生育期短，丰产性明显低于适播和晚播春玉米。

但是晚春播玉米播种后，随着降水的增多、气温的升高，其生长发育很快，基本未进行如适春播玉米的蹲苗过程，因而到 7 月下旬至 8 月上旬进入抽雄吐丝时期，易遭遇强暴风雨而致大面积倒伏。试验证明，晚春播玉米抗倒伏能力明显弱于适期播春玉米，平均致倒推力减弱 20% 左右。由此可见，抗倒能力差是晚春播玉米高产稳产的主要限制因素，必须加强抗倒伏能力的技术研究与应用，才能保证其规模生产高产稳产。

（五）育苗移栽

利用少量的水源育苗或利用水源有保证的地块晚定苗，保存大量余苗在透雨后移栽，可以争取季节，容易保住全苗。采取这项措施，要求有较多的劳力。1972 年，第一次透雨下得过晚，不少地方采用了这项措施，雨后移栽的玉米、高粱在严霜前基本都能成熟，获得了一定的收成。

四、灌溉设施的发展与应用

（一）畦灌

20 世纪 90 年代以前，京郊玉米的灌溉方式基本上是畦灌。小麦、玉米间作套种种植，玉米不需专门作畦，一般利用小麦的渠系进行灌溉。春玉米灌溉作畦的长度视地头长度和地面坡度有长有短，有 10 ~ 20m 的，也有 50 ~ 100m 的，畦宽一般为 2 ~ 3m，种植 4 ~ 6 行玉米。畦灌的优点有两种：一是灌水量大，可浇透；二是地面受水均匀，利于作物均匀吸收利用。缺点是费水和容易造成地面板结。

畦灌土渠道输水渗漏和蒸发很大，为提高灌水的有效利用系数，采取渠道防渗技术。主要是衬砌，衬砌按使用材料分为土类、灰土类、砌石类、混凝土类、沥青类、塑膜类。其中，以砌石类和混凝土防渗类效果较好，在京郊玉米生产上得到大面积推广应用。

（二）地下灌溉

地下灌溉是指灌溉水从地面以下一定深度处，借助毛管力的作用，自下而上浸润土壤的一种灌水方法。地下灌溉是利用沟渠河网及其节制建筑物控制。浸润灌溉适用于土壤透水性性较强、地下水位较高的地区，北京地区在20世纪50～60年代有少量应用。

（三）喷灌

1990年以后，随着小麦、玉米两茬平播种植制度的推行，加上节水的需要，京郊平原区全面推广了喷灌技术。喷灌是一种节水灌溉方式，它是通过一定的压力利用田间管道的喷头将水均匀地喷洒在玉米植株和地面上，是一种比较接近自然降水的灌溉技术。其优点有3种：一是省水，一般每次灌溉用水20m^{3}左右，比地面灌溉省水30%～50%；二是免去了做畦用地和用工，提高了土地利用率，降低了人工成本；三是水肥可以一体施用，将化肥溶入水中喷灌，且生育中后期喷灌可以冲洗叶片，有利于提高叶片光合效率。喷灌的缺点：一是玉米中后期灌溉困难大，玉米植株高大，不便于喷灌管安装和移动；二是喷灌措施适用于大规模农田灌溉，不适宜土地确权后的一家一户生产应用。因此，21世纪初随着土地确权一家一户生产方式的实施，喷灌方式的应用规模逐年减少（图4－5）。

（四）滴灌

滴灌是利用低压管道系统，使水通过分布在农田地面含有大量细小出水孔的管道滴灌到玉米植株附近，一般两行玉米一条管。由于出水孔微小，滴水缓慢，使玉米根系可以集中不断地吸收水分。

2010年前后，我国部分地区开始示范推广玉米滴灌技术，农业部制定了补贴政策促其发展应用。为使滴灌技术在北京地区示范推广并取得实效，北京市农业技术推广站开展了春玉米滴灌施肥一体化关键技术指标研究试验（图4－6）。

图4－5　玉米生产喷灌作业

图4－6　玉米滴灌试验

试验于2012年在顺义和通州两区农业技术推广站科技园区进行，选用郑单958和京科968两个品种，大小行（80∶40）种植，密度为5 000株/亩，设计滴灌追肥量处理，滴灌带铺设在窄行。采用纯氮水肥混合液，拔节期、大喇叭口期、灌浆中期3次施用，水量固定每次为9m^3，纯氮含量分别为0kg、1.5kg、3.0kg、4.5kg、6.0kg，同时，以 30kg 尿素拔节期 1 次追施为常规对照。试验设置品种为主区，追肥量为副区，小区面积 $30m^2$（5m × 6m），随机区组排列，3 次重复。5 月 20 日播种，底肥为复合肥（15∶15∶15）50kg，播种采取点播的方式，每穴播种 2 粒。播种深度 3 ~5cm，播种后平整土地，除追肥处理外其他田间管理同当地大田生产。

试验结果表明，滴灌处理产量随滴灌追肥量的增加而呈先增加后降低的趋势，由 CurveExpertV1.4 拟合可得出两品种产量与滴灌追肥量处理的二次多项式函数：郑单 958 函数 $y = 603.9 + 54.1x - 5.9x^2$（s = 6.27，r = 0.9962）；京科 968 函数 $y = 551.9 + 58.3x - 6.2x^2$（s = 8.69，r = 0.9942）（图 4 -7）。

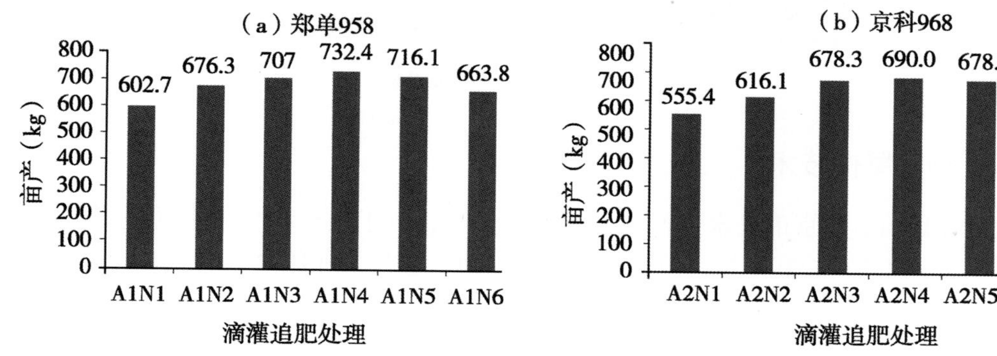

图 4 -7　春玉米在不同滴灌追肥处理下产量表现

注：A1、A2 分别为郑单 958 和京科 968，N1 - N5 分别为 0kg、1.5kg、3.0kg、4.5kg、6.0kg 尿素追肥量，N6 为 30kg 尿素常规对照

通过对郑单 958 和京科 968 两品种二次多项式函数进行求导可知，两品种最佳滴灌追肥量与最高产量组合分别为：郑单 958 在滴灌追肥量 4.61kg 尿素时达到最高产量 728.5kg/亩；京科 968 在滴灌追肥量 4.74kg 尿素时达到最高产量 690.0kg/亩。

与此同时，北京市农业技术推广站也研究了不同灌溉施肥方式在春玉米上的应用效果，以“郑单 958”玉米品种为试材，设置了 4 种灌溉施肥方式（雨养玉米、常规灌溉施肥、滴灌施肥、1/2 滴灌施肥），研究其对春玉米株高、茎粗、根系、产量及水分生产率的影响。结果表明：在一定自然降水条件下，滴灌施肥方式可明显促进根系生长发育，对玉米前期的地上部生长发育有较大作用；施肥总量一致的前提下，采用滴灌施肥有利于保障玉米的有效穗数，增加穗粒数，从而提高产量。生育期灌水 $45m^3$/亩的滴灌施肥模式，较常规灌溉施肥方式在节省灌水 50% 前提下，产量达 754kg/亩，提高 28kg/亩；水分生产率 $2.2kg/m^3$，提高 $0.26kg/m^3$。试验结果表明，滴灌施肥技术在春玉米上具有较好的应用效果，可在有条件的地方大面积示范推广。

滴灌方式的优点：一是浪费极少，省水显著；二是对土壤结构无不良影响，不会造成板结问题；三是一般不受土壤地面平整度影响。缺点是管道成本较高，一般只能用 1 ~2 年；年年铺设管道较为麻烦，影响农民采用的积极性。

玉米滴灌技术大规模推广应用需要投入比较大，特别是需地方政府的政策支持。2010 年后京郊农业有较大调整，使这项技术的示范推广受到一定影响。（图 4 -8）

图 4 - 8　节水专家指导滴灌试验

五、雨养旱作技术

1960 年以前，北京市玉米生产基本是雨养旱作，由于缺少科技含量和技术支撑，风调雨顺时可以获得较高产量，但亩产也仅仅 100kg 左右。到 1990 年代农田水利工程完善以后，京郊的夏播玉米、套种玉米及部分春玉米都配套上了灌溉设施，基本实现了旱能浇、涝能排，确保了这一时期玉米单产和总产达到历史最高水平。

从 1999 年开始，北京地区进入严重枯水期，1999—2005 年 7 年间年平均降水量仅 486mm，为多年平均值的 85%，气候由周期性出现干旱发展到持续性出现干旱。由于降水量连年偏低、地下水位持续下降、地表水急剧减少。北京市对水资源的需求已远远超出了其承载能力，水资源总量和人均水资源量严重不足，水资源短缺已成为首都社会经济发展的“最短之板”。

2007—2009 年，北京市科委和市农业局组织有关单位实施了“玉米雨养旱作节水科技示范推广工程”。第一，分析北京地区 50 年的降水特点及年型变化，明确了京郊玉米生产具备雨养旱作条件，找出了制约京郊玉米雨养旱作的技术难点；第二，降水资料分析揭示春旱发生期正值春玉米播种出苗至需水临界期，玉米生产存在“春旱保全苗困难”、“卡脖旱”和“适期追肥与降水衔接”三大技术难点；第三，通过对京郊山区春玉米、平原春玉米、夏玉米 3 种种植方式和不同生态区气候限制因素及旱作生产制约技术攻关研究，确定了解决玉米雨养旱作难点的技术途径；第四是将创新技术与传统常规技术配套，集成玉米雨养旱作节水综合技术体系（模式），制定兼具科学性、准确性和可操作性于一体的技术操作规范；第五是创建适宜北京地区玉米生产的土壤墒情监测预报与气象服务体系，完成了覆盖京郊玉米产区的土壤墒情与降水地、空监测网络的构建，以多种固定渠道发布技术信息，保障技术体系应用。

玉米雨养旱作节水综合技术模式，以提高玉米自然降水利用效率和节水灌溉为核心，在鉴选抗旱品种、等雨播种、等雨追肥技术指标化等关键技术上取得突破，解决了“一次播种保全苗”、“规避卡脖旱”和“适期追肥与降水衔接”的技术难题。围绕墒情和雨量的监测预报，建立了土壤墒情及气象信息技术服务体系，以全面、准确、及时的气象信息服务保障了玉米旱作技术体系的成功应用。鉴定专家认为，该项技术成果先进性、实用性突出，在技术集成配套与技术推广服务机制等方面取得创新突破，成果总体水平达到国内领先水平。该技术模式适宜北京及周边地区推广应用（技术体系详见第五章第二节“京郊玉米雨养节水灌溉技术模式”）。

第六节　植保技术

北京地区属我国东北华北和黄淮海两大玉米主产区的交接地带，玉米病虫草害种类偏多，且发生程度偏重。京郊玉米病害发生普遍且频率较大的有大斑病、小斑病、丝黑穗病、茎腐病等；主要虫害有玉米螟、黏虫、地下害虫（蛴螬、地老虎、金针虫）等；主要危害杂草有马唐、稗、铁苋菜等。1950 年以前，因缺乏知识和技术，大部分玉米生产未能进行病虫草害防治，造成大面积减产、甚至个别地块绝收的现象经常发生。新中国成立以后，随着科学知识、技术、药械和防治方法的逐步推广应用，京郊玉米生产的病虫草危害逐渐减轻。

1990 年以后，受种植结构调整、耕作方式改变、作物品种更新以及异常气候因素的影响，病虫害的发生种类与规律随之发生变化，发生特点是：虫害重于病害；常发性病虫害发生趋势相对稳定，突发性和迁飞性害虫发生频次增加；新病虫害发生为害的概率上升（图 4 –9）。

图 4 –9　释放赤眼蜂防治玉米螟

随着我国农业科学技术的发展和京郊都市型现代农业建设的进行，植保防治工作从主要依赖化学农药防治逐步向农业、生物、物理及化学的综合、绿色防治方法转变；防治形式从一家一户防治逐步向专业化统防统治方向转变；防治装备从人背机器低效打药逐步向机器背人高效防治方向转变。

一、主要病害防治技术

大斑病、小斑病、丝黑穗病等最好的防治途径是选用抗病品种。我国在玉米品种审定中对品种的抗病性有严格的要求。春玉米区审定品种的抗病性要求：丝黑穗病在所有试点的平均田间自然发病株率≤3%，单点发病株率≤15%，发病株率5%～15%的试点比率≤10%，田间人工接种发病株率≤25%；大斑病和茎腐病田间人工接种或自然发病非高感。夏玉米区审定品种的抗病性要求是：小斑病和茎腐病田间人工接种或自然发病非高感。

我国20世纪90年代开发了种子包衣技术，具有病虫兼防、促进作物生育、使用方便、减少污染、增产显著等优点，推广和普及应用迅速。玉米种衣剂是针对常发的玉米丝黑穗病和地下害虫研制的，结合添加多种微肥，促进玉米生长发育和提高抗病性。种子包衣后，药膜牢固，药粉不易脱落，药效持久，能预防种传、土传病害和地下害虫，一举多得，并可提前包衣，缓解农忙，利于种子产业实现标准化。自种衣剂问世后，京郊玉米防治丝黑穗病除选用抗病品种外，主要是利用种衣剂拌种防治，市场上销售的种子要求全部包衣处理。

二、主要虫害防治技术

（一）玉米螟的防治

京郊玉米螟一年发生2～3代。一代卵盛期在6月中旬，幼虫危害在6月中下旬，主要危害春玉米。二代卵盛期在7月下旬、8月初，幼虫危害在8月上中旬，春、夏玉米均受危害。

1960—1977年期间的防治方法：

①心叶末期规格化颗粒剂防治。用0.5%林丹666药0.5kg，对颗粒20kg；或5%滴滴涕0.5kg对颗粒5kg。每株施颗粒剂1.5～2g。人工实施，每人每天可防治5～10亩。

②穗期药剂防治。在玉米花丝80%萎蔫时，用80%敌敌畏800倍药液滴入花丝上，0.5kg稀释液可滴300穗。人工进行，每人每天防治4～5亩。

随着“666”、“滴滴涕”农药的禁用，特别是都市生态环境建设的需要，玉米螟的防治技术进行了重大改进。自1978年开始，京郊防治玉米螟从药剂防治逐步转变为赤眼蜂生物防治。防治二代玉米螟在7月中、下旬进行，当卵盛期时（百株有卵1～2块）放第一次蜂，以后每5天放一次，共放2～3次。一般第一次每亩放蜂1万头左右，第二次1.2万头左右，第三次0.8万头左右。每次每亩放蜂5个点，均匀分布，将蜂袋别在玉米向下数第5～6片叶片背面。每人每天可放蜂510亩左右。生物防治玉米螟不仅避免了药剂污染，还大幅度提高了防治效果和工效。到2010年以后，随着北京市财政物化补贴政策的推进，全市200余万亩玉米田全面普及应用了生物防治玉米螟技术。

（二）黏虫的防治

黏虫在京郊一年发生3～4代，以第二、第三代为害最重。第二代幼虫发生在6月，第三代发生在7月下旬到8月。一般在6月10日前后开始防治。防治指标是：二代黏虫麦收前每平方米幼虫5头，麦收后每百株玉米20～30头；三代黏虫玉米百株50～100头。

1960—1977年期间的防治方法：

①超低量喷雾。麦收前用25%敌百虫油剂，每亩100～150mL。当4～5龄幼虫数量较大时，在油剂中加1%左右的敌敌畏乳剂。测准喷药流量，三级以上大风和上升气流较强时停喷。每台喷雾机每天可防治300亩以上。

②喷粉。可用黏虫散或25%敌百虫粉剂、5%西维因粉剂、5%马拉松粉剂，每亩1.5～2.0kg，对低龄幼虫防治效果好。

③喷雾。每亩用90%敌百虫原药50g，或25%滴滴涕乳剂0.2～0.3kg，或80%敌敌畏乳剂半两，加水10～20kg，用机动喷雾机喷雾。

1978年以后，改用40%氧化乐果EC每亩50mL，加80%敌敌畏乳油每亩30mL，用机动喷雾机喷雾，防治方法简单有效。

（三）地下害虫的防治

北京地区玉米生产上主要地下害虫有蛴螬、地老虎、金针虫等，蛴螬危害主要是华北大黑鳃金龟、暗黑鳃金龟和铜绿金龟，对玉米植株的地上部分和地下部分均有为害。地老虎的为害种类主要有小地老虎和黄地老虎，主要为害玉米根部。金针虫幼虫能咬食刚播下的种子胚乳而使其不能发芽或危害根系及茎的地下部分。由于害虫发生的时间的不同，地下害虫对春玉米的为害甚于夏玉米。

早期的防治方法：第一是结合农事活动恶化其越冬环境，如耕翻土壤，进行合理的作物轮作等，尽量减少虫量。第二是药剂拌种处理，选择有一定残效期、高效的农药控制其发生，如防治蛴螬、金针虫等选用的农药有1605乳油、辛硫磷乳油、甲基异柳磷乳油；防治地老虎用甲胺磷乳油拌种，敌百虫粉与细土混匀制成毒土顺垄撒施，或用辛硫磷乳油喷雾等。第三是根据其习性，成虫阶段利用物理防治，如用黑光灯进行引诱捕杀（图4－10）。

图4－10　黑光灯引诱捕杀害虫

种衣剂研制成功并应用于生产后，主要应用种子包衣防治地下害虫，具有简便、低毒、高效的特点。玉米种衣剂的品种很多，其所含成分包括杀虫剂、杀菌剂、微量元素、助剂、填料、着色剂、成膜剂等，为药肥复合型。按其预防对象不同，分为病虫兼防型和防病型二类，可根据当地实际需要选用。

①病虫兼防型。主要品种三元成分的有35%g多福悬浮种衣剂，含有克百威（呋喃丹，用于杀虫）、多菌灵和福美双（用于防病）；8.1%克酮立悬浮种衣剂，含有克百威、三唑酮、立克秀（用于防病）；二元成分的有7.3%克戊唑悬浮种衣剂，含有克百威、戊唑醇（立克秀，用于防病）。

②防病型。主要品种有5%穗迪安（烯唑醇）超微粉种衣剂、8.6%福戊（福美双、戊唑醇）悬浮种衣剂、40%卫福悬浮种衣剂等。不同厂家生产的玉米种衣剂所含成分配比不同，各有自己的商品名称，但其杀菌、杀虫成分多属上述药剂，其中的克百威是预防地下害虫的，其他几种杀菌剂是预防玉米丝黑穗病的。从药效角度看，含戊唑醇（立克秀）的对玉米丝黑穗病防效最好。

三、主要草害防治技术

京郊玉米主要危害杂草有马唐、稗、铁觅菜等。常见杂草有马齿苋、本氏蓼、灰菜、扁蓄、苍耳、野苋、牛筋草、狗尾草、刺儿菜、田旋花、苣买菜以及小莎草科的某些杂草。

1960—1977年期间的防治方法：可采用3~5种除草剂在播后出芽前喷雾进行土壤处理，7~9种除草剂进行茎叶处理，只对双子叶杂草有效（必须在玉米6~8片叶以后施用否则易发生药害）。使用的除草剂及其剂量：①50%西马津150g/亩；②50%阿特拉津150g/亩；③25%敌草隆150~200g/亩；④25%除草醚250g+25%敌草隆100g/亩；⑤25%除草醚250g+50%扑草净50g/亩；⑥2,4-D钠盐100g/亩；⑦二甲四氯钠盐100g/亩；⑧2,4-D丁酯25~50g/亩。除草效果80%以上。

1978以后的防治方法：化学除草与杀虫可选用的除草剂种类、剂型及用量，见表4-17。采用机械喷药，将上述剂量的除草剂、杀虫剂对清水20~40kg/亩于播后苗前地面喷药，进行土壤封闭。喷药过程中避免重喷、漏喷。若喷药后3天内无须进行喷灌的，喷水量为15m^3/亩，使喷在秸秆上的药液淋溶于土壤表面，化除效果更好。

表4-17　除草剂种类、剂型、用量

药剂名称及剂型	用量（mL/亩）	备注
38%莠去津SC	150~200	—
50%乙草胺乳油EC	100	
20%百草枯（WC）或41%草甘膦（水剂）	100~150或100~200	当土壤表面有大量明草时施用，草多的使用高剂量

第七节　全程机械化生产技术

1950 年以前，玉米从种到收各个生产环节：耕翻地、施肥、播种、间定苗、中耕、追肥、除草、收获及脱粒全部以人畜力操作完成。新中国成立后，推广新式步犁加深耕层，同时，推广了手摇脱粒机。此后，随着农业机械的增加，特别是国家农机补贴等惠农政策的出台，逐步实现了利用拖拉机耕翻土地，机械播种、喷药及收获。

20 世纪 80 年代，为适应乡镇工业的兴起，建设现代化农业成为京郊农业发展的主题。机械化是农业现代化主要标志之一，也是减轻农民劳动强度、保证农时、提高单产和解放劳动力的有效手段。各级农业部门和农技人员依托科技进步，大力发展农业机械化和推广早熟优良玉米品种及其配套栽培技术，因地制宜改革传统种植制度，将京郊平原地区小麦、玉米“两茬套种”和 2.5m 畦式“三种三收”方式改为两茬平播种植制度，以提高资源利用效率和农田经济效益。经过几年努力，到 1990 年京郊平原区基本普及了两茬平播种植方式，除“间定苗”、“追肥”等少数作业环节尚需人畜力操作外，基本形成了生产全程机械化作业模式，从播种到收割的机械化水平处于全国领先地位。机械化生产大大减少了“三夏”和“三秋”农耗，使京郊有限的热量资源得以充分挖掘利用，扭转了两茬套种和大畦式因夏粮占地比例过大造成的玉米产量徘徊不前的局面，玉米单产与总产显著提高。

玉米机械化生产经济、生态和社会效益显著。一方面，确保了主要农事作业环节高效率、高标准完成，从而解放了大批劳动力转移至二三产业。据北京市农业技术推广站玉米生育动态及生产监测调查结果，2013 年京郊玉米生产每亩用人工量由 20 世纪 80 年代的 8.3 个（北京市农村合作经济经营管理站抽样调查结果）减少到 2.0 个，减少幅度为 75.9%；全市玉米生产平均亩效益为 856.8 元，比 1985 年增长了 24.8 倍（有较大的物价影响）。另一方面，机械化生产提高了平原区粮田的复种指数，充分利用了生长季节和土地资源增加玉米产量。据北京市农业局调查，平原地区充分利用农业机械连续作业，“三夏”和“三秋”农忙季节田间作业期分别缩短了 6 天和 9 天，相当于抢到了 200℃ · d 的生长积温。

2011 年 11 月，北京市农业局组织利用引进的“迪尔”玉米籽粒一直收机开展了籽粒直收试验，选用“中单 28”品种为供试材料，取得一定进展（图 4 – 11 至图 4 – 16）。

京郊玉米机械化生产中仍存在不少问题急需解决。据北京市农业技术推广站深入调研，北部山区春玉米生产相对机械化程度低，机械质量不过关，且农机与农艺配套较差，致使一批先进的科学技术在生产上得不到广泛应用，严重制约了当地玉米生产的发展。调研结果表明，先进技术如单粒精准播种的应用率仅 33%，机械追肥为 1.8%，机械化收获不足 40%。从对农机服务组织访谈了解到，制约玉米机械收获水平及影响玉米收获作业质量的最重要的 3 个因素：一是玉米种植行距不统一，机具不配套；二是茎秆倒伏无法机收；三是地块面积过小，大型机械无法作业。从对普通农户的调研中发现，制约玉米机械化收获水平主要因素为机械收获作业质量差、损失多，导致成本高，

图 4－11　春播前土壤深松作业

图 4－12　春玉米免耕播种

图 4－13　“三夏”小麦收获、玉米播种和化学除草一条龙作业

图 4－14　机收果穗

图 4－15　籽粒直收

图 4－16　玉米籽粒直收

地块小的农户宁可选择人工作业也不愿意使用机械收获。现行一家一户的土地承包制，影响了机械化操作的效率，迫切需要对土地集中管理，实施集约化生产。

第五章　综合配套技术体系的发展

要实现玉米高产、稳产、高效、优质和生态等目标，必须将相应的各单项先进技术进行组装配套综合应用于生产。本章重点回顾了65年来京郊玉米生产上针对不同时期的主攻目标，研究与示范推广的主要综合配套栽培技术模式或体系。主攻目标包括高产稳产、节水抗旱、优质专用、生态环保、轻简高效等方面。

第一节　套种玉米高产稳产综合配套技术体系

套种是我国精耕细作农业的重要内容之一。新中国成立以来，随着土、肥、水等基本条件的改善，两茬和三茬套种成为京郊20世纪70～80年代平原地区的主要种植方式。小麦、玉米套作的粮田复种指数在150%左右，既有复种延长光合作用时间的效果，又有间作增加光合面积和改善通风透光的作用，延续、交替地合理利用光能是套作的主要特点。

套种玉米，包括小麦、玉米两茬套种和小麦、玉米、玉米（或杂粮）三茬套种种植模式，优、缺点鲜明。优点是：比较适应郊区春旱夏涝的气候特点，抗御自然灾害的能力较强；宜种植增产潜力较大的中熟、中晚熟杂交良种。缺点是：幼苗长在小麦行间，缺肥少水，窝风遮光，受“欺”较重；中茬玉米占地面积较少，植株分布比较集中，激化了株间矛盾，吸收土壤养分范围较小，和第三茬玉米、高粱存在争肥、争水、争光的矛盾；难以发展机械化的矛盾。

为充分发挥套种玉米的优势，并能解决田间农事作业机械化的问题，1993年北京市农业技术推广站主持开展了“非传统麦田套种玉米技术”研究，经过10年攻关，成功解决了在保持平播复种指数前提下实行机械化麦田套种的技术难题，建立了机械化麦田套种玉米技术体系。

一、两茬套种玉米高产栽培技术模式

（一）概述

北京郊区在20世纪50～60年代初，大多数地方实行的是两年三熟制。为了扩大小麦种植面积，增加夏粮收成，60年代前期普及了房山县南韩继大队创造的小麦玉米两茬套种的种植方式，简称“小对垅”（即畜播小麦，幅宽10cm，每隔2行小麦预留1.2尺（40cm）的空挡，在麦收前套种一行玉米，玉米行距为2.2尺〈75cm〉）。60年代末期又总结并推广了平谷县许家务大队“三密一稀”小麦玉米两茬套种的新方式（即3尺畦〈100cm〉畜播三行小麦，小麦占地1.8尺〈60cm〉，埂宽1.2尺（40cm），种一

行玉米，麦收后玉米行距为三尺）。“三密一稀”与“小对垄”相比，小麦占地面积扩大，利于提高夏粮产量；玉米行距加大，利于田间管理。“三密一稀”在 60 年代后期得到大面积推广。之后进一步改造完善，形成了 4.5 尺畦（150cm）两茬套种的种植方式。该方式一般畦面 2.7 尺（90cm），留埂 1.8 尺（60cm），畦内种麦 7 行，畦埂套种两行玉米。玉米每亩留苗 3 000株左右，对肥水条件要求中等。该种植方式具有争取季节农时，充分利用积温和光照，投工较少，避开“三夏”劳力紧张高峰，秋粮产量较高且比较稳定，还能种上适时麦的优越性。缺点是：小麦占地减少，据 1977 年市农科院联合试验，4.5 尺畦（150cm）比 7.5 尺畦（250cm）小麦减产 18.1%；不便于现有大、中型拖拉机进地作业，整地打埂费工较多。上世纪 70 年代初两茬套种玉米高产栽培技术模式为京郊主要种植方式，应用面积达 100 万亩左右。

（二）解决的技术问题

新中国成立初期，北京市平原地区以一年一熟秋粮作物为主，夏粮很少，复种指数较低，1949 年仅为 112%。随着生产条件和生产关系的改变，耕作制度也逐步发生了变化。扩大夏粮面积，合理利用农业资源成为京郊粮食生产的主题。

50 年代，平原地区两年三熟制面积较大，第一年春玉米，玉米收后种冬小麦，第二年麦收后平播夏玉米。由于夏玉米遇夏涝，产量较低。据统计，在 20 世纪 50 年代，各种作物受涝面积一般在 250 万亩上下，占耕地 30% ~34%。

京郊种植的秋粮作物有玉米、高粱、谷子、白薯、大豆等，它们都是喜温作物，都必须在一定的气候条件下生长。一年种一季喜温作物，一般只能利用积温 3 000℃左右，而小麦等越冬作物却具有耐低温的生物学特性，能够把喜温作物不能利用的积温利用起来，因此，在水肥条件不断改善的基础上，发展以小麦为主的夏粮生产，是充分利用气候资源，增加产量的重要途径。同时，小麦生长期间，光照可达 2 100小时，降水较少，相对湿度较低，可保证光合作用较好进行，冬季温度不过低，京郊一般年份小麦可安全越冬；春季回暖早，升温快，温差较大，有利返青；进入 5 月，温度急剧上升，可满足小麦抽穗灌浆的需要。加之高产品种的推广和栽培技术的提高，使一向被人们称之为低产作物的小麦变成了高产稳产的作物之一。

从 20 世纪 50 年代末开始，以小麦为前茬的间作套种方式逐步发展起来。60 年代初期，房山县南韩继大队试验成功“小对垄”小麦玉米两茬套种方式，既解决了一年两熟无霜期不足的问题，又减轻了涝灾的威胁，在京郊推广很快。60 年代末期，又总结并推广了平谷县许家务大队“三密一稀”小麦玉米两茬套种的新方式。随着水浇地面积的增加，夏收作物面积扩大，特别在 70 年代发展很迅速。

（三）关键技术内容

1. 整地起埂作畦，确保规格尺寸

小麦播种前深耕并耙平，按 4.5 尺畦（150cm）一带起埂作畦，埂宽 1.8 尺（60cm），畦面宽 2.7 尺（90cm）。畦内播种 7 行小麦，埂上套种两行玉米（图 5 -1）。

2. 选用优良品种，种子筛选分级

京郊上世纪七十年代推广中晚熟单交种“京单 403”、“中单 2 号”、“京杂 6 号”、“友谊 6 号”、“丹玉 6 号”等。前两个品种株形紧凑，上下叶片稀疏，但抗涝性较差，

图 5－1　京郊 4.5 尺畦小麦套种玉米

宜在中上等地力、排涝条件较好的地块种植；“京杂 6 号”生长势强，抗涝、抗病，但植株高大，适于早套种；“友谊 6 号”株型紧凑，生长整齐，抗涝性强，适宜在中等地力低洼易涝地区种植；“丹玉 6 号”抗黑粉病，需肥量较小，但丰产性能较差，可在西北部山区或土地瘠薄、施肥水平不高的地区种植。另外还有“京白 10 号”，丰产性能好，抗倒、抗病，但植株、叶片高大，适宜于在山区作一茬春播种植或两茬套种。

播前首先要做好种子准备工作。筛选种子，大小粒分级播种以克服大小苗现象。晒种、药剂拌种，播前检查种子发芽率，根据发芽率合理确定播种量。

3. 春季破埂施肥，要重施底化肥

套种玉米在春季破埂每亩施入 1 000～1 500kg的农家肥（包括一定量的磷肥），有条件的尽量多施有机肥；播前再施 200kg 左右精肥和适量化肥。要重施底化肥，其好处是：缓和了麦收前后劳力紧张的矛盾，减少了田间作业项目，也便于机械作业；减少化肥的挥发和流失；有利于促进幼苗健壮生长。重施底化肥的方法是：用大耠子在玉米埂中间连续串两次，开出一条 10cm 深的沟，先施化肥，再施精肥（有机肥），而后在两侧耠沟播种玉米，最后覆土严埋肥料和种子。要防止底化肥和种子直接接触，否则容易烧苗。

4. 因地适时播种，力减共生影响

套种玉米播种过早，苗期与小麦共生期过长，易成为小老苗。套种过晚，秆高易倒，成熟推迟。一般以 5 月 15～25 日套种为宜，上茬小麦长势差的地块、北部山区冷凉地区、低洼易涝地块可适当早套。反之，应适当晚套。要因地制宜，适时播种。

5. 保证播种质量，力争一次全苗

“豆打长秸，麦找齐，玉米缺苗不用提”。播种质量的好坏，对玉米生长发育和质量有直接的影响。保证播种质量，可确保苗全、苗匀、苗壮，是争取玉米丰产的首要条件。

墒情充足是保证一次播种出全苗的关键。套种玉米由于种在畦埂上，容易缺墒。破埂作畦，降低畦面，将玉米种在沟底，有利于深扎根，经旱又抗倒。天旱时可利用小畦单独浇水，既快又省水；同时，也有利于后期培土。因此，应根据墒情和地势的不同，因地制宜采用破埂作畦或深翻平埂的方法，以保证一次播种全苗。播种深度一般应在4~6cm，当水分不足、沙质土壤、大粒种子可适当深些；墒情好、小粒种子、土壤易板结的可适当浅些。播后应及时进行镇压，以利保墒出苗。

6. 狠抓苗期管理，促进壮苗早发

套种玉米苗期由于生长在麦垄里，受"欺"较重，往往苗黄、苗弱，应促苗早发，由弱变壮。田间管理措施：早定苗，在4~5片叶时一次定苗，以利减少水分、养分消耗，减轻互相遮光，留苗密度3 000~3 200株/亩；早浇水，麦收后如遇旱结合头遍肥浇好缓苗水；早追肥，在5~6片展开叶时重追20~25kg碳铵或30~35kg氨水；及时治虫，要在麦田里早防蚜虫，并把黏虫消灭在三令之前，以防幼苗受害；中耕松土，麦收前结合定苗进行浅锄，定苗后拔节前用小镐"穿膛过眼"，促使土壤疏松，利于根系下扎。

7. 加强穗期管理，力争穗大粒多

抽雄期前后是玉米吸收氮素最快、最多的时期，氮肥供应多少对花粉和雌穗发育影响极大。因此，在抽穗前10天左右的大喇叭口期，必须普遍追施穗肥。套种玉米一般应施碳铵15~20kg，苗期追肥量少或叶色转淡的应适量增加。

拔节孕穗期需要大量水分，尤其是抽雄前后，为玉米需水的临界期。水分充足，有利于根系吸收养分，能增强叶片的光合强度，积累更多的有机物质，促进养分向籽粒中输送；也有利于气生根喷出，便于吸收水肥和防止倒伏；套种玉米拔节孕穗期正处在雨季，一般情况下水分不缺。如果遇到伏旱，则应当机立断，浇水抗旱。套种玉米还要注意防涝，在雨季前挖好田间排水沟，疏通排水系统。

大喇叭口期结合追肥进行培土，有利于增厚根际的活土层，促使喷出气生根，扩大营养吸收范围，利于防止倒伏也利于除草灭荒和雨季防涝。培土不要过早，应分次进行，先低培土，后高培土。要根据虫情，重点在7月下旬、8月上旬防治二代玉米螟。

8. 搞好后期管理，防早衰增粒重

为了防止后期脱肥，应根据植株长势，适量补追攻粒肥。吐丝后如果叶色转淡，可补追硫铵5~7.5kg（或采用叶面喷肥的方法），增强叶片光合作用，促进籽粒灌浆。

花期高温干旱，花丝抽不出来及花粉粒失去活力，容易造成秃尖缺粒；秋涝也会造成玉米减产，水分过多，往往导致早衰秕粒。因此，如发生秋旱，应浇小水润湿地表；如遇暴风雨，应及时排水。在雄穗刚露头时隔行或隔株去雄，减少养分消耗，促进雌穗发育。

芟秋促早熟。8月下旬普遍进行深锄，能除草透气提高地温，增强根系生理机能。既防早衰，又促早熟。同时，拔除株间大草和折断株及空秆。

（四）创新与特色

两茬套种是20世纪70年代华北平原地区面积最大最受群众欢迎的种植方式。其优点是延长生长季节，提高6~7月光热利用率；水肥条件要求不高，两茬都能稳产，能有效避开“三夏”劳力紧张高峰并有利于适时种麦，作物对光热水的要求与外界气候条件较为一致；抗灾避涝，省工省肥，丘陵坡地、平原、涝洼地种植，年亩产粮食200~900kg范围的土地上均可应用。

存在的主要问题是作物共生期矛盾较大，保苗能力差，机械化作业比较困难，小麦占地面积小。

（五）推广效果

北京郊区的小麦、玉米两茬套种方式于20世纪60~80年代得到了较快发展。据不完全统计，1978年两茬套种面积50多万亩，1979年近70万亩，1980年为100万亩左右。推广前期4.5尺畦（150cm）发展得多些，后因考虑到夏粮面积较少而且玉米容易倒伏，因而5~6尺畦（165~200cm）的两茬套种呈发展趋势。

二、“三种三收”种植方式

（一）概述

京郊于20世纪70年代初期在两茬套种的基础上又创造了7.5尺畦（250cm）三种三收种植模式。这种模式7.5尺畦（250cm）为一带，畦面宽5.7尺（190cm），留埂1.8尺（60cm），畦内种12或14行小麦或大麦，畦埂套种两行玉米（少数为白薯），麦收后在畦内再种一茬玉米、小杂粮（高粱、谷子、白薯、豆类）或绿肥作物。这种畦式适应了大拖拉机田间作业的要求，复种指数达又有提高（图5-2、图5-3、图5-4）。

图5-2 京郊7.5尺畦小麦套种玉米

三种三收种植模式研究示范成功后在京郊迅速推广，最高种植规模达到300万亩左右，占粮田面积的50%以上。适应大中型拖拉机进行田间作业的间作套种三种三收种植方式，使生产条件较好大队的粮食亩产达到700~800kg，带动全市粮食大幅度增产。

图5－3　7.5尺畦套种玉米出苗
（图片由张令军提供）

图5－4　7.5尺畦中茬套种玉米
（图片由张令军提供）

（二）提出的背景

两茬套种是建立在人畜力操作基础上的，而且小麦占地面积有限，增产潜力受到一定限制。随着大、中型拖拉机（铁牛55、东方红28等）数量的不断增加，化肥、水利、农药等生产条件的迅速改善，为了便于机械作业，进一步扩大夏粮面积，提高复种指数，促进单产提高，20世纪70年代初期以平谷县为主力的科技人员和农民群众创造了三种三收种植模式，扩大畦面，增加夏粮占地比例，小麦收后再种第三茬。

1979年3月4日《光明日报》刊登北京市农林局张新兴《北京郊区的三种三收制大有可为》一文指出：北京郊区大面积实行的间作套种三种三收制是京郊人多地少地区耕作制度演变的必然结果，也是广大社员和农业科技人员按照当地自然条件进行生产实践和科学实验摸索出的一种高产稳产、种地与养地相结合的耕作制度。

（三）解决的技术问题

三种三收种植模式主要解决了以下3个技术问题：一是夏播占地面积显著增加，较原来两茬套种增加16%；二是能充分利用季节和光能，作物种植茬口之间紧密衔接，田间持续保有稳定的绿叶面积，能连续交替用光和分层用光，边行优势显著，上、中茬产量维持稳定，第三茬还可安排一些杂粮和养地作物；三是比小畦两茬套种更有利于机械化。

三种三收种植模式的第三茬收成不好是最大的问题，主要原因是中茬遮阴和积温不足。为了解决遮阴问题，主要采用两项技术措施：一是中茬晚播，第三茬抢早播种，使中下茬协调生长，平衡增产；二是中茬隔一行玉米，种一行矮秆作物，如中茬白薯、中茬大豆等，第三茬种玉米产量不低，人们称之为“第三茬变中茬”。为了解决积温问题，采用了带麦钻套、间苗移栽和育苗移栽等办法。带麦钻套（种麦时预留一二个空挡，挡距30～40cm，麦收前播种三茬）推广效果较好；间苗移栽因受水源限制，推广难度大。育苗移栽经过科学技术人员和农民技术员共同攻关形成了完善的综合配套技术，在生产中应用取得很好效果。

（四）主要研究成果

1. 研制成功一批作业机械

套种玉米采用畜力开沟，人工撒肥、点籽、覆土、镇压。手工操作效率低，劳动强度大，也不易保证播种质量。实现套种玉米机械化或半机械化是三种三收模式需解决的主要技术问题之一。通过技术攻关，三种三收模式中除了玉米间定苗、追肥和收获等工序尚需人畜作业外，其他如玉米播种、小麦耕地、播种、施肥、收获等都已研制出配套的农机具。有的社队已实行了中下茬作物中耕、培土、施肥等项目的机械操作。

玉米套播机优点：一是省人工，效率高。机播每人可播 15～20 亩，比人工播种工效提高 5～6 倍，每 100 亩地可省 20～25 个工，而且播种较深利于保墒。二是耠子开沟播种表层土易溜回播种行内影响全苗，套播机播种干土溜回沟里较少，同时，带有镇压轮起镇压保墒作用。三是节省种子。以 7.5 尺畦（250cm）套种 2 行玉米为例，套播机亩播量 1.5～2kg，人工播种一般 2～3kg，每亩可省 0.5～1kg 种子。四是两行玉米的行距均匀一致，利于通风透光，播深一致利于出苗匀苗齐。

2. 营养钵矮化育苗移栽技术

营养钵矮化育苗移栽技术是利用营养钵提前育苗，通过多次挪动营养钵，控制根系生长，培育矮化壮苗，争取有效积温的一项措施（具体技术内容见后文）。

（五）关键技术内容

三种三收种植模式的上茬小麦和中茬玉米生产技术与两茬套种基本相同，仅中茬玉米留苗密度不同，一般为 2 200～2 500株/亩为宜。在一些肥水条件好，作物品种配套，农机具、劳力比较充足的地方，采用间作套种三种三收比较容易增产。如果上述条件均不具备，而且管理水平又跟不上去的地方，实行三种三收反而会导致减产。京郊在示范推广三种三收种植模式中总结出了“狠抓上茬，确保中茬，因地制宜搞好下茬”的原则和“上茬抓好、中茬抓巧、下茬抓早”的经验。第三茬作物增产的技术要点如下（图 5－5）。

图 5－5　7.5 尺畦三茬套种绿豆

（图片由张令军提供）

1. 合理选用作物、科学搭配品种

第三茬选择什么作物，选用什么品种，作物如何布局，品种怎样搭配，对提高产量有重要的影响。因地制宜选用作物，合理搭配优良品种，是提高第三茬产量的一条重要途径。

北京地区第三茬作物主要是高粱、玉米，其次是谷子、白薯、豆类、花生和绿肥，还有小面积的蔬菜、药材和旱稻。不同作物各有其特点如下。

玉米：品质好，丰产性能好，后期抗御低温能力比高粱强。1976年顺义县沟北大队33亩第三茬玉米亩产达163kg，中茬玉米亩产289kg，秋粮一季超过450kg。1976年朝阳区管庄大队220亩第三茬玉米亩产达142.5kg，中茬玉米270.5kg，全年亩产874.5kg。但玉米怕涝，耐阴性差，吸水肥能力不如高粱。以安排在地势高、灌排方便、肥水条件较好的地块比较适宜。

高粱：耐旱涝、耐盐碱、耐瘠薄、抗逆性强，在间作套种中竞争力强，在不少地方以它为主要作物。丰台区沙窝大队侯家峪生产队，1976年13亩第三茬高粱亩产155kg，中茬玉米384kg，全年合计产粮864kg。房山县南韩继大队1976年700亩第三茬高粱平均亩产135kg，全年亩产粮799kg。高粱品质差，拔地力，不是种麦的好茬口，还经常出现晚熟砍青现象。

谷子：耐旱，耐瘠，生育期短，品质较好，谷草是牲畜的好饲料。1976年门头沟雁翅大队40亩第三茬谷子亩产75kg，中茬玉米317.5kg，全年亩产粮700kg。1976年平谷县大旺务大队100亩大小畦三种三收田，第三茬谷子亩产99.9kg，中茬玉米亩产245.4kg。但是，谷子怕涝，容易受病害，在7.5尺畦的情况下容易倒伏。因此，要采用适宜的优良品种，选用大小畦或丈畦种植。

白薯：耐旱，耐瘠薄，抗逆性强，适应性广，种收比较灵活，是发展养猪的好饲料。1976年房山县半壁店大队100亩第三茬白薯亩产折粮250kg左右，中茬玉米150kg。其中6.8亩高产试验田亩产第三茬白薯折粮340kg，中茬玉米155kg，全年亩产845kg。但是，白薯怕涝，不耐阴，栽秧比较费工，7.5尺畦一般产量不高。因此，要选择沙性地或地势偏高田块，选用优良品种，采用大小畦或丈畦种植较为适宜。

豆类：品质好，耐瘠薄，耐遮阴，能固氮，在中下等地力条件下是良好的养地作物。1976年怀柔县茶坞大队和大兴县榆垡大队各有100亩条件较差的地块第三茬大豆亩产25~30kg，中茬玉米亩产250kg。1977年平谷县英城大队893亩第三茬豆类作物平均亩产25~30kg，个别高产地块亩产35~40kg。豆类的缺点是产量低，但从经济需要和种地养地相结合考虑可大力发展。

花生：植株矮，有利于中茬玉米通风通光。能固氮，有利培养地力、改良土壤。发展第三茬花生，是解决油料需要的一条途径。1976年朝阳区管庄大队4亩7.5尺畦第三茬花生亩产102kg，中茬玉米亩产250kg。1976年大兴县民生三队12.3亩15尺畦第三茬花生亩产151.5kg，中茬玉米亩产100.3kg。花生怕涝，也不耐阴，可在无沥涝威胁的沙土地种植。油料产区种植宜适当扩大畦面。

田菁：可以晚播，有利于缓和“三夏”劳力紧张的矛盾，有利于养地、改良土壤。1976年房山县哑巴河大队105亩第三茬田菁，7月9日播种，9月10日翻压，测产每亩产鲜草量1 500kg左右。通县小海子大队多年来坚持第三茬安排一部分地块种植田菁，对全年粮食高产、稳产起了促进作用。种植田菁对当年产量有所影响，但从长远考虑宜积极发展，尤其是人多地少、低洼易涝或第三茬连年收成不好的地区。

第三茬播种有早有晚，为了保证普遍正常成熟，要根据品种的生育期长短合理搭配。第三茬作物品种按生育期长短，可分为特早熟种、早熟种和早中熟种三个类型。

特早熟种：生育期80多天，需要有效积温1 150～1 250℃·d。6月底以前播种，9月25日前后成熟；6月25日以前播种，9月20日左右成熟。代表品种有早熟一号、抚宁小红粘高粱；京白107、京黄105，小把粗玉米等。其优点是成熟早，对及早腾地种麦有利，但本身增产潜力小，产量较低，亩产一般50kg。大豆良种黑河3号、黑河54；谷子2122、杨村谷同属这个类型。

早熟种：生育期90天左右。6月20日播种，9月20日左右成熟；6月25日播种，9月底成熟，需要有效积温1 250～1 350℃·d，代表品种有唐革6号、唐革8号、朝阳红高粱；京黄113、京早2号、朝阳105玉米等。特点是增产潜力中等，成熟较早，不误播种秋分麦，亩产可达100余kg。白薯良种宁薯1号、宁薯2号、蜜瓜等虽无严格成熟期，但如想获得较多收成也需90多天生长期。

早中熟种：生育期100天左右。6月20日前播种，9月底成熟；6月25日前播种，10月上旬成熟。需要有效积温1 350～1 450℃·d。代表品种有原杂10号、原杂11号、康拜因60高粱；小八趟、京单403、京早7号玉米等。优点是增产潜力大，可以抢种秋分尾麦，亩产可达100～150kg。但若播种失时或热量不充足的年份，将影响及时腾地抢种秋分麦。

2. 带麦钻套播种，确保播种质量

带麦钻套是在收麦之前将第三茬玉米或高粱套播在麦垄里，通过提早播种达到早发苗、早成熟的一种较好的套种形式。带麦钻套的技术要点是：

适时钻套：钻套一般在麦收前10～15天进行。钻套过早，苗龄大，收麦时容易损伤；钻套过晚，苗小苗弱，易受草荒危害，同时，争取有效积温不多不合算。麦子长势好可适当晚套，麦子长势差可适当早套；生育期长的品种可适当早套，生育期短的品种可适当晚套。

预留空挡：种麦时要留出7～8寸空挡（2.3～2.7cm）。空挡留1行还是2行根据生产条件而定：留1行便于田间管理；留2行有利于增加密度保产量。

确保全苗：墒情差或保水性能差的地块应先播种后浇麦黄水，墒情好或保水性能强的地块可先浇麦黄水后播种。播种密度要尽量做到“宁密勿稀”。钻套双行一般亩产要确保2 000穴，单行要确保1 200～1 500穴。麦收前要密切注意虫情发展，及时除治黏虫。

及时管理：麦收后要早定苗、早松土、早追肥，最重要的是早定苗防止草荒。如发生草高于苗的现象，不要轻易毁苗，只要心叶未死，除净杂草后幼苗仍能迅速长起来，比毁苗后直播要增产。

带麦钻套优点：①提早套种，争取了有效积温，延长了作物的生育期，有利于第三茬增产。②把第三茬提到麦收前播种，有利于避开“三夏”劳力紧张高峰期，利于调剂劳力。③可选用中熟品种，发挥中熟杂交种的增产潜力。④早熟、早收、早腾地，有利于种适时麦。

带麦钻套缺点：①播种比较费工，易损伤小麦。②保苗比较困难，容易受草荒、黏虫为害。③不利于机械化操作。

3. 营养钵矮化育苗移栽技术

营养钵矮化育苗移栽优点：①延长第三茬作物的生育期，有利于发挥中熟杂交种的增产潜力。②营养钵自带底肥，在一定程度上解决了第三茬作物来不及施底肥的问题。③能保证全苗，有利于发挥合理密植的增产作用。④节省种子。

营养钵矮化育苗移栽缺点：①比较费工，尤其是“挪位”和移栽用工量较多。②需要有水源保证。③育苗技术要求比较高，掌握不好容易形成“小老苗”。可以作为一种搭配形式因地制宜采用（育苗移栽操作技术见第三章）。

4. 其他第三茬抢早播技术

间苗移栽：利用埂上中茬玉米间下来的幼苗移栽到畦内作为第三茬，在劳力和水源有保证的地区是促进第三茬早熟增产的一种较好的办法。应用间苗移栽技术要注意：①中茬玉米要适时晚播。一般在5月底播种，6月20日前后可见叶为6片左右，此时移栽成活率高，不影响穗分化。②中茬玉米要有足够的苗数，每亩密度要在4 500棵左右，以便间出一部分苗子保证第三茬移栽用。③麦收后结合中茬玉米定苗去除小苗、弱苗，间出一部分壮苗移栽。移栽深度4cm左右，栽后及时浇水，保苗成活。④缓苗后，及时围棵松土，本着“前重后轻”的原则追好第一次肥并复土稳苗，复土不要过高，以防幼苗不发棵。

间苗移栽的优点是：①育苗不占地，也不增加用工。②能协调中下茬作物矛盾，使中下茬作物生长、成熟基本一致。③第三茬玉米抽雄时间比中茬玉米晚5～7天，有利于中茬辅助授粉。④节省种子。⑤技术简单。

间苗移栽的缺点是：①间出的幼苗有大有小，使第三茬生长不整齐。②中茬玉米要在麦收后定苗，对中茬产量有一定程度的影响。③移栽时必须有水源保证，否则，保苗困难。④移栽比直播费工。

抢早直播：第三茬作物生长时间短，采用麦茬直播必须抢早进行，以便保证正常成熟所必需的有效积温，避免贪青晚熟延误种麦或砍青影响产量。

提早收麦：提早收麦及时腾地为早播第三茬作物创造有利条件，是第三茬作物争取有效积温的措施之一。提早收麦可通过几条途径：一是上茬小麦搭配一定比例的早熟、丰产品种，例如，红良4号、北京15号、有芒白4号、京作348等。二是小麦适时收获。三是小麦化学催熟。房山县农科所1977年试验，使用促麦黄（乙基磺原酸钠）和麦黄素（丁基磺原酸钠）催熟，能使小麦提早成熟3～4天而对千粒重影响极少。在小麦蜡熟初期喷药使小麦成熟过程加快，植株往籽粒运输的干物质并未停止，只是加快了麦粒脱水的速度。

催芽播种：原是东北地区抗御低温冷害、促进早熟增产的重要措施，对于京郊三种三收第三茬说来，也是争取有效积温的一种方法。

（六）创新与特色

①提高土地和热量资源利用率：实行三种三收制可以使小麦的占地面积比两茬套种显著增加，中茬玉米面积虽有减少但株数减少不多，而且比麦茬平播玉米增加一个月的生长季节，为选用增产潜力大的中晚熟玉米良种创造了条件。麦收后畦内再种一茬玉米、高粱、谷子、白薯、豆类或绿肥，不仅提高单产，又适应了人民生活多方面的需要。

②提高光能利用率：三种三收制能使上、中、下茬的作物旺盛生长期错开并紧紧衔接，稳定保持田间有一个比较适宜的绿色面积，连续交替用光、分层用光。上茬小麦和中茬玉米还具有显著的边行优势，有利增产并增强抗倒能力。

③减轻自然灾害的不利影响：三种三收的中茬玉米由于躲过春旱夏涝气候特点，可以避害趋利。中茬玉米苗期正处于气温较低、水分较少的春旱时节，有利于根系发育；抽雄前后玉米需水最多时正是雨季；生育后期阳光充足，温度适宜，有利于籽粒灌浆。第三茬实行粮食作物、豆类和绿肥轮作，合理利用土壤养分，起到了种地养地的作用，还缓和了小杂粮和高产作物争地的矛盾。

（七）推广效果及典型事例

20 世纪 70 年代推广三种三收有个起落过程。据统计，1972 年仅几万亩至几十万亩，1973 年达到 200 万亩，1974 年达到 220 万亩。1975—1978 年为 300 万亩，占全市粮田面积 60% ~70%，1978 年与 1948 年相比，粮食亩产由 63.5kg 提高到 380.5kg，增长 499%；总产由 4 亿 kg 增加到 18.5 亿 kg，增长 346%。

在这一种植方式推广以前，京郊粮食总产最高年份为 14.2 亿 kg，推广以后在粮田面积减少 32 万亩的情况下，总产却提高到近 20 亿 kg。粮食亩产 1973—1977 年平均为 314.5kg，比 1968—1972 年期间的平均 228kg 增长 38%，平均每年增长 7.6%。1978 年平均亩产达到 380.5kg，创造北京市粮食平均亩产最高水平，并出现了 8 个亩产过“长江”的区县。平谷县在实行三种三收制以前，丰收的 1971 年粮食平均亩产为 285kg，1973 年全县大面积实行三种三收制以后，粮食产量逐年增长，1978 年全县平均亩产达到 477.5kg，成为北京郊区粮食平均亩产最高的区县。农业战线的先进单位如许家务、岳各庄、南韩继、高岭、新农村等大队都实行了三种三收制，粮食亩产连年大幅度增长，双跨“长江”并出现了“吨粮”地块。

三、非传统麦田套种玉米高产耕作技术

（一）概述

非传统麦田套种玉米高产耕作技术是北京市农业局恽友兰于“九五”期间主持研究开发的农业高科技项目。主要针对华北地区小麦、玉米一年两熟耕作制度由于光温不足造成的夏玉米低产、低质、低效和农民为抢种下茬被迫焚烧秸秆，浪费资源、污染环境等问题而研发。核心技术包括：控制种子延迟发芽技术、农机定位运行技术和高架套播机组技术，通过配套栽培技术研究组装形成非传统机械化麦田套种玉米高产耕作技术体系。解决了京郊夏玉米不能正常成熟和传统套种玉米人工作业的技术难题，大幅度提

高了京郊玉米产量和质量。在北京、新疆维吾尔自治区（以下简称新疆）、东北、河北等省、市、区规模推广应用，比传统夏播对照平均增产39.3%，玉米商品质量提高一级。该技术将麦茬夏平播玉米改为利用中晚熟玉米品种进行麦田套种，提高作物的光热利用率，解决光热不足的难题，保证小麦、玉米上下两茬作物积温配置充足而达到高产、优质、高效，麦秸直接粉碎覆盖还田，同时小麦套种玉米实现了全程生产机械作业。本技术获得两项中国知识产权局授予的专利，一项是国家发明专利，一项是实用新型专利。1998年12月通过了国家科技部组织的技术鉴定，专家鉴定成果达到国际先进水平。该项目1999—2001年在北京、石家庄推广面积累计达到12.0万亩。1998年引入新疆进行试验示范，新疆建设兵团三年累计推广面积4.3万余亩累计直接经济效益3 199.44万元。

1997年7月23日，非传统麦田套种玉米高产耕作技术以《麦田套种玉米栽培法》的名称获得国际发明专利，专利号为ZL 961020613.6，国际专利分类号：A01C 1/06。

（二）提出的背景

非传统麦田套种玉米高产耕作技术的研究着眼于我国华北、西北、东北地区。该地区是我国粮食、饲料作物重要生产基地，人均耕地相对较多，有一定的机械化水平，且作物生长期光、热、水资源同步，具有发展优质农产品的巨大潜力。但这些地区现行种植制度具有较大的弊端，主要表现在以下两个方面。

一年一熟区资源浪费，生态环境恶化。我国华北、西北、东北北纬40°~44°地区，热量资源相对匮乏，目前多实行一年一熟制，即一年种植一季冬（春）小麦。这种方式在6月末或7月上旬小麦收获后，直到9月下旬早霜降临，约有80天生长期（≥10℃积温1 700~1 900℃·d）闲置未用，农田处于裸露状态，生态环境恶化。如新疆北疆沿天山农区约500万亩耕地，该地区光照充足，灌溉水源充沛，目前，正在积极探索农田周年绿色覆盖、一年两熟制途径。

一年两熟区或粮食品质差、生产效益低或人工劳动强度大，劳动效率低。黄淮以北和西北、东北南部一年两熟区的1.1亿亩农田，目前主要采用两种种植制度：一种是以北京为代表的机械化小麦、玉米两茬平播，此种方式在小麦收获、夏玉米播种时农耗损失5~8天，损失≥0℃积温150~250℃·d。此时正值光、温、水充沛季节，使玉米每亩损失光温生产潜力100kg以上。特别是华北北部勉强采用小麦、夏玉米两茬平播，由于夏玉米热量不足，导致两方面负面影响：夏玉米被迫早收，玉米成熟度差，严重影响籽粒品质，多数属4~6级，达不到饲料企业的质量要求；为了减少夏收、夏种农耗，被迫超额配备农机具，造成粮食生产成本加大，据有关部门测算，北京粮食生产成本高于周边省市10%以上。另一种是以人工作业为主的传统小麦套种玉米种植制度，随着我国农村经济的发展，这种种植制度与田间机械作业的矛盾日益突出，人工作业费工、费时、费力、成本高，农民迫切希望解决机械化的问题，从繁重的体力劳动中解脱出来。

通过本项目的实施，在华北、西北和东北不同生态区建立非传统机械化麦田套种玉米技术体系。利用小麦、玉米共生，增加下茬玉米热量资源配置，提高资源利用率，全年多争取利用≥0℃积温600℃，延长玉米灌浆期20天；同时实现小麦套种玉米生产全程机械作业，提高劳动效率。具体可达到下列三个目标：一是在一年一熟区，实现一年两熟，农田作物复种指数提高到200%，增收一茬玉米，年增产玉米籽粒400～500kg/亩，亩增收益200元以上；保证农田周年植被覆盖，解决土壤裸露问题，改善生态环境。二是在一年两熟区，实现更优质、高效、高产，农田作物复种指数达到或保持200%，下茬套种玉米比对照夏玉米每亩增产100kg以上，增收20%；玉米籽粒质量比对照提高1～2级，在满足当地粮食、饲料供应基础上，节约出大量农田退耕还林、还草，提高土地利用率。三是解决小麦套种玉米生产机械化的难题，实现全程机械作业，比人工套播作业提高劳动生产效率20倍以上。

（三）解决的技术问题

该项目的总体构思是在继承传统间作套种的基础上，重点解决机械化麦田套种难题，提高玉米品质。其基本思路是将套种玉米作业提前到易于机械化作业的小麦生长前期进行，解决的关键点有两个：第一是在小麦田提前播种玉米但要推迟到小麦生长后期出苗；第二是在麦田进行机械化套播而不伤小麦苗，同时，利用大型小麦收割机收割小麦时不伤玉米苗。本发明就是基于以上两点，研究探索出控制种子延迟发芽技术，解决提前播种、延迟出苗难题；探索出小麦、玉米种植行距配置与农机田间作业定位运行技术，并经不断的试验及田间实践，研制发明了窄轮高架套播机组，形成三项专利发明的核心技术，完善了非传统麦田套种玉米高产耕作技术体系。

非传统麦田套种玉米技术模式主要解决了麦田套种玉米三方面的技术问题：一是通过研究利用高分子材料控制种子延迟发芽技术，解决了套种玉米提前套播延后发芽的技术难题，推动了农作物种子发芽的人为可控化程度。二是通过研制成功农机作业定位运行技术和高架窄轮套播机组，解决了平播麦田在小麦拔节之后在田间进行无障碍机械化套播玉米的适用机具问题，实现了小麦、玉米在复种指数200%的两茬平播水平下实施两茬套种，确保两茬作物高产、优质。三是通过开展适宜熟期品种筛选、玉米幼苗矮壮技术、肥水运筹技术和植保防治技术等配套技术研究，完成了核心技术与配套技术的组装配套，建立适宜华北、西北、东北不同生态区的机械化麦田套种玉米耕作技术体系。

（四）主要研究内容与结果

1. 控制玉米种子延迟发芽技术

结合农学与高分子材料科学作为理论基础，运用种子发芽需要一定的温度、氧气和水分等条件的原理，研制一种可以透气并延缓透水的高分子材料膜包衣玉米种子，在保证种子生理活性的基础上，控制种子膜在达到一定条件时“定时”开裂并发芽，从而达到实践中要求的延迟种子发芽的目的。控制种子延迟发芽技术可将农学上传统的“适时、播种”同步进行改为分步进行，使套播玉米在小麦生长前期（拔节期—挑旗期）进行作业，并使提前播种的玉米能控制到小麦灌浆中后期出苗，保持传统套种玉米的优势。

研制具有阻水性能的高分子膜，加工包覆于在玉米种子表层，在设定时间内控制土壤水分进入玉米种子内，使种子延迟发芽，以保证利用机械套种玉米作业在小麦生长前期进行。玉米种子在设定时间萌发、出苗，在小麦收获时达到适龄壮苗（表5－1）。

表5-1　1998年不同类型的高分子膜包衣种子分不同播期在麦田和裸地中的出苗情况

播期（日/月）	调查项目	CK-农大108		98-Ⅰ		98-Ⅱ		土壤含水量（%）		5cm深裸地地温（℃）	
		裸地	麦田	裸地	麦田	裸地	麦田	裸地	麦田	裸地	麦田
Ⅰ（30/3）	出苗率（%）	87.2	86.4	84.2	76.5	76.9	73.4	15.3	15.7	12.7	10.5
	出苗日数	19	21	24	30	33	39				
Ⅱ（15/4）	出苗率（%）	92.6	89.3	87.1	86.9	84.9	84.1	14.8	17.5	13.5	11.1
	出苗日数	14	19	19	27	29	34				
Ⅲ（30/4）	出苗率（%）	95.5	95.0	90.9	90.5	87.5	73.5	16.1	21.3	12.8	10.3
	出苗日数	8	15	13	24	18	29				
Ⅳ（10/5）	出苗率（%）	90.9	86.2	81.5	76.0	81.4	67.0	15.7	16.8	18.9	14.1
	出苗日数	10	23	16	33	30	37				

备注：试验地点—北京南郊农场试验地。试验条件—壤土，肥力中等

高分子膜及其性能：为一种复合制剂，由多种高分子材料制成，经一定的加工工艺可均匀包覆于玉米种子表面形成种子膜。该膜具有适宜的阻水性并具透气性，以保证玉米种子正常呼吸。

高分子膜的作用：不同的高分子膜配方，其阻水性能不同，从而延迟作物种子发芽的时间也不相同。本技术具备适合北京中、高产麦田在小麦拔节至籽粒灌浆阶段的生态条件下，田间出苗时间延长10~45天、田间出苗整齐度基本一致的多种系列高分子膜配方。控制玉米种子延迟发芽时间与田间出苗率、出苗整齐度呈负相关。综合考虑各项指标，目前北京地区非传统麦田套种玉米技术所用高分子模型，延迟玉米出苗时间25±3天，田间出苗率不受影响（图5-6）。

2004年1月20日，控制玉米种子延迟发芽技术的包膜材料《一种控制植物种子水分的改性植物油脂种子包膜材料》被国家知识产权局授予国家发明专利，专利号为ZL 2004 1 0001116.3。

2. 小麦套种玉米种植行距与农机田间作业定位运行技术

农机田间作业定位运行技术是小麦套种玉米全程机械化的技术保障。本技术本着充分利用现有农机具和小麦、玉米两茬双高产的原则，进行规范化、标准化设计制订，确定出小麦套种玉米种植行距与农机田间作业定位运行方式，从而实现了从播种、田间管理到收获全过程机械化。根据京郊各地现有的农机具型号、规格，设计出10余种小麦套种玉米基本种植行距与农机田间定位运行图，分别适用于大、中、小型农机具的不同组合。

适合北京大型机具麦田机械化套种玉米的田间运行方式，见图5-7。如图5-7所示，将24行小麦播种机堵死5行不排种，形成5行30cm小麦行距，用于套种玉米；玉米形成90cm、60cm、60cm、90cm、45cm不等行距种植，平均行距69cm。在小麦生长的拔节至挑旗阶段采用专用套播机套播玉米。小麦收获时，收获机的轮胎行走在两个90cm的玉米行间，正常收获小麦并将秸秆就地粉碎还田。秋季使用俄罗斯6行玉米收

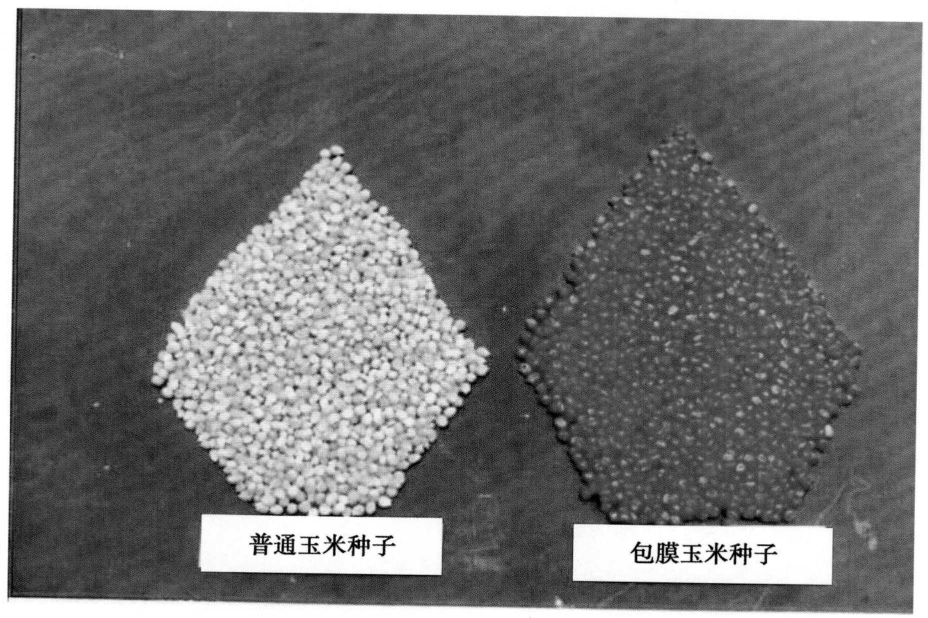

图 5－6　研制具有某种特殊功能的高分子材料用于玉米种子包膜，控制玉米种子延迟发芽。北京麦田生态条件下延迟发芽时间 30 日左右，出苗率大于 80%

获机收获玉米。生产实践证明，只要小麦种植行距规范，玉米播种机、小麦收获机按图上方式运行，完全可以做到套播玉米不轧小麦苗，收获小麦不压玉米苗，不等行距的玉米可顺利用俄罗斯 6 行玉米收获机收获。

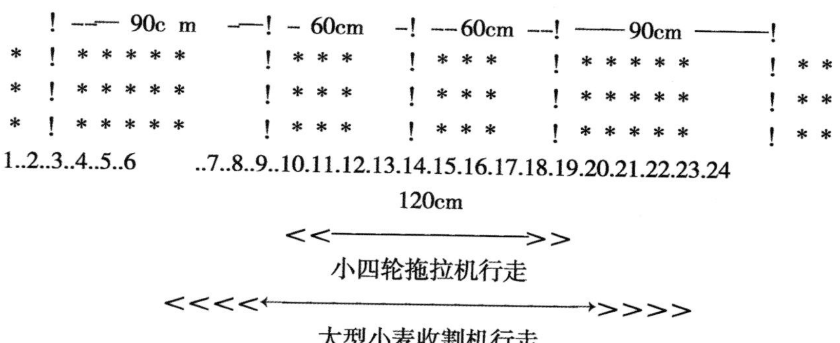

图 5－7　适用于 24 行播种机、1065 收割机小麦套种玉米田间运行图

小麦套种玉米种植行距与农机田间作业定位运行技术的主要技术效果：①小麦减行不减播量，适时播种，由于小麦边行优势明显，产量不降低；②用小四轮拖拉机牵引玉米高架套播机在麦田进行套播玉米，只要小麦种植行距规格规范，完全可以做到不轧小麦苗；③机收小麦不轧玉米苗，小麦留茬高度 30～35cm，上部秸秆全部粉碎抛撒还田，"玉米苗"已长至 3～5 展叶，自然株高 20～30cm，不致被秸秆压倒，保持麦收后玉米正常生长；④机械松土施肥，喷药不轧玉米苗；⑤机收玉米，用俄罗斯6行玉米收获机收获不等行距的套种玉米，通过收获调查，不等距玉米倒折率2.94%，丢穗率5.24%。常规夏玉米倒折率1.91%，丢穗率5.11%，两者无明显差异。成功实现了小麦套种玉米生产的全程机械化（图5-8）。

图5-8　小麦玉米种植行距与田间农机作业定位运行技术。改装的24行小麦播种机、高架窄轮套播玉米5行机组和1065小麦收割机定位运行图片

3. 高架窄轮麦田玉米套播机组

专用高架窄轮麦田玉米套播机组是根据农机作业定位运行技术要求设计的。牵引机用小四轮拖拉机进行改装，将原驱动轮直径扩大为1 290mm、轮胎着地宽度缩小到80mm，拖拉机最低点离地高度650mm。配置5行或6行开沟器，播种行距可根据生产需要随意调整。整套机组安全可靠，可在小麦50～70cm高度及各种产量水平条件下，在小麦预留的30cm行距中可实现麦田套播玉米无障碍作业，播种质量达到农艺要求，不伤麦苗（仅地头转弯时有少量伤苗，伤及小麦的茎数不超过3%）（图5-9）。

（1）结构特点

机组由拖拉机和播种机组成（图5-10、图5-11），主要结构特征为：①机组采用改装的江西丰收180小四轮拖拉机作为配套动力，改装后的拖拉机驱动轮由原来的直径800mm、轮胎着地宽度200mm，设计成大直径、窄胎、带花纹的实心橡胶驱动轮装置，轮直径1 290mm，着地宽度80mm。构成机组各处离地间隙均大于500mm。前桥为高羊角轴，可提高拖拉机地隙和行间通过能力。②开沟机构采用窄长型四连杆仿型机构、窄靴式防堵开沟器和大直径仿型镇压轮，机构最大宽度160mm；开沟宽度30～50mm。播种机机架离地高度650mm，比一般播种机高一倍以上。提高了行间通过能

图 5－9　高架窄轮套播玉米机组。轮胎宽度设计改装为 8～10cm；机架离地最低高度 65cm。小麦套种玉米行行距大于 25cm，可实现麦田无障碍机械化套播玉米

力。③拖拉机前、后轮和播种机地轮均与开沟器配置在同一纵行上。④在地轮和开沟机构前，装置有分禾器，防止刮伤麦株。⑤拖拉机轮距和播种机的行距可根据农机作业定位运行的要求进行调节。

机组经设计成型后，为进一步提高播种均匀度并减少用种量，2000—2001 年又进行了一系列改进：①种子箱由原两体式改为 5 个分体式，并下移位置以减少种子下落距离。②排种器由原涡轮式改为可调涡眼式。③排种器毛刷用料由塑料质改为耐磨材料。改进后，每亩用种量减少到 2.0～2.5kg，播种均匀度大大提高，基本实现了半精量播种。每小时套种玉米面积比人工套种增加 10 倍以上，套播质量也有提高。

（2）机组主要技术规格

配套动力：　丰收 180 小四轮拖拉机。

拖拉机驱动轮直径：　129cm。

拖拉机驱动轮宽度：　8cm。

拖拉机轮距：　120 或 150cm。

播种作业行数：　5 行（或 6 行）。

机架高度：　65cm。

开沟器形式：　防堵型窄靴式。

排种器形式：　可调涡眼式。

仿型机构：　四连杆单体仿型。

麦田通过性能：　株高 90cm 以下。

作业效率：　　　　　120～150 亩/班。

每小时套种玉米：　　10～15 亩。

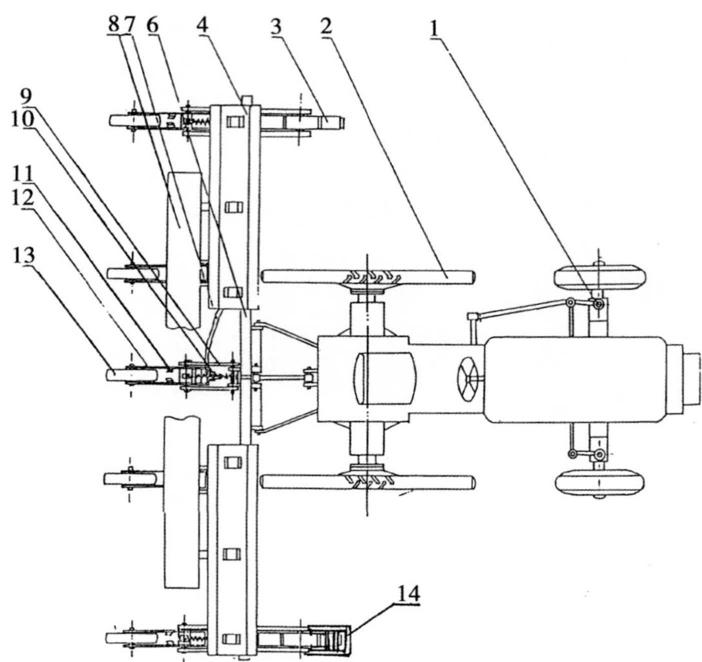

1. 加长羊角轴
2. 大直径驱动轮
3. 地轮
4. 种子箱
5. 链传动结构
6. 主梁
7. 输种管
8. 脚踏板
9. 四连杆机构
10. 开沟器
11. 复土器
12.底架
13. 限深镇压轮
14. 分禾器

（图5-11同）

图 5－10　机组俯视图

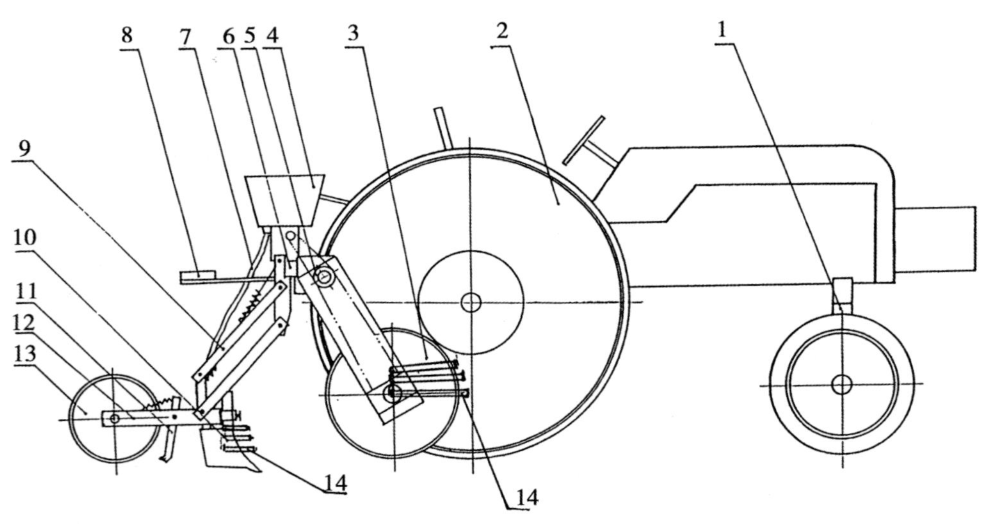

图 5－11　机组侧视图

（3）机组的安全性和可靠性

前轴加配重 120kg，临界爬坡高度 31°；驱动轮直径 1 290mm，轮距 1 200mm，临界倾斜角34°，田间作业运行安全性能满足平原地区需要；实心高轮胎牵引力218.4kg，比高架套播机阻力150kg高68.4kg，多出31%。

该机组进行田间套播试验证明：①在小麦生长高度分别为30cm、50cm、70cm及小麦亩产300kg、400kg、600kg产量群体进行套播试验，窄轮高架麦田玉米套播机组均能在小麦预留30cm宽行距中无障碍通过，套播质量达到农艺要求。②地头转弯半径5～7m宽，地头损伤小麦植株小于2%，其中，约1%植株折断无收成，1%轧伤还有产量。

高架窄轮套播机组的研制成功，相应缩短了包衣种子在田间的发芽出苗时间，使出苗率提高15～30个百分点，田间包膜种子出苗率可达90%以上。窄轮高架麦田玉米专用套播机组较好解决了包衣种子延长发芽时间与出苗率之间的矛盾，对麦田机械化套种玉米起着重要的作用（图5－12）。

图5－12　小麦涨到拔节—挑旗前后，采用机械化麦田套种玉米，播种效率每小时10～15亩，能做到不伤小麦苗

几年来共生产高架窄轮套播机组56台，保证了套播作业的顺利进行。2001年《高架窄轮麦田套播机组》获得国家知识产权局授予国家实用新型专利，专利号为ZL99208025.8。

4. 非传统麦田套种玉米生育规律及关键配套技术研究结果

（1）麦田套种玉米品种熟期类型筛选及套种技术

套种玉米品种熟期类型的筛选是一个不断探索与调整的过程。适宜的品种熟期类型的选用要考虑的主要因素包括：①品种自身的生育进程特征。②生产区域的光、温、土壤及水分等气候条件：不同生态区域气候条件不同，其品种搭配技术各异。玉米从套播到收获能够获得的有效积温越多，选用的品种越偏向于晚熟。③可以保证玉米与小麦均正常生长的共生期，在产地热量条件能够满足二者正常生长的前提下以共生期越短越好。④品种搭配要与种子延迟出苗时间和出苗率、出苗整齐度水平相适应。

根据传统套种玉米研究，适宜套播期在麦收前 7 ~ 10 天，麦收时玉米苗龄 1 ~ 2 展叶，苗高小于 10cm 的产量最高，玉米苗期生长不受小麦的胁迫作用影响，如提前套播则导致玉米减产。本项研究主要为了解决：①高产麦田小麦机械化收割，秸秆粉碎覆盖地面不致压倒玉米苗而影响麦收后玉米正常生长；②延长小麦、玉米共生期，增加玉米全生育期积温，提高玉米产量及籽粒品质。

不同熟期类型品种分期套播对生长发育规律影响：本研究通过在高产冬小麦田选用中熟、中晚熟玉米品种，分期套播的方法，研究不同熟期类型品种生长发育规律，从而找出不同熟期类型品种套种技术的理论依据。试验研究得出如下结果：

①提前套播，植株生长量减少：主要表现在：拔节期前出叶速度减缓；株高显著降低，主要是地上部分节间数减少，平均节间长度缩短；单株叶面积降低；对不同熟期类型品种而言，提前套播对中晚熟类型品种植株生长量的影响小于对中熟类型品种植株生长量的影响；对同一熟期类型品种而言，提前套播前期影响大，后期影响小；提前套播的优势及优点：延长了小麦玉米共生期，提前套播分别比传统套播及夏播对照增加≥0℃积温 400 ~600℃ · d。

②提前套播，各类型品种生育进程相应提早：抽雄期提早，抽雄至成熟期有效积温增加，有效延长了籽粒灌浆时间，为提高籽粒千粒重打下了基础。提前套播不但满足了中熟品种对光热资源的需求，而且满足了中晚熟类型品种对光热资源的需求。

③不同熟期类型品种、不同套播期对玉米产量及产量因素影响：套播期提前，各熟期类型品种平均穗粒数减少，但由于生育期提前，籽粒灌浆进程加快，灌浆时间延长，千粒重显著增加，中晚熟类型品种比中熟类型品种千粒重增加幅度大。说明提前套播籽粒成熟度高、品质好。

从产量结果分析，3 种播期，适时套播产量最高，尤以中熟品种更为显著，提前套播对中熟品种产量的影响大于对中晚熟类型品种的影响。但不同熟期类型品种之间比较，中晚熟品种提前套播产量比中熟类型品种适期套播产量显著增加。因此，在一定范围内采用提前套播相对晚熟类型玉米品种，利用晚熟类型品种生育期长、穗粒数多、前期影响小的优势，不但可以充分利用光热资源，还可以缓解提前套播对产量的影响，解决麦秸压玉米苗问题，同时，达到增产目的。玉米不同熟期类型品种筛选及套种技术的确立，为高分子包衣材料用于玉米生产提供了可能，为形成北京地区“非传统麦田套种玉米高产耕作技术体系”提供了理论依据。

不同熟期类型品种提前套播的大区比较试验产量潜力：根据不同熟期类型品种特性，设计不同类型套播期，极早熟品种 6 月 15 日套播，早熟、中熟、中晚熟类型品种 5 月 25 日提前套播，于田间进行生产性大区品种比较试验。结果表明（表 5 - 2），中熟、中晚熟玉米品种比极早熟、早熟玉米品种显著增产，中熟玉米品种比极早熟、早熟玉米品种增产幅度分别为 31. 98%、5. 04%，中晚熟玉米品种比极早熟、早熟玉米品种增产幅度分别达到 44. 49%、14. 99%。主要增产因素是千粒重增加，增加幅度最高达 1. 9 倍，显示出中晚熟品种的增产潜力。各类型品种均于 9 月 20 日收获，中晚熟品种未完全成熟，产量潜力没有充分发挥出来。

套种相对晚熟类型品种其生育期延长，抽雄期推迟 3～4 天，出苗—抽雄期≥0℃积温分别增加 100～200℃·d，全生育期≥0℃积温增加。对田间大区比较试验产量结构分析，4 种类型品种，每套种一相对晚熟类型品种，产量增加 48.61kg（Y＝314.9500＋48.6100X，r＝0.9634）。如使中熟、中晚熟品种达到其理论产量值，所需的积温以千粒重达到品种潜力水平计算，每套种一相对晚熟类型品种，产量增加 76.97kg（Y＝268.200＋76.9700X，r＝0.9679）；每增加≥0℃积温 100℃·d，亩产增加 48.70kg（Y＝781.1269＋0.4870X，r＝0.9874）。

表 5－2　麦田套播条件下不同熟期类型玉米品种生育期所需热量与产量潜力研究（1998 年度）

熟期	品种	套播	出苗	抽雄	20/9 收获期产量结构				理论产量值	≥0℃积温			
					穗数	粒数	千粒重	亩产		出苗—抽雄	抽雄—收获	出苗—收获	正常成熟
极早	京垦 114	15/6	20/6	1/8	3 686	362.0	260.6	347.7	347.7	1 180.2	1 214.7	2 394.9	2 300
早熟	唐抗 5	25/5	1/6	28/7	3 468	355.3	354.6	436.9	436.9	1 389.9	1 292.8	2 682.7	2 500
中熟	西玉三号	25/5	1/6	30/7	2 937	450.2	349.2	461.7	461.7				
	澄海一号	25/5	1/6	30/7	2 840	508.6	315.7	456.0	462.2	1 443.1	1 239.9	2 683.0	2 600
平均								458.9	462.0				
中晚	农大 108	25/5	1/6	2/8	3 080	540.5	308.5	513.6	566.0	1 495.9	1 187.1	2 683.0	
	京科 2 号	25/5	1/6	3/8	2 765	667.9	257.3	475.2	627.9	1 522.4	1 160.6	2 683.0	2 800
	农大 4027	25/5	1/6	3/8	2 750	674.8	279.3	518.3	593.8	1 522.4	1 160.6	2 683.0	
平均								502.4	595.9				

注：1. 各熟期类型品种收获期均为 20/9；2. 理论产量、热量，按品种达到正常成熟所需值计算；3. 单位：日/月、穗/亩、g、kg/亩、℃·d

适宜的熟期品种的最佳共生期与套播期研究：在北京地区的光温条件下，利用非传统麦田套种玉米耕作技术改夏玉米为套种玉米，玉米品种由早熟类型改为中晚熟类型，可使产量和品质明显提高，且不影响小麦产量或使小麦产量略有提高。由于非传统麦田套种玉米苗期与小麦共生，是在低温寡照的生态条件下生长，幼苗受到一定程度的胁迫作用，因此，玉米出苗至小麦收获前共生期的长短关系到玉米幼苗的健壮程度，直接影响玉米的产量和品质。对适宜品种进行最佳共生期研究得出，在北京地区麦田生态条件下，早播由于共生期长，玉米受胁迫作用较重，损株率高，植株生长发育差，而且由于玉米成熟过早，后期光热资源浪费严重；而晚播则由于光热条件不足，中晚熟玉米品种不能正常成熟；非传统麦田套种玉米的最佳玉米、小麦共生 21 天左右为适宜共生期，在该共生期条件下玉米幼苗田间受抑制程度较小，植株健壮，全生育期光温充沛，籽粒成熟度好，产量最高（图 5－13）。

对选定的品种，依据最佳共生期和高分子膜延迟出苗时间即可确定套种玉米适宜套播期。在北京地区高产麦田生态条件下，从满足非套玉米适宜的中晚熟品种成熟需求和尽量减少共生期考虑，非套玉米的适宜出苗期为 5 月下旬或 5 月底。本技术现用高分子

图 5－13　套种玉米与小麦共生期长相

膜配方延迟玉米种子发芽（25 ±3）天，小麦一般收获时期在 6 月 15 ~20 日。由此推算，套种玉米播种高分子包膜种子的最佳播种期在 4 月底前后，此时，小麦生育期为抽穗前的挑旗期。

（2）麦田机械化套种的生态环境条件

结合适宜于麦田套种玉米品种熟期类型的筛选，对所应用的玉米品种进行系统的生育规律研究，是探索有效的配套栽培技术措施的基础。为此，本项目对非传统麦田套种玉米所处的生态环境和生育规律进行了深入、系统的观察与研究。

①温度：就小麦群体自身来讲，由于受植株的遮光作用，群体上部比群体底部气温高，密度小的群体比密度大的群体相应部位温度高；就麦田与裸地的比较而言，裸地的地温高于同期的麦田；从套种玉米与小麦共生期（5 月 5 日至 6 月 20 日）的麦田与春平播玉米田比较看，由于套播玉米的麦田植株密度大，遮光多，故田间 10cm 深地温比春播玉米田平均低 2 ~4℃。两种种植方式的地温上午差异较小且在调查期内比较稳定；而下午地温差异在生育前期变化非常大，到后期变化则较小。麦田的低温一定程度上抑制了套种玉米的幼苗生长。

②光照：就小麦群体自身来讲，群体底部的光照强度从挑旗以后逐步升高，一是由于气候上夏季光照强度在增大；二是小麦群体叶面积系数渐小，群体透光率升高。从套种玉米与小麦共生期（5 月 5 日至 6 月 20 日）的麦田与春平播玉米田比较看，套种玉米幼苗期光照强度差，特别是麦田垄内距地面 10cm 处玉米幼苗生长部位光照强度极低。至幼苗生长后期，随着小麦落黄，光照强度有所提高，但对非传统麦田套种玉米幼苗的胁迫作用仍未解除，这一生态特点是非传统麦田套种玉米幼苗矮小细弱的主因。但玉米幼苗期的低温寡照控制了前期旺长，可避免或减少麦收时玉米苗过大造成机械损伤而影响机收小麦。

③土壤水分：一般而言，其他条件相同时，麦田土壤水分偏高。主要是由于小麦在

拔节等生育期可能得到灌溉，同时，小麦群体能够减少因风力和光照等导致的土壤水分快速蒸发。

（3）麦田机械化套种玉米的生育规律

为摸清北京地区非套玉米的全生育期生育特性、生长发育规律及与常规春玉米、夏平播玉米的不同点，不同小麦群体条件下非套玉米最佳出苗时期和小麦、玉米适宜的共生期，1998—2000 年根据京郊不同生态条件、不同气候条件、不同小麦群体、不同玉米品种、不同套播期进行了深入细致的研究，设置了两因素五水平三重复试验，为配套栽培技术的制定提供科学依据。

①生育进程：麦田机械化套种玉米（农大 108 等）于 5 月下旬出苗后，在 9 月下旬成熟，出苗至成熟的生育天数为 120 天以上，而对照夏平播玉米（唐抗 5 号，免耕覆盖）从出苗至成熟的生育天数为 100 天左右。从不同试验点分析，各生育期提前，抽雄期比夏玉米提前 11 ~ 20 天，共生期增加≥0℃积温 531. 4 ~ 670. 4℃ · d。抽雄至成熟期比夏玉米增加≥0℃积温 181. 5 ~ 443. 9℃ · d，籽粒灌浆时间持续 55 ~ 60 天，增加了籽粒灌浆时间，充分发挥了农大 108、农大 3138、农大 4027 等中晚熟玉米型品种穗粒数多、千粒重高的优势。各供试品种均达到正常成熟。

②根、茎的生长：套种玉米由于生长前期受田间环境胁迫影响，植株生长受到抑制，植株矮小细弱，根系生长缓慢，根层数和根条数也明显少于夏平播玉米。麦收后，由于套种玉米的田间胁迫作用解除，中晚熟品种自身的潜能迅速得以发挥，到大喇叭口期，植株各项生长指标均超过夏平播早熟品种。

③叶面积指数发展动态：套种玉米生长前期因光、温胁迫作用的影响，叶面积指数发展缓慢，麦收时单株叶面积只有 200cm^2 左右，叶面积指数为 0. 12。麦收后，套种玉米由于解除胁迫作用开始旺盛生长，叶面积指数急剧增大，吐丝期单株叶面积达到最大值，已接近 7 000cm^2，叶面积指数为 4. 144。套种玉米的叶面积指数明显高于夏平播玉米，叶面积指数最大值出现的时间也早于夏播玉米，最大叶面积指数较夏播玉米高 0. 5 以上，且在籽粒灌浆期叶面积指数始终能维持在较高水平上。而夏平播玉米由于农时紧张，后期叶面积尚未严重衰败即被收获，灌浆时间较短。套种玉米维持高叶面积指数的优势，是获得高产、优质的物质基础。

④光合势发展动态：套种玉米由于叶面积指数较高，因而各生育期的光合势比夏平播玉米表现出明显优势，尤其在生育后期表现更为突出，这是由于套种玉米后期生育时间远长于夏平播玉米（表 5 –3）。

表 5 –3　2000 年麦田套种玉米与夏平播玉米光合势发展动态

种植方式	3 ~ 7 叶	7 ~ 13 叶	13 ~ 吐丝	吐丝后			吐丝后 45 天至成熟
				15 天	30 天	45 天	
套种农大 108	0. 2840	3. 3617	4. 4160	4. 0800	3. 7800	3. 4200	1. 7200
夏平播唐抗 5	0. 3800	3. 2293	3. 4380	3. 3252	3. 2034	2. 6022	0. 4800
套种比对照 ± %	–25. 3	4. 1	28. 5	22. 7	18. 0	12. 1	258. 33

注：单位万 m^2 · 天/亩

⑤叶片叶绿素变化状况：对套种玉米和对照春播玉米叶片的叶绿素含量进行四次测定，前两次选在小麦、玉米共生期，后两次选在麦收后。结果表明，共生期麦田套播玉米叶片叶绿素、叶绿素 a 和叶绿素 b 的含量显著低于春平播，麦收后差距缩小，至麦收后 30 天两者各叶绿素含量基本趋于一致（表 5 -4）。此时距籽粒灌浆开始尚有一段时间，因此，籽粒形成时期的叶片叶绿素含量是处在同等水平的。

表 5 -4 2000 年北京麦田套种玉米与春平播玉米叶绿素含量变化动态（品种农大 3138）

测定日期	测定内容	麦田套播	春平播
6 月 10 日	叶绿素（mg/100g）	180.44	186.74
	叶绿素 a（mg/mL）	0.0404	0.0452
	叶绿素 b（mg/mL）	0.0132	0.0153
6 月 17 日	叶绿素（mg/100g）	274.20	295.80
	叶绿素 a（mg/mL）	0.0381	0.0421
	叶绿素 b（mg/mL）	0.0130	0.0122
7 月 11 日	叶绿素（mg/100g）	307.94	312.45
	叶绿素 a（mg/mL）	0.0443	0.0452
	叶绿素 b（mg/mL）	0.0138	0.0146
7 月 22 日	叶绿素（mg/100g）	378.01	376.81
	叶绿素 a（mg/mL）	0.0452	0.0471
	叶绿素 b（mg/mL）	0.0197	0.0170

⑥干物质积累：由于 1999 年、2000 两年试验均遭遇自然灾害，玉米生长受到一定程度影响，干物质积累量比正常年份偏低。从表 5 -5 可见，拔节以前套种玉米干物质积累量低于夏平播玉米，拔节之后逐渐超过夏平播玉米，至成熟时全田总干物重较夏玉米多 89.8kg/亩。

表 5 -5 2000 麦田套种玉米和夏平播玉米各生育期干物质积累

种植方式	三叶展	七叶展	十三叶展	吐丝	吐丝后 15 天	吐丝后 30 天	吐丝后 45 天	成熟
套种	0.58	28.47	140.89	385.96	686.20	812.50	922.30	1 008.50
夏平播	0.90	33.71	108.61	314.58	609.01	723.97	857.29	918.73

注：单位 kg/亩

⑦籽粒灌浆进程与灌浆强度：套种玉米突出的特点是灌浆持续时间长达 55 天以上，收获时籽粒灌浆强度趋于零，光合产物转运率高，籽粒灌浆充分，饱满度好，粒重高，平均百粒重较夏玉米增 7.6%。夏平播玉米由于受农时限制，灌浆持续时间较短，一般 45 天左右即被收获，收获时灌浆强度仍较高，没有充分完成光合产物的转运，籽粒充实度较差。

⑧产量与产量构成因素：从各品种综合考察的产量构成因素（表 5 -6）看，套种玉米平均亩产 492.0kg，比对照夏平播每亩增加 120.6 kg，增产 32.6%。从产量构成因

素看，非传统麦田套种玉米比对照亩穗数减 206.3 穗，穗粒数和千粒重则分别增 174.5 粒和 9.9g，由此可见，套种玉米增产的主因是采用了中晚熟类型品种，穗粒数和千粒重（试验遇特殊干旱年份，千粒重较低）明显增加，提高了玉米的综合生产力。

表 5－6　1999—2000 年北京麦田套种玉米与夏平播玉米产量构成比较

品种	有效穗数	穗粒数	千粒重（g）	产量（kg/亩）
套种农大 108	3 402.8	595.4	271.1	511.9
夏播唐抗 5 号	3 609.0	420.9	261.2	371.4
套种比夏播增量	－206.3	174.5	19.9	140.5
套种比夏播增幅	－5.8%	＋41.5%	＋3.1%	＋37.75
两年平均 ± 量	－206.3	＋174.5	＋9.9	＋140.5

（4）其他关键配套技术

①施肥技术：根据非套玉米的生育规律和品种特点，进行配方施肥、多元素平衡施肥技术研究。为探讨非传统麦田套种玉米耕作技术体系的合理施肥技术，我们进行了氮、磷、钾单元素、多水平施肥试验。试验结果如下。

氮肥肥料效应方程：$y = -0.45182x^2 + 16.3952x + 303.95$

y：产量（kg/亩）；x：N 用量（kg/亩）。

最高产量施肥量为 18.14kg，最高产量为 452.68kg。经济最佳施 N 量为 15.34kg，最佳产量为 449.13kg。

磷肥试验各处理之间没有明显区别，得出磷肥在下茬套种玉米上增产作用不明显，不宜多施。但试验表明以每亩用 P_2O_5 3kg 处理磷肥利用率最高，达 12.88%。

钾肥肥料效应方程为：$y = -0.84405x^2 + 20.81476x + 343.3505$

y：产量（kg/亩）；x：K_2O 用量（kg/亩）。

最高产量的钾肥施用量为 12.33kg，最高产量为 471.68kg；结合肥料和夏玉米的市场价格，经济最佳施钾肥量为 11.51kg（K_2O），经济最佳产量为 471.16kg。

经试验及田间验证，在中等肥力的地块，套种玉米生产全生育期经济最佳的施 N 量为 14～16.0kg/亩；磷肥在套种玉米上增产作用不明显，不易多施，亩用 3kg（P_2O_5）左右较好。钾肥在套种玉米上增产效果明显，经济最佳施钾肥量为 10～12.0kg（K_2O）。

②套种玉米苗期矮壮技术：利用本技术防止小麦、玉米共生期间玉米苗蹿高，提高套种玉米苗期的抗逆性。在种子包膜中加入一定数的矮壮剂，保证了玉米苗期叶片明显变短、变厚，株高降低，麦收时植株一般在 3～4 叶展，自然株高 25～30cm，幼苗健壮，叶龄适宜，后期生长正常（图 5－14、图 5－15）。

③灌溉技术：试验研究和生产示范表明，非传统麦田套种玉米耕作技术体系的灌溉技术关键是浇好“三水”，即扬花水、灌浆水和缓苗水。前两水具有“一水两用”的功能，一方面保证小麦扬花、灌浆用水；另一方面保证玉米种子萌发、出苗和幼苗生长对水分的需求。特殊干旱年份或保水力过差的田块在 6 月上旬补浇 1 次，以延长小麦叶片

图5－14　非套玉米拔节前期长相

图5－15　非传统麦田套种玉米与夏播玉米比较

功能期和确保玉米幼苗不被旱死。麦收后为促幼苗早长快发，封闭除草后必须进行灌溉，喷灌时间不能少于3小时。另外，生产经验表明，麦收前如果遇大旱，幼苗受旱严重，为保苗应在麦收后先浇水再落实其他技术措施。

④病、虫、草、鼠害综合防治技术：由于非传统麦田套种玉米耕作技术体系的生态环境与其他种植方式不同，病、虫、草、鼠害的发生有其特殊性。因此，在防治上也需要研究特殊的防治方法与措施。由于本技术玉米播种至出苗约需25天，同时，小麦套种玉米期间，正值田间鼠类食物匮乏的时期，因此，造成非传统麦田套种玉米在有鼠害地区，即使用种衣剂拌种套种玉米种子的鼠害也较为严重。另外，由于本技术采用麦秸直接还田，易发生草害，使用常规除草药剂除草效果较差，特别是对明草不易防治。因此，本技术综合防治的重点是对鼠、草、虫害的防治。

筛选某种适用玉米种子拌种、而不影响种子发芽率又能防鼠的药剂是理想的选择。本项目经过对大量防鼠药剂的筛选试验，找到了较理想的用于玉米拌种的药剂，该药剂防鼠效果稳定，玉米种子被害率只有0.47%，对照被害率为44.4%。这种适用玉米种子拌种防鼠药剂大面积应用调查，玉米种子被害率只有1%左右，不影响玉米全苗。此外，用其处理玉米种子后，还可有效控制地下害虫的危害。

根据非传统麦田套种玉米杂草滋生情况，麦收后采取土壤封闭化学除草是有效办法，用40%阿特拉津150mL/亩和拉索或乙草胺每亩50mL，再加玉农乐50mL/亩和除杀双子叶杂草的2,4D-丁酯每亩50mL，喷雾封闭杂草。麦收后结合化学除草防治一次黏虫（严重地块麦收前带麦防治一次），可有效控制为害（图5－16、图5－17）。

（五）综合配套技术规范

1. 基本条件

肥力为中等以上水平土壤，具备一定的农机具及灌溉条件。农民具有种植小麦和玉米的生产经验。

2. 小麦播前准备

品种：选择优质、高产、矮秆的小麦品种。

种子准备：精选种子，清除杂质，晾晒2～3天。测定千粒重，进行室内及田间发芽试验，根据预测的基本苗数计算和调整播种量。用3911拌种防治地下害虫及病毒病，

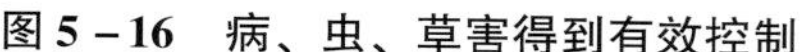

图 5－16　病、虫、草害得到有效控制

图 5－17　病、虫、草害得到有效控制

并用多菌灵拌种防治散黑穗病，用药量均为种子量的千分之二（每 500kg 种子用 25kg 水对药 1kg，喷雾拌匀后闷种 12 小时）。

农机具调试：对农机驾驶员进行技术培训，熟悉操作规程和技术要求，检修粉、耕、耙、播农机具，换好零件，调试至作业最佳状态。

小麦播种机要重点调试。根据当地农机具条件，选择适宜的定位图，再按所选定的定位运行图进行农机调试。以图 1 为例：将行距为 15cm 的 24 行小麦播种机从一侧按开沟器序号将第 2、第 8、第 12、第 16、第 22 行堵死不排种，形成 5 行 30cm 小麦宽行距用于套种玉米。为保证小麦种植行直，要将播种机的排种支架固定好，使排种器只能上、下运动而不能左右移动。

肥料准备：①每亩有机肥 $3m^3$ 以上。②合理确定化肥用量，全生育期施用化肥折纯氮 15～18kg（底肥：返青肥：拔节肥＝4：2：4），氮磷比为 1：0.5～0.6。底化肥提倡施全元素复合肥，一般每亩施磷二铵 20kg，尿素 10～15kg。将玉米需用的磷、钾肥提前施入，用量为每亩磷二铵 8～10kg，氯化钾 12～15kg。

农药准备：防治地下害虫用 90% 敌百虫晶体每亩 50～100g。防治灰飞虱用 25% 乐果，每亩 75～100g。杀除双子叶杂草用 2.4D-丁酯每亩 40～50g；防治大草用 20% 二甲四氯；预防白粉病用 5% 粉锈宁。

精细整地：精细整地是保证小麦、玉米播种质量的关键，要既无墒沟伏脊，又无坷垃。机械化水平较高的两茬平播地区农机作业程序：机收玉米秸秆粉碎—机播化肥—重耙灭茬—深耕—对角耙代平地杠—播种和镇压—地头单旋单播。播前检查墒情，足墒下种，缺墒浇水，过湿散墒，要求 0～20cm 土壤适宜含水量黏土为 20%，二合土为 18%，沙土为 15%。

3. 小麦播种

目标：苗全，苗齐，苗匀，苗壮。

麦田覆盖度的强弱或均匀与否，直接影响玉米种子延迟时间及田间出苗整齐度。从播种小麦开始，就要求预留套种玉米的行间播行直、下种均匀，麦苗生长一致。小麦生长整齐，套种玉米才能出好苗，丰产、丰收。

播种期：秋分至寒露（华北北部冬麦区）。

播种量：从当地适宜播期开始，上等和中下等地力分别以每亩 15 万、20 万基本苗为宜，9 月下旬每晚播一天增加 1 万基本苗。

播种深度：一般 3 ~ 4cm，下籽均匀，行距一致，消灭轮胎沟。播行直，不重播，不漏播。

种满种严，确保全苗：地头要单耕、单旋、单播。出苗后及时查苗补苗，底墒不足喷浇蒙头水，播后下雨时要及时松土。

4. 出苗—越冬期的管理

促根增蘖，培育壮苗，麦苗长势均匀一致。叶片宽厚，长短适中，叶色鲜绿，早期分蘖不缺位，麦苗不徒长，不出云彩苗，越冬前每亩 80 万 ~ 100 万茎为宜。

搂麦松土：雨后板结、地板、苗黄的地块及时搂麦松土，通气保墒。底墒不足的要浇蒙头水，三叶期缺墒补浇分蘖水，苗弱发黄结合浇水少量追肥。浇水后及时松土。

压麦：麦苗出现旺长时，及时压麦，防止徒长。

防治病虫害：发现金针虫、蛴螬等地下害虫，可用 90% 敌百虫晶体对水 800 ~ 1 000 倍灌液；蝼蛄可用毒谷防治；早播麦田发现灰飞虱危害，每亩用 25% 乐果 75 ~ 100g 对水喷雾防治。

浇足冻水：上冻前浇足冻水，应先浇黏土再浇沙土，肥力不足出现云彩苗及不适宜早浇返青水的低洼盐碱和稻茬地，结合浇冻水每亩追施碳铵 15kg 左右。

5. 越冬期的管理

力争叶色深绿转紫，叶片干尖不青枯，分蘖节上覆土不浅于 2cm。

搂麦、压麦：麦田表层变干时，及时用树枝耙松土，弥合裂缝。冬季（华北北部地区在 12 月中旬及 2 月上中旬）抓紧搂麦，先搂后压，压碎坷垃，弥合裂缝，防止冻害。

冻害补水：冻害年份地表干土层超过 4cm 时，在小麦返青前（华北北部地区 2 月上旬）抓紧回暖时机喷灌 1 ~ 2 小时。

6. 返青至起身期的管理

目标：早发稳长，促弱控旺，协调群体。合理长相为新叶正常生长，叶色深绿；春一叶露尖时春生分蘖出现，春二叶露尖时进入春季分蘖高峰，春蘖增长率为 20% 左右，无云彩苗。

搂麦、压麦：返青初期，搂麦、压麦增温保墒。

开沟追肥：土壤化通后失墒快，根据地力、苗情和两极分化的进程适时追肥浇水（华北北部地区应在 3 月底前完成，高岗和沙土地可适当晚一些时间）。早春未开沟追肥的麦田可亩追碳铵 25kg，浇后及时松土。弱苗和假旺苗趁墒开沟追肥，亩施尿素 10kg。

旺苗化控：旺苗要注意蹲苗，适当控制肥水。肥力足、群体大、生长快的旺苗，可于返青后喷“壮丰安”或“矮壮素”，控制旺长，预防倒伏。

防治杂草：根据杂草滋生情况，于小麦拔节前喷 2,4D-丁酯每亩 40 ~ 50 个。双子叶杂草“拉十字”时为喷药适期；宿根性杂草可早喷，以连防 2 次为好；大草可喷 20% 二甲四氯，每亩 350g。

田间防鼠：套种玉米前务必进行综合防鼠工作，采用溴敌隆乳剂拌小麦为毒饵，每 $10m^2$ 撒上一小堆。

7. 玉米套播前准备

落实品种、种子、农机、农药、肥料。

品种选择：适宜应用中晚熟类型品种，如农大 3138、农大 108 等。提倡采用中晚熟优质专用玉米品种，如高油 115 等。

种子准备：采用经高分子膜包衣的种子。包膜玉米种子出苗同样要受麦田土壤水分、温度影响，麦田覆盖度差、土壤水分高，包膜玉米种子田间延迟时间缩短，反之则时间相对延长。为提高出苗均匀度，要根据麦田覆盖的强弱选择包膜种子强度。此外，用高分子膜包衣的种子因掺用了防鼠、杀菌、杀虫剂，具有防治病、虫、鼠害的作用。

高架窄轮套播机组的调试：对农机驾驶员进行培训，熟悉操作技术要求，检修高架窄轮套播机组，并按所选定的定位运行图进行调试。程序为：①用机组专用羊角轴更换牵引机前轮原羊角轴；②用机组专用窄轮胎更换牵引机原后轮轮胎（如果选用定位运行图 1 之外的运行方式，需要按定位运行的设计要求，调试好前后轮轮距）；③ 检查高架套播机具，查看排种器的涡眼、毛刷、排种管和开沟器等配件是否损坏或磨损过度，有问题的必须更换；④机组安装完毕后，驾车空走一段距离，前后左右均调试在平衡状态。

肥料准备：玉米所用磷、钾肥已施入，仅需确定氮肥用量，全生育期用量折纯氮 15 ~ 20kg。

农药准备：常规玉米除草剂阿特拉津每亩 150mL，拉索或乙草胺每亩 50mL。杀除双子叶杂草用 2. 4D-丁酯每亩 50mL，杀除明草用玉农乐药剂每亩 50mL。

8. 小麦拔节—挑旗期的管理

目标：巩固大穗，增穗防倒，保花增粒。合理长相是从拔节开始叶色转浅，节间短粗，挑旗时植株中部叶片不够大、不下披，上部叶片不够小。

追肥：每亩施碳铵 40 ~ 50kg，注意施好偏肥。追肥时间：群体偏小的在春 3 叶到春 4 叶露尖（华北北部地区 4 月 10 ~ 15 日）进行，群体适中的在春 4 叶到春 5 叶露尖（华北北部地区 4 月 15 ~ 20 日）进行，群体偏大、生长过旺的在春 5 叶到旗叶露尖（华北北部地区 4 月 20 ~ 25 日）进行。

浇水：浇水与追肥结合进行。

9. 套播玉米

套播期的确定：小麦挑旗（华北北部地区 4 月 25 至 5 月 2 日）前后为适宜套播期，可根据实际情况提前或延后 2 ~ 3 天（华北北部地区最晚不要超过 5 月 5 日）。玉米套播要安排在小麦浇水之后进行，这样有利于延迟出苗，避免播后就浇水或浇“大水”引发早出苗。种植面积较大的乡村要调节好浇水时间与播期的关系。

播种量：农大 3138 以 2. 5 ~ 3. 0kg/亩、农大 108 以 2. 0 ~ 2. 5kg/亩为宜。

播种深度：以 3 ~ 5cm 为宜。过深（≥5cm）易造成窝芽，过浅（≤2cm）覆土少、失墒快，影响种子吸水萌发，容易形成干籽。

播种：首先要做好高架窄轮玉米套播机组的调试工作：①检查行距和开沟器入土深度是否合乎要求；②调整播量，5行每米行长平均落籽8～10粒，各行之间落籽数差距控制在±10%之内；③套播时以快一档速度行驶，速度要匀，行走要直；④要特别注意排种管内落籽情况，一旦发现堵籽现象马上停车处理；⑤注意覆土严实。

10. 小麦、玉米共生期间的管理

目标：小麦养根护叶，保粒增重，合理长相是叶片正常落黄、不早衰，不倒伏，活秧成熟；玉米于麦收前20～25天时出苗（华北北部地区5月25日），出苗集中。至小麦收获时玉米幼苗3～4展叶，植株矮壮，茎秆粗壮，叶片短厚，叶色浓绿。

浇好扬花水：这次浇水一方面保证小麦扬花用水，另一方面保证玉米萌发、出苗对水分的需求。"一水两用"，一定要适时浇好。

防治病虫害：作好预测预报，发现白粉病可用5%粉锈宁200倍液喷雾防治。

浇好灌浆水：小麦灌浆高峰期浇好灌浆水，既保证小麦灌浆用水，又保玉米幼苗成活。特殊干旱年份或保水力过差的田块6月上旬可再补浇1次，以延长小麦叶片功能期和确保玉米幼苗不被旱死。

防治病虫害：蚜虫量达到每百株300头时，每亩用40%乐果乳剂75～100g防治。黏虫在2龄前每亩用敌百虫1.5kg对水1 000倍喷雾防治，进入成虫期之前还需再防治1次。

带麦防治黏虫：防治指标是麦田黏虫超过5头/m^2，用40%氧化乐果50mL和80%DDT50mL混合均匀进行喷雾，最好用高架喷药车喷雾，速度快、效果好。

11. 小麦收获

目标：适时收获，精打细收，不伤玉米苗，秸秆全部粉碎，且田间铺撒均匀。

选留小麦种子：小麦留种地收获前去杂去劣，单打单收，统一保种。

收获前准备：按定位运行设计使用对路的小麦收割机；检查粉碎装置，动力要够用，刀具要齐全而锋利；适用24行播种机、1065收割机运行方式（割幅为345cm）的要在剪割台正中做好标志记号。

适时收获：蜡熟中后期适时收割，联合收割机收割的籽粒含水量要求在20%以下。收割时将标志记号正对套种玉米中心行，将收割机前的翻轮中段跨住3行玉米，即可安全行走，要求做到不轧玉米苗，行走要直，地头转弯调头不能抹头，以防地头轧坏一片幼苗。雨天不要收割。

秸秆还田：麦收后秸秆直接粉碎还田。此时，玉米苗龄长到4～5展叶，自然株高（30±5）cm，麦秸粉碎后抛撒覆盖地面不会压倒玉米苗。

12. 麦收后—拔节期套种玉米的管理

重点是施肥、间定苗、化学除草和浇水四项作业，力争麦收后7～10天内完成，目标是尽量缩短玉米缓苗期，为高产打下基础。后期管理按常规进行。

挖排水沟：麦收后及时开沟挖好排水系统。最好提早进行，以减少间定苗、施肥和喷药等造成的人力物力损失。

追肥：用本技术专用中耕施肥机将全生育期氮肥施用总量的少部分氮素化肥和全部

磷、钾肥在麦收后追施，施肥深度调整在 8～10cm 为宜，应尽早追施，促早缓苗、早发苗，缩短缓苗期。剩余的氮肥于套种玉米拔节后至 10 展叶时追施。

间定苗：追肥后即开始定苗，由于套种玉米与小麦共生期长，苗龄越大后期植株生长量越相对减小，生育期缩短会影响产量。选苗原则是去弱苗和相对过小的苗，留壮苗。农大 108 和农大 3138 两个品种的适宜留苗密度为 3 800～4 200株/亩，每米行长 4～4.5 株。

土壤封闭和化学除草：每亩用40%阿特拉津150mL 和拉索或乙草胺50mL，再加玉农乐50mL 和除杀双子叶杂草的2,4D-丁酯50mL，对水 40 kg 均匀喷雾封闭杂草。玉农乐的作用是除杀小龄明草，如果明草过大、过多还须采用其他除草技术。若有黏虫为害，在除草药剂中再加入适量杀虫剂。黏虫危害较重的年份麦收后先治黏虫，否则，幼苗一夜之间就可能被吃光。

喷灌：封闭除草后 3 天内如无中到大雨必须喷灌，一般喷水 3 小时以上，将药液淋洗到土壤表面，可提高防除杂草效果。

13. 套种玉米中后期的管理

目标：植株健壮，最大限度保持绿叶面积，保证授粉充分，合理长相为根系发达，中下部节间短粗、坚实，叶色浓绿，叶片不早衰，穗大、粒多，千粒重高。

去弱株：玉米小喇叭口时再间苗一次，拔除弱株。

防治玉米螟：以生物防治为主，在田间放赤眼蜂 2～3 次，每亩放蜂量 4 万～5 万头。或用500g 甲基或乙基 1605 加水 2 000g与 25kg 炉渣制成颗粒剂，心叶末期洒于心叶内防治玉米螟。

浇灌浆水：灌浆期间如果长时间干旱少雨需浇灌浆水。植株高大不易浇匀，要勤换喷头位置力求喷水均匀。

14. 玉米收获

玉米籽粒与穗轴邻接处出现黑层时收获，用俄罗斯六行玉米收获机一次完成收割、摘穗、剥苞叶、切碎秸秆并抛撒还田。使用这种机具只要果穗能进入摘穗辊中即可收获不等行距套种玉米，其收净率与等行距种植的玉米相同。

（六）创新与特色

1. 控制种子延迟发芽技术，研制出高分子复合膜并进行作物种子机械涂膜

该项创新技术可以在保证种子生理活性的基础上，延迟种子发芽 30 天以上。套播玉米在小麦生长前期（拔节期～挑旗期）进行作业，比传统常规人工套种的劳动生产率提高 20 倍以上。该技术是高分子材料科学与农艺相结合的新途径，对于实现农作物种子发芽的人为可控化具有重要推动作用。

2. 研究成功了适应不同单位或地区的麦套玉米机械配置

研制成功有小麦、玉米种植行距配置和田间机械化套播玉米与收获小麦作业的定位运行图，保证田间机械作业在田间各行其道，运行自如，互不伤害株苗，实现了套种机械化田间种植与机械作业的良好配合，对于保障套种技术可持续性具有显著作用。

3. 在国内外首次发明了专用套种的高架窄轮机型

将套播机具按其轮胎中心距尺寸大小，在小麦播幅内统一设计，使机组田间运行时，

作业高度在植株可接受的柔韧性范围之内且具有优良的通过性，实现了套种机械化，有力推动了我国套种技术由手工向机械化的跨越（图5－18、图5－19、图5－20）。

图5－18　小麦套种玉米生产全程机械化，两茬秸秆还田

图5－19　小麦套种玉米生产全程机械化，两茬秸秆还田大型小麦联合收割机收割小麦，能实现不轧套种玉米苗

图5－20　小麦套种玉米生产全程机械化，两茬秸秆还田用俄罗斯6行玉米收割机收获非传统麦田套种玉米，机收果穗丢失率与夏玉米相近

4. 相应技术的扩散与移植应用范围广阔

“非传统机械化麦田套种玉米高产耕作技术体系”涉及农学、化工、农机等多门学科，是一套实现精准控制的技术组合，在我国广大一年一熟积温有余地区实现一年两熟。

高分子缓释材料的研究，可移植至缓释农药（矮壮剂）的研究领域，提高农药的持续利用时间，为绿色食品安全生产提供技术依据；可扩散至种子的超长时间保存技术研究，为提高农作物种质资源的利用范围提供技术依据；可解决高寒地区低温烂种难题，实现农业保护性耕作技术，有效抑制北部地区“沙尘暴”的发生，同时为节水农业提供技术依据；可解决作物杂交制种分期播种改为同期机械化播种难题，提高制种产量等。

（七）示范推广应用效果

1. 研究阶段应用效果

从1995年开始进行高分子材料包衣种子田间试验30亩开始，面积逐年增加，1996年试验500亩，1997年中试1 500亩，1998年在京、津、石地区试验示范面积5 000亩。

（1）1996年试验示范

4月15～20日套播玉米，5月20～29日出苗，小麦、玉米共生期24～29天，套播玉米比夏直播玉米增加≥0℃积温588.4～749.5℃·d，亩产量488.0kg，比夏直播对照亩增产173.6kg，增产55.2%，比免耕覆盖生产田亩产增加109.5kg，增产28.9%。

（2）1997年中试

面积1500亩。4月14～16日套播玉米，平均出苗期5月25日，小麦、玉米共生期25天，延长≥0℃·d积温607.5℃·d，比夏播玉米提早出苗30天，增加≥℃·d积温747.6℃·d，抽雄期比夏播玉米提前7～15天，不同熟期类型品种比夏播对照每亩平均增产43.9～111.kg，增幅14.9%～37.6%。

（3）1998年生产示范

在北京、天津、石家庄地区共试验示范5 000亩，取得突破性进展：麦田套种玉米平均亩产达到517.8kg/亩，比夏播对照田平均增加141.7kg/亩，增产39.3%。从产量构成因素结果与对照比较看：套播玉米亩穗数比相应的对照少；穗粒数比对照增加；同时千粒重比对照高。产量（Y）与各产量构成因素亩穗数（X_1）、穗粒数（X_2）、千粒重（X_3）间的回归方程为：$Y=-232.63+0.1135X_1+0.4600X_2+0.5120X_3$（$R^2=0.9265$）。

1998年12月18日，在国家科技部、国家石油化工局组织农学及化工专家对“高分子包衣材料用于玉米高产技术的研究”项目进行鉴定时，在农学研究领域的评价为：非传统小麦套种玉米高产耕作成套技术是一项适合我国国情、跨学科的创新技术，是农业技术的一项重大突破，达到了国际先进水平。

2. 推广阶段应用效果

该项目自1999年进入推广阶段以来，引起了各方面的关注，推广面积迅速扩大，为加速这项技术的完善与推广，2000年农业部批准了北京市农业技术推广站的“非传统麦田套种玉米高产耕作技术”立项申请，列为全国农牧渔业丰收计划后备技术项目（项目编号：200073030301），实施期为2000—2001年。1999年、2000年、2001年在北京、石家庄推广面积分别达到2.0万亩、5.0万亩、5.0万亩，均达到显著增产增收效果。同时，引入新疆进行试验示范及推广。

（1）北京应用效果

在1999—2000年遭遇持续高温、干旱自然灾害的情况下，本项技术显示了抗逆、高产、高效的特点。2001年项目实施地区套种玉米生长前期遭遇干旱，各地积极抗旱保苗，认真落实各项技术，使示范区玉米产量比上年进一步提高（表5－7）。示范区玉米平均单产504.97kg，比项目实施前3年（345kg/亩）亩增产148.27kg，增产42.9%。

表 5－7　示范推广面积和单产及总产

年份＼项目	示范面积（万亩）	玉米单产（kg/亩）	总产（万 kg）	总增产（万 kg）
1999	2.0	434.6	869.2	242.4
2000	5.0	503.24	2 516.2	763.0
2001	5.0	506.70	2 533.5	767.0
合计（平均）	12.0	493.2	5 918.9	1 599.7
比项目实施前 3 年	/	+42.9%	/	/

2000 年以后，随着北京农业结构调整的不断深入，京郊农作物种植结构发生重大变革，冬小麦面积大幅度下降，由 90 年代的 270 多万亩减至 2001 年的 70 多万亩，2002 年秋播冬小麦面积已下降至 50 万亩以下。由于京郊粮食产业大环境的变化，本项技术的推广逐步转向北京以外广大的西北、东北及华北地区，北京则只作为该技术的生产示范田和展示窗口。

（2）河北、山东应用效果

2000 年石家庄、山东宁阳、菏泽等地区推广非传统套种玉米 1.0 万余亩。石家庄地区农大 3138、农大 108 两品种分别比常规套种对照地每亩增产 133.53kg 和 129.0 kg，增幅分别为 33.26% 和 32.13%。在山东宁阳常规套种高产地区，农大 108 也比对照增产 17.46%，其主要增产因素是籽粒成熟度好，千粒重高（表 5－8）。

表 5－8　2000 年石家庄、山东宁阳等地推广应用效果

示范地区	品种	玉米单产（kg）	比对照增减（kg）	比对照增减（%）
石家庄	农大 108、农大 3138	532.8	+132.3	+32.7
	邢抗 2 号（对照）	401.5	—	—
山东宁阳	农大 108	528.7	+78.6	+17.46
	常规套种（对照）	450.1	—	—

（3）新疆应用推广效果

新疆农垦科学院、新疆农科院 1998 年引进该项技术，1999 年小面积研究示范取得成功，2000 年将该技术专利使用权转让予新疆农垦科学院作物所，新疆生产建设兵团 2000—2002 年立项研究推广，在农四师 67 团、农五师 84 团、农七师 129 团、农八师 121 团、农科院试验场、农六师红旗农场、农二师焉耆垦区、农六师奇台农场、农九师、农十师等 地进行试验、示范、推广，采用不同生态区品种搭配技术、同一生态区不同熟期不同播期搭配技术，通过技术成果组装配合，形成新型套种模式及配套栽培技术体系，3 年示范推广累计面积 4 万余亩，效益显著。

由于各地气候条件不一样，小麦收获后的热量资源也有很大差异，为此，根据各地气候条件及后茬玉米收获目的不同配置相应的玉米品种。如农四师 67 团、农五师 84 团、农六师 101 团、农科院试验场等地热量充裕，前茬早熟冬麦基本上在 6 月 30 日左右收获，麦收后尚有 90～100 天的无霜期可供利用，后茬玉米收籽粒，配置早熟玉米“新玉 9 号”，产量达到 400kg/亩以上；收青贮可配置中、晚熟玉米，产草量达 3 000kg/亩以上。农六师红旗农场、农二师焉耆垦区热量条件差于石河子地区，麦收后尚有 70～90 天的无霜期可供利用，后茬玉米收籽粒配置极早熟玉米“石玉 905”，产量达 300kg/亩；收青贮，配置早熟玉米“新玉 9 号”，产草量 2 500kg/亩以上。农六师奇台农场、农九师、农十师等地热量条件又差于焉耆垦区，麦收后仅有 50 天左右的无霜期可供利用，后茬玉米只能收青贮，产草量 1 500～2 000kg/亩。套种大豆“垦 99—41”理论产量可达 269. 08kg/亩、“垦 94-5886”理论产量可达 206. 06kg/亩；套种高粱收青贮产草量可达 3 060kg/亩。

经应用证明，该项技术的推广能充分挖掘新疆光热水肥资源，增加和稳定粮食产量；有利于减少开荒、实现退耕还林还草保护生态环境；是解决饲草供应，促进畜牧业发展和农业结构调整，增加农民收入的重要途径；该项目结合新疆实际情况，研究探索出适合新疆当地种植的高分子材料配方和配套的种植技术体系，使年均≥10℃积温 3 500℃ · d以下的粮饲生产地区实现了一年两熟，填补了北疆沿天山一带不能复播玉米的空白，对提高新疆地区农业整体效益、促进农业可持续发展有重要意义。该项目的科技含量符合当前形势的要求，推广前景十分看好（图 5－21 至图 5－24）。

图 5－21　非传统套种山东应用的玉米苗情
（图片由陈国平提供）

图 5－22　新疆地区小麦收后的非套玉米田间长相

图 5－23　新疆非套玉米后期长相

图 5－24　非套在新疆地区应用

第二节　旱作玉米综合配套技术体系

北京地区是一个缺水的区域，特别是2000年以来，水资源严重短缺，供需矛盾日益尖锐，已成为经济、生态和社会发展的重要影响因素之一。京郊农业是北京市第二大耗水大户，农业用水量对全市水资源配置和生产效益有巨大影响，研究和应用玉米旱作技术一直是全市农业行政、科研和推广部门的重要课题。

本节重点介绍北京市主要研究和大面积推广的埯子田、地膜覆盖和雨养玉米三套旱作技术模式。

一、埯子田高产栽培技术模式

（一）概述

20世纪70年代，北京郊区有100多万亩山区旱地，多数耕层薄、肥力低，是粮食生产的“拉腿田”。为提高山区旱地玉米产量，改造增肥旱地土壤，山区农民群众和科技人员总结多年旱地玉米高产经验，在土层较厚的坡地、梁头采用挖埯子田或沟田的方法，进行局部深翻土壤、接纳雨水、集中施肥，以改良土壤，提高肥效，增强旱地蓄水抗旱能力，形成了旱地玉米高产稳产的埯子田综合配套技术体系。该技术体系研究与规模应用于20世纪70年代后期至80年代，实践证明是因地制宜改造山坡旱地，不断提高抗旱能力和粮食产量的有效途径（图5－25）。

（二）关键技术内容

如何蓄住天上水，保住土中墒，提高水分利用率，是旱作玉米增产的技术关键。玉米埯子田配套技术体系主要包括四项关键技术内容。

1. 根据地势确定挖埯规格

山地坡度大，应随地势水平走向划出行距，然后按埯距挖埯，确保挖埯质量。一般行距100cm，埯距60cm，深30～40cm，宽40～50cm，每亩挖1 000个埯。挖埯时，先将表土挖一锨深，翻出放在埯边，然后再翻坑内使土活动，把石头捣出来，最后再将表土回填并叠出小沿以利施肥保水。埯子田能使旱地做到局部深翻，使土壤松软，增加了活土层，提高了地力，为玉米根深根粗创造了良好条件，增强了抗倒伏能力。

2. 选用中晚熟抗旱品种

选用适宜京郊北部山区种植，且抗旱能力较强的“京杂6”、“京白10”等中晚熟杂交种。

3. 培肥土壤，以肥调水

增施有机肥料，改善物理性状，发挥土壤蓄水、保水、供水的能力，又可以提高玉米的抗旱能力。具体做法是：在回填表土时与肥料混合均匀施于坑内，每埯施用粗肥3～4kg，过磷酸钙每亩30～40kg。施入肥料后，表层盖土6～7cm，用脚踩实，防止跑墒、损失肥效。培肥地力促使玉米根系向土壤深层伸展，提高吸水抗旱能力，能多利用土壤水分，起到以肥调水的效果。另一项重要经验就是增施化肥，增加秸秆和根茬还田量，以无机促有机提高土壤水分的利用率。

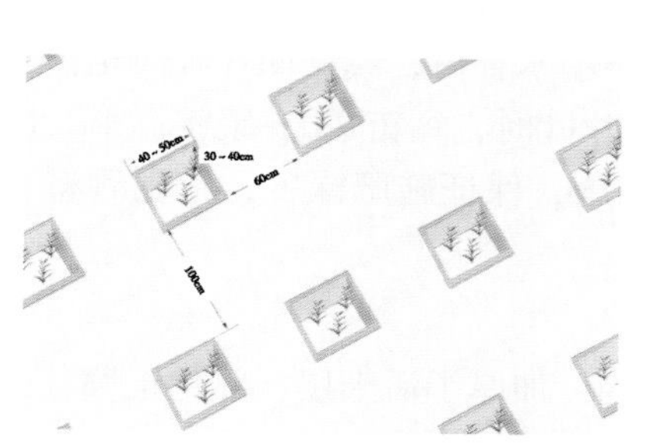

1.行距100cm，埯距60cm相邻两行埯子相互错开

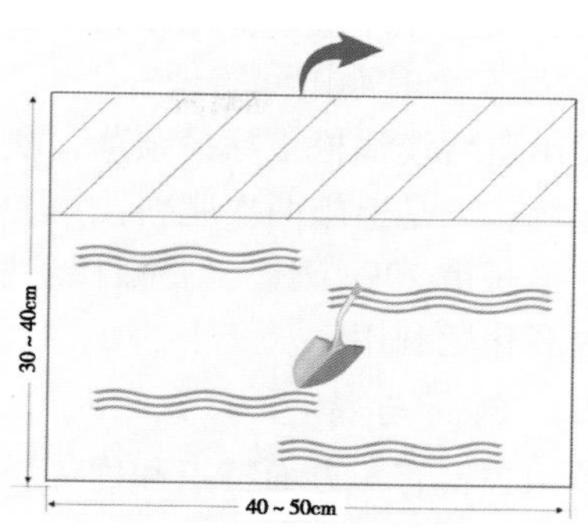

2. 人工挖埯，每个埯坑40~50cm²，深30~40cm。山坡地挖埯要根据坡向挖成里凹外起沿。先把表土挖出埯外，掘松坑底生土20cm左右

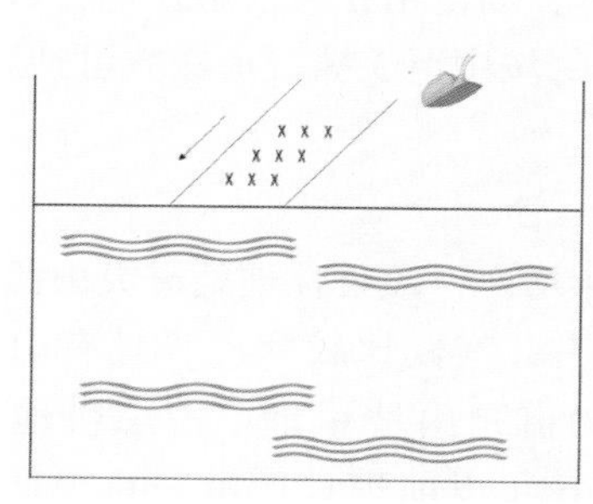

3.撒施粪肥，每埯一铁锹粪

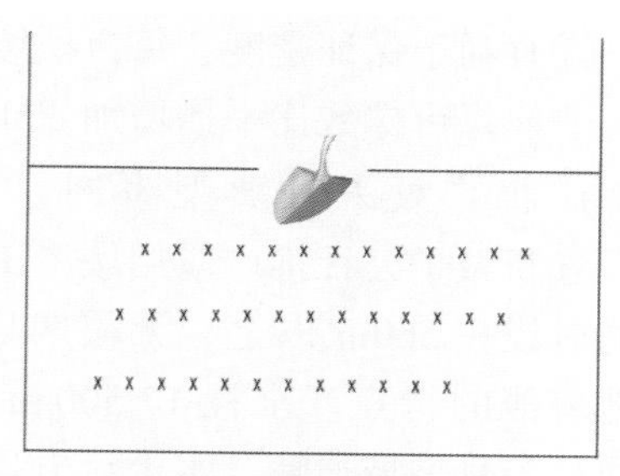

4.粪肥与底土混匀

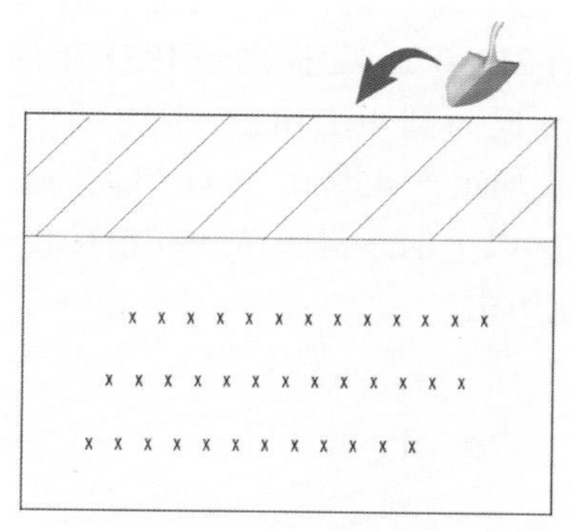

5.再用下一埯挖出的表土放在埯坑表层，整平搂细。依此类推。

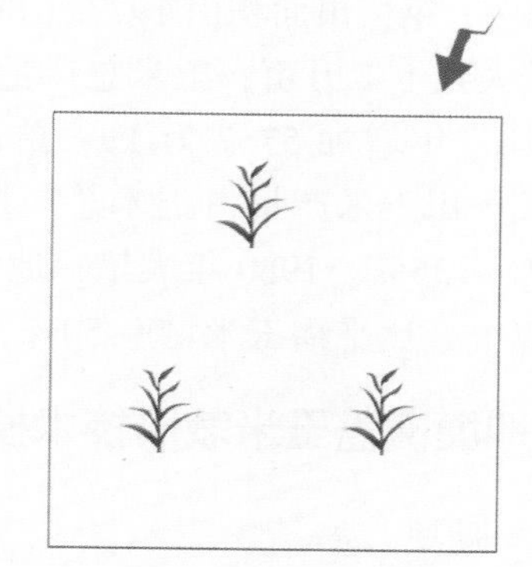

6.瓜生产挖穴点籽，每埯三棵苗，呈三角形分布，每亩成苗2 800个左右。

图 5－25　埯子田示意图

（图画由王维贤提供）

4. 适期按三角形播种

京郊北部山区春玉米适宜播期为4月下旬至5月上旬，采取抢墒或等雨足墒播种。播种方法是：用刮铲在每个埯内按三角形挖坑，坑深5~6cm，每坑点1~2个种子，覆土踩实。留苗时，每埯3棵，三角留苗，每亩种植密度3 000株，植株分布稀中有密，

密中有稀，减少叶片重叠，充分利用光热资源，提高光合效率。

5. 抓好三个时期田间管理

一是出苗后浅锄松土除掉杂草，缺苗地段及早座水补苗；二是四片叶时定苗、锄两遍松土保墒；三是追施两次肥料，第一次在6~8片叶时，每亩25kg碳铵；第二次在大喇叭口期，每亩20kg碳铵，要棵棵着肥，弱苗偏施，保证施肥深度，施肥后将表土踩实，以提高化肥利用率。

（三）创新与特色

垵子田主要有4方面特点和优势：①局部深翻，加厚了活土层，熟化土壤，改善了土壤物理性状，利于蓄积降水，增加土壤含水量，抗旱保墒效果好，有利于一次播种保全苗；②山坡地虽然整块地高低不平，但挖出的垵每垵有10cm高的土埂，保土保水又保肥，旱时还可以挑水浇，利于抗旱；③便于集中施肥，施垵肥比分散施肥能更充分发挥肥效；④垵内良好的土壤条件有利于幼苗生长发育，幼苗粗壮，根系发达、墩实，叶片宽大；⑤有利于保证密度，每亩挖垵子1 000个，每垵中留3株，亩株数可达到3 000株左右，一般每亩株数比平播增加600~800株。

（四）推广效果及典型事例

密云县新城子公社推广应用垵子田玉米连续5年增产。该公社地处雾灵山西麓深山区，平均海拔在560m以上，无霜期只有130天左右，气候比较寒冷，具有山坡旱地多、土地瘠薄的特点。全社17 500亩耕地有12 000亩是山坡旱地，占总耕地面积的70%。而且多是偏坡薄岭，水土流失比较严重。1976年以前粮食产量一直很低，单产仅200余kg。为了夺取旱地高产，这个公社从1977年开始挖垵子田种玉米，产量连年增加。到1981年垵田面积由1977年的200亩扩大到0.3万亩，玉米面积由1976年的0.7万亩扩大到1.1万亩；玉米总产量由1976年的213.0万kg提高到1981年的501.5万kg，平均每年增加57.7万kg；单产由218.5kg提高到461.0kg，平均每年亩增产48.5kg。垵子田玉米产量占玉米总产量的30%，平均亩产450.0~500.0kg，比平播玉米增产20%~35%。1980年大旱，地处海拔5 000m以上的东沟大队300亩垵田玉米亩产400kg以上，比平播玉米增产50%，粮食产量超历史。

二、地膜覆盖玉米栽培技术模式

（一）概述

1987—1989年，针对京郊干旱冷凉山区玉米增产的限制因子，北京市农业局主持实施了地膜覆盖栽培技术研究与示范推广项目，充分利用有限的光热水资源，改善玉米生长条件，提高单位面积的生产率。通过试验、示范、推广同步进行的方法，提出一套切实可行的栽培技术措施应用于大面积生产，增产效果显著。全市地膜覆盖技术3年累计示范3.55万亩，平均亩产543.8kg，亩增产158.8kg，比对照提高41.2%。生产实践证明，地膜覆盖玉米是干旱冷凉山区提高玉米产量的一条有效途径。

（二）提出的背景

玉米地膜覆盖栽培技术是国家“七五”期间重点推广的粮食增产技术之一，是我国贫困冷凉地区农民脱贫致富的一条有效途径，称之为贫困地区的“温饱工程”。

北京郊区春玉米常年种植面积在50万～60万亩，集中分布在西部、北部山区、半山区和近山丘陵地区，其中，冷凉山区玉米面积20万亩。长期以来，由于受旱寒自然因素、生产条件差、技术水平低的影响，产量极不稳定，平均亩产不足400kg。调查表明，京郊适宜地膜覆盖的玉米面积17万亩左右，基本为旱地，覆膜前平均亩产仅有200～300kg。

在部分区县试验和学习外省市经验的基础上，1978年北京市成立了玉米地膜覆盖栽培技术协作组，在京郊怀柔、密云、延庆、门头沟、房山、昌平和平谷7个区县陆续进行“玉米地膜覆盖栽培技术研究示范”。

（三）解决的技术问题

在京郊北部冷凉山区和半山区，气候寒冷、干旱少雨，采用地膜覆盖阻隔了土壤水、气、热向空气中的传输，发挥了增温保墒，促进土壤微生物活动和土壤养分的分解释放，增加田间光照强度，抑制杂草，减少病虫害等生态效应，形成了一个新的生态系统。可使植株根叶生长速度加快，幼穗分化和灌浆时间提前，叶面积系数增大，光合效率提高，产量大幅度提高。

（四）主要研究内容与结果

1. 覆膜的生态效应

（1）增温

覆膜后土壤温度明显增加，促进了发芽、生长。在整个生育期内土壤温度平均可增加2℃以上，尤其在拔节前的5～6月，5cm土层平均温度可增加3℃以上。虽然随着土壤深度的加大增温效果趋于减弱，上下土层间平均相差1.5℃左右，但下层土层依然有一定的增温效果。覆膜后土壤表层与深层的温度差，白天远高于未覆膜的；夜间则低于未覆膜的，证明由于薄膜的阻隔，白天光照充足时上层土壤温度上升迅速，夜间热量散失减少，而向下层传递增多（表5－9）。

表5－9　土壤覆盖地膜后的平均增温值（北京，1989年）（℃）

土层深度	播种至出苗	出苗至拔节	拔节至抽雄	抽雄至成熟	平均
5cm	3.54	3.55	1.55	0.3	2.16
10cm	2.65	2.38	0.4	0	1.34
15cm	1.38	1.77	0	0	0.79
平均	2.52	2.57	0.65	0.1	1.43

（2）保墒

覆膜后蒸发减少，土壤水分一般比未覆膜的增加1%～3%，最高可增加7%。地膜阻隔了雨水的进入，降水后土壤含水量增加速度缓慢，但由于水分散失减少和降水后外界水分的渗透，土壤含水量保持了相对的稳定（表5－10）。

（3）促进土壤养分分解

覆膜后提高了地温，保蓄了土壤水分，有利于土壤微生物的活动和繁殖。土壤微生物数量增加和活动增强，促进了土壤中养分的分解，从而提高了土壤的供肥能力。尤其在玉米生长前期，速效氮、磷的增加非常明显，直到第十三叶展时，土壤速效氮的含量依然高出未覆膜的 3 倍，土壤速效钾的增加量较少，且后期有降低的趋势（表 5－11）。

表 5－10　覆盖地膜后土壤水分的变化（北京密云，1987 年）

类别	最高值（%）	最低值（%）	平均值（%）	变动幅度（百分点）
覆膜	19.8	10.4	14.5	9.4
对照	22.3	10.0	13.5	12.3
比对照增减	－2.5	0.4	1.0	－2.9

表 5－11　覆盖地膜后土壤速效养分的变化（北京密云，1987 年）

（单位：mg/kg）

生育时期	类别	硝态氮	速效磷	速效钾
第七叶展	覆膜	62.5	7.5	75.0
	对照	7.5	5.0	70.0
	比对照增减%	733.3	50.0	7.1
第十三叶展	覆膜	35.0	15.0	50.0
	对照	8.8	9.0	46.5
	比对照增减%	297.7	66.6	7.5
吐丝	覆膜	20.0	10.0	37.5
	对照	9.0	8.0	36.5
	比对照增减%	122.2	25.0	2.7
吐丝后 30 天	覆膜	9.0	11.5	30.0
	对照	9.0	11.0	37.5
	比对照增减%	0	4.5	－20.0
平均	比对照增减值	23.1	2.75	0.5
	比对照增减%	269.4	33.3	1.1

（4）改善土壤物理性状

覆膜使土壤表面避免了雨水冲淋，膜内水分子的胀缩运动使土壤结构得到改善，增加了土壤孔隙度，降低了土壤容重，提高了田间持水量（表 5－12）。

表 5－12　地膜覆盖对土壤物理性状的影响

项目	处理	密云 1	密云 2	怀柔	平均
容重（g/cm^3）	覆膜	1.41	1.39	1.39	1.40
	对照	1.46	1.41	1.43	1.43
	增减值	－0.05	－0.02	－0.03	－0.03

（续表）

项目	处理	密云1	密云2	怀柔	平均
田间持水量（%）	覆膜	26.3	30.2	—	28.3
	对照	24.3	26.6	—	25.5
	增减值	2.0	3.6	—	2.8
孔隙度（%）	覆膜	47.5	47.6	47.1	47.4
	对照	45.7	46.8	46.4	46.3
	增减值	1.8	0.8	0.7	1.1

2. 覆膜的生理效应

（1）促进根系发育

由于覆膜增温保墒，促使玉米提早出苗，苗全、苗壮，根系生长快、数量多、活力强。根层数增加近一层，次生根数增加近10条。

（2）叶片加速生长

覆膜后单株叶面积的增长速度加快，第七叶展时单株叶面积高于露地玉米近50%，尤其是中部叶片增长最为显著，最大叶面积系数可达4.5以上，叶肉细胞环数增加，为干物质的制造奠定了基础。

（3）加快干物质积累

覆膜玉米成熟时单株总干重比露地玉米高，第十三叶展到吐丝13天时增加量最多，可达327.2g，比不覆膜的高50%左右。

3. 对产量的影响

覆盖地膜后，玉米产量构成因素均有不同程度的增加，种植密度虽普遍高于露地玉米，但由于其养分吸收多，植株生长健壮，空秆率一般可下降3%～5%，倒折率明显减轻，穗数较常规栽培技术增加10%。在穗数增加的情况下，穗粒数和千粒重平均可比露地玉米提高近20%。地膜覆盖玉米一般比不覆膜的增产30%以上。

4. 适宜品种筛选

通过3年的品种试验和示范调查，沈单7和农大60等品种表现突出，适宜地膜覆盖栽培应用。

5. 确定种植密度

试验和多点示范结果表明，地膜覆盖条件下沈单7和农大60的高产适宜密度为4 000～4 500株/亩。

（五）技术要点与技术规范

1. 整地铺膜

选肥力较高、土层深厚的地块，精细平整，破碎坷垃。盖膜前每亩施入优质有机肥3 000kg以上，另加尿素20～25kg、磷酸二铵25～30kg及适量钾肥。同时，每亩用75g拉索或150g西玛津（也可用100g五氯酚加50g除草醚）对水50kg喷雾，防除杂草。

无灌溉条件的地块，在田间持水量60%以上时及时覆膜保墒。若墒情不足，需待降水8～10mm以上时于雨后24小时内及时覆膜，或在覆膜后座水点种。有灌水条件的地块，在播前进行春灌，灌水早的先覆后播，灌水晚的可先播种后盖膜。

根据膜宽确定膜间距，一般膜与膜中心间距115cm左右，开沟间距比地膜宽度窄10～15cm，以便能压住膜边5～7cm。要顺风向铺膜，边铺边埋。必须拉紧埋实，每隔1～2m用土压到膜上。垄头横开一沟将膜压紧埋实。

选用丰产性好、生育期长于当地品种10天左右的杂交良种，也可选择耐密植、丰产性好、生育期相近的优良杂交种。种子先经筛选、晾晒，做好发芽率测定和药剂拌种。

2. 膜上播种

播种时要求地温稳定在10℃以上，田间持水量为60%～80%。积温不足的地区可提前7～10天播种。采用宽窄行种植，宽行70cm，窄行30cm。株距根据品种和密度的要求确定，平展型品种在30～33cm、紧凑型品种25cm左右。种植方式分为起垄和不起垄两种类型，起垄的垄高一般10cm左右。宽膜每幅膜种植双行，窄膜（60cm以内）每幅种植一行。播种方法有两种：一种是先播后盖膜，播种的当天或次日上午在播种行两侧各开一沟，然后铺膜，将膜边放入沟内并压实、压严不漏风；另一种方法是先盖膜后播种，耕地整地、施肥后盖膜。可利用覆膜机具，一次完成耙地、开沟、施肥和覆膜。也可利用畜力在中间先开一沟施肥，然后两侧土向内翻各开一沟，起垄并覆膜。盖膜后，在膜上按株距要求打孔，打孔要垂直，孔深5cm，每孔下籽3～5粒，然后用湿土盖严压实。

3. 田间管理

（1）破膜放苗

先播后盖的，播后7～10天查苗，出苗50%以上时开始放苗，时间在上午10：00以前和下午4：00以后，放苗孔要小，要防止伤苗。先覆膜后播种的，播后5～7天查苗，对窝在膜下的幼苗及时拨出。放苗后及时封严放苗孔，用土压实膜孔并检查膜边，防止膜内透风，以减少热量和水分的散失。

（2）间苗定苗

3叶期抓紧间苗，5叶期及时定苗、补苗，防止缺苗断垄。间、定苗要去弱留壮，每穴留壮苗1株。

（3）去除分蘖

地膜玉米的养分供应充足，植株生长旺盛，分蘖较多，要在拔节前及时去除分蘖，以减少养分的无效消耗。

（4）看苗追肥

根据苗情进行追肥，拔节时追入氮肥（折纯氮）10kg左右。抽穗前还应根据苗情补施5kg左右氮肥（折纯氮），防止脱肥早衰。可用施肥器穴施或在行间开沟深施。

（5）清除残膜

收获后要及时清除田间残膜，以免污染环境。回收的大块残膜冲洗干净后存放好，来年还可继续使用。

4. 技术规范

(1) 产量构成指标

亩产量 800～900kg、亩穗数 4 500穗以上、穗粒数 550 粒以上、千粒重 380g 以上。

(2) 基本条件

①全年无霜期 120 天以上，保证积温大于 2 600℃·d，且秋季温差大，光照充足，全生育期日照总量 1 100小时左右；②土层深厚（最好是壤土），耕层土壤含有机质 1.5%以上、全氮 0.1%以上、速效磷 30mg/kg 以上、速效钾 100mg/kg 以上；③播种出苗期土壤墒情能够保证发芽出苗需要，最好具备灌水条件，春季能浇 1 次水。

(六) 创新与特色

玉米地膜覆盖栽培技术是一项适宜干旱冷凉山区的高产技术，具有增温、保墒、促进土壤养分分解和改善土壤物理性状的作用。一般可增加有效积温 200～300℃，能使玉米提早成熟 7～15 天，每亩增产 150kg 左右。该技术开创冷凉山区玉米生产增产的新途径（图 5－26、图 5－27、图 5－28）。

图 5－26　怀柔地膜玉米示范田

（图片由张令军提供）

图 5－27　地膜玉米

（图片由张令军提供）

图 5－28　地膜覆盖玉米田

（图片由陈国平提供）

（七）推广效果

1978 年试验、示范 2 884.9亩，平均亩产 656.0kg，比露地玉米平均亩增产 177.7kg，增 37.2%；1988 年试验、示范 8 842.3亩，平均亩产 605.1kg，比露地玉米平均亩增产 137.0kg，增 29.3%；1989 年试验、示范 2.37 万亩，比露地玉米平均亩增产 164.7kg。1990 年示范推广面积累计达到 14.36 万亩，占该技术适宜应用面积 80% 以上，并占到全市山区春玉米面积的 1/4 以上。

三、京郊玉米雨养旱作技术模式

（一）概述

针对北京地区水资源匮乏，严重制约社会、经济和生态发展的现实问题，2007—2009 年北京市科学技术委员会、北京市农业局、北京市农林科学院与京郊玉米 9 个主产区县联合实施了“雨养旱作玉米节水科技示范推广工程”项目，取得多方面成效：一是创建玉米旱作节水综合配套技术体系。以提高自然降水利用效率为核心，在鉴选抗旱品种、等雨播种、等雨追肥技术指标化等关键技术上取得突破，解决了“一次播种保全苗”、“规避卡脖旱”和“适期追肥与降水衔接”三大技术难题，建立综合配套技术体系，形成操作规范，探索出适合本地区玉米旱作节水技术途径。二是创建土壤墒情与气象信息服务体系。围绕墒情和雨量的监测预报，建立土壤墒情及气象信息技术服务体系，实现墒情监测和气象信息服务快捷、高效和准确，保障了新技术的成功应用。三是研发并组装玉米旱作节水技术扩散体系。开发出掌上电脑应用的专家系统，制定干旱应急预案，形成全面、实用的技术扩散体系，建立了技术应用的长效服务机制。四取得节水和效益双赢目标。3 年累计推广 548.0 万亩，其中，2009 年推广 221.6 万亩，占全市玉米播种面积的 98%；总节水 1.72 亿 m^3，总增产 43 904.5万 kg，总增收 5.75 亿元。五是科技人员和农民的节水意识明显提高。为指导京郊农业结构调整，促进本市节水农业的发展起到了示范与推动作用。

（二）提出的背景

北京市水资源紧缺的问题十分突出，供需矛盾日益尖锐，给国民经济和社会发展带来了严峻考验。北京地区年平均降水量 585mm，但 1999 年以来，北京及周边地区发生持续干旱，1999—2006 年的 8 年间平均年降水量仅 447.3mm，为多年平均降水量的 76.5%。由于降水量持续偏低、地下水位因超采而持续下降、地表水逐年减少，水资源总量和人均水资源量已严重不足。以 2006 年人口为基数，全市人均水资源量 248m^3，属资源型重度缺水地区。

“十五”期间，北京市农业节水工作取得较好成绩：一是节水灌溉发展较快，2005 年节水灌溉面积占总灌溉面积 84%；二是高耗水作物面积压缩较大，水稻由 20 万亩减少到 1 万亩，小麦由 180 万亩减少到 80 万亩；三是集成农艺措施、工程措施、管理措施和水肥一体的农业综合节水发展迅速，2005 年推广面积达 100 万亩；四是农业利用再生水从无到有，2005 年农业利用再生水量 1.2 亿 m^3，灌溉面积 20 万亩；五是农业用水总量从 16.5 亿 m^3 下降到 13.2 亿 m^3，农业用水占全市用水的比例由 45% 下降为

38%，农业灌溉用水由 273m^3/亩下降到 240m^3/亩。但农业节水还存在统筹规划不够，激励机制不足，节水措施单一，节水意识不高，再生水、雨洪水利用少等问题。

为解决北京市水资源严重紧缺，供需矛盾日益尖锐的问题，2006 年年底，市政府办公厅主持召开了有关局、委及区县相关领导参加的办公会，研究确定了在京郊大规模实施“雨养旱作玉米节水科技示范推广工程”计划。会议强调，要通过科技创新，推广新技术、新品种，推动农业产业结构调整，促进水资源节约使用。2007—2009 年，在市科委和市农业局牵头主持下，通过组织农业行政、科研、推广、气象、企业等多部门协作联动，市、县、乡、村上下配合，落实政策、资金、农资、培训、技术、服务以及评估等工作到位，根据玉米生理特性和北京的气候条件，通过现代创新技术与传统技术的配套应用，完全实现雨养种植，力争年节约水资源 5 000万 m^3（图 5－29）。

图 5－29　项目启动仪式及与区县鉴定责任协议

（三）解决的技术问题

京郊玉米雨养节水生产技术模式的研究创建经过了以下步骤：第一，分析北京地区 50 年的降水特点及年型变化，明确了京郊玉米生产具备雨养旱作条件；第二，找出了制约京郊玉米雨养旱作的技术难点。降水资料分析揭示春旱发生期正值春玉米播种出苗至需水临界期，玉米生产存在“春旱保全苗困难”、“卡脖旱”和“适期追肥与降水衔接”三大技术难点；第三，通过对京郊山区春玉米、平原春玉米、夏玉米三种种植方式和不同生态区气候限制因素及旱作生产制约技术攻关研究，确定了解决玉米雨养旱作难点的技术途径；第四是将创新技术与传统常规技术配套，集成玉米雨养旱作节水综合技术体系，制定兼具科学性、准确性和可操作性于一体的技术操作规范；第五是创建适宜北京地区玉米生产的土壤墒情监测预报与气象服务体系，完成了覆盖京郊玉米产区的土壤墒情与降水地、空监测网络的构建，以多种固定渠道发布技术信息，保障技术体系应用。

该模式以提高玉米自然降水利用效率和节水灌溉为核心，在鉴选抗旱品种、等雨播种、等雨追肥技术指标化等关键技术上取得突破，解决了“一次播种保全苗”、“规避卡脖旱”和“适期追肥与降水衔接”的技术难题。围绕墒情和雨量的监测预报，建立了土壤墒情及气象信息技术服务体系，以全面、准确、及时的气象信息服务保障了玉米旱作技术体系的成功应用。鉴定专家认为，该项技术成果先进性、实用性突出，在技术集成配套与技术推广服务机制等方面取得创新突破，成果总体水平达到国内领先水平。该技术模式适宜北京及周边地区推广应用。

（四）主要研究内容与结果

1. 研究分析多年降水资料，找出制约玉米旱作的技术难点

依据气象降水年型划分标准，总结分析1959—2008年的50年间北京北部山区和平原区两大生态区玉米生长季降水年型和分布规律（表5－14和图5－30），探明两个生态区50年间玉米生长季降水年型的变化，降水正常及偏多年出现的概率达到80%～88%，显著偏少、异常偏少和异常偏多年未出现。证明京郊具备玉米旱作的基本条件。

表5－14　1959—2009年北京不同生态区玉米生长季降水年型分布

降水年型*	北部山区			平原区		
	降水量（mm）	年次	概率（%）	降水量（mm）	年次	概率（%）
异常偏少	<106	0	0	<107	0	0
显著偏少	106～264	0	0	107～267	0	0
偏少	265～396	6	12	268～401	10	20
正常	397～661	36	72	402～670	33	66
偏多	662～793	7	14	671～804	5	10
显著偏多	794～952	1	2	805～965	2	4
异常偏多	>952	0	0	>965	0	0
50年降水均值	529	—	—	536	—	—

**降水年型说明：正常年：降水量在常年值±25%范围内；偏多年：降水量比常年增加25%～50%；偏少年：降水量比常年减少25%～50%；显著偏多：降水量比常年增加50%～80%；显著偏少：降水量比常年减少50%～80%；异常偏多：降水量比常年增加80%以上；异常偏少：降水量比常年减少80%以上

降水资料进一步分析明确，京郊降水主要集中于7～8月，而4～5月干旱频繁，6月降水略多，但未进入雨季，而4～6月正值京郊春玉米播种苗期至需水临界期阶段。京郊传统玉米旱作生产存在“春旱保全苗困难”、“春玉米需水临界期易遭遇卡脖旱”和“适期追肥与降水衔接”三大技术难题。

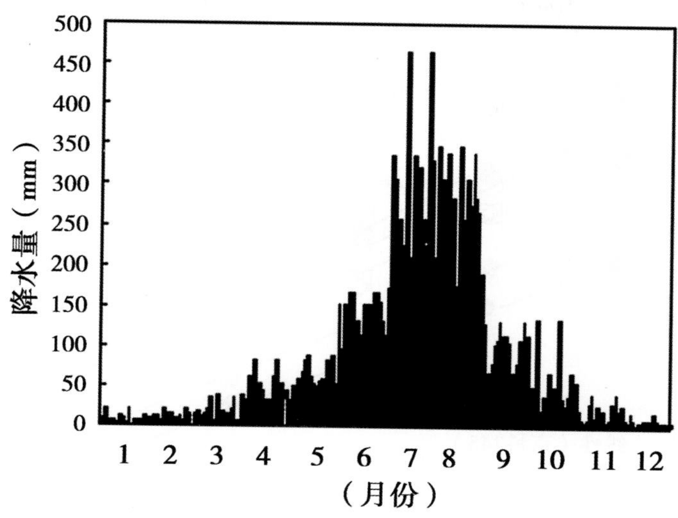

图 5－30　北京平原区降水月份分布

2. 开展针对性试验示范，攻克三大技术难点

针对京郊玉米生产存在北部山区春玉米、平原春玉米、夏玉米 3 种种植方式，根据不同生态区玉米生育特点、气候限制因素和实施旱作生产的制约技术环节，系统地开展基于玉米生产全程无灌溉栽培针对性研究试验，取得技术突破；实施因地制宜、分类指导，综合利用现有先进节水技术，通过有机组装配套，形成了雨养旱作玉米综合配套技术模式。取得的关键技术突破是：

（1）确定抢墒、等雨播种指标化技术，实现一次播种保全苗

通过播期试验，明确了适宜三套种植方式应用的不同熟期玉米品种的安全播种期和抢墒、等雨等播种方法；通过模拟墒情与降水量研究，摸清了不同土壤墒情条件下一次播种拿全苗的临界降水量。实现一次播种拿全苗，出苗率达到 90% 以上。

①明确适宜三套模式应用的不同熟期品种安全播种期：通过分期播种摸清了京郊主栽玉米品种生育期的伸缩性及产量表现，明确适宜三套模式应用的不同熟期主栽品种安全播种时期。在 6 月 15 日以前播种，参试品种基本可以成熟，为安全播种期；播种期推迟至 6 月 30 日，绝大多数参试品种不能成熟。通过对安全播种期内参试品种的生育天数进行回归分析，安全生长期内参试品种的生育期长短与播种日期呈显著直线负相关，晚熟品种生育天数增减幅度大于早熟品种。生育天数的增减幅度是晚熟种大于早熟种，每推迟一个播期，早熟品种生育天数平均缩减 6 天，中熟品种平均缩减 6.4 天，而晚熟品种则平均缩减 7.5 天（图 5－31）。

在安全播种期内，早熟品种的生育天数变化区间为 100～128 天，≥0℃有效积温不能少于 2 502℃/年；中熟品种的变化区间为 110～135 天，≥0℃有效积温不能少于 2 763℃；晚熟品种的变化区间为 112～142 天，≥0℃有效积温不能少于 2 837℃。根据试验观测数据，结合北京地区多年气温资料统计和参考传统农作安排，将传统玉米收获时期拖后 7～10 天，既可提升玉米的产量与品质，又不影响下茬小麦播种。据此推导出

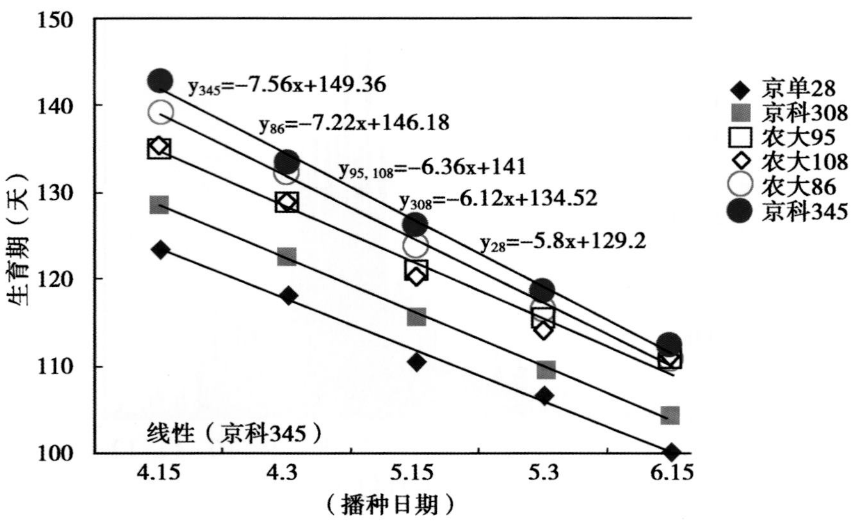

图 5-31　播种日期对玉米生育期的影响

3 种熟期类型的参试品种安全播种日期：早熟品种的临界安全播种日期为 6 月 26 日，中熟品种的临界安全播种日期为 6 月 16 日，晚熟品种的临界安全播种日期为 6 月 13 日（表 5-15）。

表 5-15　京郊主栽玉米品种的安全播种时期及临界安全播种日期

品种	京单 28	京科 308	农大 95	农大 108	农大 86	京科 345
安全播种时期	4 月 15 日至 6 月 15 日					
安全播种内生育天数的变化	100～123	104～128	110～135	110～135	112～139	113～142
临界安全播种日期	6 月 26 日	6 月 22 日	6 月 16 日	6 月 16 日	6 月 14 日	6 月 13 日
≥0℃有效积温	2 502	2 611	2 763	2 763	2 814	2 837

播种期对参试品种产量的影响，见图 5-32。在 4 月 15 日至 6 月 30 日播种期内，参试品种的籽粒产量均是先升后降，呈抛物线形趋势变化。早熟品种过于早播易发生早衰，不利于争取高产和确保质量，其适宜播种播期为 5 月 15 日至 6 月 15 日，在这一时期播种籽粒产量可以稳定超过 550kg/亩，如果能够确保在 5 月中下旬播种将可以取得更高的产量。在特殊干旱情况下必须实行晚播时，早熟品种应作为首选品种。中熟品种不同播期产量变化趋势与早熟品种大体相似，尽管其最高产量水平不及早熟品种，但在 6 月上旬前播种，可以稳定获得 550kg/亩的产量，它们的最适播种时期为 4 月底至 6 月初。晚熟品种是一个具有早播优势的品种，其适播期为 4 月中旬至 5 月下旬。

②摸清不同土壤墒情条件下一次播种拿全苗的临界降水量：通过人工创造土壤基础墒情和模拟降水，探测不同土壤墒情条件下旱作玉米安全播种应该具备的临界降水量，为玉米旱作播种保全苗提供技术支撑。试验证明采取等雨播种土壤基础含水量低于 8%，临界

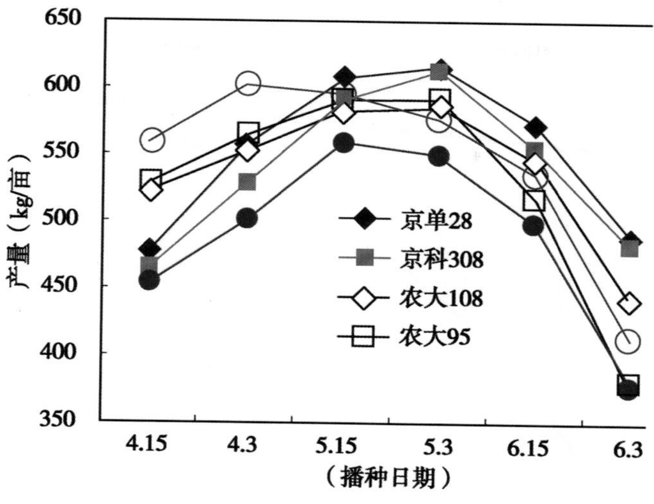

图 5－32　播种期对产量的影响

降水量须达到 21mm；土壤含水量达到 11%，临界降水量须达到 7～14mm；土壤含水量大幅度超过 14%时，应在土壤含水量降至 14%时播种（图 5－33、图 5－34）。

图 5－33　不同土壤墒情与出苗率研究试验

图 5－34　不同土壤墒情与出苗率研究试验 2

③探明一次播种拿全苗的临界降水量的保证率：根据不同土壤墒情条件玉米旱作一次播种保全苗的临界降水量试验，探明了不同生态区早熟、中熟和中晚熟品种安全及最佳播种期的临界降水量的保证率（图 5－35）。不同生态区比较，安全和最佳播种期内的临界降水保证率平原区高于山区；不同熟期品种比较，早熟品种高于晚熟品种。在干旱年份，通过调整品种，山区保证率可以提高 9%～32%，平原区可以提高 2%～15%（表 5－16）。

（2）利用中熟、中早熟抗旱品种及其播期的灵活性规避“卡脖旱”

针对京郊春季十年九旱的特点，选用中熟或中早熟抗旱玉米品种，平原春玉米通过适当推迟播种，调整玉米需水临界期躲开春旱，实现降水与玉米需水关键期的吻合，解决“卡脖旱”问题。

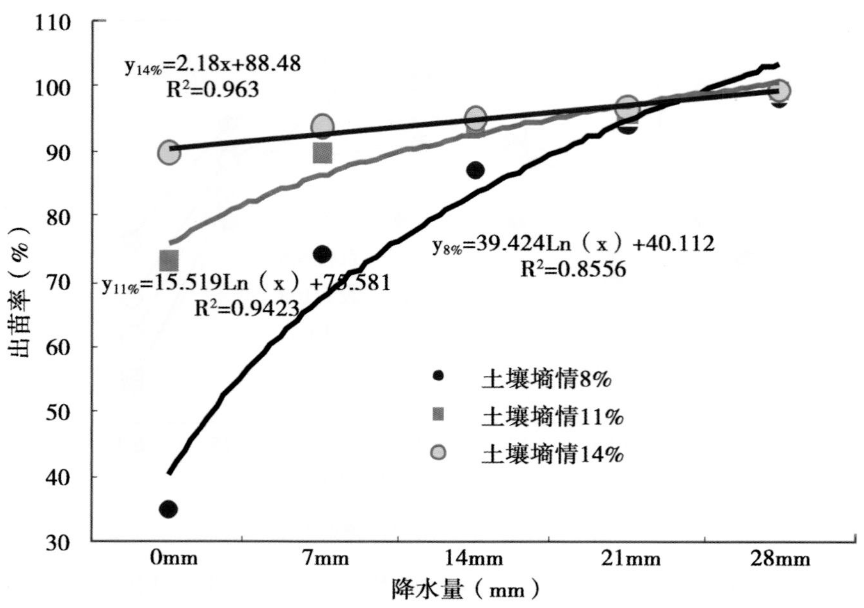

图 5－35　土壤墒情及降水对玉米出苗的影响

①鉴定与筛选出一批抗旱高产玉米品种：通过大田自然干旱、遮雨棚控雨设施等，开展玉米品种的抗旱性鉴定，进行抗旱高产玉米品种筛选。

表 5－16　京郊玉米等雨播种不同降水量保证率（1979—2008 年，一次性降水量）

生态区	品种熟期类型	安全播种期（月/日）	降水保证率（%）			最佳播种期（月/日）	降水保证率（%）		
			≥21mm	≥14mm	≥7mm		≥21mm	≥14mm	≥7mm
山区	早熟品种	4/15 至 6/10	69	83	96	5/15 至 5/25	26	43	65
	中晚熟品种	4/15 至 5/30	58	79	96	5/1 至 5/20	31	49	78
	晚熟品种	4/15 至 5/20	37	60	87	4/15 至 5/15	32	59	81
平原区	早熟品种	4/15 至 6/26	84	93	100	5/15 至 6/10	68	79	87
	中晚熟品种	4/15 至 6/16	73	83	100	5/1 至 5/30	53	69	90
	晚熟品种	4/15 至 6/13	69	80	98	4/15 至 5/20	51	70	93

试验筛选出郑单 958、京科 25 和京单 28 等适宜北京地区种植的抗旱品种，平均产量分别比农大 108 增产 4.0%、6.1% 和 8.1%（表 5－17）。2006—2007 年在田间自然干旱、旱棚模拟等干旱试验中，京单 28 和郑单 958 各抗旱性指标名列第一、第二位（表 5－18）。利用分期播种鉴定品种旱作适应性，中熟、中早熟品种京单 28 和郑单 958 适应性和播期的灵活性均显著优于农大 108 等熟期偏长品种，平均产量比农大 108 分别增产 13.9% 和 5.6%，产量优势明显。证明雨养旱作生产中采用中熟、中早熟品种，既具有播期灵活性，又能获得高产。

表 5－17　主推品种在北京市的抗旱区试中抗旱鉴定表现（2007 年）

品种	产量（kg/亩）	比农大 108 ±（%）
郑单 958	615.10	3.95
京单 28	639.40	8.06
京科 25	615.00	6.05
农大 108	579.90	—

表 5－18　郑单 958 等抗旱指标值与和农大 108 的比较（2007 年）

名称	Yd	Yw	Cd	DDI	MP	TOL	DSI	GMP	DTIv	DRI
郑单 958	130	240	0.54	0.46	184.91	109.99	0.91	176.54	0.63	0.63
京单 28	156	225	0.69	0.31	190.60	69.40	0.61	187.41	0.71	0.97
农大 108	101	206	0.49	0.51	153.42	104.32	1.01	144.28	0.42	0.45

Yd＝干旱胁迫下单株粒重（g），Yw＝正常灌水条件下单株粒重（g），Cd＝抗旱系数（Blum，1984），DDI＝干旱伤害指数，MP＝算术平均生产力，TOL＝耐性，DSI＝干旱敏感指数，GMP＝几何平均生产力，DTIv＝耐旱指数，DRI＝抗旱指数

②建立实用品种耐旱性鉴定评价体系：在自然干旱区检测推广品种的抗旱性，结果显示，以抗旱系数的平均数（X）和标准差（σ）为分级依据，评价参试品种耐旱性，准确、可靠、实用，经得起生产检验。依据抗旱系数由大到小排序，Cd 值在 0.88 以上的前 10 个品种，水分胁迫产量损失仅一成左右，是耐旱性比较好的品种（表 5－19）。

表 5－19　品种耐旱能力分级（2007 年）

耐旱性等级	分级标准	品种名称
1	$X_i > X + \sigma$	京单 28、L699、先玉 355、瑞德 315
2	$X + \sigma > X_i > X + 0.5\sigma$	K524、京科 25、BH315、ZX584、纪元 1 号、BF7516、
3	$X + 0.5\sigma > X_i > X - 0.5\sigma$	郑单 958、农大 95、龙 11、农大 108
4	$X - 0.5\sigma > X_i > X - \sigma$	NK733、京科 521、JH582、怀研 18、LY2037
5	$X_i < X - \sigma$	农大 86、京科 301、中单 828、中单 28、京科 308

通过对耐旱性评价指标多年多点生产实践的完善与修订，制定了《玉米抗旱性鉴定的方法及鉴定评价的指标及其操作规程》，建立了准确、简便和实用的玉米品种抗旱性鉴定体系。

③利用中熟品种延后播种规避“卡脖旱”：北京地区传统春玉米生产主要采用晚熟、中晚熟品种，一般在 4 月下旬到 5 月上旬播种，播期限制较大，在需水关键期（在 6 月底到 7 月上旬前后），正常年份还未进入雨季，生产上易发生卡脖旱。市农业技术推广站试验显示，选用中熟品种 5 月 24 日播种，7 月 2 日拔节，7 月 25 日抽雄，9 月 22 日成熟，抽雄期正好遇上丰雨季节，可以获得丰收。如果采用传统方式选用晚熟、中晚熟品种，在 4 月下旬播种，孕穗—开花期将提前到 7 月上中旬，此时降水量偏低，

加之此前的长时间干旱，很容易发生“卡脖旱”。选用京单28、京科25等中熟、中早熟品种，其播种期比较灵活，可以迟至5月底甚至6月上旬播种，平原区可以迟至6月下旬播种，使孕穗期—开花期的需水关键期与降水集中的时期相一致。

多年气候资料统计分析与生产实践效果显示，采用中熟、中早熟品种，结合等雨播种、抢墒播种、种衣剂和保水剂复合应用等措施，降水的保证率均可达到90%以上，中熟、中早熟品种拔节至吐丝需水关键期与自然降水高度吻合，因而可以躲过“卡脖旱”。

(3) 创新玉米雨养旱作施肥新技术，攻克“适期追肥与降水衔接”难题

采取早施、深施肥技术，促进玉米根系生长和下扎，达到以肥调水、充分利用土壤深层水分。新施肥技术主要采取重施底肥与适期等雨追肥。

①等雨追肥技术：通过开展不同时期追肥对雨养玉米主推品种京单28的影响效应试验，观测不同时期追肥对京单28的生长发育影响效应。探明雨养夏播玉米适宜追肥期为5~9叶展期，最佳追肥期为5~7叶展期；同时，揭示出高产稳产的综合效应，低肥力的田块须适当早追肥，高肥力的田块应适当晚追肥。

不同时期追肥对倒折率、空秆率的影响见图5-37。倒折率和空秆率均与追肥时期呈极显著二次回归关系（$r_{倒折}=0.9884^{**}$，$r_{空秆}=0.9004^{**}$），变化趋势表现为先随着追肥时期的延迟不断降低，达到谷底后又随着追肥时期的延迟不断升高，呈“倒抛物线”形。在5~9叶展期追肥，能降低玉米倒折与空秆风险，追肥过早或过晚均将增大倒折与空秆风险（图5-36、图5-37）。

图5-36 等雨追肥

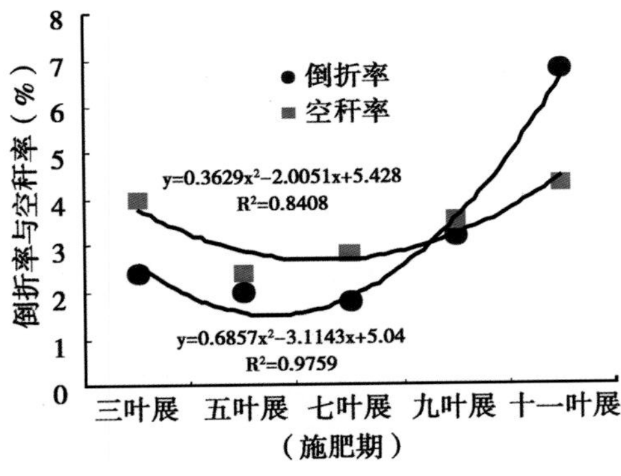

图5-37 追肥时期对倒折率和空秆率的影响

②不同时期追肥对产量及其构成因素的影响：不同处理产量构成因素亩穗数、穗粒数和千粒重均是先随着追肥时期的延迟不断增加，达到高峰后又随着追肥时期的延迟不断减少，呈“抛物线”形变化。在5~9叶展期追肥，各产量构成因素表现均较好，有利于取得高产稳产，过早或过晚追肥会导致产量构成因素降减，继而影响产量。玉米适宜追肥期为5~9叶展期，最佳追肥期为5~7叶展期。在最佳追肥期施肥，光合生产扩“源”（叶面积）效果佳，叶片功能期长，物质生产、转运与积累效率高；为提高玉米高产稳产综合效应，低肥力的田块应适当早追肥，高肥力的田块应适当晚追肥（表5-20）。

表 5－20　不同时期追肥对产量构成因素的影响

处理	收获穗数（穗/亩）	穗粒数（粒/穗）	千粒重（g）	产量（kg/亩）
3 叶展	4 740.7	436.5	302.5	577.7
5 叶展	4 789.8	432.0	308.8	600.3
7 叶展	4 810.6	434.0	316.0	608.1
9 叶展	4 800.4	434.0	315.3	595.0
11 叶展	4 710.0	413.3	311.3	553.8

③缓效肥底深施技术：通过一次性施用缓释氮肥和速效氮肥对京郊雨养春玉米的生长、干物质积累、产量、籽粒品质及水氮利用的影响研究，明确了在本试验条件下，与常规施肥（拔节期追肥）相比，一次性基施缓释氮肥并未影响春玉米生长和产量，相反可提高穗粒数和千粒重。与速效氮肥一次性基施相比，施用同等养分量的缓释氮肥可增产 11.8%，明显提高籽粒粗蛋白、可溶性糖含量，显著提高水氮利用效率和产投比。

3. 配套先进节水技术试验示范

（1）探明土壤蓄水培肥和提高水分利用率的最佳秸秆覆盖方式

通过观测前茬秸秆覆盖还田和播种方式等减少地表径流的功效，探明秋季整秆覆盖还田为春玉米秸秆还田最佳覆盖方式，免耕播种为春玉米最佳播种方法。新技术对蓄住雨季降水，减少旱季水分散失，提高玉米生育期内土壤墒情的效果十分显著。

（2）保水剂大面积示范应用，保水、蓄水能力显著

在 9 个区县建立了保水剂应用追踪调查地块 55 块，面积 2.476 万亩，其中，春玉米 9 130亩，夏玉米 15 630亩。取得三方面应用效果：一是保水剂使表层土壤含水量提高 2.3 个百分点，在玉米大喇叭口期调查，施用保水剂后土壤含水量得到提高，尤其是表层土壤的含水量差别明显。0～20cm、20～40cm 和 40～60cm 土壤含水量分别为 13.5%、12.7%、11.6%，比对照提高 1.7 个百分点、2.9 个百分点、0.5 个百分点；二是保水剂使玉米根系显著伸长 2～3cm，与对照差异显著，根系生长茂密，地下部分干重明显增加；三是保水剂增产玉米 6.0%～8.6%，增效 6.9%：保水剂处理的玉米穗粒数、千粒重均高于对照。小区实收测产结果，保水剂不同用量处理的玉米产量较对照明显提高，平均亩产较对照增加 24.0～34.4kg，增产幅度达 6.0%～8.6%。增加效益 6.9%（图 5－38）。

（3）筛选出适宜的种子抗旱种衣剂，实现了种衣剂与保水剂复合应用

种衣剂具有防治玉米种传、土传和苗期病、虫、鼠害等多种作用。保水剂具有独特的吸水功能和保水能力。试验筛选出杀菌、防病最佳种衣剂种类与配方，即使用配方为锐胜 100 + 满适金 100mL（g）/100kg 种子，或满适金 100mL（g）/100kg 种子或锐胜 100mL（g）/100kg 种子。其中，满适金更注重杀菌，锐胜杀虫防病效果更明显。利用 HD-10 型高吸水树脂实现了保水剂和种衣剂的复合应用。高吸水树脂型种衣剂实验室条件下对玉米种子的最适配比为 1∶60。HD-10 型高吸水树脂用作保水剂和种衣剂复合使用时，具有良好的成膜性、膜牢固性、作用于种子的分散性和无毒性。可提高土壤的保水能力，增加土壤的墒情，增强苗期抗旱性，提高玉米的出苗率，促进根系发育。

图5－38　保水剂与复合肥混合应用

（4）集成玉米旱作节水综合技术体系

核心是蓄住天上水，保住土中墒，提高玉米水分利用率。包括6项关键技术：

①抗旱品种：平原春玉米以选用抗旱中熟、中早熟品种为主，搭配中晚熟和早熟品种；北部山区春玉米以中晚熟抗旱品种为主；夏玉米应用早熟抗旱品种。

②秸秆还田培肥蓄水保墒技术：通过蓄住雨季降水，减少旱季水分散失，实现玉米生育期内土壤墒情提高10%以上。内容包括：前茬秸秆覆盖还田、有机肥培肥、深松土及减少地表径流的整地技术等。

③抢墒等雨播种保苗技术：确保一次播种拿全苗，出苗率达到95%以上。内容包括：适时抢墒和等雨播种、免耕深播浅盖、播后镇压提墒等技术。

④等雨追肥及缓效肥底深施技术：通过早施、深施化肥，促进玉米根系生长和下扎，达到以肥调水、充分利用土壤深层水分的目的。内容包括：应用缓效肥料、全生育期肥料于播前一次性底施、施肥深度10cm以下、增施磷钾肥提高植株耐旱性，分期施肥采用重施底肥与等雨追肥技术。

⑤化学制剂应用保水技术：利用现代化学制剂吸水保水力强散发慢的性能，将土壤中多余水分积蓄起来，减少渗漏和蒸发损失，供玉米正常生长需要。内容包括：抗旱种衣剂、保水剂、抗旱剂等应用技术。

⑥深松蓄水技术：对已应用保护性耕作技术3～4年的农田须实施深松土作业，促进根系生长和土壤蓄纳雨水。应用安装翼铲的深松土机作业，耕深要求25～35cm，宽度1.2m左右。

4. 创建土壤墒情监测预报与气象服务体系

（1）探索土壤墒情速测、遥感与预报技术

土壤墒情自动化监测技术如何实现农田信息传输的低成本和高可靠性是现代农业中的一个重要研究课题。农田信息获取具有其特殊性：采集点分散、平均采集周期长、低速率、小数据量、现场环境恶劣等。传统农业中的手工信息获取随着农田面积的增大而成为一种高耗时的劳动密集型工作。项目组通过研究，提出了基于GSM的远程墒情实时监测系统，见图5－39。

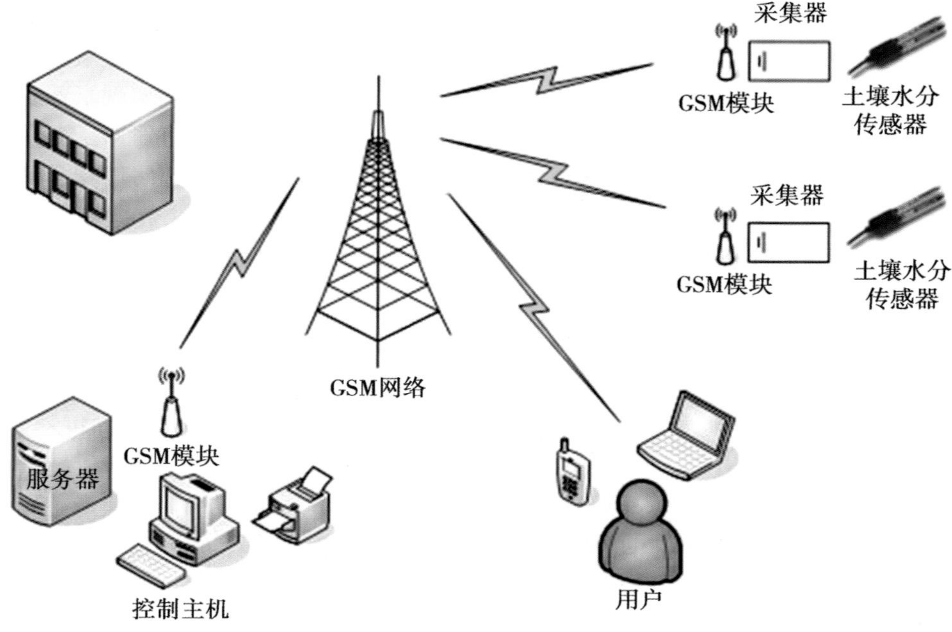

图 5－39　远程墒情实时监测系统结构图

土壤墒情遥感监测技术　利用 NOAA、MODIS 卫星数据结合北京地区气象部门实测的土壤湿度数据，利用国内外较为成熟的卫星遥感干旱监测方法，开展针对北京地区的土壤墒情监测，建立了主要针对北京地区的利用 NOAA 卫星数据的北京地区土壤墒情监测业务系统和利用 MODIS 数据的北京地区干旱监测业务平台，并在农业气象服务中发挥了重要作用（图 5－40）。

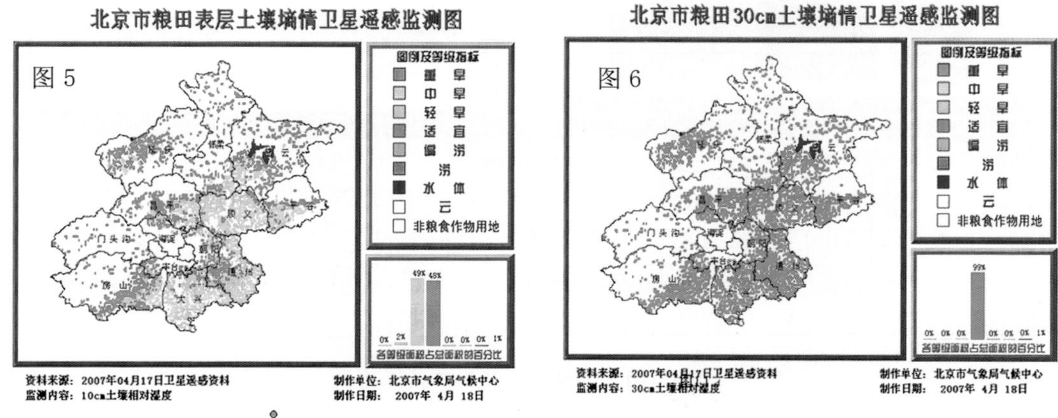

图 5－40　2007 年春季玉米春耕期间墒情监测图

土壤墒情预报技术本研究依据市气象台未来一旬的气象要素预报，计算未来一旬农田总的蒸散量，根据农田土壤水分平衡原理，预测旬末农田水分的盈亏状况，从而开展土壤墒情等级预报服务。并引入 RS 和 GIS 技术，获取地表植被覆盖类型、反照率、植被覆盖度、叶面积指数、土壤质地、土壤水分特性（田间持水量、容重、凋萎湿度）在空间上的分布，应用上述预报原理，实现点预报向面预报的扩展，实现京郊空间范围的土壤墒情可视化预报。

土壤墒情信息管理系统土壤墒情信息管理系统以 WEBGIS 为平台，实现信息采集、传输、查询、分析和数据统计上报。管理系统将 GSM/GPRS 等无线数据传输与 GIS 平台结合，实时接收来自固定式墒情监测站、便携式环境检测仪的数据，并可对固定式土壤水分采集仪和便携式环境检测仪下发指令或设置参数，该接收机和采集仪配合使用，共同组成墒情监测网络（图 5－41）。

建立玉米田旱情评价指标玉米田旱情等级指标按玉米不同生育时期对水分的需求进行划分。具体指标内容，见表 5－21。按照监测类型区和不同土壤质地进行数据归类、分析、汇总和等级评价。一是短期监测报告：包括现时玉米田土壤含水量及墒情等级，两个监测日之间的气象状况，墒情短期变化趋势和需要采取的农事操作建议。如果监测区域内发生旱情，还需包括旱情等级和发生面积，可能造成的损失和补救措施等；二是中长期监测报告：综合历史和现时资料，分析玉米田土壤墒情与旱情发生规律和变化趋势及其影响，提出生产对策。

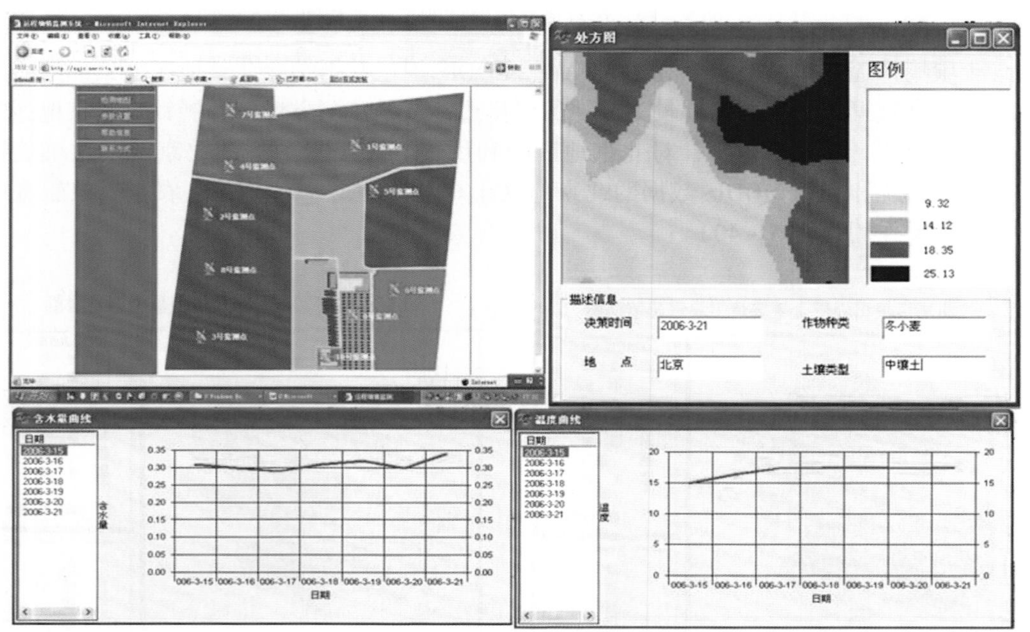

图 5－41　墒情监测软件演示界面

表 5－21　北京地区玉米土壤墒情与旱情评价指标体系

生育阶段	墒情、旱情等级（土壤相对湿度:%）				
	过多	适宜	轻度不足	不足	严重不足
	/	/	轻旱	中旱	重旱
播种期	>85	70～85	60～70	55～60	<55
苗 期	>80	60～80	55～60	50～55	<50
拔节期	>85	70～85	65～70	55～65	<55
抽雄吐丝期	>85	75～85	65～75	50～65	<50
灌浆期	>85	70～85	65～70	55～65	<55
成熟期	>75	60～75	55～60	50～55	<50

（2）建立京郊土壤墒情监测与气象服务网络

建立墒情监测与气象服务流程在墒情监测工作中，建立和完善了墒情监测与服务流程。项目实施 3 年来，从 4 月初至 9 月底，每年开展 14 次墒情监测工作，获取了 3.7 万多个监测数据；根据每次的监测结果，撰写了 14 期土壤墒情快讯，编写印发了 5 期土壤墒情工作简报；初步制定了北京地区玉米土壤墒情与旱情评价指标体系。

①建立 92 个雨量监测站：由于降水的局地性很强，为准确监测雨养旱作玉米节水科技示范村的降水情况，在各区县雨养旱作玉米节水科技示范村的代表性位置安装了 92 个雨量站（图 5－42），指定专人负责雨量监测和上报工作。

②农业天气气候预报服务：项目提供长中短期滚动气象预报服务，采用电子邮件、电话等服务方式，保证服务的及时性和准确性。开展 3 天内逐日滚动气象预报手机短信服务：为了提供及时准确的雨量预报信息，主要采用手机短信方式，对每次可能出现的降水天气进行 3 天内逐日滚动天气预报，同时还在预报信息中加入了气温、较大风速等信息，尤其是对 2007 年和 2008 年春播和夏播期间的几次较明显降水提供了准确、及时的预报服务，为相关部门领导和用户提前做好播种准备，为雨养旱作玉米节水科技示范区的玉米得以顺利播种提供了详尽全面的预报信息。两年间，共发送预报 100 次以上。另外，为了扩大服务效果和范围，新增加了一些服务对象，使发送服务短信的领导和用户人数达到了 100 人左右，截至目前，用短信发送的信息达 8 000人次。让领导及科技服务人员及时了解降水预报，及时安排农业生产和生产管理。

定期开展长中短期天气气候预报预测服务。主要采取电子邮件方式，以保证课题组相关负责人对雨养旱作玉米节水科技示范推广工程的工作提前进行计划和安排。2007—2008 年，从雨养玉米的播种期到成熟期共发布 40 多期预报预测产品。

③旱作玉米生长期间农业气象条件监测服务：包括 4 方面服务：一是常规农业气象地面监测服务。利用 13 个区县气象局常规气象站点，以旬为单位，统计与农业密切相关的气象要素（气温、降水、日照、风速等），以气象要素列表及电子邮件形式提供。每旬逢 1 或 2 发布。二是实时降水量信息气象服务。对每次降水过程的降水量及时进行统计，将自动气象站点和课题所布雨量点的雨量信息及时以传真、电子邮件方式向课题相关领导和单位提供。使领导和科技人员及时了解示范区的降水量。为使相关部门领导

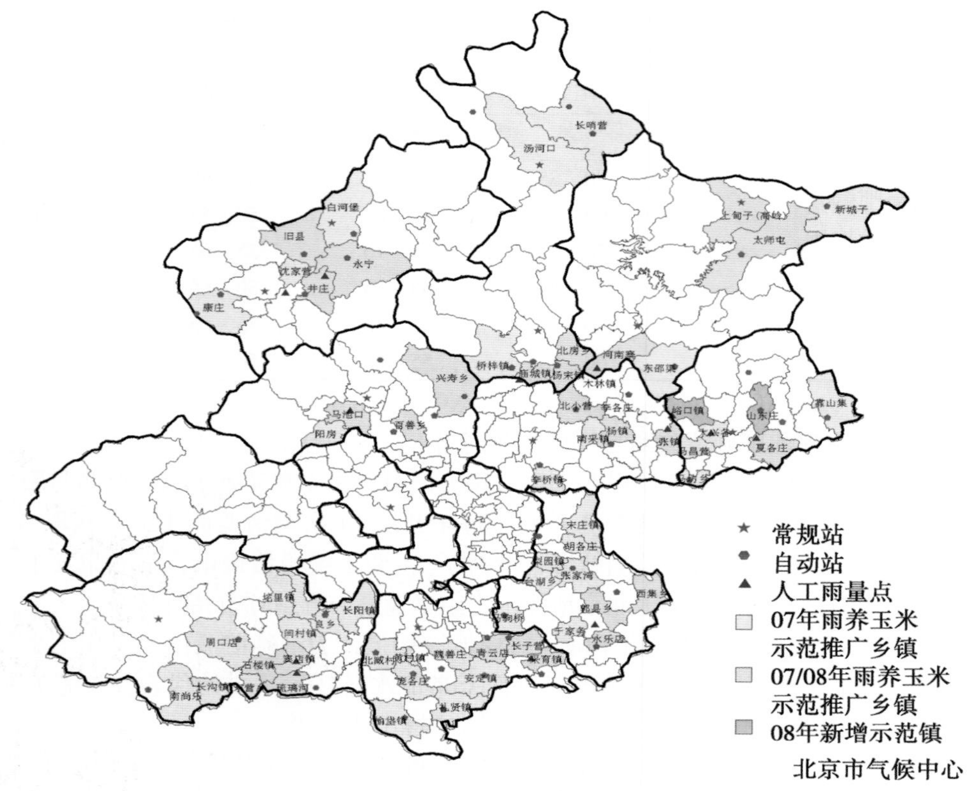

图 5 -42　玉米旱作推广示范镇及其信息服务站点

和用户更方便及时了解雨量信息，还为其提供了手机短信的服务方式，每次降水后，将北京 20 个常规气象站的雨量信息及时发送至其手机上。三是旱作玉米专题气象服务。针对关键期或特殊天气状况，进行不定期的雨养旱作玉米专题气象服务专报及电视气象专题服务。四是土壤墒情（农业干旱）监测预报服务。2007—2008 年，利用各区县气象局观测的土壤墒情监测和 NOAA/MODIS 卫星遥感资料以及下一旬的降水、风速、温度等气象预测信息制作了农业干旱监测和预报信息产品。全面掌握旱作玉米土壤墒情变化动态，见图 5 -43、5 -44、5 -45。

④准确判断雨养玉米旱情发生与发展趋势：2007 年 4 月上旬至 5 月中旬，由于降水少、土壤墒情不足，对春玉米的播种和幼苗生长有一定影响。直到 5 月 22 ~23 日全市普降大雨，墒情得到显著改善，许多未播种的春玉米地块及时利用此次有效降水进行了抢墒播种。7 月上旬和中旬，怀柔、延庆北部山区降水量较常年偏少遭遇比较严重的干旱，正值春玉米抽雄吐丝需水的关键时期，雨养玉米的生长发育受到一定影响。7 月底 8 月初全市普降中到大雨，平均降水量达 98. 4mm，旱情得到很大缓解，受影响的雨养玉米生长也得到较好恢复。2008 年 4 月上旬至 5 月中旬，降水较常年偏多，土壤墒情一直处于适宜状态，适宜春玉米播种和出苗。5 月中旬后降水持续偏少，至 6 月上旬大部分农田出现轻旱，但由于苗期基础较好且拔节期春玉米比较抗旱，因此，对其生长

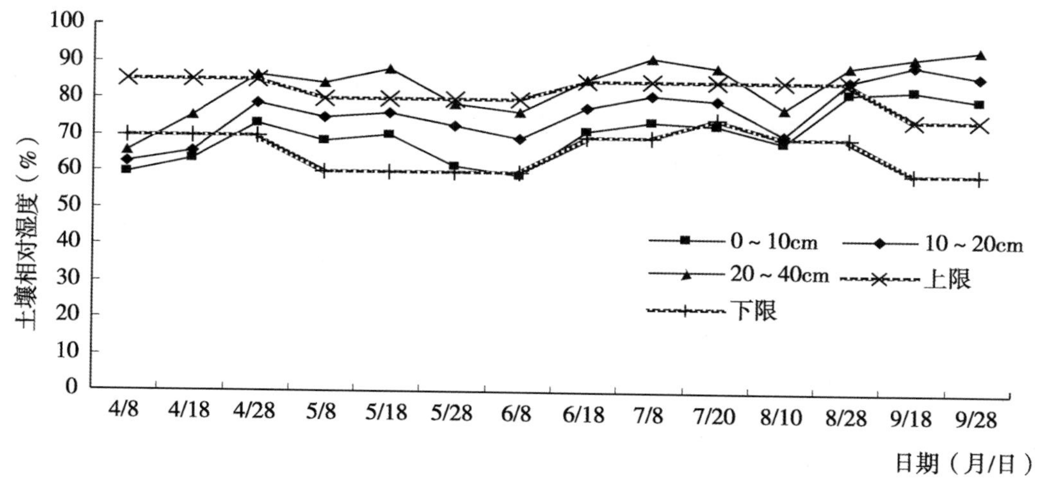

图 5 -43　2008 年旱作玉米土壤墒情变化情况

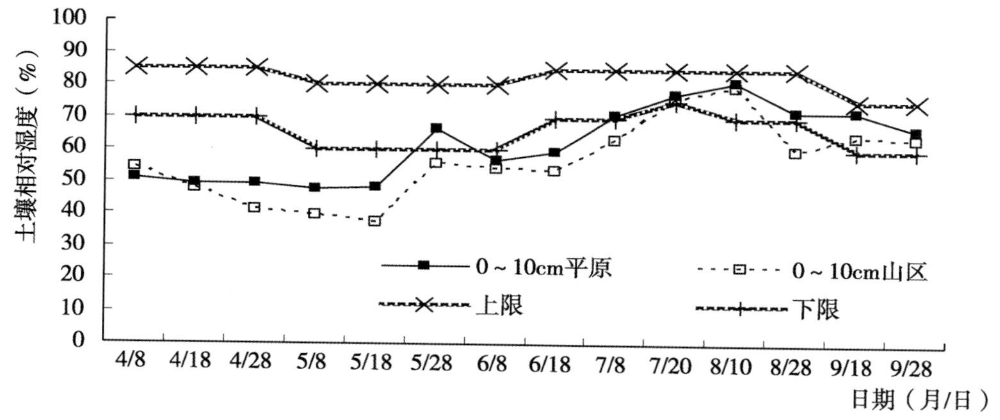

图 5 -44　平原和山区土壤墒情变化情况（0 ~ 10cm）

没有明显不利影响。进入 6 月中旬以后雷阵雨天气频繁，使 5 月中旬以来开始抬头的旱象得到明显缓解，墒情明显改善，对春玉米生长发育十分有利。6 月下旬至 7 月中旬多降水天气，农田墒情普降较好，对春玉米的抽雄吐丝十分有利。7 月中旬无降水，此时气温高，土壤失墒快，大部分地区轻旱，影响春玉米灌浆，但很快 7 月底出现明显降水，显著改善了土壤墒情。8 月降水偏多，气温偏高对春玉米灌浆十分有利，同时，也为后期充分灌浆打下坚实基础。

⑤科学指导雨养玉米适墒播种和抗旱管理：由于及时分析判断土壤墒情和玉米旱情，指导雨养玉米适墒管理，玉米灌溉地块的比例和灌水量大幅度减少，结合抗旱品种、节水技术等各项措施，节水效果显著。

⑥提升了墒情监测与气象服务的技术水平：通过项目的实施，总结形成土壤墒情监测技术规范，广泛应用土壤墒情自动化监测和卫星遥感监测技术、建立土壤墒情信息管理系统和土壤墒情预报模型，提升了墒情监测的技术服务水平，实现了墒情监测工作的

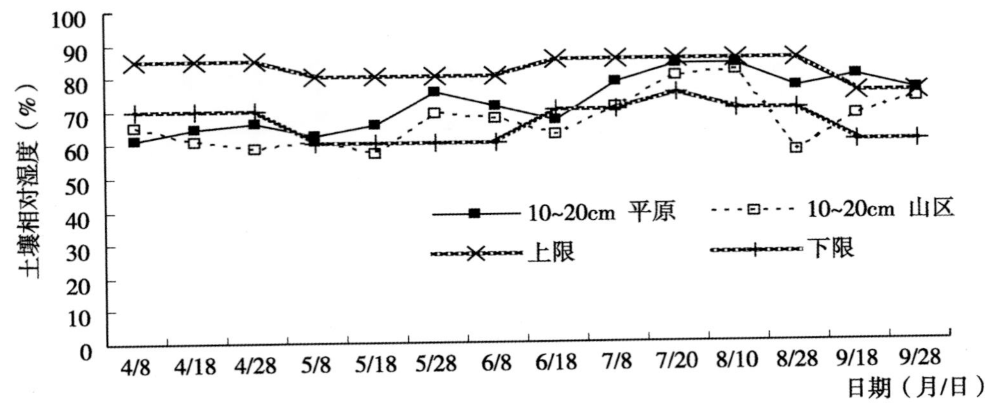

图 5－45　平原和山区土壤墒情变化情况（10～20cm）

快捷性、高效性和准确性，为雨养玉米生产提供了强有力的技术支撑。同时，通过建立雨量观测站、开展预报预测服务，发送气象短信和气象简报等产品，使气象信息更好地为雨养玉米生产服务。

（五）关键技术内容

1. 各熟期玉米品种安全播种期

早熟品种为 6 月 26 日，中熟品种 6 月 16 日，晚熟品种 6 月 13 日。

2. 抢墒、等雨播种指标化保全苗技术

不同土壤墒情条件抢墒、等雨播种拿全苗的临界降水量：即土壤含水量低于 8%，临界降水量须达到 21mm；土壤含水量达到 11%，临界降水量为 7～14mm；土壤含水量 14% 时，应及时播种；土壤含水量超过 14% 时，应降至 14% 时播种。

3. 一次播种拿全苗临界降水量保证率

干旱年份，通过调整品种，山区保证率提高 9%～32%，平原区提高 2%～15%。

4. 中早熟、中熟抗旱品种适期晚播，规避“卡脖旱”

郑单 958、京单 28 和京科 25 等中早熟、中熟抗旱品种，应用其播种期灵活性适期晚播，使玉米需水临界期时已进入雨季，成功规避“卡脖旱”。

5. 等雨追肥和缓效肥一次性底深施技术

包括玉米旱作适期等雨追肥和缓效肥料一次性底深施技术。等雨追肥采取 5～9 叶展期追肥；长效缓释肥播前一次底深施，施肥深度 10cm。

6. 先进节水技术的综合配套应用

通过示范，确定了其他先进节水技术的应用效果与方法。包括：①秸秆还田培肥蓄水技术；②保水剂应用；③抗旱种衣剂应用；④深松蓄水技术。

（六）创新与特色

1. 集成创新了玉米雨养旱作综合配套技术体系

形成 3 种不同区域和种植方式的技术模式，解决了“一次播种保全苗”和“过卡脖旱关”等关键难点，实现了由灌溉种植向雨养旱作的转变，在大幅度节省灌溉用水的同时使产量稳定或提高。

2. 确定了以中熟、中早熟玉米品种作为玉米雨养旱作主导品种

对数十个品种进行抗旱鉴定表明郑单 958、京单 28 在完全雨养条件下抗旱能力突出，较对照中晚熟品种农大 108 增产 8.1%，种子萌发指数、抗旱系数、耐旱指数等均居第一位，既能充分适应抢墒早播和等雨晚播在播期上的变化又能利用播期和生育期的调节躲过或耐过“卡脖旱”，实现了早播不早衰、晚播能成熟、产量有保障、节水又增效。确定以京单 28、京科 25 等中早熟品种作为当前玉米雨养旱作主导品种，通过播期试验明确了不同熟期品种的最佳和临界安全播期。

3. 明确了北京市自然降水条件下一次播种保全苗的抢墒或等雨播种技术

北京市位于黄淮海夏玉米区和东北华北春玉米区交汇地带，玉米春夏播均可，4 ~ 6 月底均为适播期，为抢墒或等雨播种创造了良好条件。采取等雨播种土壤含水量为 8% 和 11% 时，降水量要分别达到 21mm 和 14mm，土壤含水量≥14% 时可抢墒播种。分析得出，4 月中旬至 6 月下旬至少一次降水过程≥15cm 和≥20cm 的概率分别为 95% 和 91%。

4. 明确了玉米 5 ~9 叶展等雨追肥和缓释氮肥底深施技术及效果

缓释氮肥一次底深施较速效氮肥一次底施增产 11.8%，水分利用效率提高 15.2%。5 ~9 叶展进行等雨追肥分别较 3 叶展追施增产 2.0% ~6.1%，而 11 叶展较 3 叶展追施减产 4.7%。

5. 明确了保水剂和种衣剂在雨养旱作条件下具有可提高出苗率的效果

研究出二者复合使用的方法。筛选出种衣剂锐胜 + 满适金种子处理在土壤含水量 12% 时出苗率可达 90%，而对照仅为 72%。以 HD-10 型高吸水树脂作保水剂与种衣剂复合使用具有良好的成膜性、膜牢固性，可提高土壤保水能力和种子出苗率，最适药种比为 1：60。

6. 建立了全面、准确、及时的土壤墒情监测和降水预测预报服务体系

在全市 9 个郊区县建立了 340 个土壤墒情监测点，定期监测土壤墒情并利用卫星遥感技术进行大范围总体墒情监测，制定玉米土壤墒情与旱情评价指标体系，编写土壤墒情简报等；在全市建立了 70 个雨量观测站开展玉米生长期间降水预测预报服务，通过电子邮件、手机短信等方式提供短中长期滚动降水预报服务，为抢墒或等雨播种及追肥技术的大面积实施提供服务。

（七）推广效果及典型事例

累计示范推广 543.0 万亩据市农业技术推广站统计，2007—2009 年共计示范推广旱作玉米综合配套节水技术 548.0 万亩（表 5 – 22），其中，北京地区示范推广 543.0 万亩，辐射北京上游水源涵养地区河北省承德 5 万亩。2009 年京郊推广面积 221.6 万亩，占当年全市玉米播种面积 98.0%。

技术应用区增产增收通过市、县两级技术人员对项目区 655 个 3 年定点代表地块测产，项目区 548.0 万亩玉米平均单产 424.1kg，比项目实施前 3 年（2004—2006 年）全市玉米平均单产（344.0kg/亩）增产 80.1kg/亩，总增产 43 904.5万 kg。项目区平均纯收入 364.4 元/亩，比项目实施前 3 年（2004—2006 年）全市玉米平均效益（259.4 元/亩，不含政策补贴）增加 105.0 元/亩，总增收 5.75 亿元（表 5 – 23，图 5 – 46 至

图5－49）。

表5－22　2007—2009年核心示范区和推广区面积　　（单位：万亩）

区县	2007年		2008年		2009年推广面积	推广面积合计
	示范面积	推广面积	示范面积	推广面积		
顺义	1.2	21.2	1.7	34.3	33.8	89.3
通州	1.6	20.2	1.7	35.2	34.3	89.7
大兴	1.9	19.0	1.6	25.0	35.2	79.2
房山	0.8	17.2	1.5	27.2	27.5	71.9
密云	0.5	9.6	0.5	23.0	24.6	57.2
延庆	0.5	12.4	1.5	19.0	31.2	62.6
平谷	0.5	10.1	0.5	13.0	14.8	37.9
昌平	0.3	8.1	0.5	9.5	10.0	27.6
怀柔	0.3	5.2	0.5	10.2	10.2	25.6
三元承德等	0.3	2.0	0.4	5.0	0.0	7.0
合计	7.9	125.0	10.4	201.4	221.6	548.0

图5－46　相关专家考察延庆示范区

图5－47　2007年顺义示范区

图5－48　房山示范区

图5－49　房山示范区2

表 5－23 项目实施产量及效益结果

区县	2007—2009 年项目区产量与效益			比项目实施前 3 年增产增收			
	总面积（万亩）	平均产量（kg/亩）	平均效益（元/亩）	增产（kg/亩）	增收（元/亩）	总增产（万 kg）	总增收（万元）
顺义	89.3	434.8	345.5	80.1	82.2	7 154.7	7 343.7
通州	89.7	449.8	399.1	90.8	136.6	8 144.7	12 253.0
大兴	79.2	453.3	418.8	57.6	122.9	4 563.2	9 735.0
房山	71.9	381.1	344.7	70.5	97.1	5 070.0	6 985.0
密云	57.2	427.3	386.9	171.8	193.6	9 827.8	11 074.7
延庆	62.6	407.0	346.3	0.7	0.6	45.3	39.5
平谷	37.9	419.0	349.8	105.4	124.8	3 996.3	4 728.6
昌平	27.6	349.3	221.1	69.0	55.2	1 904.8	1 522.5
怀柔	25.6	431.8	351.8	103.1	121.3	2 640.3	3 105.1
三元等	7.0	485.1	530.8	79.6	107.4	557.4	752.1
合计/平均	548.0	424.1	364.4	80.1	105.0	43 904.5	57 539.2

节水效果显著：会同有关专家对技术推广的节水效果评估，2007—2009 年总节水量 1.72 亿 m^3（表 5－24）。

表 5－24 雨养玉米 2007—2009 年节水效果分析汇总表

（单位：m^3、万 m^3）

年度	旱作玉米				常年（2004—2006 年）常规玉米			总节水量
	面积（万亩）	灌水比例（%）	灌溉地块亩灌水量	总灌水量	灌水比例（%）	灌溉地块亩灌水量	总灌水量	
2007	125.0	9.8	35.5	433.9	64.4	56.9	4 581.0	4 147.1
2008	196.4	6.7	31.9	419.5	64.6	55.9	7 106.8	6 687.3
2009	221.6	16.7	42.1	1 561.1	64.3	55.4	7 884.5	6 323.4
合计	543.0	11.5	39.1	2 438.9	64.4	56.2	19 644.5	17 157.8

第三节 平播高产稳产玉米综合配套技术体系

进入 20 世纪 80 年代，北京郊区依托科技进步，大力发展农业机械化，推广早熟优良玉米品种与配套栽培技术，因地制宜改革传统种植制度，提高土地和自然资源利用率。经过几年努力，到 1990 年京郊平原区基本普及了小麦、玉米两茬平播种植制度，实现了生产全程主要作业环节的机械化作业，促进了玉米单产与总产显著提高。

一、吨粮田玉米高产稳产配套技术模式

（一）概述

1988年，北京市农业局主管局长李继扬主持实施了“京郊机械化平播小麦、玉米一年两熟吨粮田技术体系研究”项目。研究目标为：全年耕地亩产基本实现吨粮，其中上茬小麦亩产400～450kg，下茬夏玉米亩产550～600kg，并能在一些地块上连续重播。通过与科研、教学多个单位的联合实施，项目取得显著成效，研究形成了晚播小麦—中熟玉米品种两茬平播种植方式，即吨粮田小麦、玉米高产稳产配套技术模式。1989—1991年在8个区县示范91块地，总面积6 493亩，3年平均亩产上茬小麦441.51kg、下茬玉米550.8kg；全年平均亩产：1989年954.4kg，1990年979.4kg，1991年1 003.8kg，分别比基础产量水平增加47.6%、67.7%和76.9%。通过规模推广，到1992年实现了大规模粮田亩产1 000kg左右，出现了一批吨粮村。该技术模式的研究与示范推广于1991年和1992年分别获得北京市人民政府星火科技二等奖和农业部丰收二等奖。

（二）提出的背景

20世纪80年代，京郊粮食生产持续稳定增产。1988年460万亩粮田平均亩产突破500kg大关，成为北方地区为数不多的高产地区之一。但是，一方面，北京郊区面临人增地减和人民生活需求不断提高的严峻形势，进一步提高粮食单产水平仍是一个重要和长期的任务；另一方面，随着农机、水利、农田建设的发展，科学技术的普及提高，也具备了大幅度提高粮食亩产的可能性。

新中国成立以后，京郊平原区以粮食作物为主的种植制度进行了4次改革，20世纪50年代大垄套种，60年代两茬套种，70年代三种三收，都存在小麦与玉米争地的矛盾，套种玉米种在埂上，严重制约玉米增产。1980年代后期改为两茬平播，为了保证播种适时小麦，玉米采用早熟品种或砍青，致使玉米产量低而不稳。为此也曾探讨过采取小麦移栽、晚麦盖膜及玉米钻套等办法，但均因不便机械化作业，且投资大而未能推广。

“吨粮田”是中国农业大学王树安率先提出的黄淮海地区一年两熟高产技术模式。其指导思想是：应用系统论的观点分析全年光、热、水和生产资源，从全年粮食均衡增产出发，克服过去只抓单一作物高产的局限性，把上下两茬作物作为一个统一的生产系统看待。王树安教授分析黄淮海地区气候条件与一年两熟生产现状后认为，黄淮海地区一年之中，冬春两季的自然气候条件远不如夏秋两季的自然气候条件优越。小麦一生处在低温、多风、干燥的气候下生长，最后在高温之下逼近成熟。而夏玉米的生长与高温多雨同步，最后灌浆于日照充足的秋高气爽之中。特别是玉米作为C_4作物光合效率远比C_3作物小麦为高。因此，要提高全年粮食产量，必须充分发挥玉米的增产潜力。必须改变传统的“重夏轻秋”思想，把小麦的播种期推迟10～15天，小麦生育前期的200～250℃·d积温让给玉米，把玉米现行的早熟品种（80～90天）改成中熟品种（100～110天）。玉米中熟品种远比早熟品种增产潜力大，增施氮、磷肥，配合相应的栽培技术，亩产提高到600kg是不难的，小麦晚播在相应的晚播高产技术配合下，亩产也能保持在350～400kg。

以王树安为首的中国农业大学研究团队，于1983—1988年在中低产地区的河北省吴桥县进行了上下两茬全年粮食高产技术研究，获得亩产吨粮的结果。

1988年年底，王树安和北京市农林科学院陈国平、北京市农业局恽友兰联合提出“进一步发展京郊粮食生产战略决策建议”。其核心内容是：京郊晚播冬小麦高产栽培取得突破性进展，为缓和小麦、玉米两茬平播积温不足找到可行栽培途径。从有利于提高耕地亩产出发，以小麦、玉米一体化进行分析研究，提出由“适时小麦＋早熟玉米品种两茬平播”逐步过渡到“晚播小麦＋中熟玉米品种两茬平播”，实现京郊第五次种植制度的改革。此项改革在小麦稳定增产的基础上，大幅度提高玉米产量，从而把粮食亩产水平上升到一个新台阶，是亩产吨粮可行的栽培途径。

（三）解决的技术问题

发挥玉米增产潜力是本技术模式的核心，关键要解决两个问题：一是更换夏玉米品种，由早熟品种京早7号等改为掖单4号等中熟品种。据1988年8个点试验结果，掖单4号平均亩产427kg，京早7号平均亩产309kg，前者比后者每亩增产118kg，增产38.2%。调查表明，1987年京郊种植掖单4号约15万亩，大面积亩产在400kg以上。二是解决夏玉米“砍青”的问题，保证玉米正常成熟。1987年进行的掖单4号不同收获期试验表明，分别于9月25日、10月1日、10月6日收获，千粒重分别为246.9g、285.3g、299.5g。10月6日比9月25日收获的千粒重增加21.3%，亩产增加29.2%。即9月25日开始，每早收一天，千粒重减4.8g，每亩少收近10kg。1988年京郊夏玉米近150万亩，以种植京早7号为主，约有50%不同程度砍青。正是这两个问题严重阻碍玉米产量的提高。

而晚播小麦高产栽培找到了技术途径，为延长玉米生育期和高产创造了条件。20世纪80年代后期，北京市农业局总农艺师恽友兰主持实施的京郊晚播冬小麦高产栽培技术研究获得成功，且日趋成熟进入推广应用时期。冬小麦播期推迟到10月上中旬进行，冬前积温370～472℃·d，比适期播种小麦减少冬前积温100～250℃·d。针对晚播小麦生育特点，通过增施磷肥（调整氮磷比为1∶0.4）、亩施N 15kg；增加亩基本苗数，依靠主茎成穗，亩成穗47.9万和春季适度蹲苗，防倒早熟，亩产基本上能接近适时小麦。

与此同时，京郊进行了玉米株型从平展型改为紧凑型的品种更新换代，以“掖单4号”为代表的中熟紧凑型玉米品种植株紧凑、耐密性提升，抗倒能力增强，特别是其光合效率与物质积累能力显著提高，显示出较强的增产潜力。玉米是C_4高光效作物，增产潜力远高于小麦C_3作物。1984年世界玉米亩产231.1kg，高于小麦54.1%。国内山东烟台玉米大面积亩产超500kg，高产田达到1 008kg/亩。而北京市1987年玉米平均亩产仅340.5kg，只相当于高产田的40%，增产潜力明显高于小麦。

（四）主要研究内容与结果

1. 不同熟期夏玉米品种对全年产量的影响研究

北京市农林科学院陈国平等开展了不同熟期夏玉米品种对全年产量影响的研究。研究试验将早熟夏玉米在9月下旬收获，下茬种秋分麦；中熟夏玉米在10月5日前后收获，下茬种寒露麦。结果见表5－25。从表5－25可见，夏玉米用中熟种，下茬小麦虽然因播期推迟而略有减产，但由于中熟玉米具有更大的增产潜力，因而有利于全年亩产的提高。1990 年京郊夏玉米掖单 4 号等中熟品种种植面积比重已达到 64%。

表 5－25　不同熟期夏玉米品种对全年产量的影响

处理	产量（kg/亩）		
	小麦	玉米	全年
Ⅰ早熟种京黄 127＋秋分麦	412. 4	422. 8	835. 2
Ⅱ中熟种掖单 4 号＋寒露麦	375. 5	487. 4	862. 9
处理Ⅱ比处理Ⅰ增减（%）	－9. 0	15. 3	3. 3

2. 夏玉米抢早播种对产量的影响研究

北京市农林科学院陈国平等用京早 7 号进行了不同播种期试验，各处理一律在 9 月 25 日收获，因而形成各处理间灌浆期的差异，间接影响到了千粒重和产量。结果见表 5－26。掖单 4 号等中熟种生育期长达 105 天，只有早种才能相应延长灌浆期达到粒饱粒重高产的目的。

3. 夏玉米不同收获期对千粒重的影响研究

玉米籽粒产量 80% ~90% 来源于灌浆期间的光合产物，延长籽粒的灌浆期对产量形成具有决定性的意义。陈国平等曾用 3 个早熟品种做了不同收获期试验，结果见表 5－27。

表 5－26　夏玉米不同播种期对千粒重和产量的影响

播种期（日/月）	灌浆期（天）	千粒重（g）	亩产量（kg/亩）	比第 1 播期增减产（%）
18/6	48	294. 8	526. 7	—
21/6	46	283. 7	485. 6	－7. 8
24/6	43	270. 9	467. 6	－11. 2
27/6	41	248. 3	388. 9	－26. 2

表 5－27　3 个夏玉米品种不同收获期千粒重

收获期（日/月）	灌浆期（天）	千粒重（g）
17/9	40	253. 3
28/9	51	333. 3
4/10	57	346. 7

试验表明，在 9 月 17 ~ 28 日期间，每早收一天千粒重降低 7. 3g，每亩减产 12. 8kg。即使在接近成熟的 9 月 28 日到 10 月 4 日，早收一天也导致千粒重下降 2. 2g，每亩减产 3. 9kg。

4. 夏玉米产量与施肥量的关系研究

对京郊大面积夏玉米生产地块施肥情况调查表明，产量同施肥量有密切的关系。调查结果见表5－28，随着产量水平的提高，各种肥料的用量都有增加的趋势；特别是磷、钾肥，不但用量增加，而且施肥地块所占比例也比较大。表明在高产的条件下，更应强调合理均衡施肥，以确保养分的平衡供应。

表5－28　夏玉米产量与施肥水平的关系

产量水平（kg/亩）	调查块数	N（kg/亩）	P_2O_5		K_2O	
			用量（kg/亩）	施用比例（%）	用量（kg/亩）	施用比例（%）
450～500	29	13.5	4.4	52.0	5.0	24.0
500～550	25	17.0	5.0	72.0	7.8	40.0
550～600	12	19.7	4.8	67.0	5.7	67.0
>600	12	19.0	6.5	83.0	8.3	73.0

（五）关键技术内容

1. 采用与机械化生产相适应的两茬平播种植制度

平播能够提高土地利用率和自然资源利用率：京郊过去传统种法是250cm 畦内种小麦、畦埂套种玉米。实行两茬平播后，小麦占地面积由76%增到90%（畦式）。亩穗数由35万～38万增加到40万以上；玉米占地由80%增到95%，亩穗数由2 800穗增加到4 000穗左右。有喷灌设施的麦田中无埂、无渠、无沟，土地利用率接近100%，有效促进了小麦、玉米上下两茬高产。

为解决京郊一年两熟积温不足的问题，确定了“一抢二让”的战略思想，所谓抢就是充分发挥农机作用，在“三夏”和“三秋”收种环节中千方百计加快进度，抢农时，全年抢出200℃·d左右的有效积温。所谓“让”，就是适当推迟小麦播种期，让出100℃·d左右的有效积温给玉米，充分发挥玉米的增产潜力。据吨粮田示范地块定位调查，小麦播期平均由基础的9月27日推迟到10月7日，平均向后推迟10天。小麦亩产438.5kg，玉米千粒重由283.1g增到314.6g，提高31.5g，基本保证了吨粮田上下两茬作物的热量要求。

2. 采用紧凑型中熟玉米品种

品种是影响群体光合性能的主要因素。研究与实践证明，生育期90～95天的早熟品种，可以接种秋分麦。但是生产潜力较低，亩产400～500kg，难于实现吨粮指标。

选用掖单4号等中熟品种的突出优点有两方面：一是株型紧凑，可以耐密植，在每亩种植5 000株左右的高密条件下，群体仍能保持较好的透光性，单株产量降低也不显著；二是它具有突出的抗倒伏能力，耐密耐肥，比较容易高产稳产。

3. 选择两个最佳的收、种时段，充分利用热量资源

北京地区吨粮田两个最佳收种时段是：6月16～22日（7天）和10月4～10日（7天）。

4. 因地制宜选用下茬作物品种

在京郊1990年前后条件下，下茬夏玉米适宜品种有掖单4号、掖单5号、掖单52

号等。

5. 在合理增穗的基础上提高群体整齐度，建立协调的产量结构

密度是除品种之外影响群体光合性能的关键因素。以掖单 4 号为主的紧凑型夏玉米品种更加适宜密植，每亩留苗 4 500株左右。吨粮田示范地块调查表明，下茬玉米每亩 4 515穗，每穗 452 粒，千粒重 300g，亩产 579. 3kg。

6. 节水灌溉与蓄水保墒相结合，提高水分利用率

吨粮田耗水量是：小麦全生育期总耗水量每亩 307. 4m^3，其中，降水 127. 5m^3，灌溉水 179. 9m^3；夏玉米全生育期总耗水量每亩 336. 0m^3，其中，降水 276. 0m^3，灌溉水 60. 0m^3。

吨粮田多用喷灌，其优点是节水，比土渠灌溉节水 75%，并能做到及时定量供水。浇水的同时，充分利用传统保墒措施减少水分蒸发。

7. 平衡施肥与秸秆还田相结合，保持土壤肥力良性循环

根据基础地力、目标产量和试验数据，利用回归分析建立数学公式计算，进行科学平衡施肥。玉米亩产 600kg，每亩需施 N 素 20kg，$P_2O_5$8 ~ 10kg、K_2O7. 5 ~ 10kg，相当于每亩施碳酸氢铵 100kg，磷二铵 17. 5 ~ 20kg 和氯化钾 15 ~ 20kg，并注意施用多元微肥。施肥方法统筹兼顾全年小麦、玉米上下两茬，全年磷肥的施用主要施在小麦生产过程中，钾肥则以玉米应用为主。

为确保高产与培肥地力的良性循环，吨粮田全部秸秆还田。每亩秸秆还田量小麦约 700kg，玉米约 850kg；每亩根茬还田量小麦 100kg，玉米 125kg。

8. 综合防治病虫害

①选用抗病品种；②进行药剂拌种和种衣剂处理；③化学除草，每亩施用 50% 乙草胺乳油 100g；④适当增施磷钾肥。

（六）创新与特色

1. 应用系统论设计上下两茬作物全年高产技术

该技术模式首次应用系统论的观点分析全年光、热、水资源和生产条件，从全年粮食均衡增产出发，克服过去抓单一作物高产的局限性，把上下两茬作物作为一个统一的生产系统。

2. 创建京郊吨粮田小麦、玉米高产稳产配套技术模式

在对光、热、水自然资源和土地肥力条件进行分析的基础上，对两茬作物品种、播期、密度、施肥、灌溉及管理等进行单因素和综合因素试验研究的基础上，创建形成京郊一年两熟“吨粮田”综合配套高产技术模式。实践证明，在黄淮海区北部应用该项技术模式实现了大规模耕地亩产吨粮。

（七）推广应用效果

1989—1992 年，北京市农业局联合中央和本市教学、科研、推广等部门在京郊平原区组织了京郊一年两熟吨粮田综合配套高产技术模式示范推广。实现了大规模粮田亩产 1 000kg左右，出现了一批吨粮村。促进了粮食产量水平大幅度增长，1992 年与 1988 年相比，全市玉米单产由 342. 9kg 上升到 418. 9kg，增长 22. 2%；总产由 11. 4 亿 kg 提升到 14. 1 亿 kg，增长 23. 7%。农村人均粮食占有量跃增到 727kg。粮食等主要农产品

实现供需总量基本平衡，化解了城市粮、菜、肉、蛋、奶供应的难题，为首都经济社会发展创造了前提条件。

二、玉米高产创建综合配套技术模式

（一）概述

2008—2012 年，按照农业部粮食高产创建的统一要求和北京市政府关于粮食生产的总体部署，北京市农业局组织实施了《北京市农业高产创建及标准化农田建设工程（行动)》项目，并将其列入市政府折子工程，北京市农业技术推广站作为技术支撑与服务单位参加了项目实施。项目指导思想是“坚持以科学发展观为指导，以强基础、创高产、促高效、提生态、带整体为目标，面向市场，整合资源，集成技术，依靠科技进步，建设永久性、规模化、安全化、景观化农田，全面提升农田基础设施水平和农业综合生产能力，带动全市粮食单产和总产提高”。项目总体目标：选择基础条件较好、有代表性的区域建设粮食高产万亩示范区；在一年一熟春玉米示范区单产达到 800kg/亩，在一年两熟示范区单产达到 900kg/亩，其中冬小麦 380kg/亩、夏玉米 520kg/亩（春、夏玉米平均为 625kg/亩)；通过高产创建的示范作用，带动全市粮食生产增产增收。

2008—2012 年项目实施 5 年，取得显著成效：①集成创建了以增密为核心的“一增二改三提高”京郊玉米高产创建技术体系。针对本市玉米生产存在的技术问题，开展了以增加密度为核心和耐密品种筛选、单粒精播、合理高效施肥、土壤深松、科学减灾等六项高产关键技术示范推广；并对现代新型增密技术、后续品种筛选、滴灌施肥技术、超高产技术集成等新型高产技术开展了研究，为持续开展高产创建活动提供了技术支撑。②形成京郊玉米高产创建技术推广模式。整合行政、推广、科研、企业等部门资源，以“建核心示范区、以点带面辐射、开展综合技术服务、实施高产竞赛、强化气象服务、建立考核机制”等方法和措施，保证了技术推广应用取得实效。③项目累计建立核心示范区 94. 7 万亩，带动 551. 4 万亩，创 10 亩春玉米单产 1 117. 3kg、130 亩夏玉米单产 814. 3kg 高产纪录；技术覆盖率达 83. 3%，累计增产玉米 4. 34 亿 kg，总增收 8. 69 亿元；在节能减排、改善本市生态环境上发挥了重要作用。该技术模式的研究与示范推广于 2013 年获得北京市农业技术推广奖二等奖。

（二）提出的背景

农业部自 2008 年起组织全国开展玉米高产创建活动

2008 年 4 月，农业部下发了《全国粮食高产创建活动年工作方案》的通知，要求全国各省、市从全局战略高度出发，把粮食高产创建活动作为确保国家粮食安全的中心工作、科技兴粮的关键举措和行政推动的重要抓手。文件核心内容如下。

为促进我国粮食生产稳定发展，保障粮食有效供给，农业部决定将 2008 年作为“全国粮食高产创建活动年”，广泛开展粮食高产创建活动，2007 年，我国粮食总产量达到 5 015亿 kg，实现自 1985 年以来连续 4 年增产。在新的起点上，继续保持粮食生产良好的发展势头，必须以科学发展观为指导，积极推进粮食高产创建，坚定不移地走依靠科技、提高单产的路子。第一，开展粮食高产创建，有利于充分发挥技术推广的示范带动作用；第二，开展粮食高产创建，有利于充分挖掘我国粮食生产潜力；第三，开展粮食高产创建，有利于形成科技兴粮的合力；第四，开展粮食高产创建，有利于推动粮食省长负责制的落实。通过扎实开展粮食高产创建活动，集约资源、集成技术、集中力量，大力提高粮食单产水平，对确保我国粮食生产稳定发展具有十分重要的作用。各地要从战略和全局的高度，充分认识开展粮食高产创建工作的重要性和紧迫性，全力以赴地抓好高产创建活动的落实，促进我国粮食生产持续稳定发展。指导思想：开展粮食高产创建，要坚持以科学发展观为指导，强化农业基础设施建设，保护耕地和基本农田，提高耕地质量，稳定粮食种植面积；突出主要作物和优势产区，兼顾非主产区，集约项目，集成技术，主攻单产，提高品质，节本增效；通过示范区建设，树立典型，示范展示，辐射带动，推进规模化种植、标准化生产和产业化经营，全面提升粮食综合生产能力和市场竞争能力。项目的总体目标是：在全国粮食主产区建设150个万亩玉米优质高产创建示范点（北京市1个万亩方）。通过开展粮食高产创建，力争示范区玉米单产实现800kg以上目标要求，辐射带动区域玉米单产增长。

2008年，北京市把粮食生产列为本市都市型现代农业的重要组成部分，市政府明确提出了“稳定粮食生产面积，努力提高单产，增加总产，确保一定的粮食自给率”的粮食生产任务。玉米是北京市第一大粮食作物，“十一五”期间京郊玉米种植面积一直维持在200万亩以上，是粮食生产的重中之重。为响应与配合农业部开展粮食高产创建活动，启动了《北京市农业高产创建及标准化农田建设工程（行动）》项目，通过创建高产示范区，推进玉米高新增产技术快速转化，促进增产实用技术大面积推广应用。为加强高产技术研发，北京市农业技术推广站主持实施了市科委科技计划项目《环境友好型粮田高产创建关键技术研究》和《粮食可持续增产关键技术研究与应用》，力争通过高产攻关挖掘玉米增产潜力，不断提高京郊玉米单产水平。玉米高产创建通过调动与整合各级政府、科研和农技推广部门的力量，在京郊建设规模化高标准粮食高产示范区，以提高北京市粮食综合生产能力和粮食自给水平，增加京郊农民经济收入。抓好京郊玉米生产符合北京市都市现代农业的多种功能。

北京地处华北平原北端，气候、光热、土壤、生产条件均非常适宜玉米种植，自然降水与玉米生育进程同步，十分利于玉米生长与优质高产。2007年，北京市玉米种植面积208.5万亩，其中，籽粒玉米184万亩，平均单产367.14kg/亩，玉米生产田间管理轻简，成本低，经济效益好，农民种植积极性较高。近年全市农业科研与技术推广部门又在玉米生产技术创新方面取得丰硕成果，培育出一批产量高、品质好、抗耐性强的玉米新品种，如玉米新品种京单28号比同生育期的主栽对照品种平均增产28.43%，2007年在延庆大榆树示范点更是创造了1 029.7kg/亩的高产纪录；农技推广部门相继研发出适宜北京地区玉米保护性耕作技术、优质专用玉米高产高效配套技术，为提高京郊玉米产量、品质和效益提供了技术保障。2005—2007年建立的多点良种良法综合配套技术示范田，平均亩产超过550kg，表明京郊玉米增产潜力巨大。启动规模化玉米高产示范田建设和高产创建项目可以带动全市粮食生产上新台阶。

农业部将玉米高产创建目标产量定为每亩800kg，依据近年玉米销售价格和生产成本计算，达到目标产量的玉米生产田每亩纯效益可超千元。玉米产业是饲料的支柱，玉米生产是肉、蛋、奶、鱼、畜牧产业的基础，京郊玉米需求量巨大，但自给率不足30%，京郊玉米供不应求的局面将长期存在。近年由于需求的拉动，玉米价格持续攀升，2007 年平均销售价格已达 1.62 元/kg，玉米高产田产值已达近 1 300元/亩左右。与此同时，通过研发和示范推广玉米简化栽培技术，玉米生产人工投入减少，总生产成本仅为 400 元/亩左右，高产高效和省工省力的生产特性，使其成为京郊农民最喜欢种植的农作物之一。

（三）解决的主要技术问题

为揭示京郊玉米创高产限制因子，科学准确地鉴选主推技术和主导品种，2007 年市农业技术推广站组织基层农技推广人员对全市玉米生产种植情况进行了调研。调研工作涉及京郊 9 个玉米主产区县，总规模 152.0 万亩，占当年全市玉米生产总面积（208.5 万亩）的 72.9%。春玉米调研区县包含延庆、密云、怀柔和昌平 4 个主产区县，面积 59.8 万亩，占比为 39.3%；夏玉米调研区县包含顺义、通州、大兴、房山和平谷 5 个主产区县，面积 92.2 万亩，占比为 60.7%。调查数据揭示影响京郊玉米创高产的主要限制因子是：

1. 种植密度不足，收获穗数偏低

调研数据显示，京郊玉米生产种植密度普遍偏低。2007 年全市春、夏玉米平均种植密度为 3 611.0株/亩，平均收获穗数 3 430.5穗/亩，有相当规模的田块种植密度不足 3 000株/亩，与所应用的品种适宜种植密度存在较大差距。京郊春、夏玉米主产区（县）玉米种植密度分布情况及其面积占比，见表 5－29。

由表 5－29 可见，春玉米种植密度不足 3 500株/亩的占比为 55.1%，其中，不足 3 000株/亩的占比为 23.4%，超过 4 500株/亩的占比仅为 3.7%；夏玉米的种植密度略高于春玉米，但也多维持在 3 500～4 000株/亩的水平，平均种植密度距适宜密度仍有明显差距。

表 5－29　京郊玉米主产区（县）春、夏玉米调查面积及不同种植密度的面积占比

（单位:%）

类型	区县	面积（万亩）	3 000 以下（株/亩）	3 000～3 500（株/亩）	3 500～4 000（株/亩）	4 000～4 500（株/亩）	4 500 以上（株/亩）
春玉米	延庆	31.4	15.5	30.2	31.8	16.9	5.6
	密云	15.2	46.3	33.2	18.3	2.2	0.0
	怀柔	6.5	20.3	28.9	33.8	12.0	5.0
	昌平	6.7	11.0	38.2	40.3	8.2	2.3
合计/平均		59.8	23.4	31.7	29.5	11.7	3.7
夏玉米	顺义	20.5	0.0	27.3	46.6	19.9	6.2
	通州	22.1	0.9	15.6	41.9	35.0	6.6
	大兴	23.0	1.3	19.0	46.6	31.0	2.1
	房山	19.2	0.7	18.2	34.7	38.0	8.4
	平谷	7.4	1.6	16.6	56.3	25.5	0.0
合计/平均		92.2	0.8	19.8	43.7	30.4	5.3

对照分析全国玉米高产竞赛128块单产达到1 000kg/亩的高产田，有13.3%的田块收获穗数达到4 500～5 000穗/亩，有72.6%的田块收获穗数达到5 000～6 500穗/亩，有10.2%的田块收获穗数达到6 500～7 500穗/亩（表5－30），北京市春、夏玉米平均收获穗数仅为3 430.5穗/亩，与全国高产田平均5 773穗/亩相差2 342.5穗/亩，表明北京市玉米生产种植密度明显不足，过低的种植密度是京郊玉米创高产的重要限制因子。从全国高产田产量构成因素分析，高产田最佳产量结构为亩收获5 555穗、每穗560粒、千粒重360g、穗粒重200g。

2. 品种多杂，以平展型为主，创高产潜力受限

京郊春、夏玉米生产应用的主要品种及其分布，见表5－31和表5－32。2007年京郊应用的春玉米品种达50多个，主栽品种为“农大108”，面积占比为38.7%，该品种属平展型品种，适宜种植密度为4 000株/亩左右；郑单958在北京市玉米生产中面积占比为21.7%，居第二位，该品种为耐密型品种；其他品种多为平展型品种，种植面积均不大，面积占比较低。“农大108”是1998年通过北京市和国家审定的品种，已在生产上推广应用10多年，品种出现退化，丰产性下降。京郊生产上应用的玉米品种大多产量潜力有限性，难以创高产。

表5－30　全国玉米高产田不同种植密度与产量构成因素分析

密度（穗/亩）	地块数及占比（%）	单位穗数（穗/亩）	穗粒数（粒）	千粒重（g）	穗粒重（g）	产量（kg/亩）
4 000～4 500	2（1.6）	4 120	648	378.1	243.4	1 003.0
4 501～5 000	17（13.3）	4 756	596	378.2	223.6	1 063.0
5 001～5 500	26（20.3）	5 280	584	362.2	209.6	1 104.2
5 501～6 000	40（31.2）	5 761	545	357.3	193.4	1 108.6
6 001～6 500	27（21.1）	6 191	507	362.5	179.6	1 107.0
6 501～7 000	7（5.5）	6 640	474	361.7	171.7	1 134.9
7 001～7 500	6（4.7）	7 153	454	348.5	155.6	1 107.9
>7 500	3（2.3）	8 541	468	339.7	157.7	1 334.5
合计/平均	128	5 773	573	361.8	194.8	1 106.4

表5－31　2007年春玉米主产区应用的品种及其面积占比　　（单位:%）

区县	农大108	郑单958	农大3138	中单28	中金368	京单28	农大86	其他44个
延庆	33.8	28.3	5.3	—	—	0.2	3.3	29.1
密云	21.5	15.0	—	28.8	17.0	—	1.8	15.9
怀柔	65.6	12.5	—	—	—	—	5.7	16.2
昌平	74.6	15.1	—	2.3	—	7.3	—	0.7
加权平均	38.7	21.7	2.8	7.6	4.3	0.9	2.8	21.2

京郊夏玉米主产区应用的品种有25个，主栽品种为“京单28”，面积占比为20%，“郑单958”面积占为13.2%，居第二位，这两个品种均为耐密型品种；其他品种以纪元1号面积稍大，面积占比为9.9%。总体而言，夏玉米生产的主要问题是主栽品种不

突出。全国玉米高产竞赛表现最好的品种是“先玉335”和“郑单958”，其次是浚单20、京单28等，上述品种应作为北京市玉米高产创建鉴选主导品种的参考。

表5-32　2007年夏玉米主产区应用的品种及其面积占比　（单位：%）

区县	京单28	郑单958	京玉11	纪元1号	怀研10	京玉7	宽城1	浚单20	其他17个
顺义	26.2	13.9	4.7	2.9	4.0	4.8	—	—	43.5
通州	12.8	16.9	7.1	4.3	—	—	—	—	58.9
大兴	21.0	9.9	10.3	24.0	—	—	8.3	—	26.5
房山	16.1	14.9	2.9	10.9	0.7	—	0.4	9.5	44.6
平谷	31.3	6.3	—	—	6.9	—	—	—	55.5
加权平均	20.0	13.2	5.9	9.9	1.6	1.1	2.2	2.0	44.1

3. 播种质量差，导致田间整齐度差

京郊玉米生产实施保护性耕作及免耕播种技术多年，一方面，由于整地质量逐年变差导致生产上一些地块播种质量差、缺苗断垄、地头点片缺苗等问题；另一方面，由于人工成本增长较快，一些地块甚至不进行间、定苗，造成田间密度过大和大小苗现象严重。这些问题是影响京郊玉米高产的重要因素之一，提高玉米播种质量特别是示范适宜北京地区都市农业发展的播种技术是玉米科技的重要课题。

4. 养分投入不足，氮、钾肥用量低且利用率不高

从全国高产田产量构成因素分析，高产田最佳产量结构为亩收获5 555穗、每穗560粒、千粒重360g、穗粒重200g。施肥产量效应研究结果表明，春玉米亩产800～900kg籽粒，需要吸收氮素16.5～18.0kg、磷素7.0～9.0kg和钾素23.0～30.0kg；夏玉米亩产500～600kg籽粒，需要吸收氮素16.0kg、磷素7.2kg和钾素15.0kg。京郊春、夏玉米主产区氮、磷、钾的投入量与粮、肥产投比调查数据（表5-33）显示，春、夏玉米生产田磷素投入量相对比较合理（表5-33中夏玉米磷素施用低于标准投入量，但夏玉米实际上可以从上茬小麦施磷中得到一定量的磷素补充），氮素投入量偏少，钾素投入量则明显不足。

5. 土壤耕层多年免耕，存在“浅、实”问题

近年京郊玉米生产由于大力推广保护性耕作技术，导致农田耕层土壤质量严重下降。国家玉米产业技术体系对全国玉米主产区耕层土壤质量调查结果显示，玉米主产区耕层土壤质量普遍存在以下问题：①土壤耕层明显变浅；②土壤结构明显紧实，严重板结；③有效耕层土壤量显著减少。北京市是全国大面积推广应用保护性耕作技术最早的地区，京郊玉米产区农田耕层土壤“浅、实、少”的问题更加严重，影响了玉米根系的生长发育和对水分养分的高效吸收，抗倒伏能力也明显下降，制约了京郊玉米高产、高效，急需实施耕层土壤深松改良。

6. 农业气象灾害的指标体系不健全

近年来，北京市玉米生长季自然灾害发生频率较高，致灾程度也呈加重趋势。据统计，每年因气象等灾害造成的玉米受灾面积均在50万亩左右。至2007年，北京市农业气象灾害的指标体系仍不健全，全市的自动气象站还不能满足开展粮食作物农业气象灾害监

测预警的需求，灾害的指标体系不健全，农业气象灾害预警技术方法尚待完善。开展农业气象灾害监测与预警研究对保障京郊玉米创高产和粮食安全生产，促进农民增收致富，加速北京新农村建设，推动首都经济发展、社会进步均有十分深远而现实的意义。

表5-33　2007年京郊春、夏玉米氮、磷、钾投入与粮、肥产投比

类型	区县	面积（万亩）	N（kg/亩）	P_2O_5（kg/亩）	K_2O（kg/亩）	总投入（kg/亩）	粮、肥产投比（kg/kg）
春玉米	延庆	31.4	15.8	8.0	4.0	27.8	17.7
	密云	15.2	14.4	9.2	0.0	23.6	16.6
	怀柔	6.5	16.0	6.0	4.5	26.5	17.1
	昌平	6.7	11.8	6.0	7.8	25.6	13.7
	合计/平均	59.8	15.0	7.9	3.5	26.3	16.9
夏玉米	房山	20.5	14.3	5.3	5.3	23.9	15.7
	顺义	22.1	16.0	3.8	3.8	22.6	19.0
	通州	23.0	11.9	2.0	3.0	16.9	23.2
	大兴	19.2	14.5	3.4	3.4	21.3	20.7
	平谷	7.4	13.4	3.0	3.0	19.4	22.0
	合计/平均	92.2	13.8	3.5	3.6	20.9	19.9

（四）关键技术内容与应用结果

以实现农业部和北京市玉米高产创建单产指标（春玉米800kg/亩，夏玉米520kg/亩）为目标，围绕解决京郊玉米生产存在的主要技术问题，将成熟的实用增产技术组装配套进行规模示范，同时集成研发与试验示范玉米现代超高产新技术，创建京郊玉米高产创建综合技术体系。从技术操作的难易和增产潜力大小等方面综合考虑，产量构成三因素中的单位面积穗数起主要作用，而且种植密度也是比较容易掌控的因素，因此玉米高产创建项目确定从合理增加密度入手，通过人为调控密度提高群体生产力，实现京郊玉米高产稳产。基于这一思路，制定出“一增二改三提高”的技术方案，即：以增加密度为核心建立合理群体结构；以改换耐密品种和改进施肥技术为突破口提升生产力；狠抓播种质量提高生长整齐度，推广应用雨养旱作和节水灌溉技术提高降水利用效率，实施土壤深松作业提高玉米根系吸收能力和抗倒伏能力。并通过建立技术服务体系和建设不同生态区十、百、千、万亩高产示范方和示范区，推动高产创建技术体系准确应用，确保示范区玉米单产达标，带动全市玉米生产高产高效和可持续发展。

1. 增加种植密度，提高收获穗数

京郊玉米高产创建将“增密”作为核心关键技术，通过合理增加种植密度，有效地提高了收获穗数，从而取得京郊玉米连年高产稳产。

（1）推荐合理密度

根据北京地区现有适宜种植的耐密型品种试验示范结果，京郊玉米创高产推荐的春、夏玉米主导品种的目标产量和适宜密度、穗粒数、千粒重等产量构成因子指标参数，归纳于表5－34，各示范区根据生态区类型、农田土壤肥力水平和当地生产水平选择确定。

表5－34　京郊春、夏玉米推荐主导品种产量与适宜密度、穗粒数、千粒重指标

类型	推荐品种	收获株数（株亩）	有效穗数（穗/亩）	穗粒数（粒）	千粒重（g）	产量（kg/亩）
春玉米	郑单958	4 500～5 000	43 00～4 800	550～570	350～370	800～850
	中单28	3 600～4 100	3 500～3 800	680～710	360～380	800～850
	联科96	4 000～4 200	3 800～4 000	620～650	360～380	800～850
夏玉米	京单28	4 000～4 500	3 900～4 400	450～480	350～380	550～630
	京玉11	4 500～4 800	4 200～4 500	490～510	350～370	550～630
	纪元1号	3 800～4 200	3 700～4 100	550～570	310～330	530～630

（2）示范田增密效果

北京市玉米高产创建示范区春玉米留苗密度和产量及产量构成因素的关系，见表5－35。示范区春玉米单产与留苗密度关系研究结果揭示：留苗密度在2 500～5 000株/亩的范围内，密度越大，玉米单产越高；留苗密度不足3 000株/亩，玉米单产很难达到800kg/亩的高产创建产量指标；留苗密度从3 000株/亩增至5 000株/亩，玉米产量构成要素之间自行调节，单产均有可能达到800kg/亩。高产创建示范区调查数据显示，收获穗数达到4 000穗/亩的高产田占76%，收获穗数达到4 700穗/亩时单产甚至可以超过900kg/亩，较前一密度级别增产10%，说明留苗密度级别在4 001～4 500株/亩的地块仍有较大的增密空间。调查数据表明，北京市玉米高产创建示范区选用的品种可以在传统栽培密度的基础上再增加500～1000株/亩，争取亩穗数增加450～850穗，但需要注意过度增密可能会发生倒伏等生产风险，增密须根据品种的耐密性和地力水平而定，主导品种的适宜密度应为4 000～4 500株/亩，特殊生产条件下某些品种的种植密度可以增至5 000株/亩，以获取更高的产量（图5－50、图5－51）。

图5－50　延庆康庄春播示范田

图5－51　密云高岭万亩示范田

表5－35　春播示范区增密与产量及产量构成因素的关系

留苗密度级别（株/亩）	示范点数（百分比）	亩穗数（穗/亩）	穗粒数（粒/穗）	千粒重（g）	产量（kg/亩）
2 500～3 000	2（0.6%）	2 947.7	702.3	450.0	773.4
3 001～3 500	25（8.2%）	3 250.0	719.0	380.1	815.7
3 501～4 000	32（10.5%）	3 775.9	624.5	410.7	830.0
4 001～4 500	150（49.2%）	4 269.5	618.7	346.4	846.9
4 501～5 000	96（31.5%）	4 736.2	529.1	429.3	931.3
合计/平均	305	4 272.4	599.9	382.7	868.7

夏玉米高产创建示范区留苗密度与产量及产量构成因素的关系，见表5－36。夏玉米单产与密度关系研究结果揭示：留苗密度须超过3 500株/亩，单产才有可能达到550kg/亩；留苗密度达到4 500～5 000株/亩，单产可以超过600kg/亩；留苗密度4 000～5 000株/亩为京郊夏玉米创高产适宜种植密度。田间调查数据显示，高产创建示范区近85%面积的夏玉米留苗密度超过了4 000株/亩。

表5－36　夏播示范区增密与产量及产量构成因素的关系

留苗密度级别（株/亩）	示范田数（百分比）	亩穗数（个）	穗粒数（粒）	千粒重（g）	产量（kg/亩）
3 501～4 000	20（6.2%）	3 777.4	501.5	324.7	550.9
4 001～4 500	132（40.6%）	4 208.0	478.1	350.0	598.5
4 501～5 000	156（48.0%）	4 472.0	507.9	318.0	613.9
5 000以上	17（5.2%）	4 454.0	489.1	324.0	599.5
合计/平均	325	4 321.1	494.4	331.7	603.0

与春玉米留苗密度比较，夏玉米留苗下限密度提高了两个密级。分析其原因主要有两个：一是夏玉米播种时土壤墒情条件明显好于春玉米，更容易达到苗全、苗齐和增密；二是夏玉米由于生育期比春玉米短，植株相对矮小，单位面积的株容量相对较高。从不同留苗密级增产效果看，留苗密度为4 001～4 500株/亩，单产比前一级别增产8.6%；留苗密度为4 501～5 000株/亩，单产比前一级别增产2.6%；留苗密度若超过5 000株/亩，单产则比前一级别减产2.3%。说明京郊夏玉米高产田主栽品种最稳妥的留苗密度是4 000～5 000株/亩，产量结构模式应该是收获穗数4 200～4 400穗/亩，穗粒数480～500粒，千粒重320～350g。

（3）示范田对大田生产的带动作用

玉米高产创建实施5年以来，通过大力推广耐密型品种、增施钾肥等增密配套技术，示范区种植密度呈逐年增加的趋势（图5－52）。从图可见，春玉米示范区年均密度增长2.8%，2012年示范区平均种植密度较2008年增加了11.1%；夏玉米示范区年均密度增长1.8%，2012年示范区平均收获穗数较2008年增加了8.3%。

通过市农业技术推广站在京郊建立的春、夏玉米监测点统计结果（图5-52）可以看出，5年来，通过示范区高产高效的带动效果，京郊非示范区生产田玉米收获穗数也在不断提高，2008—2012年，生产田春玉米平均种植密度由3 394穗/亩增加到3 913穗/亩，增加了13.3%；夏玉米平均种植密度由3 846穗/亩增加到4 193穗/亩，增加了8.3%。

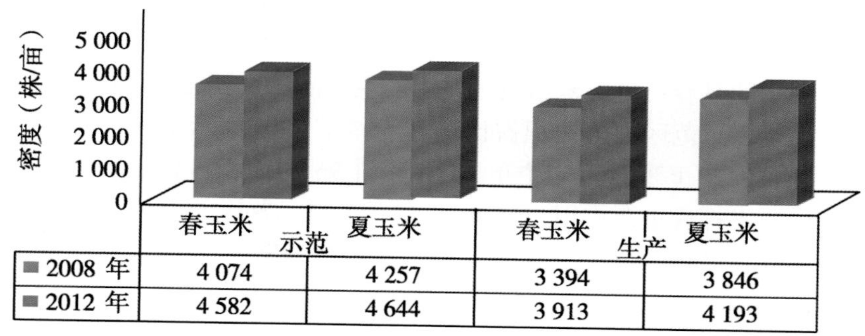

图5-52　2008年与2012年玉米收获穗数对照图

2. 改用耐密品种，发挥群体调节增产效应

（1）确定主导品种的依据

优良品种是发展玉米生产的物质基础，也是创造高产的必备条件。自种子市场放开以后，北京市玉米生产上应用的品种每年均多达50~60个，而能稳定达到高产创建指标（春播亩产800kg、夏播亩产520kg）的则很少。确定主导品种的依据：①生育期适宜，在北京地区春、夏播能正常成熟；②高产能稳定达到指标；③耐密性好，紧凑或半紧凑型品种；④稳产，综合抗性强。

（2）筛选高产创建主导品种

春玉米：2009年市农业技术推广站在春玉米主产区延庆县开展了新品种引进筛选试验（表5-37）。

表5-37　参试品种产量结果

品种	有效穗数（株/亩）	穗粒数（粒/穗）	千粒重（g）	亩产量（kg/亩）	显著性分析（P=0.01）
联科96	3 763	639	414	995.5	A
郑单958	3 976	607	368	888.1	B
先玉335	3 759	588	379	837.7	BC
农大108（CK）	3 759	588	360	795.7	BC
富友9	3 762	689	300	777.6	C
宁玉309	3 473	607	365	769.5	C
农锋13	3 774	530	358	716.1	CD
京单36	3 730	573	318	679.7	D
京单28	3 765	493	357	662.6	D

在参试 9 个品种中，联科 96、郑单 958 和先玉 335 的 3 个品种产量较高，亩产分别为 995.5kg、888.1kg、837.7kg，分别比对照农大 108 增产了 25.1%、11.6% 和 5.3%。结合各品种在其他类似气候区的表现和京郊春玉米主产区气候和土壤环境条件，最终高产创建示范区春玉米主推品种确定为郑单 958、联科 96 和中单 28。

夏玉米：2007 年实施的有关项目，已筛选出京单 28、京玉 11、纪元 1 的 3 个品种产量和综合抗性表现突出。在夏玉米高产创建中将此 3 个品种确定为示范区主推品种，重点示范推广。

（3）主栽品种示范应用结果

图 5－53 展示的是春、夏玉米示范区应用的主导品种及其面积占比。由图 5－53 可见，郑单 958 在春播示范区种植面积占比达到 63%，在夏播示范区种植面积占比达到 46%，占统治地位；春玉米示范区中单 28 和联科 96 的面积占比分别为 13% 和 10%，在春玉米生产中也发挥着重要作用；京单 28 在夏玉米示范区的面积占比为 28%，是仅次于郑单 958 的夏播品种，纪元 1 号的夏播面积占比为 15%，两者均在夏玉米示范区起着举足轻重的作用。

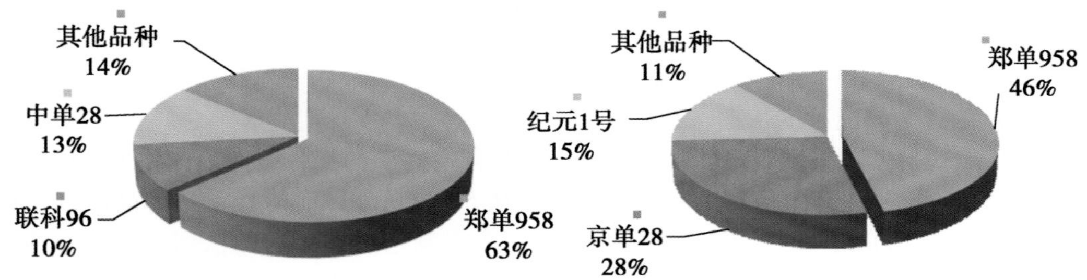

图 5－53 玉米高产创建示范区品种应用情况

目前，耐密型品种在高产创建示范区的应用率已达到 88%，为京郊玉米创高产作出了巨大贡献。耐密型品种共同的特点是株型紧凑或半紧凑，光能利用率高，耐密植性好，种植密度弹性大，自我调节性能好，适应性强，抗倒伏，群体效应极为明显，项目推荐的耐密品种为京郊玉米增密增穗提供了强有力的技术支撑。

（4）示范田带动大面积生产效果

北京市农业技术推广站在全市 9 个玉米主产区县建立的玉米生产监测点，品种应用数据，见图 5－54。2007 年（玉米高产创建项目实施前）京郊春玉米生产种植面积比较大（种植面积 5 000 亩以上）的品种有 51 个，主栽品种为农大 108，面积占比为 39%；其次是郑单 958，面积占比为 21%；而 40 余个杂、乱、多小品种的合计面积占比为 21%。玉米高产创建项目启动后，随着示范区建设的加强和品种应用的规范指导，春玉米生产应用品种发生了明显变化。2012 年京郊春玉米品种分布统计结果显示，京郊大规模种植的品种已缩减到 10 个左右，生产应用品种数比 2007 年减少了 80.4%。农大 108 因产量潜力局限已经基本退出北京籽粒玉米市场，而示范区的主推品种郑单

958、中单28和联科96的面积占比分别上升至35%、13%、6%，郑单958的面积占比较2007年上升了14个百分点，成为京郊春玉米主栽品种。2007年京郊夏玉米生产应用品种多达25个，其中，17个杂、乱、多小品种合计面积占比达到44%，表明主栽品种没有展现出面积优势。种植面积居前两位的两个品种，京单28的面积占比为20%，郑单958的面积占比为13%。高产创建项目实施五年来，通过加强示范区建设和高产主导品种的推广，取得了良好的示范带动效果。2012年统计京郊夏玉米品种分布结果显示，规模化种植的品种主要有9个，品种数比2007年减少了64.0%，示范区主推品种京单28的面积占比上升了8个百分点，而郑单958则成为全市夏玉米主栽品种，面积占比达到了47%。比较分析2007—2012年北京市高产创建示范区和大田生产春、夏玉米品种及其面积占比的变化，可以看到京郊玉米高产创建实施五年对推动京郊玉米品种应用的变革和现今高产品种占主导地位格局形成的引领作用，示范区高产玉米品种的应用已经成为京郊玉米生产中的风向标（图5-54）。

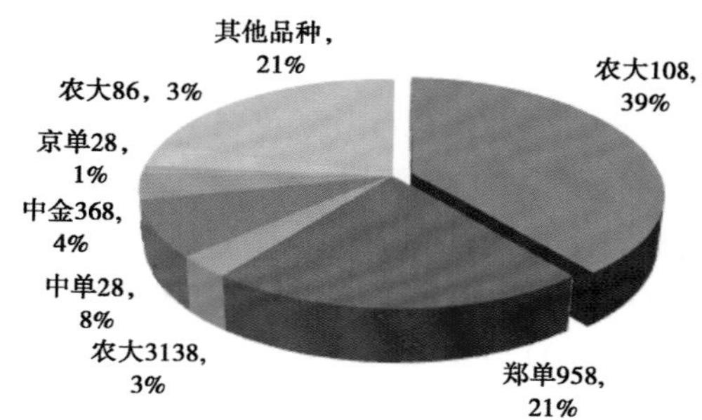

2007年京郊春玉米生产田品种应用情况图

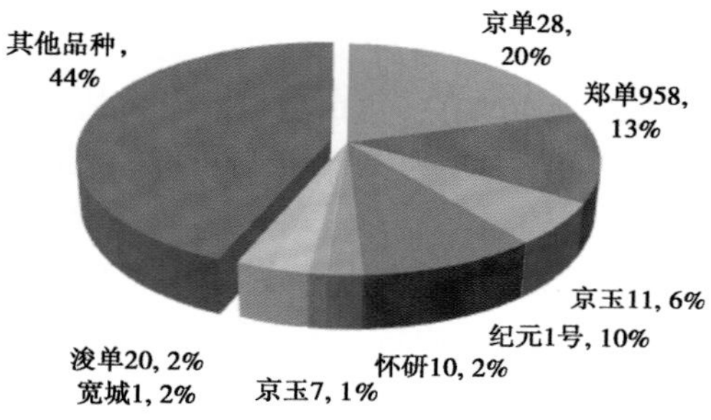

2007年京郊夏玉米生产田品种应用情况图

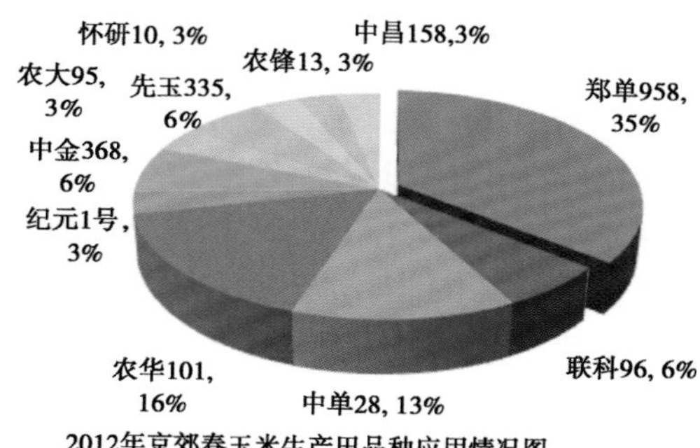

2012年京郊春玉米生产田品种应用情况图

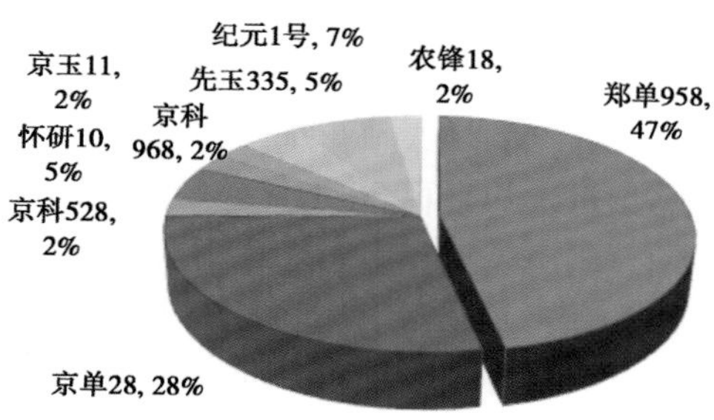

2012年京郊夏玉米生产田品种应用情况图

图5-54　2007年与2012年京郊玉米应用品种对照图

3. 改进施肥技术，提高单株生产能力

为保证玉米在高密度生产条件下单株生产能力缓慢下降，玉米高产创建示范区改进施肥技术，普及推广测土配方施肥和重施有机肥技术。

（1）示范区基础肥力状况评价

京郊玉米高产创建春、夏示范区基础肥力状况，见表5-38。按照土壤高肥力养分含量标准（N>60、P_2O>30、K_2O>100），春、夏玉米示范区的土壤基础肥力均为高肥力水平，三元素N、P_2O、K_2O的平均含量分别高出标准值47.9%、60.3%和58.9%。

表5－38　京郊春、夏玉米高产创建示范区土壤肥力状况

养分种类	春玉米示范区投入	夏玉米示范区投入	平均
有机质（%）	1.90	1.60	1.75
全N（%）	0.71	0.18	0.45
碱解氮（mg/kg）	95.10	82.40	88.75
有效磷（mg/kg）	55.50	40.70	48.10
有效钾（mg/kg）	192.60	125.20	158.90

（2）推荐春、夏玉米综合施肥技术

按照春、夏玉米高产创建800kg/亩和520kg/亩的产量指标，示范区春、夏玉米生产推荐的综合施肥技术分别如下。

春玉米：肥料种类：复合肥（N：P_2O_5：K_2O含量为15%：15%：15%），尿素（N含量为46%）；每亩用量：复合肥50～60kg，N：P_2O_5：K_2O均为7.5～9.0kg；尿素25～30kg，N为11.5～13.8kg；施肥方法：复合肥全部随播种施入，注意肥料和种子要隔开5cm以上，尿素于10～13展叶等雨追施，采用开沟追肥，追肥后覆土。

夏玉米：肥料种类：复合肥（N：P_2O_5：K_2O含量为18：9：18）；尿素（N含量为46%）；每亩用量：复合肥50～55kg，N：P_2O_5：K_2O分别为（9.0～9.9）：（4.5～5.0）：（9.0～9.9），尿素18～20kg，N为8.3～9.2kg；施肥方法：复合肥全部随播种施入，注意肥料要和种子隔开5cm以上，18kg尿素于6～9展叶等雨追施，采用开沟追肥，追肥后覆土。

（3）示范区施肥效果

玉米高产创建实施5年，春、夏玉米施肥水平，见表5－39。春、夏玉米示范区平均总养分投入为每亩30.1kg，由于春玉米产量水平高，其化肥施用量比夏玉米多。春、夏玉米氮肥施用量年际间变化不大，磷、钾肥投入则逐年增加。尽管到2012年示范区氮、磷、钾肥施用水平尚未完全达到高产创建所需的养分平衡水平，但在逐年改善，正在向氮、磷、钾平衡施肥方向发展，因而确保了示范区玉米生产力持续增长。

表5－39　2008—2012年玉米高产创建田施肥状况　（单位：kg/亩）

年份	养分种类	春玉米示范区投入	夏玉米示范区投入	平均或合计	总养分投入	平均单产
2008	N	19.20	16.00	17.60	24.5	700.2
	P_2O_5	3.30	4.40	3.85		
	K_2O	3.30	2.80	3.05		
2009	N	18.30	17.50	17.90	26.5	670.3
	P_2O_5	3.80	4.70	4.25		
	K_2O	4.40	4.30	4.35		

（续表）

年份	养分种类	春玉米示范区投入	夏玉米示范区投入	平均或合计	总养分投入	平均单产
2010	N	18.70	16.10	17.40	26.4	673.3
	P_2O_5	4.80	4.00	4.40		
	K_2O	4.60	4.50	4.55		
2011	N	18.60	16.20	17.40	26.8	723.
	P_2O_5	4.90	4.20	4.55		
	K_2O	4.90	4.80	4.85		
2012	N	20.90	16.90	17.79	32.2	721.3
	P_2O_5	5.80	10.30	9.30		
	K_2O	5.90	4.90	5.12		
5 年平均	N	20.16	16.75	17.72	30.1	712.
	P_2O_5	5.26	8.21	7.60		
	K_2O	5.36	4.78	4.81		

（4）带动全市玉米生产施肥趋向平衡

2008—2012 年 5 年来，京郊玉米生产田在高产创建示范区的带动作用下，其肥料养分投入水平发生了明显变化。市农业技术推广站采集的全市玉米监测点统计数据表明（表 5 -40），京郊春、夏玉米大田生产正逐步从过去的粗放式盲目施肥向示范区所要求的根据玉米高产田需肥规律（高 N、K，低 P）科学、合理施肥过渡。其中，2012 年大田生产春玉米养分每亩总投入量为 29.5kg，较 2007 年增加了 11.8%；N、P_2O_5、K_2O 的投入量分别为每亩 19.4kg、5.6kg 和 4.5kg，较 2007 年分别增加 29.1%、减少 29.0%、增加 29.7%；夏玉米每亩总投入量为 25.5kg，较 2007 年增加了 22.1%；N、P_2O_5、K_2O 每亩的投入量分别为 16.9kg、3.3kg 和 5.3kg，分别较 2007 年增加 22.1%、减少 4.7% 和增加 48.1%，该变化正是高产创建示范区合理施肥所要求的。

从纯养分生产效率看，2012 年京郊春玉米平均亩产为 596.8kg，较 2007 年增加了 34.3%，纯养分生产效率 20.2kg，较 2007 年增加了 20.1%；夏玉米纯养分生产效率 21.4kg，较 2007 年增加了 7.5%。由此可见通过适量增施 N 和 K_2O 肥料，可以有效提高京郊玉米产量；通过优化肥料施用配比，能够显著增加肥料利用率，提高养分利用效率。

表 5 -40　2007 年与 2012 年玉米田肥料投入及养分利用效率统计

（单位：kg/亩）

类型	年度	N	P_2O_5	K_2O	总投入	亩产	养分生产效率
春玉米	2012	19.4	5.6	4.5	29.5	596.8	20.2
	2007	15.0	7.9	3.5	26.4	444.5	16.8
	增减（%）	29.1	-29.0	29.7	11.8	34.3	20.1

（续表）

类型	年度	N	P_2O_5	K_2O	总投入	亩产	养分生产效率
夏玉米	2012	16.9	3.3	5.3	25.5	545.3	21.4
	2007	13.8	3.5	3.6	20.9	415.9	19.9
	增减（%）	22.1	-4.7	48.1	22.1	31.1	7.5

4. 示范单粒精量播种技术，提高播种质量降低生产成本

玉米单粒播种技术是用玉米精量播种机按照田间要求的留苗密度及行距株距，准确均匀播种，保证一穴一粒，每一粒成一株的玉米播种技术。为尽快使这项技术应用于京郊玉米生产，2012年在半精量播种技术的基础上，开始了单粒播种技术的试验示范工作。选用纯度达到99%以上、发芽率达到93%以上的玉米种子及品种，利用市农业技术推广站购置2BYFJ型玉米多功能精位播种机和现有“迪尔”精准播种机进行玉米单粒播种，保证种植密度达到4 500株/亩以上，实现省种、省工、省水、省肥和增产增效的目标。春、夏播玉米单粒精准播种技术研究试验采取大区试验方法，具体的试验地点、面积、应用品种、种子发芽率及选用的播种机详，见表5-41。

（1）现有单粒播种机可行

3种主机型播种机，即2BYFJ型玉米多功能精位播种机、迪尔播种机、延庆县自产精准播种机。春、夏玉米示范点应用不同播种机的播种质量与产量结果，见表5-42、表5-43。

表5-41　春玉米单粒播种技术示范安排

类型	地点	面积*（亩）	示范品种及发芽率	对照品种及发芽率	播种机
春玉米	延庆沈家营八里店	100（65/35）	京科968，93%	郑单958，85%	延庆单粒播种机
	怀柔长哨营河南地	120（75/45）			2BYFJ型玉米多功能精位播种机
	大兴青云店三村	150（100/50）			迪尔播种机
	合计	370（240/130）	/	/	/
夏玉米	顺义农科所园区	30（12/18）	京单38，93%	京单28，85%	2BYFJ型玉米多功能精位播种机
	房山琉璃河立教	30（12/18）			
	通州于家务辛店	32（14/18）			
	大兴青云店曹村	30（12/18）			
	合计	122（50/72）	/	/	/

注：*表示示范田总面积（单粒播面积/对照面积）

从表5-42可看出3方面特点，一是3种玉米单粒播种机均可实现单粒播种，平均比普通播种机减少用种量37.5%。二是从播种质量看，播种质量最好的是大兴点采用的“美国迪尔精量播种机”，其下种量同为2kg/亩，出苗率达到4 200株/亩，高于另两台单粒播种机，且双株率和缺苗断垄均比较少。另两种播种机中，延庆机型略好于

2BYFJ 机型。三是单粒播种技术试验点产量均高于对照田，平均增产 5.2%。

表 5－42　春播试验示范点应用不同播种机的播种质量与产量结果

试验示范点	播种机	下种量（kg/亩）	出苗数（株/亩）	一穴双株（个/亩）	缺苗断垄（个/亩）	亩穗数（穗/亩）	产量（kg/亩）
延庆八里店	延庆机型	2.0	4 068.7	13	11	4 068.7	841.7
	常规播种机	3.5	4 568.9	22	19	4 402.2	786.0
	增减（%）	－42.9	－10.9	－40.9	－42.1	－7.6	＋7.1
怀柔长哨营	2BYFJ 机型	2.5	4 180.0	36	9	3 910.0	761.6
	常规播种机	3.0	4 011.0	62	28	3 898.0	709.3
	增减（%）	－0.5	＋4.7	－41.9	－67.9	＋0.3	＋7.4
大兴青云店三村	迪尔播种机	2.0	4 200.0	7	6	3 881.0	638.9
	常规播种机	3.0	4 250.0	23	25	3 975.2	635.9
	增减（%）	－33.3	－1.2	－69.6	－76.0	－2.4	＋0.5
平均	单粒播种机	2.0	4 156.2	18.7	8.7	3 948.6	747.4
	常规播种机	3.2	4 406.3	35.7	24.0	4 091.8	710.4
	增减（%）	－37.5	－5.7	－47.6	－63.8	－3.5	＋5.2

夏玉米单粒播种试验采用两种主机型播种机，即 2BYFJ 型玉米多功能精位播种机和迪尔播种机。示范点应用不同播种机的播种质量与产量结果，见表 5－43。从表 5－43 中可看出以下 3 方面特点，一是 2BYFJ 机型玉米单粒播种机平均比普通播种机减少用种量 26.0%。二是从播种质量看，2BYFJ 机型比普通常规夏玉米免耕播种机双株率和缺苗断垄降低 48.3% 和 4.9%。三是单粒播种技术试验点产量均高于对照田，平均增产 14.9%。

表 5－43　4 个夏玉米试验示范点应用不同播种机的播种质量与产量结果

试验示范点	播种机	下种量（kg/亩）	出苗数（株/亩）	一穴双株（个/亩）	缺苗断垄（个/亩）	亩穗数（穗/亩）	产量（kg/亩）
顺义农科所园区	2BYFJ 机型	2.0	4 595.8	20.0	17.0	4 455.0	639.3
	普通播种机	2.5	4 514.6	31.0	22.0	4 423.0	571.9
	增减（%）	－20.0	1.8	－35.5	－22.7	0.7	11.8
房山琉璃河立教	2BYFJ 机型	1.8	4 100	33.0	65.0	4 030	669.3
	普通播种机	2.5	4 500	96.0	60.0	3 954	612.9
	增减（%）	－28.0	－8.9	－65.3	8.3	1.9	9.2
通州于家务辛店	2BYFJ 机型	1.8	4 435.0	28.0	0.0	4 435.0	540.0
	普通播种机	2.5	4 357.0	88.0	139.5	4 357.0	387.2
	增减（%）	－28.0	1.8	－68.2	－100.0	1.8	39.5

（续表）

试验示范点	播种机	下种量（kg/亩）	出苗数（株/亩）	一穴双株（个/亩）	缺苗断垄（个/亩）	亩穗数（穗/亩）	产量（kg/亩）
大兴青云店曹村	2BYFJ 机型	1.8	4 052.0	19.0	156.0	3 600.0	617.0
	普通播种机	2.5	4 350.0	25.0	80.0	4 181.0	622.9
	增减（%）	-28.0	-6.9	-24.0	95.0	-13.9	-0.9
平均	单粒播种机	1.85	4 295.7	25.0	59.5	4 130.0	616.4
	普通播种机	2.5	4 430.4	60.0	75.4	4 228.8	548.7
	增减（%）	-26.0	-3.1	-48.3	-4.9	-2.4	14.9

（2）示范品种及其种子适宜单粒播种技术

各试验示范点玉米单粒播种技术对玉米产量和产量构成因素的影响，见表5－44。从表中产量和产量构成因素结果看，在单粒播种技术播种质量不完善和田间的情况下，两种播种方法对产量的影响不大，主要是品种特性在起作用。由于采用单粒播种的京科968品种的适宜密度较采用常规播种技术的郑单958品种的适宜密度偏低，因此，其收获株数减少，有效穗数也随之减少。采用单粒播种的京科968品种的穗粒数、千粒重和产量分别比对照增8.8%、1.4%和5.5%。

（3）单粒播种示范增产增收显著

春玉米单粒播种技术各试验点产量、成本与经济效益结果，见表5－45。从表5－45中可见，单粒播种技术实现了增产、节本、增效的目标，试验田比对照田平均增产5.5%，节约成本8.8%，增加产值7.2%，提高经济效益17.5%。

表5－44　春播不同品种示范与对照产量结果

播种方法与品种	试验示范点	收获株数（株/亩）	有效穗数（穗/亩）	穗粒数（粒/穗）	千粒重（g）	产量（kg/亩）
单粒播种—京科968	延庆八里店	4 068.7	4 068.7	644.7	377.5	841.7
	延庆小农场	4 135.4	4 135.4	603.7	362.1	768.4
	怀柔长哨营	4 002.0	3 910.0	580.6	394.7	761.6
	大兴青云店三村	3 885.0	3 881.0	522.0	371.0	638.9
	平均	4 022.8	3 998.8	587.8	376.3	752.7
常规播种—郑单958	延庆八里店	4 568.9	4 402.2	543.5	386.5	786.0
	延庆小农场	4 622.3	4 468.9	513.5	370.9	723.5
	怀柔长哨营	4 129.0	3 898.0	571.2	374.8	709.3
	大兴青云店三村	3 976.4	3 975.2	532.0	351.8	635.9
	平均	4 324.2	4 186.1	540.1	371.0	713.7
平均值增减（%）		-7.0	-4.5	8.8	1.4	5.5

表 5-45 春播各示范点产量、成本与经济效益

播种方法	试验示范点	产量（kg/亩）	成本（元/亩）	产值（元/亩）	经济效益（元/亩）
单粒播种（京科 968）	延庆八里店	841.7	670.0	2 154.8	1 484.8
	延庆小农场	768.4	655.0	1 967.1	1 312.1
	怀柔长哨营	761.6	693.5	1 949.7	1 256.2
	大兴青云店三村	638.9	550.5	1 635.6	1 085.1
	平均	752.7	642.3	1 926.8	1 284.6
常规播种（郑单 958）	延庆八里店	786.0	739.0	1 891.8	1 152.8
	延庆小农场	723.5	724.0	1 852.2	1 128.2
	怀柔长哨营	709.3	747.0	1 815.8	1 068.8
	大兴青云店三村	635.9	605.5	1 627.9	1 022.4
	平均	713.7	703.9	1 796.9	1 093.1
试验比对照平均值增减（%）		+5.5	-8.8	+7.2	+17.5

注：玉米价格按 2.56 元/kg 计

夏玉米单粒播种技术各试验点产量、成本与经济效益结果，见表 5-46。从表 5-46 中可见，夏播单粒播种技术较春播单粒播种技术更加增产、节本、增效，其成本节约主要在减少用种支出和免去间定苗的人工费用。统计结果表明，试验田比对照田平均增产 12.3%，节约成本 9.2%，增加产值 12.3%，提高经济效益 27.7%。

表 5-46 夏玉米单粒播种技术各试验点产量、成本与经济效益

播种方法	试验示范点	产量（kg/亩）	成本（元/亩）	产值（元/亩）	经济效益（元/亩）
单粒播种（京单 38）	顺义	639.3	522.0	1 534.3	1 012.3
	房山	669.3	473.0	1 606.3	1 133.3
	通州	540.0	474.0	1 296.0	822.0
	大兴	617.0	527.0	1 480.8	953.8
	平均	616.4	499.0	1 479.4	980.4
常规播种（京单 28）	顺义	571.9	577.0	1 372.6	795.6
	房山	612.9	510.0	1 471.0	961.0
	通州	387.2	529.0	929.3	400.3
	大兴	622.9	582.0	1 495.0	913.0
	平均	548.7	549.5	1 317.0	767.5
试验比对照平均值增减（%）		12.3	-9.2	12.3	27.7

注：玉米价格按 2.4 元/kg 计

（4）大面积生产应用单粒播种技术增效显著

春玉米大田生产中应用单粒播技术的监测点 13 个，占全部监测点的 41.9%。通过对监测点产量、投入、效益进行分析（表 5-47）发现，单粒播种技术明显节约了人工成本投入，与传统播种方式相比，单粒播种技术人工成本降低了 40.7%，亩产增加了 31.2%，产值和效益分别增加了 28.7% 和 60.7%。

表 5－47　春玉米单粒播技术生产田产量效益对照表

播种方式	监测点数（个）	所占比例（%）	人工投入（元）	亩产（kg）	产值（元）	效益（元）
单粒播种	13	41.9	208.3	685.6	1 755.2	1 113.4
常规播种	18	58.1	351.4	522.4	1 363.8	693
单粒比常规增减（%）	—	—	－40.7	＋31.2	＋28.7	＋60.7

夏玉米大田生产中应用单粒播种技术的监测点 6 个，占全部监测点的 14.0%。通过监测点产量、投入、效益进行分析（表 5－48）发现，单粒播种技术明显节约了人工成本投入，与传统播种方式相比，单粒播种技术人工成本降低了 47.3%，亩产增加了 15.2%，产值和效益分别增加了 15.3% 和 42.1%（图 5－55、图 5－56）。

表 5－48　夏玉米单粒播种技术生产田产量效益对照表

播种方式	监测点数（个）	所占比例（%）	人工投入（元）	亩产（kg）	产值（元）	效益（元）
单粒播种	6	14.0	115.8	615.4	1 452.4	1 001.4
常规播种	37	86.0	219.6	534.0	1 260.2	704.8
单粒比常规增减（%）	—	—	－47.3	＋15.2	＋15.3	＋42.1

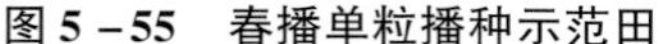

图 5－55　春播单粒播种示范田

图 5－56　夏播单粒播种示范田

5. 实施深松土作业，提高根系吸收和抗倒伏能力

北京市是我国全面实施玉米保护性耕作最早的地区，粮田土壤耕层“浅、实”的问题十分突出。通过落实农机补贴政策，配套深松土机具，高产创建示范区农田全部进行了深松土作业，并以示范区为技术扩散窗口，在全市推广农田土壤深松土，解决了由于长期实施保护性耕作造成的土壤紧实问题，为玉米建立强势根系创造了条件，促进了全市玉米连年持续增产。

（1）结合生产实际推广土壤深松技术

土壤深松技术具有降低土壤容重、改善土壤持水状况的功效，大面积应用于生产能够达到增产增收效果。因此，玉米高产创建项目组强力建议，在生产上每3年必须进行1次农田深松作业，耕作方式以采取“深松＋旋耕”为最佳，作业深度为20～30cm。

（2）高产创建示范区深松增产效果

2010—2012年，在示范区强化实施土壤深松作业，使高产田土壤容重平均降低7%，土壤含水率提高近1个百分点，影响玉米产量的重要农艺性状均向有利于增产的方向发展，单株干物重、根干重和产量构成三要素的单位面积穗数、穗粒数和千粒重显著增加，空秆率明显降低（表5－49）。

表5－49　耕作方式对土壤特性及郑单958农艺性状的影响

处理	土壤特性		植株农艺性状							
	容重（g/cm^3）	含水量（%）	株高（cm）	单株干重（g/株）	根干重（g/株）	有效穗（穗/亩）	空秆率（%）	穗粒数（粒/穗）	千粒重（g）	产量（Kg/亩）
深松	1.3	13.6	289	347.9	36.1	4 817	3.6	593.6	342.5	832.4
旋耕	1.4	12.8	281	336.8	28.1	4 723	5.5	576.0	336.1	777.2
增减	－0.1	＋0.8	＋8	＋11.1	＋8.0	＋94	－1.9	＋17.6	＋6.4	＋55.2（7.1%）

实施土壤深松措施，土壤理化性状得到明显改善，不仅解决了京郊农田因长期实施保护性耕作造成的土壤紧实问题，而且能显著提高玉米植株质量和生产力，保障产量潜力充分发挥。生产实际结果显示，土壤实施深松措施，玉米可以增产约7.0%。

（3）示范区带动京郊玉米生产土壤深松技术推广应用

高产创建示范区示范带动作用强大，京郊玉米生产已大面积推广应用土壤深松技术，增产增收效果明显（表5－50）。2011—2012年，北京市实施土壤深松技术平均每亩增产玉米50.7kg，增收29.5元，两年全市累计增产粮食1 907.2万kg，增收4 295.7万元。

表5－50　土壤深松技术增产增收效果

年度	推广面积（万亩）	亩均单产（kg/亩）	亩均增产（kg/亩）	总增产（万kg）
2011	87.5	498.6	49.4	4 322.50
2012	89.98	439.5	52.0	4 678.96
合计/平均	177.48	468.6	50.7	8 998.24

6. 科学应用抗灾减灾技术，减轻灾害损失

通过建立《玉米不同生育期适宜温度与水分需求》、《北京市玉米农事活动天气指标及农事建议》和《北京市玉米气象灾害天气指标》等玉米气象指标体系，利用短信服务平台指导各区县农技人员和生产农户进行田间科学管理，特别是对可能发生的各种

气象灾害进行提前预警，做到灾前有预案，灾后迅速反应，及时提出针对性抗灾减灾技术措施，通过狠抓技术落实，最大限度地降低灾害损失，为快速恢复生产增加助力。

（1）应对春季低温冷害，指导适时调整播期和收获期

2010 年春季，北京地区发生罕见低温冷害。在春玉米传统适宜播期，4 月中、下旬平均气温比常年低 4～5℃，比 2009 年低 4～7℃，至 4 月底北京地区农田耕层地温仍未能稳定玉米正常发芽出苗要求的临界温度指标（10℃）。低温环境还造成冬小麦春季发育迟缓，导致成熟期比常年晚熟 7～10 天，严重影响了夏玉米适期播种。针对发生的低温冷害，项目组及时提出应对指导措施，以确保各生态区春、夏玉米生产在品种选择和播种技术上达到创高产生产要求。

山区春玉米：根据气象预报与预警，2010 年北京地区低温冷害持续时期长和可能频繁发生极端低温天气的情况，项目组认识到京郊玉米播种可能会受到严重影响，必须出台指导玉米播种预案，以确保稳产。项目组及时提出为应对罕见低温冷害针对性玉米播种指导意见：①建议选用中熟品种，慎用中晚熟品种；②农田耕层地温需稳定 10℃时再播种，以免地温过低造成粉籽、烂种，导致出苗不全不齐而毁种；③要求部分山区春玉米播种期从常年的 4 月下旬推迟到 5 月上旬；④玉米生育动态监测站做好监测工作，以针对性合理指导生产；⑤充分做好农机、种子、化肥准备，只要温度达标随即抢时播种。由于应对低温指导播种意见出台及时，技术措施得当，确保了山区春玉米能够尽量做到适时播种，为争取稳产创造了条件。据北京市农业技术推广站玉米生育动态监测统计，山区春玉米 4 月下旬播种面积占 37%，5 月上旬播种面积占 50.5%，5 月中旬播种面积占 12.5%，2010 年京郊山区春玉米总体上播种期比常年推后 7～15 天。

平原春玉米：北京平原区由于热量资源富余，春玉米适宜播期范围较宽，为躲避“卡脖旱”，市农业技术推广站技术指导意见是：平原春玉米适播期为 5 月中、下旬，建议采取等雨播种，适期晚播，同时明确等雨播种确保全苗的土壤墒情与降水量指标。平原区春玉米 5 月中、下旬播种，春玉米需水临界期将处在雨季，有利争取高产稳产。统计数据显示，2010 年平原区春玉米全部采取等雨播种，并在 5 月底前适宜播种期内保质保量完成。

夏玉米：由于春季低温冷害，造成前茬冬小麦晚熟，给夏玉米适期播种带来严重影响。为避免玉米不能正常成熟，北京市农业技术推广站技术指导意见是：①选用早熟品种，京单 28、京玉 11 等，禁用郑单 958 等中熟品种；②要求小麦、夏玉米的收、播作业采取即收即播方式，尽可能争取农时，力争于 6 月底完成播种任务；③适当推迟收获期，采取晚收 5～7 天，弥补晚播造成的生育天数减少的损失，通过利用 9 月下旬和 10 月上旬热量资源，力保籽粒灌浆。据北京市农业技术推广站玉米生育动态监测统计，6 月下旬播种面积占夏玉米总播种面积的 98.7%，7 月初为 1.3%，播种高峰期为 6 月 22～26 日，占 74.1%。总体上夏玉米播种期比常年偏晚 1 周左右。尽管春季遭遇罕见低温冷害，但由于针对灾害应对措施及时、科学和能够准确落实到位，北京市夏玉米播种基本做到了足墒适期播种，争取到了苗全、苗齐、苗壮的高产局面，秋季适当晚收又最大限度地减少了千粒重损失，为京郊夏玉米稳产打下坚实基础。

（2）2012 年快速应对特大洪灾

2012 年发生了“7.21 特大洪灾”和“7.28 密云风灾”两次严重自然灾害，特别是“7.21 特大洪灾”降水过程持续时间长，雨量大，范围广，雨量突破历史极值，为 61 年来最大降水量，暴雨造成局部地区发生积水涝害、倒伏和茎折等灾害。面对突发性重大灾害，项目组通过建立起来的快速反应应对机制，及时提出针对性抗灾减灾技术措施，帮助农民最大限度地减少灾害损失。

为在第一时间帮助指导农民减灾救灾，组织技术人员和有关专家对全市 9 个玉米主产区县进行实地调查，根据灾害类型和受灾程度提出有针对性的抗灾减灾技术措施，指导农民抗灾自救，恢复生产。针对“7.21 特大洪灾”提出的应对技术措施包括：①发生涝害地块排除田间积水，中耕松土；②夏玉米追施 25～30kg 尿素，采取开沟追肥，结合追肥进行中耕培土除草；③发生倒伏的地块视倒伏类型而采取针对性措施。生育中前期发生根倒等候植株自行恢复正常生长，适时中耕补肥；抽雄吐丝期倒伏的人工扶正，补施粒肥，追施尿素 5～6kg/亩。

（3）抗灾减灾技术应用效果

在“7.21 特大洪灾”发生后，全市农技部门对灾害应对迅速，及时提出针对性减灾技术，应用的技术措施科学有效，且能及时落实到位，力争最大限度减少因暴风雨灾害造成的产量损失（表 5－51），实现遭灾少减产或不减产。

表 5－51　灾情调查点受灾情况及产量

区县	种植户姓名	受灾面积（亩）	玉米所处生育期	灾害类型	淹水时间（天）	实测产量（kg/亩）		
						对照	实施应对措施	减少产量损失%
通州	高殿乐	5	小喇叭口	涝灾	1	426.9	604.6	29.4
通州	郝国良	25	吐丝	涝灾	1	611.1	655.4	6.8
通州	李福华	15	小喇叭口	涝灾	2	绝产	632.7	100
通州	郝振秋	10	吐丝	涝灾	2	496.8	690.9	28.1
通州	郝宝山	22	小喇叭口	涝灾	3	绝产	625.9	100
通州	王亮	10	吐丝	涝灾	3	388.7	690.9	43.7
房山	范学连	180	小喇叭口	涝灾、倒伏	4	625.6	772.6	19.0
房山	吉羊村	80	小喇叭口	涝灾、倒伏	3	113.1	556.6	79.7
平谷	刘化果	25	小喇叭口	涝灾、倒伏	0.5	576.0	583.6	1.3
合计/平均	/	372	/	/	2.2	359.8	645.9	44.3

7. 春、夏玉米超高产技术集成示范

（1）春玉米超高产攻关创 10 亩方单产 1 117.1kg 水平

2008 年，北京市农业技术推广站与市玉米中心联合在延庆县大榆树乡陈家营村进行玉米超高产创建试验，10 亩方示范田平均单产达到 1 117.1kg/亩。

示范点地理位置与生态气候特点：延庆县（东经：115°44′～116°34′，北纬：40°16′～40°47′）位于北京市西北部冷凉地区，为山前川地。2008 年日照时数 2 727.3 小时，年平均日照百分率为54%，光照充足，辐射总量大，日照时数长；降水442.1mm，有部分灌溉条件；全年平均气温8.5℃，≥10℃积温3 394.1℃，太阳总辐射量132.9千卡/cm^2（北京市平均），无霜期165天。

土壤肥力、生育进程及产量结构：示范点面积10亩，示范品种京单28，土壤养分含量：有机质13.83g/kg、全氮0.79g/kg、速效氮57.60mg/kg、有效磷11.10mg/kg、有效钾111.50mg/kg。示范田玉米生育进程：播种期4月27日、出苗期5月12日、抽雄期7月13日、吐丝期7月16日、成熟期9月25日。2008年9月25日经专家实地测产验收（按照农业部制定的《全国玉米高产创建测产验收办法》），单产达到1 117.1kg/亩，产量构成因素为每亩收获4 547穗、每穗572粒、千粒重455.8g。

应用的配套栽培技术：①有机肥培肥和重施底化肥，提高土壤肥力。播前进行春翻耕，翻耕后浇地造墒撒施有机肥和底化肥。每亩施"一特"有机肥500kg/亩；施底化肥每亩磷二铵20kg（有效磷含量46%，有效氮含量18%）、尿素15kg（有效氮含量46%）、硫酸钾26kg（有效钾含量50%）。施肥后再深松耙平使肥料均匀进入土壤。②足墒播种，促进苗全苗齐。示范点由于播前冬季降水偏少，土壤含水量低于10%，因此，于2008年4月20日浇地造墒，每亩灌水80m^3。③大、小行种植，提高种植密度。采取大、小行种植方式，大行80cm，小行40cm。在肥水条件良好时，大、小行种植可有效地增加种植密度，提高收获穗数。④严把定苗关，留预备苗。示范田每亩留苗5 000～5 300株，为了确保收获穗数预留了一定苗数。由于示范田出苗整齐、均匀，极少有缺苗断垄处，确保了按计划留苗。5月下旬结合间、定苗进行中耕除草。⑤加强肥水管理，促进穗大粒饱。6月27日拔节期追施尿素30kg/亩（有效氮含量46%），7月15日追施尿素20kg/亩、浇灌浆水（图5－57、图5－58）。

图5－57　延庆春玉米超高产田长相

图5－58　专家组对春播超高产田进行测产

（2）夏玉米超高产攻关创百亩方单产814.3kg水平

2012年，北京市农业技术推广站在大兴区采育镇东潞洲村进行夏玉米超高产创建试验，130亩示范田产量达到814.3kg/亩（图5－59）。

示范点地理位置与生态气候特点：大兴区地处北京南郊平原，东经116°13′～116°43′，北纬39°26′～39°51′，全境属永定河冲积平原，地势自西向东南缓倾，大部分地区海拔

14～52m，属暖温带半湿润大陆季风气候。四季分明，年平均气温为11.6℃，年平均降水量556mm。

土壤肥力、生育进程及产量结构：示范点面积120亩，示范品种冀玉988，土壤养分含量：有机质10.49g/kg、全氮1.01g/kg、速效氮70.70mg/kg、有效磷81.60mg/kg、有效钾22.30mg/kg。示范田玉米生育进程：播种期6月19日、出苗期6月25日、抽雄期8月11日、吐丝期8月14日、成熟期10月3日。经专家实地测产验收（按照农业部制定的《全国玉米高产创建测产验收办法》），创高产示范田平均单产达到814.3kg/亩，产量构成因素为每亩收获4961.4穗、每穗527.0粒、千粒重为366.4g。

应用的配套栽培技术：①浇底墒水。浇足麦黄水80m^3/亩，为夏播玉米造好底墒，确保一次播种拿全苗。②施足底肥。底施玉米专用复合缓释肥60kg/亩，有效成分45%，随播种施入，实行错开开沟。③抢早播种。及时收麦，适当早种夏玉米，该地块夏玉米种植时间为6月19日，比全区80%的地块早种2～3天。④采用80cm：40cm大、小行种植，密度达到5 000株/亩。⑤化控三防。冀玉988为大穗（540～650粒）大粒（千粒重420g）品种，种植密度为5 000株/亩。为提升单株生产力，在6～7叶展时喷施了由郑州巨邦生物有限公司生产的具有防虫、防病、防倒三合一特效制剂“超大棒”，使玉米株高降低了30～50cm，茎粗增加了0.2～0.5cm，根系强健早发，增强了抗倒伏能力。

（五）创新与特色

该成果根据农业部关于开展高产创建活动要求，针对北京市玉米生产中存在的技术问题，开展了合理增密、耐密品种筛选、单粒精播、合理高效施肥、土壤深松、科学减灾六项高产关键技术示范推广，并对现代新型增密技术、后续品种筛选、滴灌施肥技术、超高产技术集成等开展研究，集成创建了京郊玉米高产创建技术体系。推广技术具有创新性和针对性。

（六）推广效果

京郊实施玉米高产创建，涌现出一批亩产超800kg的春玉米万亩高产片，带动京郊玉米连年增产，2013年全市玉米平均亩产437.8kg，较上年度增产3.7%，创造本世纪以来单产新高。京郊玉米高产创建综合配套技术模式在京郊示范推广5年，累计示范推广玉米高产创建技术646.1万亩，其中，建核心示范区94.7万亩，辐射带动551.4万亩，技术覆盖率83.3%。带动全市玉米单产比2007年增10.1%。由项目启动前5年（2003—2007年）单产水平比全国低1.5%提升到比全国平均单产水平高8%。5年共建立春玉米万亩方31个，平均亩产比指标产量（800kg）增产44.6kg，增5.6%；共建立了51个夏玉米万亩方，平均亩产比指标产量（520kg）增产79.2：增幅15.2%。核心示范区94.7万亩玉米平均亩产达到707.1kg，亩均增产299.6kg，总计增产2.84亿kg；551.4万亩辐射区玉米平均亩产434.4kg，亩均增产27.3kg，总计增产1.50亿kg。技术推广区玉米5年合计增产总量4.34亿kg（图5－60至图5－64）。

图 5 - 59　2011 年大兴县超高产研究试验田

图 5 - 60　领导、专家考察指导高产创建田

图 5 - 61　延庆康庄春玉米高产创建万亩示范田

图 5 - 62　延庆春玉米高产创建示范区与景观建结合

图 5 - 63　组织基层技术人员观摩高产示范区

图 5 - 64　高产创建示范田测产

第四节　保护性耕作玉米综合配套技术体系

20 世纪 90 年代中期至 21 世纪初，京郊先后研发和示范推广了夏、春玉米保护性耕作技术。保护性耕作是对农田连年实行免耕、少耕，用作物秸秆残茬覆盖地表，将耕作减少到只要能保证种子发芽即可，主要用农药来控制杂草和病虫害，减少风蚀、水蚀，提高土壤肥力和抗旱能力的耕作技术。据北京市农业局统计，2009 年北京市实施粮食作物保护性耕作技术 293.4 万亩，占总播种面积的 86.4%，成为全国首个省级保护性耕作示范区。

本节介绍由北京市农业局、北京市农业技术推广站等单位主持实施的春玉米保护性耕作技术和夏玉米免耕覆盖播种栽培技术模式。

一、春玉米保护性耕作技术模式

（一）概述

传统春玉米田冬春裸露休闲，冬前实施翻耕加剧农田扬尘，沙尘成为首都大气污染源之一。为治理冬春季节裸露农田，2003—2007 年北京市农业局主持开展了京郊春玉米保护性耕作技术研究与示范，通过农机、农艺协作技术攻关，多部门联动技术推广，取得以下成果：①秸秆覆盖、专用农机具、杂草控制及施肥技术等关键技术环节取得重要突破。筛选确立了整秆覆盖方式，引进国际先进免耕播种机，通过改进研制出国产免耕播种机和深松土机，集成完善了控制杂草和施肥等农艺技术，满足了春玉米保护性耕作稳产丰产的技术需求。②建立京郊春玉米保护性耕作综合技术体系。通过春玉米秸秆覆盖方式优化、农机具改进配套及农艺技术试验示范，形成了京郊春玉米保护性耕作综合配套技术体系，为控制农田裸露、减少沙尘、促进土壤保墒、培肥及春玉米稳产丰产提供了技术支撑。③制定了科学可行的京郊春玉米保护性耕作技术规范，指导技术推广。通过该规范指导技术应用，5 年累计推广 248.21 万亩，2007 年达到 89.98 万亩，占当年春玉米总播种面积的 69.51%。④实现京郊春玉米生产耕作制度的变革，生态、经济、社会效益显著。应用本技术后农田土壤含水量年增加 3.4 个百分点，土壤有机质增加 0.098 个百分点，扬尘减少 55%；亩均节支增收 25.51 元，累积增收 6 331.63万元。实现了京郊春玉米生产生态效益和经济效益双赢的目标。该技术模式的研究与示范推广于 2008 年和 2011 年分别获得北京市农业技术推广奖二等奖和北京市科学技术奖三等奖。

（二）提出的背景

为改善首都大气质量和生态环境状况，北京市政府于 2002 年秋季下达了 130 万亩秸秆覆盖及留茬免耕任务指标，并与各区县政府签订了责任合同，同时，决定将该京郊农田生态建设项目作为一项长期工作实施下去，要求农业主管和农业科技部门尽快解决秸秆覆盖保护性耕作的技术问题。北京市农委于 2003 年下达了《京郊农田防尘保护性耕作技术体系研究与示范》招标项目，在北京市农业局领导下，由北京市农业技术推广站牵头组成的协作组中标，项目参加单位包括中国农业大学、北京市农林科学院玉米研究中心、北京市农机试验鉴定推广站、北京市种子站等单位。2003 年 5 月 29 日，农业部和北京市人民政府在人民大会堂举行“北京全面实施保护性耕作项目启动仪式”，双方签订了全面实施保护性耕作项目实施方案和责任书。此项目的启动也标志着我国保护性耕作技术推广工作开始进入了普及应用的新阶段。2008 年北京全面取消铧式犁，建立了全国首个全面实施保护性耕作的示范区。

京郊传统农业耕作习惯于深耕细耙、晾垡晒垡，长此以往，疏松的农田表土因冬、春季干旱、多风造成严重的风蚀和扬沙起尘，导致首都大气环境质量呈现恶化趋势。一方面，尤其是京郊春玉米种植区，由于实行一年一熟耕作制度，冬春季有近半年时间土地休闲裸露；另一方面，近几年大量农田弃麦改种春玉米，平原区季节性裸露农田大幅度增加，2002—2003 年度京郊冬春季节有 220 万亩农田处于裸露状态，给北京生态环境建设带来极大的压力。据国家环境分析测试中心监测结果表明：经过翻耕的裸露农田是近年来北京冬春季频繁发生沙尘暴的重要尘源之一，在形成北京地区的沙尘天气中，本地农田的贡献率为 20% ~33%，给首都生态环境和人们的日常生活带来巨大不良影响，也为举办绿色奥运带来威胁。为了还北京一个明亮、清新的天空，必须加快京郊季节性裸露农田治理。

多年来，北京郊区随着机械耕作活动的增强，农产品产量大幅度上升，但也带来了土壤风蚀、退化，作业成本上升等各种负面作用。保护性耕作取消铧式犁翻耕，在保留地表覆盖的前提下免耕播种，可以促进土壤自我保护和营造机能，机械耕作由单纯改造自然发展到顺应自然、利用自然、协调发展。通过实施保护性耕作技术，利用秸秆残茬覆盖地表，不仅可降低风速，而且根茬可固土，秸秆可挡土，增强表层土壤之间的吸附力，改善团粒结构，减少可风蚀的小颗粒含量，有效抑制京郊农田起尘，减缓沙尘暴的危害。因此，北京地区推广应用保护性耕作技术是耕作制度变革的需要，是改善土壤理化、生物特性的需要，利于促进农业可持续发展。

保护性耕作技术体系通过秸秆残茬覆盖地表，利用天然资源培肥地力，促进农作物产量和质量提高；地表秸秆覆盖还可大幅度增加雨季降水积蓄，减少水分蒸发，减少灌溉用水；同时，保护性耕作技术通过减少翻耕、重耙等多项农机作业工序，又可大大降低生产成本，增加农民收入，生态、经济、社会效益显著。京郊大规模推广应用保护性耕作技术是节能降耗，提高资源利用效率的重要途径。

（三）主要研究内容与结果

1. 确定了最佳秸秆覆盖方式—整秆覆盖技术

通过开展立秆覆盖、倒秆覆盖、粉碎覆盖、留根茬及传统翻耕试验，监测各种秸秆覆盖技术的生态效果，包括残茬覆盖度、耕层土壤风蚀量、风蚀深度、土壤水分动态、耕层土壤养分状况、玉米水分利用率等。根据监测结果，筛选出春玉米保护性耕作技术的核心技术之一的“整秆覆盖技术”。

（1）整秆覆盖技术秸秆残余量最多

试验田在经过近 7 个月风吹日晒后，春玉米播种前秸秆覆盖处理秸秆残余量测定结果（表 5 - 52），立秆处理秸秆残余量最大，为 411.13kg/亩；倒秆次之，为 335.57kg/亩；粉碎覆盖为 282.24kg/亩；根茬为 80kg/亩（图 5 - 65 至图 5 - 69）。

表 5－52　不同处理秸秆残余量　　（单位：kg/亩）

处理方式	秸秆残余量（kg/亩）
翻耕	/
立秆	411.13
倒杆	335.57
粉碎	282.24
根茬	80.0

图 5－65　立秆覆盖

图 5－66　倒秆覆盖

图 5－67　秸秆粉碎还田

图 5－68　留根茬

（2）防土壤风蚀效果最好

不同秸秆覆盖处理土壤表面插入风蚀针，测定风蚀深度，结果显示立秆和倒秆处理减风蚀效果最好，其风蚀深度平均值为 0.2mm，最大值为 1mm，而粉碎覆盖方法风蚀深度平均值为 4.2mm，最大值为 10mm，翻耕技术风蚀深度最大值达 29mm。立秆和倒秆处理土壤表面秸秆量大，覆盖度好，抗风蚀能力显著加强；传统翻耕处理由于地表疏松，土壤含水量低，抗风蚀力弱，起尘较为严重（表 5－53，图 5－70）。

图5-69 不同高度风期沙尘采集

表5-53 不同处理风蚀深度 （单位：mm）

处理	平均值	最大值
翻耕	3.0	29
立秆	4.2	10
倒秆	-0.1	3
粉碎	0.2	1
根茬	0.2	1

（3）提高土壤含水量

秸秆覆盖方式对农田休闲期和春玉米生长期的土壤含水量均有明显影响（表5-54、表5-55），总体趋势是各类秸秆覆盖农田土壤含水量均高于翻耕田，其中，以立秆覆盖保水效果最好。特别是春玉米生长前期秸秆覆盖农田保水效果更加明显，全生育期平均增加3.4个百分点，对作物生长起到至关重要的作用，这也是保护性耕作技术能够增产的重要因素之一。

表5-54 不同处理耕层土壤含水量 （单位:%）

调查日期	深度	翻耕	粉碎	根茬	倒秆	立秆
2003年10月	10cm	16.45	21.17	19.98	15.03	23.24
	20cm	22.02	22.43	24.12	20.81	20.08
	30cm	19.87	21.53	22.37	19.33	22.77
2004年4月	10cm	11.67	14.07	16.27	15.34	17.74
	20cm	16.05	20.96	24.26	22.73	24.55
	30cm	15.014	17.84	22.97	20.71	25.35

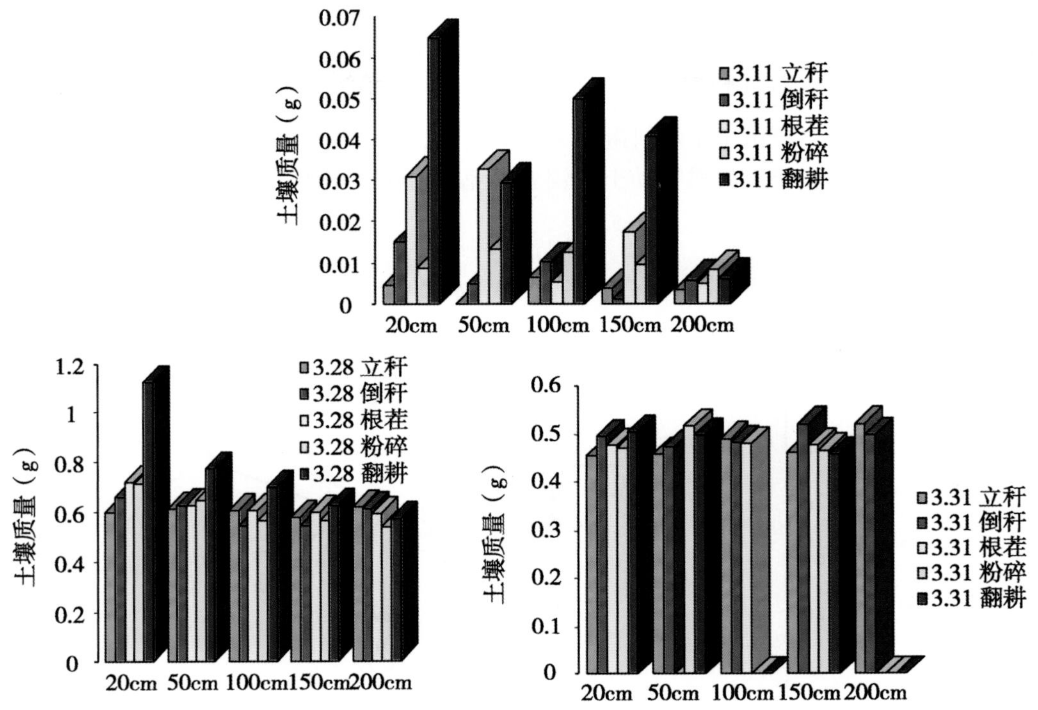

图 5－70　不同处理采集的沙尘量

表 5－55　不同秸秆覆盖及耕作方式土壤耕层含水量变化

日期	处理	取样深度（cm）		
		0～5	5～10	10～20
2005 年 5 月	翻耕	1.03	5.9	15.8
	留茬免耕	13.4	9.8	15.7
	立秆免耕	14.8	11.9	16.4
2005 年 6 月	翻耕	12.9	11.7	16.3
	留茬免耕	10.8	11.0	15.1
	立秆免耕	15.0	13.1	15.8
2005 年 7 月	翻耕	9.1	7.4	9.9
	留茬免耕	9.2	9.4	9.2
	立秆免耕	9.8	10.9	9.6
2005 年 8 月	翻耕	10.7	13.5	13.0
	留茬免耕	11.8	12.4	13.4
	立秆免耕	14.7	13.9	14.0
2005 年 9 月	翻耕	6.2	9.2	9.9
	留茬免耕	10.8	11.9	11.6
	立秆免耕	11.5	12.4	12.4

不同耕作措施 1m 土体土壤含水量的变化动态，见图 5－71，图 5－72，图 5－73。耕作措施所造成的土壤水分差异主要在耕层，随着土壤深度的增加，不同耕作方式土壤水分差异减小，至耕层以下的土壤水分差异极小。各层均以免耕土壤水分含量最高，翻耕最低，分析原因主要由于土壤耕翻后大孔隙增多，且土壤比较疏松，水分蒸发快，导致土壤含水量降低较快。旋耕扰动土壤较少，免耕由于土壤不进行耕作，土壤紧实，持水性能好，土壤含水量高。

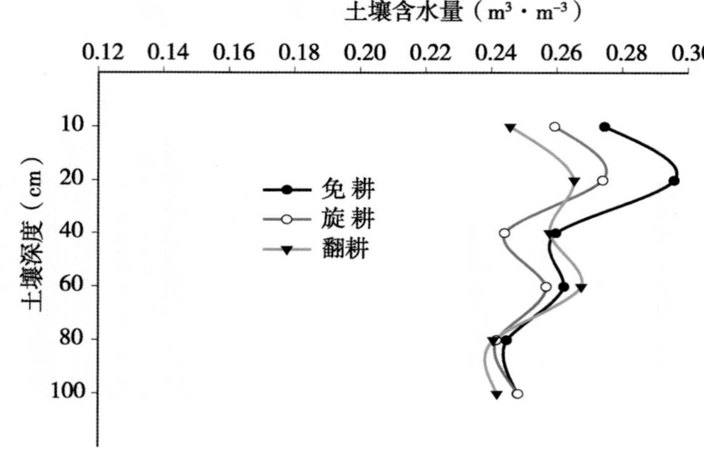

图 5－71　不同耕作措施 1m 土体含水量的变化动态（播种期）

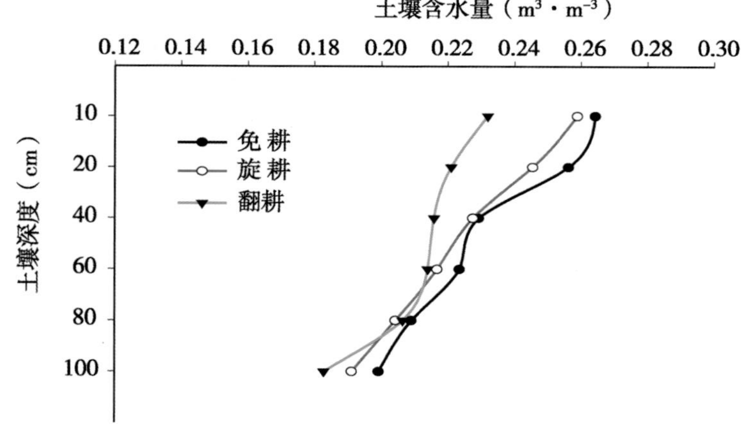

图 5－72　不同耕作措施 1m 土体含水量的变化动态（抽雄期）

（4）土壤温度略有降低

试验及大田生产示范观测表明（表 5－56），同一时间不同秸秆覆盖方式土壤日平均温度差异明显，翻耕、留根茬土壤温度基本一致，采取立秆、倒秆覆盖的农田土壤温度要比翻耕田低 3～5℃。

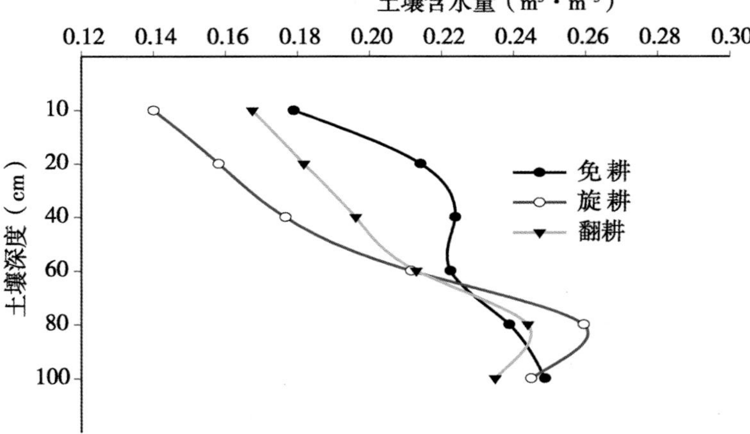

图 5－73　不同耕作措施 1m 土体含水量的变化动态（成熟期）

表 5－56　不同耕作方式土壤温度变化情况　　（单位：℃）

日期	处理	取样深度（cm）				
		5	10	15	20	25
2005 年 5 月	翻耕	27.75	15.38	23.25	22.25	21.75
	留茬免耕	28.50	25.50	23.75	22.00	21.50
	立秆免耕	21.75	20.63	19.25	19.25	18.38
2005 年 6 月	翻耕	28.25	26.50	24.00	23.25	26.00
	留茬免耕	28.75	25.25	23.75	22.75	22.25
	立秆免耕	22.25	20.50	19.75	20.50	19.25
2005 年 7 月	翻耕	29.75	26.00	24.75	24.00	24.00
	留茬免耕	30.00	26.50	24.75	24.25	24.25
	立秆免耕	24.25	22.50	22.00	21.50	21.25
2005 年 8 月	翻耕	28.50	26.75	25.50	25.63	25.50
	留茬免耕	28.50	26.50	26.00	26.38	26.13
	立秆免耕	27.25	26.25	25.25	25.25	24.63

（5）提高土壤肥力

实施保护性耕作，由于大量秸秆还田，土壤养分明显增加（表 5－57）。实施保护性耕作的田块土壤生物活性强，有机质增加，0～20cm 土层收获期平均有机质含量比对照田增加 0.099%，提高幅度达 6.5%。连年实施春玉米保护性耕作技术，土壤生物数量明显增加。据调查：翻耕地块土壤中蚯蚓为 2～5 条/m^2；而实施两年的保护性耕作地块土壤中蚯蚓为 8 条/m^2，实施 3 年保护性耕作的地块土壤中蚯蚓含量达到 18 条/m^2。土壤中蚯蚓量的增多有利于改良土壤，增加土壤团粒结构。

表 5－57　实施春玉米保护性耕作不同年限土壤养分变化　（单位：cm、%）

地块	5 月 18 日基础样		7 月 29 日取样		9 月 30 日收获时取样	
	土层	有机质	土层	有机质	土层	有机质
香屯 3 年保护性耕作地块	0～20cm	1.811	0～1	2.856	0～1	2.124
			1～5	2.432	1～5	2.101
			5～10	1.896	5～10	1.881
			10～20	1.361	10～20	1.687
肖村 1 年保护性耕作地块	0～20cm	1.517	0～1	1.093	0～1	1.540
			1～5	1.093	1～5	1.564
			5～10	1.205	5～10	1.587
			10～20	1.160	10～20	1.774

（6）提高春玉米生产、水分利用效率

不同秸秆覆盖方式对春玉米耗水量、产量及水分利用效率的影响研究结果表明，整秆覆盖免耕水分利用效率为 1.46kg/（mm·亩），翻耕为 1.34kg/（mm·亩），免耕田与翻耕田水分利用效率在 5% 水平差异显著（表 5－58）。

表 5－58　不同耕作方式春玉米耗水量、产量及水分利用效率

年度	处理	耗水量（mm）	产量（kg/亩）	水分利用效率 kg/（mm·亩）
2004	免耕	478.65	545.66	1.14
	旋耕	487.64	507.15	1.04
	翻耕	492.59	507.37	1.03
2005	免耕	385.72	564.05	1.46
	旋耕	391.25	523.85	1.34
	翻耕	405.05	472.05	1.17

2. 秸秆覆盖影响风蚀的机理研究

研究风蚀问题的主要手段为风洞试验。秸秆覆盖可有效降低地面风速，因此，本研究定量分析了风速与风蚀速率之间的动态变化规律，为京郊春玉米生产防沙化提供科学依据与实践指导。

（1）风速对土壤风蚀速率的影响

风是土壤风蚀的直接驱动因子，风速对土壤风蚀速率具有重要的影响作用（图 5－74），风蚀速率与风速呈正相关，风速越大，风蚀率越高；当风速小于 14m/s 时，风蚀现象不明显，此时处于轻微风蚀阶段；14～18m/s 则是风蚀速率缓增区，而当风速在 18～22m/s 时，风蚀强度迅速提高，几乎呈线性增加，这表明 18m/s 风速是土壤风蚀程度由轻变重的一个转折点。风速在不同秸秆覆盖条件下和不同含水率水平下对土壤风蚀速率的影响存在差异，秸秆覆盖越少、土壤含水率越低，风蚀率随风速而增加的幅度越大，反之，则越小。以风速为自变量，土壤风蚀速率为因变量，建立两者之间的回归关

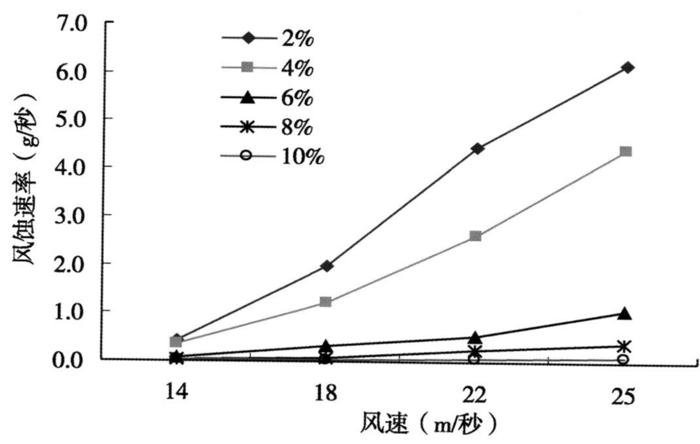

图 5－74　风速与土壤风蚀速率的变化特征

系。结果表明在不同土壤含水率水平下，风速与土壤风蚀速率均表现为幂函数的变化关系，其一般表达式为 $Y=AX^B$，表 5－59 列出了各土壤含水率水平下的曲线拟合方程。除 10% 土壤含水率水平下曲线拟合方程的相关系数值低于 0.95 外，其他方程的相关系数都在 0.97 以上，说明该组方程能够较客观的反映风速与风蚀率之间的关系，可作为不同风速和不同土壤含水率条件下计算土壤风蚀速率的依据。

表 5－59　土壤含水量与土壤风蚀速率的拟合方程

土壤含水率	曲线拟合方程	R^2
2%	$Y=2.3e^{-6}X^{4.65}$	0.976
4%	$Y=4.2e^{-6}X^{4.32}$	0.996
6%	$Y=7.5e^{-7}X^{4.40}$	0.978
8%	$Y=7.0e^{-7}X^{4.10}$	0.975
10%	$Y=9.1e^{-5}X^{2.16}$	0.948

（2）不同水分条件下土壤风蚀速率分析

土壤水分含量是影响土壤风蚀的一个重要因子。当土壤颗粒表面附着薄膜水时，水膜的静电作用使颗粒间的黏着力增大，具有强度抗御风蚀能力。对土壤水分含量共设计 5 个梯度水平：2%、4%、6%、8% 和 10%；每个梯度吹 4 个风速。观察不同含水率水平下土壤样品的抗风蚀极限风速（启动风速）及风蚀量的动态变化规律。

图 5－75 显示是土壤含水率与临界起沙风速的关系。由图 5－75 可以看出，临界起沙风速与土壤含水率呈正相关关系，随着土壤含水率的增加，临界起沙风速同步增加。当土壤含水率超过 8% 时，临界起沙风速增加速度趋缓。

图 5－76 表示土壤水分与土壤风蚀速率动态关系特征。图 5－76 表明风蚀率随土壤含水率的增加呈倒“S”形的递减变化趋势。在不同风速的吹蚀下，土壤风蚀率随含水率的变化趋势基本一致。含水量从 2% 增加到 6%，风蚀率迅速降低，特别是在 4% ～

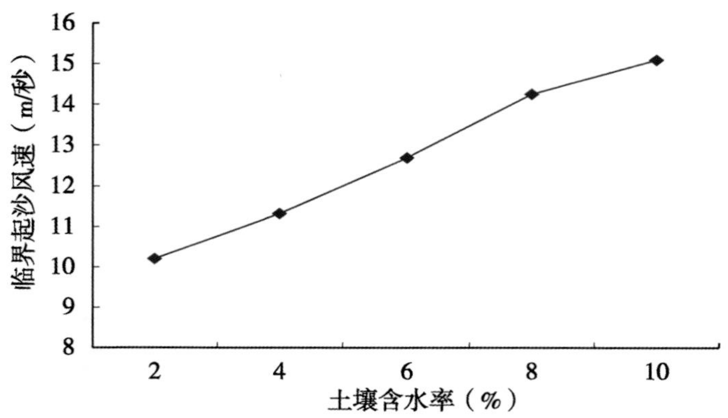

图 5－75　土壤含水率与临界起沙风速的关系

6% 区间范围内，风蚀强度几乎呈线性减少。而当土壤含水量大于 6% 以后，风蚀速率变化趋于平缓，处于轻微风蚀阶段。因此，6% 的土壤含水量水平是其抗风蚀能力由弱变强的一个转折点。

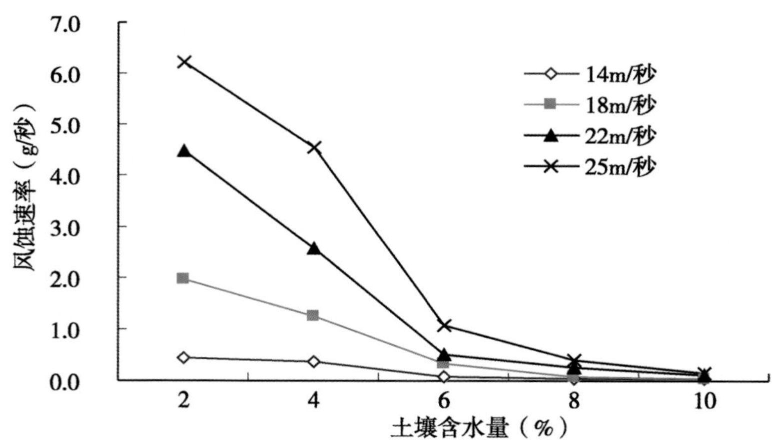

图 5－76　土壤水分与土壤风蚀速率变化特征

以土壤含水率为自变量，风蚀速率为因变量，建立曲线拟合方程，结果表明风蚀速率与土壤水分含量为对数函数关系，函数关系式为 $Y = Aexp\ (Bx)$，相关系数达 0.95 以上，具体结果，见表 5－60。

表 5－60　土壤含水率与风蚀速率的曲线拟合方程

风速（m/s）	曲线拟合方程	R^2
14	Y＝1.09exp（－0.383X）	0.950
18	Y＝7.52exp（－0.542X）	0.977
22	Y＝13.96exp（－0.508X）	0.982
25	Y＝23.13exp（－0.508X）	0.975

（3）土壤风蚀输沙量的空间分布动态变化

土壤风蚀过程中风沙活动属于近地面运动，相关研究表明在风沙流中90%沙物质高度低于31cm，而在1m高度内有79.3%的沙量集中在0～10cm范围内。根据上述研究，本试验利用20cm高的集沙仪观测近地面输沙量，并以此来反映土壤的风蚀量。

由图5－77可见，在水分条件一致的情况下，土壤输沙量随着风速增大而增大。集沙量在空间上的梯度变化表现为单峰曲线，在距地面2～4cm高度范围内集沙量最多。在0～4cm高度范围内，随着高度的增加集沙量增加。当高度大于4cm以后，随着集沙仪高度的增加，集沙量呈现减少的趋势。由集沙仪各个梯度水平的集沙量所占比例来看，土壤风蚀输沙活动主要集中在近地面运动。风速由低到高，0～4cm高度范围内集沙量分别占全部集沙量的32%～40%。0～10cm高度范围内的集沙量占到总集沙量的71%～77%。

综上所述可得出如下结论：①翻耕农田由于破坏了土壤表层结构，且地表没有覆盖物的保护，造成其抗风蚀能力大为减弱，因此，翻耕农田较易受到风蚀的危害。通过改变农田土壤结构、增加农田的覆盖度，可提高农田的抗风蚀能力减少水分的蒸发；②秸秆覆盖农田与翻耕农田对比生态效益显著，比较不同秸秆覆盖方式，生态效益最好为立秆，其次为倒秆和粉碎，留茬免耕最差。

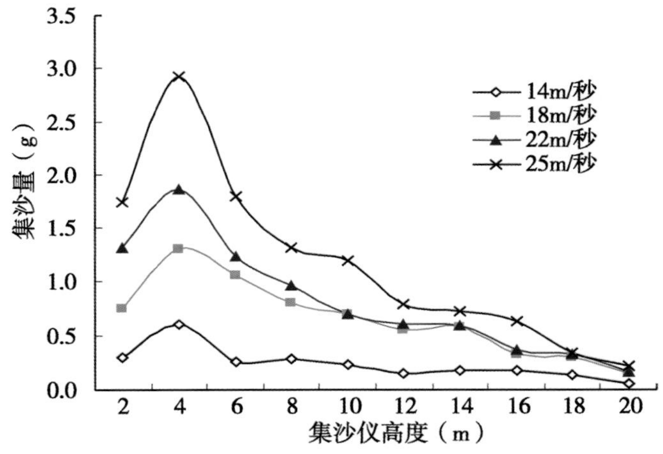

图5－77　不同风速下采集沙尘量的空间动态变化

3. 引进、研制免耕播种机及深松土农机具

实施春玉米保护性耕作的一大技术难题是配套适宜免耕播种机和深松土农机具，针对进口机型价格昂贵、国内现有播种机不符合免耕播种要求的现状，项目组开展了春玉米免耕播种机的国产化研制与改进，并适量引进一批国际领先免耕播种机；针对多年实施保护性耕作技术后可能引起的土壤板结，国内现有深松机动土大等问题，还开展了深松机的研制。

（1）批量引进国际领先免耕播种机“迪尔-1750”

美国约翰迪尔公司是世界上率先研制、生产保护性耕作机械的公司，其研制的机械机架坚固，与地面间距比较大，选用波纹圆盘切割秸秆残茬，机械通过性好，可靠性强，适应高速、宽幅作业，适合京郊春玉米保护性耕作生产应用，因而于2003—2007年期间共引进8台，其中，大兴2台、顺义1台、通州1台、房山1台、延庆1台、昌平1台、平谷1台。播种效率：每年6 000亩/台，每年可保障5万亩春玉米生产播种（图5－78、图5－79）。

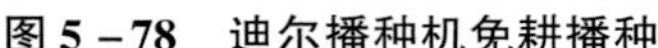

图5－78　迪尔播种机免耕播种

图5－79　迪尔播种机免耕播种

（2）改进研制出国产免耕播种机，实现大批量生产

通过对目前国内保有量较大的几种玉米免耕播种机做了调研，并筛选出6套免耕播种机：辽宁复州产2BQM－6；辽宁复州产2BQM－6型加分草器；改制金州产2BQM－6型加装迪尔公司的切草波纹盘；延庆产2BF－4；山西新绛产2BMF－4D；迪尔－1750。针对不同秸秆覆盖方式进行了适应性试验。

选型试验结果表明，2BQM－6机型具有较好的通过性，但是具有“扰土大”和“播种精度差”两项主要问题，仍不符合保护性耕作要求，需要改进与研制符合技术要求的新机具。

通过适应性试验提出改进方案：消化吸收迪尔－1750型玉米免耕覆盖播种机圆盘切割秸秆残茬防壅堵的技术，结合国内现有的开沟、仿形、排种的技术进行组合设计。改进的主要技术内容包括：采用锐角入土开沟器与圆盘切割器的组合结构；改进国内夏玉米免耕播种机现有的开沟分茬于一体的结构，最大限度地降低锐角入土开沟器产生的苗带宽度。主要围绕免耕播种机“扰土大”和“播种精度差”两个主要问题开展研究。

改制机型样机采用单体仿形的切割圆盘破茬、锐角凿形刀开施肥沟、双圆盘式开种沟、V形铸铁镇压轮等的主要结构。经过大量试验分析，V形铸铁镇压轮的结构不合理是造成扰土大的主要原因。单个镇压轮结构采用外翻边结构，向外翻边尺寸为40mm，工作时镇压轮与地面夹角成20°，镇压轮直径为300mm（图5－80）。

由于有外翻边存在，在镇压轮压实由凿形开沟刀翻起埴土的同时，外翻边相当于一把环形铲，将埴土铲起并随着镇压轮转动升运到顶端后落下，在理论上，扰土宽度扩大205mm。通过对扰土问题的分析，发现只有改变镇压轮结构，杜绝轮外缘带土，才能解决扰土大的问题，故采用并列立装式的胶轮缘结构，如图5－81所示。通过对镇压轮进

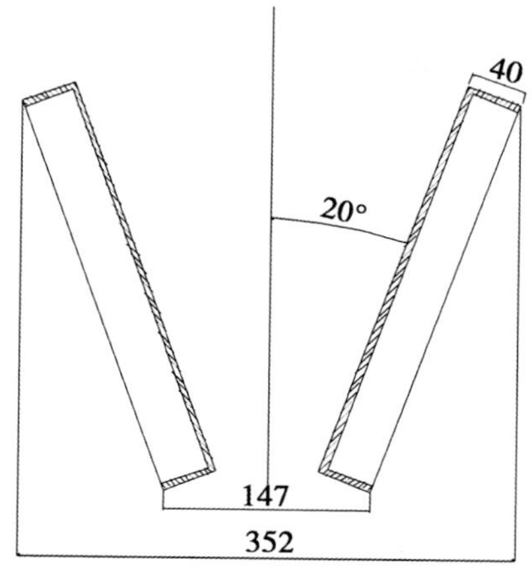

图 5－80　外翻边的"V"形铸铁镇压轮结构图

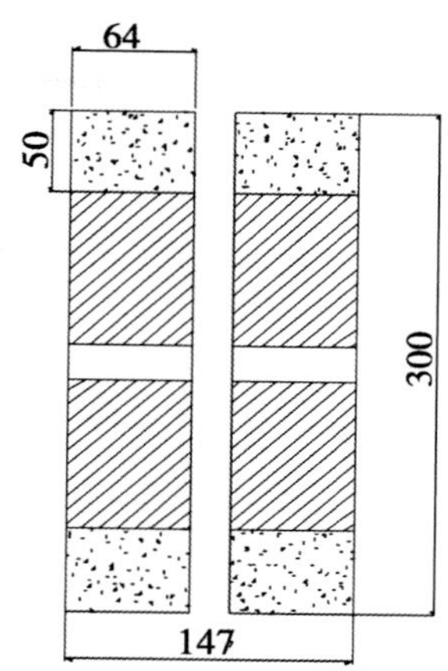

图 5－81　并列立装式的胶轮缘结构

行改进，重新作了六组外缘胶轮的镇压单体，扰土宽度由原来的 35cm 降到 15cm，直观感觉的效果尤为明显。

第一轮样机制作完成后，进行了播种精度试验，播种深度均匀性较差，深度变异系数 25%。造成深度均匀性差的主要原因是，在免耕播种条件下，地况条件比较恶劣，种子受秸秆和杂草影响，而机具受机构限制，覆土镇压点位置距落种点位置较大（30cm）。这种情况下，种子落地后容易产生弹跳，从而影响深度均匀性。通过分析，增加压种轮，使种子从导种管落下时立即由压种轮压实到种沟湿土中，既解决了种子弹跳造成的深度变化，又可使种子与湿土充分接触，提高出苗率。具体结构，见图 5－82。

增加压种轮，在昌平兴寿进行了播种深度均匀性对比试验，数据表明加装压种轮可大大提高播种深度的均匀性，玉米出苗率达到 92%，与改进前试验对比差异达到显著水平（$F = 17.4 > F_{0.01} 7.71$）。表明经研制改进的免耕播种机播种质量，达到了环保和技术要求。

2004—2006 年，在昌平区兴寿镇香屯村连续 3 年开展了不同机型播种生产示范。对不同免耕播种机型应用的产量结果与翻耕产量相比结果：迪尔－1750 机型播种春玉米出苗率 96%，平均亩产 481.9kg，比翻耕增产 14.7%；2BQM－6 改装机免耕播种春玉米出苗率 92%，平均亩产 464.5kg，比翻耕增产 10.6%。表明改进研制的免耕播种机，达到了生产应用要求（图 5－83、图 5－84、图 5－85）。

2BQM－6 改装机型改进数量及分布：2003～2007 年期间共改装 393 台，其中，大兴 32 台、顺义 125 台、通州 11 台、房山 23 台、延庆 22 台、昌平 17 台、平谷 15 台、密云 117 台、怀柔 31 台。播种效率：每年 2000 亩/台，年总播种规模近 80 万亩。

（3）改进研制的深松机具达到生产应用要求

国内外的深松机在秸秆覆盖量多时普遍存在堵塞现象，如果发生作物残茬堵塞深松铲的现象，对深松机的工作效率及作业质量都会造成较大影响，甚至可能造成机械故障。这也是秸秆覆盖地深松必须解决的难题。保护性耕作要求秸秆和残茬覆盖地表，机具工作环境比较恶劣，为此，要求工作部件—松土铲有良好的通过性能而不被秸秆和杂

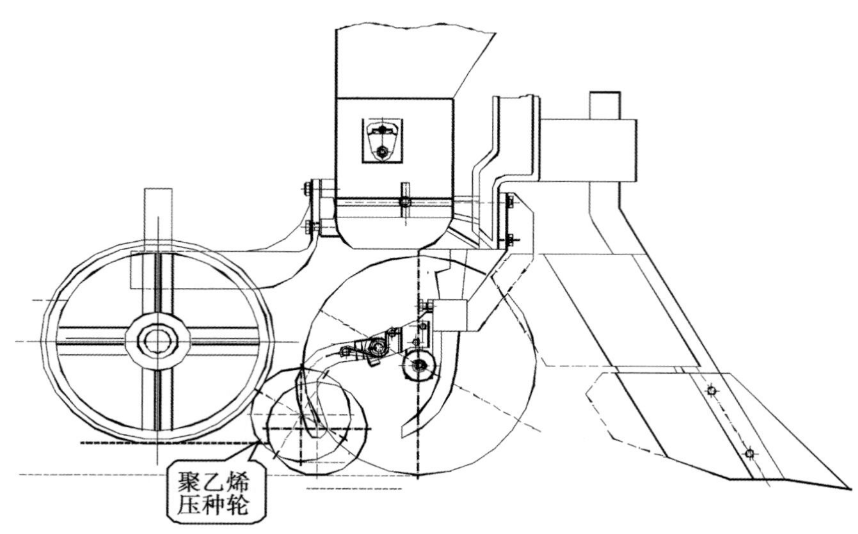

图 5-82　增加聚乙烯压种轮的样机图纸

图 5-83　改进研制的国产免耕播种机

图 5-84　改进研制的国产免耕播种机

草缠结。本次深松机是针对玉米播种前地表秸秆、杂草等覆盖条件下设计的。

该机主要由切草圆盘防堵装置、机架、深松铲、限深合墒碎土装置等几部分组成。深松机作业时，切草圆盘转动，圆盘在一定的正压力下入土，由于摩擦力的作用，切草圆盘将地表秸秆及杂草切断或推开，在入土深度（4～5cm）的土壤里切出一条缝，为深松铲的顺利通过做好准备。

防堵装置是影响深松机通过性能和作业质量的一个关键部件。设计切草圆盘入土深度为 4～5cm。通过试验选定泡状盘对玉米秸秆的切断率最好，在低速Ⅰ挡（1.56km/小时）时秸秆切断率达 97%，在Ⅱ挡（1.88km/小时）条件下秸秆切断率达 100%。

带翼铲深松不同的铲尖深松深度在 300～360mm，动土宽度方面，带翼深松的动土宽度高达 190.5mm，松土范围较大；接下来依次为双翼形、三角形、箭形、不带翼形、凿形；单铲耕宽也呈上述趋势。所以从深松动土范围考虑，由于带可调翼的深松铲能通

图 5－85　改进的关键件

过调整翼铲的上下位置，实现对土壤表层全面深松，底层间隔深松，所以，可优先选用带翼铲深松。

本机主要参数配套动力：40kW 以上的轮式拖拉机；作业速度：2. 32km/小时；耕深：25～35cm；耕宽：1 200mm。

本机具试制完成后，进行应用示范。示范条件为：玉米秸秆粉碎长度在 20cm 左右。对比试验表明，加装圆盘切刀后，能够更加有效地切断深松铲前可能缠绕的杂草和未被有效粉碎的秸秆，从而减少秸秆堵塞。深松机累计示范 80 多亩。为了保证后续播种，深松示范后，全部地块都采用圆盘耙进行平整地表。深松作业后，以离地表 30cm 高度的平面作为基准面，在离深松行中心左右各取长 40cm，每隔 5cm 测 1 次该点到基准面的距离，绘制出不加镇压和加上镇压装置后地表平整度曲线。

深松土作业需要在实施保护性耕作技术 3～4 年之后应用，自 2006 年起，深松土作业已在早期实施保护性耕作的 40 余万亩地块全面推广应用（图 5－86、图 5－87）。

图 5－86　改进研制的深松机具

图 5－87　改进研制的深松机具

4. 完成配套农艺技术研究与应用

（1）摸清保护性耕作对春玉米生育的影响

京郊连续 3 年实施春玉米保护性耕作技术的生产示范田，由于土壤性状和水分状况得到明显改善，促进了春玉米生长发育。

明显改善了玉米农艺性状：实施保护性耕作的春玉米，各生育期主要农艺性状均明显改善，和翻耕处理比较株高平均增加 10. 58cm，叶面积增加 230. 64cm^2，叶面积系数增加 0. 25，每亩地上干重提高 54. 05kg，为春玉米争取稳产高产奠定了良好基础。

有效提高产量构成因素质量：实施保护性耕作的春玉米亩穗数、穗粒数、千粒重等产量构成因素明显改善，进而提高产量。试验数据显示，实施保护性耕作春玉米平均亩产 497. 5kg，而翻耕地块春玉米亩产仅 480. 6kg，亩增 16. 9kg/亩，增产 3. 4%。

（2）摸清了杂草及病虫害发生规律，确定了配套杂草防除技术通过免耕播种春玉米田杂草发生规律监测及防除技术研究，针对免耕播种春玉米田杂草危害严重、防治效果差的特点，确定了一系列的控制草害技术措施。

主要杂草种类及为害马唐、稗草、狗尾草、反枝苋、苘麻、打碗花、葎草、刺儿菜、荠菜、铁苋菜、播娘蒿等。保护性耕作杂草发生早，为害严重。由于免耕播种春玉米田不进行土壤翻耕，使越冬性杂草、早春性杂草和部分晚春性杂草发生早，在玉米播种时田间杂草苗龄期已生长到5叶1心，开始分蘖，采用常规的化学除草方法很难除掉。在杂草发生量大的地块开展免耕播种春玉米，特别是在实行免耕的前两年田间杂草数量要比翻耕田明显多，严重的影响玉米播种质量和玉米苗期的正常生长。

主要病虫害种类及为害玉米丝黑穗病和黏虫发生和危害呈现严重趋势。

播前明草除草技术与翻耕播种玉米田相比，免耕播种玉米田在玉米播种时早春性杂草已经出土，由于杂草在出苗上的时间优势和空间优势，生长迅速，形成庞大的杂草群落，对玉米苗期生长构成威胁。根据除草效果和价格综合分析，农达、百草枯和克草快3种除草剂均可作为免耕播种的春玉米田杀明草药剂，每亩使用41%农达水剂100～200mL，或用20%百草枯水剂150mL/亩，或用20%克草快水剂150mL/亩，除草效果可达98.6%以上。

播后土壤封闭技术采用专用药剂及混用配方对免耕春播玉米田进行土壤封闭，以验证对玉米的安全性和马唐、稗草、狗尾草、反枝苋、苘麻等杂草除草效果，为生产推广提供科学依据。试验结果表明，使用除草剂及配方为亩用38%莠去津100mL加96%金都尔60mL/亩加41%草甘膦200mL/亩，或用38%莠去津100mL/亩加90%禾耐斯69.4mL/亩加41%草甘膦200mL/亩，或用38%莠去津每亩125～150mL加90%禾耐斯乳55.6～88.3mL/亩，除草效果可达90%左右。

苗期杂草防治技术为解决免耕春播玉米田前期杂草没有控制住、草龄比较大使用茎叶处理除草效果较差的问题，专门设置免耕播种玉米苗期杂草防治试验，针对的杂草种类主要有稗草、反枝苋、马唐、狗尾草等。试验结果表明，当玉米田草龄较大时，使用百草枯对玉米行间杂草定向喷雾，除草效果较好。施药后7天防治效果均在90.3%以上，除草效果随使用量的增加而提高。

丝黑穗病及黏虫防治技术研究确定了在玉米播种前，每千克玉米种子选用20%粉锈宁乳油0.2%、12.5%特谱唑可湿性粉剂0.3%、50%多菌灵可湿性粉剂0.3%中任一种药剂进行拌种，可以很好的防治玉米丝黑穗病。对于黏虫的防治与传统技术相同。

大田生产示范除草防病效果良好。如昌平崔村示范基地，2005年、2006年建设示范区，每年示范区面积200亩，主要推广玉米田草病害综合控制技术，除草效果达82%以上，控制了免耕播种玉米田草荒的发生（图5－88）。

（3）研究确定配套施肥关键技术

缓释肥底施增效明显通过四种施肥处理试验得出："底肥长效保水复混肥（20－7－7）65kg，P_2O_5 1.3kg"一次性底施对穗数、穗粒数和千粒重提升有明显促进作用，产量最高达到514.5kg/亩，各处理之间存在显著差异。与常规施肥相比，施用缓效型复混肥、保水缓效型复混肥可以促进玉米生长发育，提高玉米产量。

图 5 - 88 化学除草土壤封闭作业

确定了氮肥底施与追施比例全生育期施肥总量同为：氮肥（N）15kg/亩、磷肥（P_2O_5）5kg/亩、钾肥（K_2O）8kg/亩，氮肥分底肥与拔节肥两次按不同比例施入，磷肥、钾肥一次底施。试验得出，“底肥：N 7.5kg，P_2O_5 5kg，K_2O 8kg；拔节肥：N 7.5kg”施肥方法增产增收效果明显。研究结果证明保护性耕作技术体系适宜底施氮肥 7.5kg，拔节期追氮 7.5kg，具有显著的增产效果。

（四）关键技术内容

在进行系统研究与规模生产示范的基础上，建立了京郊春玉米保护性耕作技术模式，形成了科学、实用、规范和可操作性强的技术规范。作业工序为：秋天收摘玉米穗 → 秸秆粉碎或整秆覆盖 → 免耕休闲 → 表土作业 → 免耕施肥播种 → 杂草防控 → 田间管理（3～4 年后进行深松土）。包括四项核心技术内容。

1. 整秆覆盖技术

收穗后的玉米秸秆要作为覆盖物留在田间，根据作业工艺的不同，覆盖形式分立秆和倒秆两种。立秆覆盖是玉米摘穗收获后秸秆仍立于田间。此种形式可保证地表的秸秆不易被风刮走。倒秆覆盖是玉米收获后用机械或人工将秸秆压倒铺放于行间，压秆时应顺风向压倒，但玉米秸秆量过大时须在适量稀疏外运秸秆后，应用此方法。

2. 免耕施肥播种技术

应用“迪尔 - 1750”或“2BQM - 6”改进免耕播种机，一次完成施肥、播种作业。免耕播种机为精量播种，故要求种子发芽率达到 95% 以上。肥料种类可选用长效保水复混肥一次底施，也可选用尿素，但需分一底一追施用，根据地块具体肥力水平确定用量。种子与肥料间距应保证在 5cm 以上。在春季地温较低或无霜期短的地方播种时，应尽量将行上的秸秆分到两边，以使播种行能多吸收阳光，以利地温提高和玉米生长。

3. 杂草与病虫害综合防治技术

除播前明草每亩使用 41% 农达水剂 100～200mL，或用 20% 百草枯水剂 150mL/亩，或用 20% 克草快水剂 150mL/亩；播后采用专用药剂及混用配方对免耕春播玉米田进行土壤封闭，推荐使用除草剂及配方为亩用38%莠去津100mL加96%金都尔60mL/亩加41%草甘膦200mL/亩，除草效果可达90%。如果苗期杂草较重，使用百草枯对玉米行间杂草定向喷雾。防治丝黑穗病每千克玉米种子选用20%粉锈宁乳油0.2%，或12.5%特谱唑可湿性粉剂0.3%、或50%多菌灵可湿性粉剂0.3%中任一种药剂进行拌种。

化学除草注意事项：一是对秸秆覆盖的地块，土壤处理时使用上述除草剂的高剂量；二是单用38%莠去津除草的地块，由于该药残效期较长，后茬不宜种植豆类、花生及向日葵等敏感作物。

4. 深松技术

保护性耕作技术应用3～4年的农田须实施深松土作业。应用安装翼铲的深松土机，用40kW以上的轮式拖拉机牵引，作业速度掌握在2.32km/小时；耕深要求25～35cm，耕宽度为1.2m。

（五）创新与特色

1. 实现了京郊春玉米耕作技术的一次变革

京郊春玉米生产实施秸秆覆盖免耕播种，改农田翻耕作业为保护性耕作，促进了生态效益良性转化，是京郊春玉米耕作技术的一次革新。

2. 秸秆覆盖、专用农机具、杂草控制及施肥技术等关键技术环节取得重要突破

针对筛选确定的整秆秸秆覆盖技术特点，研制出保护性耕作免耕播种机和免耕深松机专用配套组件，实现春玉米秸秆覆盖免耕播种机与深松机通畅无壅堵作业，确保了农田土壤疏松及播种质量，促进了技术规模推广应用。

3. 建立北京地区春玉米保护性耕作综合技术体系

通过农机、农艺综合技术研究配套，形成了适合京郊春玉米生产保护性耕作综合配套技术体系。新技术体系为北京地区免耕春玉米稳产高产、农田蓄水保墒和防风蚀抑沙尘提供了技术支撑，具有科学性、实用性和可操作性。

（六）推广效果

北京地区春玉米保护性耕作技术的研究工作始于2002年，从2003年开始，试验、示范、推广同步进行，应用规模迅速扩大。2003年推广面积14.89万亩，2004年为31.3万亩，2005年为43.8万亩，2006年发展到68.4万亩，2007年达到89.98万亩，占本年度全市春玉米播种面积（129.45万亩）的69.51%，5年累计推广应用248.21万亩。2008年京郊春玉米全面普及应用春玉米保护性耕作技术。京郊春玉米实施保护性耕作，较传统耕作技术至少减少翻耕和重耙两道工序，至少节约成本30元，化学除草需要增支10元/亩左右。生产上实行保护性耕作比翻耕田每亩节本增收约20元，产量与传统耕作基本持平或略有增产，实际亩增加经济效益25.51元。

春玉米保护性耕作技术对农田实行免耕、少耕，用秸秆残茬覆盖地表以减少风蚀、水蚀，保土、保墒抑沙尘效果明显，生态效益显著。项目监测结果表明，该技术与传统翻耕技术相比，平均减少农田扬尘55%，有效减缓土壤肥力损失和荒漠化速度；春玉米全生育期土壤含水量平均增加3.4个百分点；土壤有机质含量年均增加0.098个百分点，年均提高幅度达6.5%，三年免耕秸秆覆盖耕层0～20cm土壤蚯蚓数从2条/m^2增

至 18 条/m^2，改善了土壤理化、生物特性，特别是大气质量明显改善，生态效益显著。依据测试测算，保护性耕作与传统耕作相比，2003—2007 年实施 248.21 万亩保护性耕作，减少土壤流失约 967.6 万 t、减少灌溉用水约 9 816.2万 m^3、减少有机质和氮磷钾流失约 40.67 万 t（图 5 －89、图 5 －90）。

图 5 －89　春玉米保护性耕作示范田

图 5 －90　春玉米保护性耕作示范田

二、夏玉米免耕覆盖播种栽培技术模式

（一）概述

为了减少农耗损失争取热量资源配置，通过北京市农机、农艺等专业的科研和技术人员联合攻关，探讨出“夏玉米免耕播种栽培技术体系”，这套技术模式的核心内容包括：①小麦秸秆粉碎直接还田；②夏玉米免耕施肥播种；③化学除草。生产实践表明，该技术模式可使三夏农耗压缩 6 天，争取≥0℃积温 120℃以上；减少耕、耙、平等多道农机作业工序，降低了生产成本，大大提高了玉米生产经济效益；同时，小麦秸秆直接还田避免了秸秆焚烧造成的空气污染，改善了首都大气环境，减少水土流失，培肥地力，提高农田的生态效益。该技术模式经过几年推广应用，2001 年在全国率先实现小麦秸秆全面禁烧。在此基础上，还加大了对秋季农作物焚烧秸秆的管理，此后，已连续多年实现了农作物秸秆全面禁烧。

（二）提出的背景及解决的技术问题

1. 北京郊区对传统种植制度进行全面改革

20 世纪 80 年代初，北京郊区随着农业现代化的发展，提出了大田粮食生产全面实现机械化的任务。经过几年努力，到 1988 年京郊平原地区完成了由传统间作套种向两茬平播转变的种植制度改革，小麦、玉米主要生产过程基本上实现了由机械作业代替手工劳动。与此同时，与小麦、玉米一年两熟机械化平播种植制度相配套的新品种、大型联合作业农机具、喷灌等新技术得到广泛应用。使土地利用率得到大幅度提高，农田复种指数由原来的 1.5 左右提高到 2.0，小麦、玉米单位面积穗数得到明显增加，平均增加 40% ~50%；大型机械作业进度快、质量好，生产效率显著提高，农民劳动强度下降。京郊粮食生产从根本上改变了传统作业方法，进入了机械化和规模化生产的新阶段。

2. 一年两熟种植制度给粮食生产带来新的问题

但是，一年两熟种植制度又给京郊粮食生产带来新的问题。北京地区全年≥0℃积温为4 300℃ · d左右，属一熟热量有余、两熟积温不足地区，处于我国冬小麦北部生产区边缘。冬小麦、夏玉米一年两熟机械化平播种植制度在小麦收获、夏玉米整地和播种时需要消耗农时5～7天，损失≥0℃积温150～250℃ · d，作物实际可利用积温约4 100℃ · d左右，因而上、下两茬作物热量资源配置十分紧张。在实际生产上，为保证小麦适时播种，夏玉米往往被迫提早收获，强制性缩短玉米生育期，招致两方面负面影响：一是玉米成熟度差，籽粒灌浆不足，严重影响籽粒产量和品质；二是为了减少夏收、夏种的农耗，被迫超额配备农机具，造成粮食生产成本大幅度提高。

3. 利用免耕播种技术达到增温、保墒、降成本目标

京郊的小麦收获和夏玉米播种期，正值光、温、水充沛时节，从理论上讲，缩短农耗争取早播，增加夏玉米生育期对产量和品质具有决定性影响。而我国恰有夏玉米抢早播的技术储备，1980年前后中国农业大学耕作研究室在国内率先开展秸秆覆盖免耕技术研究，并研制出了我国第一代免耕铁茬玉米播种机，在北京、河北等省市生产应用表明，水分利用率比传统耕作提高10%～20%，氮肥利用率提高10%左右，一般年份夏玉米增产10%～20%，省工、节能一半以上，表现出了明显增加热量配置、节水、培肥、增产和增收效果。

（三）主要研究内容与结果

1. 关键技术研究

研究表明，夏玉米6月17～27日播种，10月10日前收获，每早播1天，可增产玉米14.9kg/亩，且籽粒品质上升。

（1）玉米免耕播种麦秸拥堆

免耕播种机在未经翻耕并有大量麦秸覆盖的地面上作业，麦秸往往在播种机作业时拥堆，造成玉米缺苗断垄，特别是高产麦田秸秆量大，播种机拥堆更为严重。针对播种作业过程中开沟器容易遇到秸秆堵塞的问题，设计研制了防堵装置的主要工作部件—缺口圆盘刀防堵装置，该装置能同时起到切断秸秆和拨开秸秆的作用，从而有效清理播种施肥开沟器前的秸秆，试验表明，该装置防堵效果好，动力要求低，动土量少，整机功率消耗小，有利于充分发挥保护性耕作的优势。

（2）播后苗前化学除草

传统的翻耕技术可将麦田杂草和杂草种子翻入地下，达到杂草防治效果，而免耕技术必须严格落实化学除草技术，否则极易形成草荒。开展播后苗前化学除草技术研究，确定了药剂类型、用量和应用方法。实践表明基本可保证夏玉米全生育期田间无杂草危害，且成本较低，省工省力。

（3）防治麦田黏虫

能否有效地防治麦田黏虫是夏玉米免耕覆盖栽培技术成败的关键。如果麦田黏虫防治不力，小麦秸秆上贮存的大量黏虫将严重为害玉米幼苗，曾经有过玉米幼苗一夜之间被黏虫吃光的教训。必须抓好麦田黏虫防治，保证将二代黏虫消灭在3龄以前。如果玉

米出苗前发现仍有一定数量的黏虫，需结合化学除草重新防治 1 次。

2. 麦秸覆盖免耕播种对玉米生育影响的研究

顺义区试点免耕覆盖与翻耕两种耕作栽培方式示范玉米生育状况数据显示，采用免耕覆盖方式，夏玉米播种提早，通过争取较多的热量，使植株发育健壮，根系发达，叶面积增大，光合势增强，并能延长籽粒灌浆时间（表 5－61，图 5－91），从而为夏玉米高产、优质奠定了基础。两种耕作方式比较数据显示，免耕田平均单产 363.5kg/亩，比翻耕田增产 10%。

表 5－61　免耕覆盖与翻耕两种播种方式植株发育状况的比较（1998 年，顺义）

调查日期（月/日）	耕作方式	株高（cm）	根条数	单株叶面积（cm）	单株鲜重（g）	单株干重（g）
7/10	免耕	35.2	8	134.9	5.8	0.66
	翻耕	33.0	8	126.2	4.8	0.60
	免耕比翻耕 ±	+2.0	0	+98.7	+1.0	+0.06
7/25	免耕	85.0	23	1 737.3	95.0	9.0
	翻耕	83.0	21	1 571.6	87.5	8.3
	免耕比翻耕 ±	+2.0	+2	+156.7	+7.5	+0.7
8/25	免耕	275.0	55	6 976.4	690.0	125.0
	翻耕	278.0	51	6 326.5	650.0	115.0
	免耕比翻耕 ±	－3	+4	+549.9	+40.0	+10.0

供试品种：中单 8

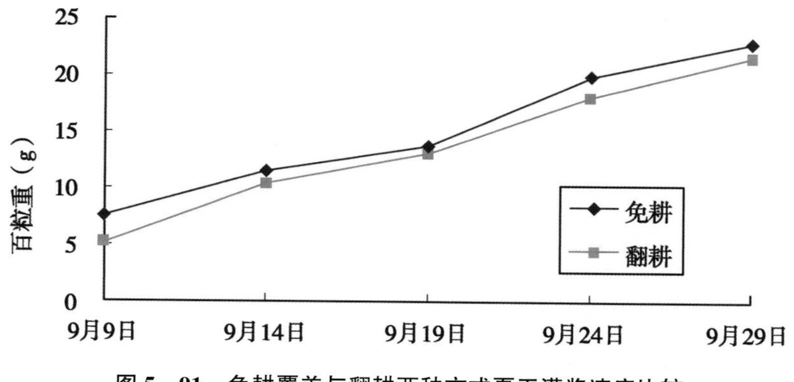

图 5－91　免耕覆盖与翻耕两种方式夏玉灌浆速度比较

3. 麦秸覆盖免耕播种对生态效益影响的研究

（1）蓄水保墒，提高水分利用率

免耕覆盖由于减少了对土壤耕层的破坏，使土壤结构具有连续稳定的孔隙特性，土壤有效持水空隙量大，具有较强的持水能力。在降水较多时，因前茬的根系及土壤的毛细管未被破坏，可大量积蓄降水，且下渗能力强，具有一定的抗涝能力。干旱年水分又可随毛细管迅速上升供作物生长需要；地表有秸秆覆盖层能抑制水分蒸发，又具有一定的抗旱能力。1996年，在昌平沙河试点测定免耕覆盖与播耕两种播种方式的水分变化状况，测得数据显示免耕覆盖的土壤水分在各时期均比翻耕的含量高，提高的幅度在0.3%～4.4%，干旱时期土壤水分提高的幅度更大（图5－92）。

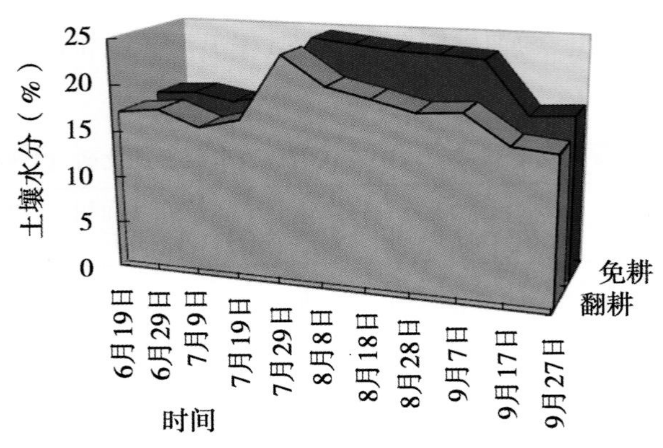

图5－92　免耕覆盖与翻耕土壤水分含量比较

由图5－92可见，免耕覆盖与翻耕的土壤水分含量升降变化趋势基本是一致的，但免耕覆盖土壤水分下降趋势较平缓，从7月29日至9月7日，免耕覆盖的土壤水分从24.5%下降到23.0%，40天中只下降了1.5%，而翻耕的土壤同期土壤水分却下降了3.8%。试验数据说明免耕覆盖土壤保水性能优于翻耕，田间持水调解能力明显加强，此时，正值夏玉米生长需水的关键时期，土壤保持较高的水分对夏玉米抽雄、吐丝、授粉、灌浆非常有利。

（2）减少环境污染，提高土壤肥力

小麦收获时秸秆直接粉碎还田，实行夏玉米免耕秸秆覆盖播种，可培肥土壤地力，同时，有效地解决了焚烧麦秸的问题，减少了环境污染。昌平沙河乡丰善村的免耕覆盖农田土壤长年监测数据显示，小麦、玉米两茬连续多年秸秆还田，可使土壤有机质每年以0.03个百分点的速度增长，同时明显改良了土壤物理结构，土壤容重降低，微生物数量增加。

4. 麦秸覆盖免耕播种对经济效益影响的研究

京郊夏玉米生产传统的耕作模式一般需要10道工序，总生产成本215元/亩，其中，施底肥5元/亩、重耙18元/亩、翻耕18元/亩、轻耙碎土15元/亩、镇压4元/亩、播种15元/亩、除草5元/亩、田间管理20元/亩，灌溉用电75元/亩、收获40元/亩。采用夏玉米免耕播种栽培技术，可以节省4～5道工序，总生产成本190元/亩（秸秆粉碎15元/亩、免耕播种施肥30元/亩、2次化学除草15元/亩、田间管理20元/亩，灌溉用电75元/亩、收获40元/亩），生产成本比翻耕田减少7%左右。免耕田平均利润246.2元/亩，比翻耕田增加近37.4%（表5－62）。

表 5－62　不同耕作方式经济效益比较（2001 年，顺义）

耕作方式	亩产量（kg/亩）	生产成本（元/亩）	亩产值（元/亩）	亩利润（元/亩）
免耕	363.5	190.0	436.2	246.2
翻耕	328.5	215.0	394.2	179.2
免耕比翻耕 ±	35.0	－25.0	42.0	67.0

注：玉米销售价格按 1.2 元/kg 计

（四）技术规范

1. 作业工序

小麦收获 → 小麦秸秆粉碎还田 → 夏玉米免耕施肥播种 → 化学除草除虫 → 田间管理 → 玉米收获。

2. 基本条件

地势平坦，种麦整地时要确保地面平整；具备喷灌条件；拥有性能良好的小麦收割及麦秸粉碎机、免耕播种机、喷药（雾）机等农机具。

3. 播前准备

种子准备：选用精选、加工和包衣处理的种子；种子的发芽率要达到 90% 以上。

浇底墒水：麦收前 3～7 天浇麦黄水，具体浇水时间依据土壤质地而定，以收麦时农机能进地作业和玉米播种时有良好的墒情为标准，浇水量一般喷灌 4～5 小时。

化肥准备：根据夏玉米配方施肥最佳方案准备化肥，通常标准为：氮 16kg/亩左右、P_2O_5 3kg/亩左右、K_2O 12kg/亩左右。

带麦防治黏虫：在麦田二代黏虫虫口密度达到每平方米 10 头时，应进行带麦防治，可选用辛硫磷、敌百虫或敌敌畏药剂对水喷雾防治，将二代黏虫消灭在 3 龄以前。

4. 小麦收割及麦秸还田

小麦应在腊熟末期收获，此时麦粒含水量在 25% 左右，比较有利于收获。小麦割茬高度以有利于夏玉米播种为宜，一般麦田留茬高度为 10～15cm，高产麦田适当提高割茬高度，既有利于小麦收获，又可减少由于地面麦秸量大造成播种机拥堆。麦秸粉碎的长度不宜超过 10cm，且要铺撒均匀，不成堆，不成垄。

5. 播种

播种期：要争分夺秒早播，播期不得晚于 6 月 23 日。

精量点播：①根据当地土壤肥力、品种特性及生产条件确定适宜种植密度。紧凑型品种以 4 000～4 500株/亩为宜，平展型以 3 800～4 200株/亩为宜，各地应根据当地肥水条件酌情掌握。②确定行距、粒距和播种量。为与玉米收获机相配合，适宜行距为 65～70cm。根据密度、种子发芽率和行距计算播种粒距和播种量。计算公式为：

播种粒距（cm）＝（10 000 × 10^4 × 发芽率 × 田间出苗率）/行距 × 每亩计划种植密度

播种量（kg/亩）＝每亩播种粒数 × 千粒重 × 10^{-6}

播种机调试及播种操作要求：第一将行距调整为 65～70cm；第二调整播种深度，

一般5cm左右；第三是调整播种量，要求拖拉机以2～3档的速度行驶，行速要匀，路线要直，中途不停车，不漏播，不重播；第四确定底化肥用量及调整施肥深度，将全部磷、钾肥和少量氮素化肥做底肥，施肥深度8～10cm为宜。

6. 化学除草及二次黏虫防治

除草剂及杀虫剂的选择与搭配：夏玉米田间除草以阿特拉津为主，搭配其他除草剂如拉索、乙草胺等。用量是：40%的阿特拉津150～200mL/亩，搭配48%拉索100～150mL/亩。有明草的地块可加百草枯200mL/亩或农达200mL/亩。除草时还应加适量杀虫剂，消灭残落在田间的黏虫幼虫，可选用氧化乐果，用药量为150mL/亩。

化学除草及杀虫方法：①机械喷药。将上述除草剂、杀虫剂及清水90kg混合后于播后苗前机械地面喷药，进行土壤封闭。注意不要重喷或漏喷。②喷灌。喷药之后进行喷灌有利于提高除草效果，喷水量一般为3小时。③再次防黏虫。出苗后，若发生黏虫（此时均为4～6龄幼虫）为害，须立即开展防治。在玉米生长中期，杂草多的地块还应注意防治3代黏虫为害，当田间杂草上虫口密度达10头/m^2或百株玉米虫口达30头/m^2时，也须进行防治。④防治玉米螟。防治方法是用0.5kg甲基或乙基1605加水2kg与25kg炉渣制成颗粒剂，于心叶末期撒于心叶内防治。也可以向田间放赤眼蜂1～2次，放蜂量0.8万～1.5万头/亩，放蜂期掌握在玉米螟成虫产卵始盛期。

7. 追肥

免耕覆盖的夏玉米底化肥不足，需要在定苗后早追肥，将全生育期计划氮肥总量中剩余部分全部追入促幼苗早发。

8. 浇灌浆水

秋旱对夏玉米产量影响极大。若8月中旬后干旱少雨，有灌溉条件的应及时浇灌浆水。

9. 适时收获

京郊玉米收获机主要以KCKY－6和4YW2型为主。收获时机车行驶轨道要准确，提高收获质量，减少损失。

（五）创新与特色

1. 玉米生长季节延长

据北京市农业局调查结果，平原地区充分利用农业机械连续作业，“三夏”农忙季节田间作业期缩短了6天，相当于抢到了200℃·d的生长积温。

2. 生产成本降低

麦秸还田夏玉米播种施肥，减少了农机耕作作业工序，降低了生产成本，大大提高了玉米生产经济效益。

3. 生态效益提高

实施免耕秸秆覆盖，避免了秸秆焚烧造成的空气污染，改善了首都大气环境，增强了土壤保土、保水、保肥能力，提高土壤肥力保障持续增产。

（六）推广效果

进入21世纪以后，京郊夏玉米生产全面推行了夏玉米免耕覆盖种植技术，覆盖率达100%。通过推广夏玉米免耕覆盖种植技术、严格对秸秆焚烧的检查处理，促进了小麦秸秆转化利用等措施，2001 年在全国率先实现小麦秸秆全面禁烧（图 5－93 至图 5－96）。

图 5－93　京郊夏玉米免耕播种栽培

图 5－94　京郊夏玉米免耕播种栽培

图 5－95　京郊夏玉米免耕播种栽培

图 5－96　京郊夏玉米免耕播种栽培

第五节　优质专用玉米栽培配套技术体系

1998 年，新一届北京市政府根据市场经济发展需求，大力推进种植业结构调整，粮食生产面积减少，畜牧业和园艺业得到迅速发展。玉米面积 1999 年开始下降，至 2003 年玉米播种面积降至 112.8 万亩。为适应畜牧业发展和市场需求的变化，北京市农业技术推广站与科研及相关企业联合，积极研究开发优质专用玉米生产技术，调整产品方向，以玉米优质专用和增效为目标，通过筛选优质专用品种、研究配套栽培技术、指导优质优价购销，引领京郊玉米生产逐步走上了优质化、专用化、产业化发展轨道。

一、专用青贮玉米夏播配套栽培技术模式

（一）概述

随着草食性家畜的发展，对青贮玉米需求量逐年递增。由于青贮饲料需求量大、水

分含量高，不宜长距离运输，不能依靠外埠供应，必须在本市就地解决。为满足草食性家畜青饲需求，全市建成 30 万亩青贮玉米生产基地是玉米生产目标的重大转变。市农业技术推广站在新品种选育引进和进行配套栽培技术研究的基础上，2005 年制定并发布了《夏播青贮玉米生产技术规程》地方标准，为保障首都青贮饲料充足供应做出了重要贡献。

（二）提出的背景

首都市场需求的变化，要求玉米生产进行类型及品种结构调整。为发展农村经济和满足首都城乡居民对肉、蛋、奶的需求，北京市在 2000 年前后的农业结构调整中大幅度上调了畜牧业比重，并增加了草食性牲畜的养殖份额。饲料作物是发展畜牧业的基础，而玉米是“饲料之王”，是能量饲料（在配合饲料中占 60% ~70%）和青贮饲料（占 90% 以上）的主要原料，是京郊饲料生产的重中之重，特别是籽粒玉米还可以从外埠购买，而青贮饲料必须就地解决。因此，抓好优质专用饲料玉米生产，促进种、养业全面发展，成为农业科技人员的重要攻关课题。

调整玉米生产类型及品种结构，需要实施产业化运作带动。调整玉米生产类型及品种结构，需要改进利益分配和连接机制，将合理分配、利益共享原则贯彻到玉米生产与销售中，要使生产者（农民）和使用者（企业）均能享受到调整玉米生产类型及品种结构带来的经济效益。这就需要实施“优质优价”运作，而通过产业运作，落实产销订单，可确保优质饲用玉米优质优价，保证农民产得出、卖得好，解决农民后顾之忧，才能促使农民种植生产。这种产销订单式产业化运作可引导玉米生产走向规模化、标准化、市场化，使玉米经济由弱质逐步走向高效的有效途径。

实施玉米产业化运作，迫切需要制定和推广标准化生产技术。农业标准化是农业产业化的基础，是规范农产品市场经济秩序的重要依据，通过标准化的技术和管理手段，可实现对农业生产的全过程控制，保证农产品的优良品质和统一规格，为农产品的深加工创造条件。此外，标准化是科技成果转化为生产力的最佳桥梁，通过标准化工作，将已有科技成果进行归纳，制定成供农民使用的农业生产技术标准，使先进技术渗透到农业生产的全过程中，可加速转化为现实生产力，有效地提高生产水平。伴随着专用青贮玉米的发展，迫切需要制定和推广其生产技术标准。

（三）主要研究内容与结果

1. 建立种植方式

根据市场需求和京郊热量资源状况，建立了冬小麦—中晚熟品种青贮玉米种植方式。

2. 筛选适宜品种

引进多个中晚熟品种，开展品比试验，检测参试品种的生物学特性和籽粒产量。试验结果表明，科青 1 号、科多 8 号植株最高，在 3.3m 以上，属高秆品种，生物产量高，抗病性和保绿性较好，但是较易倒伏。农大 108、中原单 32、中单 9409、中金 601、高油 115 号的株高在 2.7 ~3.0m，属中秆品种，生物产量中等，抗倒、抗病，保绿性较好，可作为粮饲兼用品种。中晚熟专用青贮玉米品种以科青 1 表现突出（表 5 -63，表 5 -64）。

表 5－63　参试品种的生物产量

参试品种	小区产量	折亩产（kg）	显著性比较
科青 1	234.6	4 740.3	a
科多 8	226.6	4 577.3	ab
中金 601	189.6	3 831.2	abc
金海 5	181.9	3 674.9	abc
中单 9409	163.0	3 293.8	bc
中原单 32	160.6	3 243.9	c
农大 108（CK）	159.8	3 227.8	c
高油 115	148.6	3 001.5	c

表 5－64　参试品种的籽粒产量

参试品种	小区产量	折亩产（kg）	显著性比较
农大 108	24.9	503.1	a
金海 5	23.0	464.0	a
科青 1	22.6	457.3	a
中原单 32	22.1	446.5	a
中单 9409	21.7	438.4	a
中金 601	21.2	427.6	a
高油 115	15.6	315.2	a

3. 研究适宜密度

科青 1 号品种从 2 300～5 300株/亩的 7 个不同密度处理试验的青贮产量变化，见图 5－97、图 5－98。由图 5－98 可见不同密度处理下青贮产量的变化规律是：产量先是随着种植密度的增加而提高，当密度达到一定限度时产量达到高峰，其后随着密度的增加而产量下降。青贮产量的方差分析结果是 $F=66.57^{**}$，试验处理间的青贮产量差异达到显著或极显著水平。

进一步对青贮产量作多重比较分析（表 5－65），结果表明：采用 3 800～4 300株/亩的密度，可取得最高的生产力。上述试验结果表明，青贮玉米专用品种科青 1 号在北京郊区适宜的种植密度范围为 3 300～4 300株/亩。生产实施中应根据不同地块的土壤肥力水平选择最适宜的种植密度。

青贮玉米植株不同器官的营养价值是不同的，果穗的营养品质最好，其次是叶片，而茎秆的营养品质相对较差。科青 1 号在不同种植密度的条件下，果穗和叶片所占地上部分植株总重量的比例有明显差异（表 5－66），果穗和叶片占植株总重量的比例随着种植密度的提高而呈下降趋势，其中，果穗下降的幅度尤为明显。因此，在确定科青 1 号种植密度时，在考虑生物产量的同时，还必须考虑果穗和叶片比重对营养品质的影

图 5－97　科青 1 号品种生产田

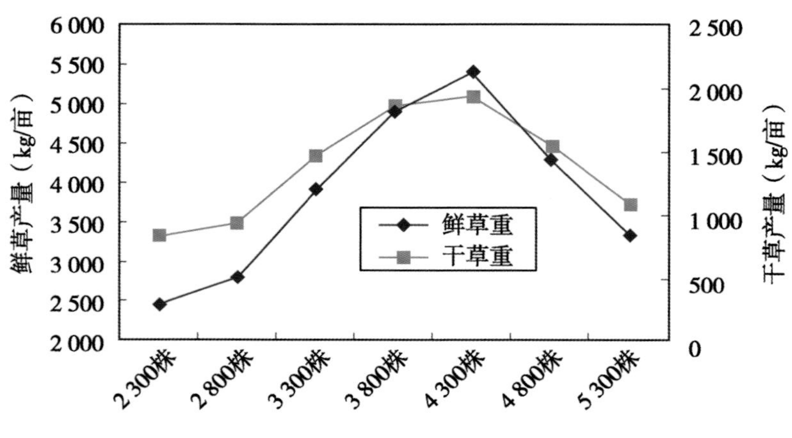

图 5－98　不同密度处理鲜、干草产量

响。在适宜种植密度范围内适当稀植，有利于提高果穗与叶片在植株总重量中所占的比例，从而提高青贮饲料的营养价值。

表 5－65　不同密度处理结果的多重比较

处理（株/亩）	平均鲜草产量（kg/亩）	差异显著性	
		F＝0.05	F＝0.01
4 300	5 406.0	a	A
3 800	4 896.0	a	B
4 800	4 300.0	b	C
3 300	3 914.0	bc	C
5 300	3 349.5	c	D
2 800	2 807.0	cd	E
2 300	2 443.8	d	E

表 5－66　不同密度处理茎、叶、穗重量比例

密度处理（株/亩）	2 300	2 800	3 300	3 800	4 300	4 800	5 300
茎秆	1	1	1	1	1	1	1
叶片	1.2	1.2	1.1	1.1	0.9	0.9	0.9
果穗	2.1	2.0	1.7	1.6	1.5	1.3	1.2

由于果穗和叶片的营养价值较茎秆高，而穗、叶所占重量比例又与种植密度呈负相关。因此，确定科青 1 号种植密度时，在适宜密度范围内适当稀植既可获得较高产量，又有利于提高青贮营养品质（每亩适宜留苗密度为 3 800～4 300株）。

4. 施肥技术

专用青贮品种“科青 1”的最佳施肥量为 N16kg/亩、$P_2O_5$6～9kg/亩和 K_2O 5～15kg/亩，肥料三要素的适宜配比为 2.7：1：1.7。上述施肥指标在大面积生产应用时尚需根据土壤肥力的具体情况进行必要的调节，确保肥料的施用更为经济合理。

5. 最佳收割期

专用青贮品种“科青 1”的最佳收割期为吐丝后 30 天前后（乳熟末期），此期收割青贮，植株水分含量降至 65%～70%，干物质积累多，茎、叶、穗比例适宜，营养成分含量高，饲用品质也最好；高油玉米品种“高油 115”吐丝后 28～30 天时植株水分含量已降至 70%左右，粗蛋白含量保持在 8.2%～8.4%较高水平，粗脂肪含量则高达 2.75%以上，根据产量和质量双优的原则，此时，为“高油 115”专用青贮生产的最佳收割期。

（四）制定夏播青贮玉米生产技术规程

见附 2：北京市地方标准，DB11/T 258—2005。

（五）创新与特色

该模式主要创新有三方面：一是确定了京郊青贮饲料玉米生产的最适宜种植茬口，即“麦茬夏播”，纠正了部分地区春播青贮玉米生产种植方式；二是在麦茬夏播条件下，明确了适宜的青贮玉米熟期品种为中晚熟品种（从播种到籽粒成熟 120 天左右），可用专用青贮玉米品种如“科青 1 号”等，也可用粮饲兼用品种，如高油 115、农大 108 等；三是在进行关键栽培技术研究的基础上形成了《夏播青贮玉米生产技术规程》地方标准。

（六）推广效果

据北京市农业技术推广站统计，京郊畜牧业所需的青贮饲料除个别奶牛企业有一定小黑麦种植外，全部是玉米青贮饲料，年种植面积稳定保持在 20～30 万亩。

二、优质鲜食玉米配套栽培技术模式

（一）概述

甜、糯鲜食玉米鲜嫩适口、甜糯适宜、品味纯正且具保健作用，因而成为膳食结构调整中的新宠，也成为都市农业产业的发展趋势。为满足首都市场的旺盛需求，北京市农业技术推广站广泛引进优质高产甜、糯鲜食玉米特色品种，经过生态适应性鉴定及配套栽培技术集成，在京郊大面积示范推广应用，为鲜食玉米长期稳定发展奠定了基础。自2001年起全市鲜食玉米种植规模连年增长，经济效益达到普通玉米的2～3倍，成为农民致富的重要途径。

（二）京郊鲜食玉米产业发展情况

1. 生产现状

（1）面积与分布

北京市拥有“华美大地甜糯玉米加工厂”、“北京隆源农嘉禾农业科技公司”等规模加工能力的鲜食玉米加工企业10多家，主要分布在各个郊区县，以加工鲜穗和鲜籽粒为主，采用真空和速冻包装的方式供应超市、礼品店和饭店。北京郊区在城市消费和企业的拉动下鲜食玉米生产发展较快，种植规模连年增长。在各龙头企业的带动下，北京郊区县的鲜食玉米的种植面积逐年增加。全市鲜食玉米总生产面积从2003年的不足2万亩，发展到2007年的12万亩左右，4年间增长了5倍。但到2010年京郊鲜食玉米生产面积又下降到不足3万亩。生产区域主要分布在房山、顺义、平谷、密云4个具有鲜食玉米加工企业的区县，其中，房山区在“华美大地甜糯玉米加工厂”龙头企业的带动下发展速度最快，2007年种植规模达到了4.32万亩，占全市总面积的36%。

（2）品种

北京地区甜、糯鲜食玉米品种比较丰富，不仅数量多、且品质优，主要得益于北京中央、地方科研单位较多，品种资源丰富。2007年北京地区鲜食玉米种植品种达到百亩以上规模的品种有19个，种植规模较大的品种主要有：京科糯2000、紫香糯、京科甜183、甜单21、甜单8号、甜单10号、中糯1等。2010年生产面积达到百亩以上的品种有15个，特别是北京市农林科学院玉米研究中心更胜一筹，其选育的“京科甜、京科糯系列”品种在生产上占主导地位，并在全国鲜食玉米生产上占有突出的地位。

2010年代甜玉米主栽品种为市玉米中心选育的京科甜183，占甜玉米总面积的32.4%，搭配品种为中农大甜413（中国农大选育）及华珍（农友种苗股份有限公司选育）、斯达206（中国农科院选育）、京科甜158等，分别占13.9%、10.8%、9.6%和9.1%。糯玉米当前主栽品种为市玉米中心选育的京科糯2000，占糯玉米总面积的28.6%，主要搭配品种为京甜糯928，占10.5%，其他品种面积均较少。需要关注的是京甜糯928品种为“甜+糯”型，通过审定仅两年时间，但其种植规模已达到2 000余亩，发展势头强劲。

（3）种植方式

京郊鲜食玉米生产因受到市场销售量和企业加工能力的制约，多采取分期播种、分时采摘、分批上市的方法。生产方式以露地为主，包括大田、棚档田、林下田等；另具有一定面积的温室和大棚设施生产。露地种植方式多为一年一茬或两茬，一年一茬一般采取与小麦或蔬菜轮作种植方式，一年两茬则采取前茬地膜覆盖技术；温室和大棚设施生产多与蔬菜、草莓轮作，或一年3～4茬种植。京郊鲜食玉米生产多采取分期播种、分时采摘、分批上市的方法（图5-99至图5-102）。

图 5－99　露地鲜食玉米生产

图 5－100　露地甜玉米中农大田 413

图 5－101　棚档田鲜食玉米田块

图 5－102　日光温室鲜食玉米与草莓间作

（4）产销方式

目前，京郊鲜食玉米产、销方式有 3 种类型：一是龙头企业带动型，占总生产面积的 80%，由企业与农民签订订单，农技推广人员负责技术服务，这种类型生产规模较大，一般几十亩甚至数百亩成方连片；二是农户自发型，占总面积近 20%，农民根据市场行情自行种植和销售，生产规模相对较小，一般只有几亩或几十亩；三是观光采摘型，面积有限，一般种植在观光园内。

（5）产量与效益

京郊鲜食玉米平均亩产果穗 630kg，平均每千克销售价 3 元，亩利润 1 300元左右。种植鲜食玉米属于高效集约型农业，除玉米果穗外，糯、甜玉米的茎叶还是上好的青饲料，平均可亩产青饲料1 000kg，增加收入50元/亩（每千克秸秆0.05元）。另外，还可以大大缩短生育期，为搭配其他作物腾出许多农时。

2. 加工现状

（1）加工企业及其产品

21世纪初，北京市具有规模加工能力的鲜食玉米加工企业有10余家，企业的产品类型、包装方式、主打品牌、销售形式和主要销售市场见表5－67。产品类型主要以速冻果穗、鲜穗和籽粒罐头为主。包装方式多为冷冻或真空包装。各家企业均有自己的品牌，并形成了一定的知名度。销售形式包括：超市、礼品、饭店配送、外贸等。销售市场主要是本市及国内市场，只有北京隆源农嘉禾农业科技公司的产品全部外销到韩国和日本，该公司的糯玉米占到韩国进口量的60%以上。

表5－67　主要加工企业鲜食玉米销售情况

企业名称	产品类型	包装方式	外包装	品牌	销售形式	主要市场
华美大地甜糯玉米加工厂	鲜穗、籽粒罐头	真空、冷冻	纸箱	华美	超市、外贸	国内，部分外贸
隆源农嘉禾农业科技公司	速冻果穗	冷冻	纸箱	隆源百合	外销	韩、日
绿之宝食品有限公司	鲜粒	冷冻	纸箱	粒粒鲜	批发	国内
大兴区西瓜产销联合会	速冻果穗	真空、冷冻	纸箱	庞各庄	礼品	联合会内、本市
北郎中糯玉米加工厂	速冻果穗、鲜穗	冷冻、真空	塑料软包、纸箱	北郎中	饭店、采摘	顺义、本市

（2）设计加工能力及实际加工量

北京市年加工甜、糯玉米能力为3.2万t，约1亿穗（表5－68）。其中，北京隆源农嘉禾农业科技公司和绿之宝食品有限公司两家企业设计年加工能力较强，均可达到1万t。目前，各企业实际加工量已达到或接近设计加工能力。

表5－68　主要加工企业鲜食玉米加工情况

企业名称	企业属地	年加工能力（t）		实际加工量（t）	
		甜玉米	糯玉米	甜玉米	糯玉米
华美大地甜糯玉米加工厂	房山	4 500	2 600	4 400	2 600
北京隆源农嘉禾农业科技公司	密云	/	10 000	/	8 000
绿之宝食品有限公司	平谷	9 000	1 000	9 000	1 000
大兴区西瓜产销联合会	大兴	500	4 500	250	2 300
北郎中糯玉米加工厂	顺义	/	38	/	38

3. 存在问题

（1）产品类型少，加工质量参差不齐

北京市鲜食玉米加工企业以民营为主，企业相对规模不大，加工类型少，大部分为低端产品，加工质量参差不齐，产品价值低，影响了产业发展。主要原因是：①加工技术比较落后，先进加工技术应用率低；②一些企业加工设备较差，致使加工质量上不去；③缺乏对管理和技术人员的培训，产品升级速度较慢。

（2）市场尚未培育起来

缺乏对大众的强大宣传攻势，特别是对鲜食玉米的特色及食用功效等方面内容宣传不够，消费市场尚未培育起来，对产业的拉动作用较小。一方面，北京鲜食玉米每年消费量10万t，且以低端产品居多，销售渠道主要为超市和农贸市场，这与首都大都市地位不相适应；另一方面，鲜食玉米加工企业未能形成合力树立知名品牌，产品影响力小。

（3）专用配套栽培技术普及率低

由于鲜食玉米种植历史较短，目前，农民对鲜食玉米栽培技术的掌握程度还有待进一步提高，特别是专用配套技术的普及率较低，在很大程度上影响了鲜食玉米的发展。

（4）抗灾能力差，种植风险高

玉米生产季节正是自然灾害高发期，特别是鲜食玉米比普通玉米综合抗性差，抵抗自然灾害的能力弱。据北京谷物协会玉米风险互助工作统计，2006年鲜食玉米受灾率达到51.9%，在各类玉米（籽粒、鲜食、青贮、制种等）生产中居首位，导致鲜食玉米成品率低，仅有70%左右。这在很大程度上影响了农民种植的积极性。

4. 发展优势

（1）市场潜力大

随着人们对绿色、天然、保健食品的需求量越来越大，甜、糯鲜食玉米以其鲜嫩适口、品味纯正和具保健作用而成为食品的新宠。特别是北京人口多，生活水准高，而且鲜食玉米可以加工成多种用途的功能性食品，可满足不同层次的消费需求，利于提高京郊农产品在市场上的竞争力。因此，北京市有巨大的市场发展潜力。

（2）自然和生产条件好

北京市的气候、土壤等自然条件适合甜、糯鲜食玉米生产；具备无（低）污染生产的生态环境条件；农业机械化程度高，灌溉设施齐备，交通方便，有很好的生产条件。特别是鲜食玉米相对于其他经济作物来说生产技术较为简单，肥料用量低，而且玉米生产雨热同季，灌溉较少，是典型的资源节约型作物，适宜在京郊大力发展。

（3）有技术优势

北京，科研力量雄厚，科研单位云集，品种资源丰富，并形成了鲜食玉米生产地方标准。近年，北京市农业技术推广站通过实施市农委“优质专用玉米配套技术示范推广”和农业部优势农产品推广计划“专用玉米标准化技术推广”等项目，筛选出一批品味纯正、适口性佳的鲜食玉米新品种，并研发集成了各品种的配套栽培技术，形成了甜玉米生产地方标准，在房山、顺义、大兴、通州等地建有示范基地，具有较好的技术基础。

（4）符合节约型农业的发展方向

我国正在建设节约型社会。鲜食玉米兼有粮食作物和经济作物的特点，具有产量高、稳产性好等优点，且生长季节正处在北京的雨季，灌溉用水较少，再加上生产技术简单，肥料施用量低，是典型的节约型作物。

5. 发展对策

（1）加大政府扶持力度

第一，加强扶持龙头企业，依靠企业带动整个产业的良性发展。鲜食玉米自然保鲜、货架销售时间有限，必须有大型龙头企业来及时处理鲜食玉米的初级产品。没有龙头企业的带动，将给销售带来很大的压力，会损伤农民种植鲜食玉米的积极性。美国甜玉米之所以能够发展成大产业，是和美国政府多年的支持分不开的。

第二，加强扶持育种单位，以加快培育产量高、品质优、穗型整齐划一的品种。

第三，为了推动鲜食玉米进一步发展，必须适时调整行业政策，特别是对公认的特优品种适当减少审定环节，加快特优品种成果转化。

（2）加强高水平鲜食玉米新品种的选育

优异的品种是鲜食玉米产业的基础。目前，我国培育的鲜食玉米品种与国外优良品种相比还有很大差距，特别是甜玉米品种。需要强化优异新种质的创新，加强对国外育种基础材料的引进，并针对不同生态区选育特色品种。

（3）重视栽培技术的研究，提高鲜食玉米产量和品质

提高鲜食玉米产量和品质，关键是提高关键栽培技术水平。应制定不同类型鲜食玉米主栽品种的综合配套栽培技术规程，确定量化指标，可操作性要强，以便广大农民应用。

（4）制定相应政策，鼓励和引导产业发展

北京是一个严重缺水的城市，农业生产的发展要考虑城市的可持续发展。鲜食玉米生长期与雨热同期，用水较少，为节水作物。发展鲜食玉米生产能够降低农业水资源消耗，政府应将鲜食玉米列入补贴重点，鼓励和引导农民发展鲜食玉米生产。

（5）加大宣传力度，提高大众的认知度

加大宣传力度，普及鲜食玉米知识，特别是对鲜食玉米的特色及食用功效等内容应强化宣传，促进市民改善膳食结构，平衡营养，提高大众消费水平，以拉动北京市鲜食玉米发展。

（6）打造名牌，扩大产品知名度

发展北京市鲜食玉米产业，必须扩大产品知名度，创造符合特定市场需求和具有影响力的品牌，引进与推广特色品种，通过精加工打造北京鲜食玉米名牌产品，供应首都市场，满足消费需求。

（三）栽培技术要点

1. 品种选择

目前，市场上的特种鲜食玉米品种繁多，特性各异。在选择品种时，第一，要注意品种的丰产性和品质性状，一般要求亩产鲜穗500kg以上，同时，具备甜糯适度、香味纯正、质地柔嫩和营养丰富等特性；第二，要求品种果穗大小均匀一致，苞叶长不露尖，结实饱满，籽粒排列整齐，种皮较薄；第三所选品种的生育期要符合当地生产、生态条件，种子发芽率高，出苗势较强；第四所选品种必须对当地流行的主要玉米病虫害有较高的抗性。各地可根据当地的气候特点、市场需求选择合适的品种进行种植。目前在北京地区具有较强竞争力的品种有：京科甜183（甜玉米）、京科糯2000（糯玉米）等。

2. 隔离种植

由于玉米为异花授粉作物，不同玉米品种之间互相串粉会使籽粒品质受到影响。因

此，特种玉米与普通玉米以及不同品种的特种玉米均不能种植在同一生产区内，必须在严格的隔离条件下种植。隔离种植主要方式有以下 3 种：①空间隔离：选好隔离区，要求 300m 范围以内不能同时种植生育期相近的其它品种玉米。

②时间隔离：错开播期，使所种特种玉米与其他品种玉米抽雄开花期错开。春玉米一般间隔 40 天，夏玉米间隔 20 天，可根据当地热量条件和所种品种生育期综合考虑适宜的播种时间。

③障碍物隔离：若空间、时间隔离难以保证，可利用村落、房屋、山岭或其他高秆作物等障碍物进行隔离。

3. 播种技术与科学施肥

特种鲜食玉米特别是甜玉米，遗传基础决定了其种子秕，淀粉含量少，幼苗相对较弱的特点。为保证苗全、苗齐、苗壮，要像种植蔬菜一样精心。第一，选择适宜田块，土壤肥力要在中上等水平，播种前进行精细整地，做到土壤细碎，上虚下实。第二，要做到科学施肥，中上等肥力水平的田块，一般全生育期需施用纯氮 10～15kg/亩、$P_2O_5$3～7kg/亩、K_2O 5～8kg。特用鲜食玉米的施肥技术是将全部磷、钾肥和 30% 的氮肥做底肥；幼苗 3～4 叶龄时追苗肥，追肥量为总量 10%～20% 的氮肥；6～7 叶展时（玉米拔节期）要重施穗肥，即将剩余的氮肥全部施入。第三，应进行分期播种，由于鲜食玉米的适宜采摘期短，为了有效地延长采收期，确保较长时期供应市场，生产上通常采用分期播种的方法，以便分期收获，分批上市、加工。分期播种的间隔时间应从当地实际出发，可每隔 5 天或 10 天播种一期，具体操作时应根据市场预测、加工规模等因素统一筹划，合理确定各期种植面积，避免造成不必要的经济损失。第四，利用地膜覆盖技术，特种玉米的上市时间与经济效益关系密切，为提早上市，早春播种应采取地膜覆盖栽培技术，一般可提高地温 3～10℃，提早 7～15 天采摘上市。第五，掌握好播种深度，适当浅播有利于出苗，一般要控制在 3～5cm 的深度。

4. 种植密度

种植密度是特种鲜食玉米生产中应重点控制的因素，它对产量的影响要比肥水的影响大得多。特种鲜食玉米的种植密度主要因品种而异，已制定的技术规程推荐品种高产的适宜密度在 3 000～3 800株/亩，早熟品种密度可稍高，晚熟品种应略低，同一品种春播密度应比夏播高一些。

5. 水分管理

特种玉米的需水特性与普通玉米相似。苗期要注意预防芽涝，中后期预防干旱，灌浆期应保证土壤有足够的墒情，田间持水量保持在 70%～80%。

6. 病虫草害防治

与普通玉米比，特种玉米的病虫草害防治有其特殊性。由于苗期长势较弱，为避免苗期草荒，应提早进行中耕除草，可结合 3～4 叶期追肥浅中耕。拔节期结合追穗肥进行深中耕，即可除尽杂草。特种玉米的虫害主要有苗期的地下害虫和穗期的玉米螟危害。对地下害虫的防治可采用辛硫磷 2 000倍液拌种。对于玉米螟应采取生物防治的办法，在大喇叭口期施放赤眼蜂卵块。禁止使用有毒农药，提倡生产无公害的鲜食玉米。

7. 适期采收

特种鲜食玉米适期采收很重要，特别是甜玉米采收期极为严格。一般而言，甜玉米的适宜采收期为吐丝后20~25天，糯玉米为吐丝后23~28天。

三、反季节设施鲜食玉米配套栽培技术模式

（一）概述

21世纪初，设施农业在京郊迅速发展，近年平均每年增加5万亩，已成为北京现代农业的重要生产形式。为拓展京郊设施农业多元化生产模式，研究设施鲜食玉米技术，探讨反季节市场供应，在鲜食玉米产销淡季为首都市场批量生产鲜嫩美味的优质产品，2009年北京市农业技术推广站实施了冬季设施鲜食玉米生产模式试验示范，研发出针对加温温室的鲜食玉米高产高效配套技术，明确选用适宜品种与配套技术，加温日光温室鲜食玉米生产可以按预定时期采收供应市场，鲜食玉米商品穗产量可以稳定超过400kg/亩，纯收益达到5 000元/亩。试验开发了京郊设施农业生产模式，配套技术简便易行，经济效益高，为京郊设施农业高效多元化生产提供了新选择。

（二）关键技术研究内容与结果

1. 不同类型温室的温度变化

普通日光温室和加温日光温室在试验期间的温度监测数据，见表5－69。监测数据显示，普通日光温室和加温温室的日平均最高温度分别为31.13℃和31.86℃，两者相差不到1℃，并无明显差异；而两种类型温室的日最低温度则显现明显差异：普通日光温室的日最低温度只能维持在7.4~13.2℃，而加温温室的日最低温度则可以达到15~17.4℃，两者平均相差6℃，由此可以推断，日低温将是导致两种管理类型温室内作物生产差异的主因。

表5－69　监测不同类型温室的温度变化　　（单位：℃）

温室类型	温度变化	监测日期（月－日）							监测日平均温度
		11－15	12－1	12－15	1－1	1－15	2－1	2－15	
普通	最高	32.7	30.2	26.5	30.4	30.2	33.6	30.5	31.16
	最低	13.2	10.9	9.8	10.0	8.2	11.0	7.4	10.07
加温	最高	33.6	31.9	31.2	32.7	33.3	30.4	29.9	31.86
	最低	15.5	16.5	16.7	15.7	17.4	15.0	15.7	16.07

2. 不同类型温室对不同品种生育进程的影响

普通日光温室和加温温室对参试品种生育进程的影响，见表5－70。由表5－70可见，温室管理方式对参试品种的生育进程影响显著：参试品种种植在加温温室中，其本田生育期缩短；种植在普通日光温室中，本田生育期则延长。与普通日光温室相比，加温温室能显著减少参试品种各个生育期的持续天数，出苗早7天，拔节期缩短27~30天，抽雄期缩短11~15天，吐丝期缩短4~7天，灌浆期缩短6~13天，田间总生育天

数减少了 60 ~69 天。结合两种管理类型温室的温度监测数据分析，参试品种本田生育期的变化主要是由日低温所决定。日低温高，本田生育天数减少，日低温低则本田生育天数增加。从市场需求、玉米生产周期和产品供应档期等因素综合评价，京郊利用加温日光温室冬季反季节生产鲜食玉米，可以确保在春节前采收上市，能获取较高的销售价格，发展前景较好，应加以推广。利用普通日光温室在冬季生产鲜食玉米，由于晚间温度比较低，玉米本田生育期长，采收期晚，产品缺乏市场竞争力，若无订单保证不宜在冬季用以发展鲜食玉米生产。

表 5 – 70　不同类型温室对参试品种生长发育的影响

温室类型	参试品种	不同生育时期的持续天数*					
		出苗	拔节	抽雄	吐丝	灌浆	本田生育期
普通	京科甜 183	16	69	38	12	35	170
	农大甜 419	16	72	41	12	43	184
	农大甜 413	16	72	41	12	44	185
	京科甜 2000	16	70	38	12	36	172
加温	京科甜 183	9	42	26	5	28	110
	农大甜 419	9	42	27	8	30	117
	农大甜 413	9	42	26	8	32	116
	京科甜 2000	9	42	27	6	30	113

*：表示与前面相邻生育时期的间隔天数

3. 适宜品种筛选

（1）参试品种的生育进程与采收期

品种筛选试验安排在加温温室进行，参试品种生育进程，见表 5 – 71。由表 5 – 71 可见，京科甜 183 采收期最早，本田生育期为 118 天；京科糯 2 000次之，本田生育期为 122 天；而中农大甜 491 和农大甜 413 的采收期比较晚，本田生育期分别为 125 天和 126 天。

表 5 – 71　参试品种的生育进程　（单位：月/日）

品种	播种期	拔节期	抽雄期	吐丝期	采收期	本田生育期（天）
京科甜 183	11/6	1/6	2/2	2/6	3/4	118
京科糯 2000	11/6	1/6	2/2	2/7	3/8	122
农大甜 491	11/6	1/6	2/3	2/10	3/11	125
农大甜 413	11/6	1/6	2/2	2/9	3/12	126

进一步分析显示，各参试品种的生育进程在抽雄前几乎无明显差异，生育进程的差异主要发生在花期和灌浆期，京科甜 183 的花期和灌浆期持续时间比较短，采收期早；中农大甜 491 和中农大甜 413 的花期与灌浆期持续时间比较长，采收期晚。从玉米生产周期和加温温室资源利用等因素综合分析，利用加温温室冬季反季节种植鲜食玉米，选

用花期和灌浆期持续时间短的品种将更具有竞争力。

（2）参试品种的农艺性状、商品穗产量及经济效益

参试品种主要农艺性状、商品穗产量和经济效益见表 5 – 72。由表 5 – 72 数据可以看出，京科甜 183 和京科糯 2 000 株高比较矮，仅 140cm 左右，穗位高在 50cm 左右；而农大甜 491 和农大甜 413 的株高和穗位高比较高，分别超过了 160cm 和 60cm。从穗部性状表现看，农大甜 413 的果穗较长，达到 14.5cm。京科糯 2000 和农大甜 491 的果穗比较短，刚超过 13cm；京科甜 183 的果穗较重，单穗重达到 130g，其他品种单穗重差异不大明显，为 114 ~ 117g。商品穗产量和经济效益以京科甜 183 最高，其商品穗产量、产值和纯收益分别达到 455kg/亩、9 100元/亩和 6 100元/亩，其他参试品种的商品穗产量和纯收益分别在 400kg/亩和 5 000元/亩左右。方差分析结果显示，京科甜 183 的商品穗产量和纯收益均显著高于农大甜 491、农大甜 413 和京科糯 2000，而后 3 个品种之间商品穗产量和纯收益没有显著差异。试验结果表明，京科甜 183 采收期早，商品穗产量和经济效益高，应作为京郊加温温室冬季反季节生产的首选品种。

表 5 – 72　参试品种的主要农艺性状与产量

品种	密度（株/亩）	株高（cm）	穗位高（cm）	穗长（cm）	单穗重（g/个）	商品穗*（kg/亩）	产值（元/亩）	纯收益（元/亩）
京科甜 183	3 500	145	53	13.9	130	455.0a**	9 100a	6 100a
农大甜 491	3 500	168	64	13.3	114	399.0b	7 980b	4 980b
农大甜 413	3 500	165	60	14.5	117	409.5b	8 190b	5 190b
京科糯 2000	3 500	137	49	13.1	115	402.5b	8 050b	5 050b

*：除去苞皮的商品穗，销售价为 20 元/kg

**：标有同一字母表示未达到 5% 显著水平，标有不同字母表示达到 5% 显著水平

4. 播种时期对生育期的影响

播种时期试验在加温日光温室进行，选用京科甜 183 作为供试品种，其生育进程，见表 5 – 73。由表 5 – 73 可见，种植在加温温室的供试品种，主要生育时期持续天数在不同播期之间没有表现出明显差异，生育进程只因播种时期的推延而延后，生育时期推延的天数与播期间距天数大体相当，各播期供试品种本田生育期也相差无几。试验结果表明，鲜食玉米在加温温室冬季反季节种植，只要加温温室能保持温度恒稳，其生育期是比较稳定的，不会因播种期的变化而发生大的改变。因此，只要摸清选用品种在加温温室中的生育期和设计好既定采收日期，就可以推算出选定品种的适播期，实现在既定时间采收供应市场，以获取最佳的销售价格和经济效益。

表 5 – 73　播种期对京科甜 183 品种生育进程的影响　（单位：月/日）

播种期	拔节期	抽雄期	吐丝期	采收期	本田生育期（天）
10/10	11/20	12/19	12/25	1/30	113
10/17	11/26	12/26	1/3	2/8	114
10/24	12/5	1/7	1/13	2/17	116
10/31	12/13	1/13	1/18	2/23	115

5. 育苗方式对供试品种生育期、商品穗产量及经济效益的影响

育苗移栽试验供试品种为京科甜183，采取育苗盘、育苗纸筒、普通土块、营养钵4种育苗方式，选用的育苗盘、育苗纸筒、普通土块、营养钵容积在29.6～31.6g。试验于10月10日播种，10月30日移栽定植，不同育苗方式移栽定植成活率、本田生育期、商品穗产量及经济效益，见表5－74。

表5－74　不同育苗方式移栽定植成活率、本田生育期、商品穗产量及经济效益

育苗方式	缓苗时间（天）	成活率（%）	本田生育期（天）	商品穗产量*（kg/亩）	产值（元/亩）	纯收益（元/亩）
土块	9	97	96	442.2	8 844b**	5 844a
育苗盘	8	97	95	436.8	8 736b	5 736b
纸筒	7	99	98	448.3	8 966b	5 566b
营养钵	7	99	97	470.3	9 406a	5 506b

*：除去苞皮的商品穗，销售价为20元/kg

**：标有同一字母表示未达到5%显著水平，标有不同字母表示达到5%显著水平

表5－74数据显示，供试品种在温室中的生长状况并未因育苗方式的不同而呈现明显的变化，4种育苗方式的商品穗产量为436.8～470.3kg/亩，方差分析结果未达到显著水平，说明4种育苗方式对加温温室鲜食玉米生产力的影响没有本质上的区别。4种育苗方式的产值和纯收益方差分析结果则与商品穗产量分析结果不同，营养钵育苗产值最高，达到9 406元/亩，显著高于其他育苗方式；但是由于育苗材料成本等因素的影响，纯收益以土块育苗为最高，达到5 844元/亩，显著高于其他育苗方式。试验结果表明，生产中既要注重商品穗产量，还应考虑育苗成本因素，合理选用低成本育苗方式可以获得更好的经济效益。

6. 适宜种植密度研究

密度试验采取育苗移栽定植方式，供试品种为京科甜183，10月10日育苗，11月4日移栽定植，不同密度处理供试品种的农艺性状、商品穗产量和经济效益，见表5－75。从表5－75数据可以看出，不同密度处理株高的变化先是随着密度的增加而增高，密度增至4 500株/亩时株高达到最高，而后又随着密度的增加而降低；穗位高、穗长、单穗果穗重、果穗商品率和商品穗产量等均随着密度的增加呈下降趋势。从商品穗产量和经济效益分析结果看，种植密度以3 500～4 500株/亩产量较高，商品穗产量可以达到700kg/亩左右，产值和纯收益分别均超过了10 000元/亩和6 000元/亩。若结合农艺性状、穗部性状、果穗市场竞争力和不同密度抗病抗倒性等因素综合分析，京郊冬季利用加温温室种植鲜食玉米密度以3 500～4 000株/亩为宜，这种密度抗病抗倒性强，生产成本低，果穗大，果穗市场竞争力强，经济效益高，应作为京郊加温温室冬季反季节生产鲜食玉米的推荐种植密度。

7. 产量与效益

京郊冬季利用加温温室种植鲜食玉米，商品穗产量可以达到400kg/亩，纯收益超过5 000元/亩，社会、经济效益高，是京郊设施农业多元化高效生产的新选择。

表 5－75　不同密度主要农艺性状及产量性状

处理（株/亩）	株高（cm）	穗位（cm）	穗长（cm）	单穗重（g）	商品率（%）	商品穗*（kg/亩）	产值（元/亩）	纯收益（元/亩）
3 500	199	80.7	18.7	325.6	95	710.0a**	10 650a	6 650a
4 000	205	80.4	18.0	318.9	90	700.8a	10 512a	6 412b
4 500	215	76.6	16.8	318.7	81	699.8a	10 497a	6 297c
5 000	209	74.2	16.3	271.2	74	619.5b	9 292b	4 992d
5 500	201	67.7	15.8	233.5	65	446.2c	6 693c	2 293e

*：带有苞皮的商品穗，销售价为 15 元/kg

**：标有同一字母表示未达到 5% 显著水平，标有不同字母表示达到 5% 显著水平

（四）栽培技术要点

1. 适应的棚室及棚室结构

加温日光温室山墙和后墙厚 75cm，后坡厚 30cm，脊高 3.8m，棚膜材料为聚氯乙烯膜，保温材料采用棉被或草帘，最好有滴灌设备。

2. 品种选择

选用生育期较短、口感较好、产量高的甜玉米京科甜 183 和中农大甜 413，生育期在 70～80 天。

3. 种子处理

播前用种衣剂拌种，待种子阴干后播种。

4. 育苗

可以采用 50cm 的育苗盘或纸桶营养钵，育苗基质以草炭、蛭石和商品有机肥按体积 1∶1∶1 的比例混合，基质浇透水，待水渗下后播种，每穴 1 粒，人工点籽，覆土厚度为 1.5～2.0cm。日平均温度不低于 12℃，小苗 3～4 叶时定植（图 5－103、图 5－104）。

图 5－103　蔬菜生产日光温室育苗盘育苗

图 5-104　纸桶营养钵育苗

5. 大田整地

每个棚均匀撒施精制有机肥 1 000kg或腐熟的有机肥 2 500kg，深翻地，整平，无明显土坷垃。做小高畦，垄高 30～35cm，垄宽 60cm，铺设滴灌设备。

6. 铺膜

最好选用黑膜，厚度为 0.008mm，宽 80cm，覆盖地膜，两侧用土压实。

7. 定植

定植密度 3 500～4 000株/亩，将玉米苗从育苗盘或营养钵中小心取出，尽量带土坨定植，每垄双行，株距为 32cm，行距为 60cm，定植后及时进行滴灌浇水（图 5-105、图 5-106）。

8. 肥水管理

整个生育期需化肥为纯 N 12kg、P_2O_5 5kg、K_2O 12kg。全生育期浇 5 水，分别在定植、拔节、大喇叭口、抽雄、灌浆期进行；随滴灌追 3 次肥，分别在拔节、大喇叭口、灌浆期进行，前期以氮、磷肥为主，后期以钾、氮肥为主。

9. 病虫害防治

防治地下害虫：整地前结合施有机肥每亩用辛硫磷颗粒剂 1kg 均匀撒在土壤中；可用闷棚等方式防治玉米蚜虫。

10. 授粉

如果没有掀开棚膜要采取人工授粉，一般可在晴天上午 9：00～11：00 进行。

11. 全育期温、湿度控制

缓苗期：棚内室温控制在 16～20℃比较适宜，高于 22℃通风降温。缓苗以后—抽

图 5－105　日光温室地膜 栽培定植后

图 5－106　日光温室生产授粉期

雄期：棚内室温控制在 18～28℃比较适宜，前期室温较低，后期略高。抽雄—授粉期：棚内室温控制在 24～30℃比较适宜，高于 32℃通风降温。灌浆—成熟期：棚内室温不能超过 35℃，夜间温度超过 15℃时揭开棚膜（图 5－107）。

12. 采收

授粉后 20～23 天开始采收（图 5－108）。

图 5－107　日光温室生产拔节后

图 5－108　日光温室鲜食玉米成熟期

（五）推广效果及发展前景

2010—2012 年，北京市农业技术推广站组织了房山、怀柔、通州、大兴、昌平 、顺义和丰台 7 个区县推广站农技人员开展设施鲜食玉米生产示范，示范面积 308.5 亩，实现了全年三茬生产，每一茬以春节上市为目标，示范田平均每亩产量 2 202.2kg，其中，第一茬产量为 506.0～658.5kg/亩，亩纯效益 4 290.0～7 320.0元，全年平均亩效益 1.1793 万元。

种植设施水果玉米较瓜、菜栽培技术简便，便于农民掌握和操作，可以提高设施的利用率；可以降低农民劳动强度；同时，还可以使作物种类之间实现倒茬，对于种植瓜、菜年限较长的设施防治土传病害、降低病虫害的发生率、减少农药的使用具有较好作用。随着这项技术的成熟完善以及北京市都市型现代农业的发展，设施种植水果玉米的生活、生态及示范功能显现，既可以作为礼品菜装箱，为市民提供营养丰富的果蔬食品，又可满足市民节日采摘的需求，丰富市民的节日生活，还可以增加种植者的收入，有着越来越广阔的发展前景。

四、露地甜、糯玉米高效生产技术模式

（一）背景

鲜食玉米作为人们喜爱的营养、保健、休闲食品越来越受消费者的青睐，市场前景广阔。种植鲜食玉米也给农户带来了较好的经济效益。由于鲜食玉米主要以鲜穗供应市场，随着鲜食玉米产业的急速发展，出现了采收过于集中、加工过于拥挤等问题。因此，延长鲜食玉米的采供期，才能使鲜食玉米产业得到更好的发展，进而使鲜食玉米种植户获得更好的效益。

从 2010 年开始，北京市农业技术推广站、房山和顺义农科所的农技人员利用地膜加小拱棚育苗等方式栽培露地早熟鲜食玉米获得成功，推广种植面积不断扩大。利用这种方式，鲜食玉米可以在 3 月下旬或 4 月上旬播种，播种期可以比普通露地提前 15 ~ 20 天，从而提早了春茬鲜食玉米的收获期和上市时间。在 6 月中旬春茬鲜食玉米收获后到 7 月中旬前，种植户可以利用同一土地进行夏茬鲜食玉米的栽培，从而实现露地一年两茬鲜食玉米的种植方式。

露地一年两茬鲜食玉米的种植方式，不仅提高了土地的利用率和鲜食玉米的年总产量，同时，实现了鲜食玉米的分期播种、分时采摘、分批上市，延长了露地大面积种植鲜食玉米的采供期，满足了加工公司和市场的需求，也大幅度地提高了种植户的收益。

2011 年，北京市种植鲜食玉米的面积达到了 5 万亩左右，主要种植方式以玉米与小麦轮作为主，还有一茬春玉米、地膜或者地膜加小拱棚一年两茬、反季节设施种植鲜食玉米等多种形式。与小麦轮作和一茬春玉米的种植方式已经实施多年，有一定的种植经验，农户也基本上能掌握了其栽培技术。但是这种种植方式鲜食玉米的上市时间过于集中，不能满足加工企业和市场的需求。而早春露地覆盖地膜以及地膜上加小拱棚的方式实现了鲜食玉米一年两茬的栽培模式，延长了玉米的采供期，满足了加工企业和市场的需求。这种栽培模式推广应用的时间较短，种植面积也相对较少，农民对其种植技术掌握得不够牢靠，需要做系统的培训、宣传与推广。

（二）主要技术要点及规范

1. 茬口安排

北京地区年积温在 4 000℃/年左右，全年无霜期 180 ~ 200 天。合理安排茬口并选择生育期长短合适的品种，才能利用好有限的积温和无霜期，实现鲜食玉米一年两茬的高效生产。玉米是喜温作物，只有在春季地表以下 5cm 地温稳定通过 10℃ 才可播种。利用地膜覆盖以及地膜上加扣小拱棚的方式，使得早春鲜食玉米的播种时间可以提前 15 ~ 20 天。根据当年的气候条件，掌握好第一茬玉米的播种时间，才能减少早春鲜食玉米冻害并提高其产量和品质，同时，抢早上市增加收益。为了提高玉米鲜果穗的产量和商品性，从而提高种植效益，露地种植春茬鲜食玉米应根据京郊各区县的气候特点，充分利用早春 2 ~ 3 月的降水，提早播种，抢早上市，争取更高的收购价。春茬鲜食玉

米的播种时间一般在3月中旬至4月上旬。

第一茬种植鲜食玉米主要以甜玉米为主，种植时间为3月下旬或4月上旬，上市时间一般在6月中旬；第二茬种植品种以糯玉米为主，种植时间为6月中旬到7月中旬，上市时间在10月上旬，两茬鲜食玉米总产量共计为2 050kg。另外，两茬可以共产青饲料1 000kg。研究结果表明，露地一年两茬鲜食玉米的种植模式可以在京郊各区县实施，提高土地利用率和种植户的经济效益。

从6月中旬春茬鲜食玉米采收之后到7月上旬期间，都可以进行夏茬鲜食玉米的播种。但确定夏茬鲜食玉米播种期时需注意掌握吐丝期最晚的日平均气温不低于20℃，能在早霜来临之前适期采收，以保证果穗质量，从而保证上市价格。夏茬玉米的播期一般不晚于7月10日。种植户可以根据需要，灵活掌握播种时间，做到分批播种，分时采摘，分时上市。

若是农户小面积人工播种，可以在春茬玉米采收前5~7天，于行间或者株间适时套种夏茬鲜食玉米。选择这样的时间点进行套播，当春茬鲜食玉米收获时，夏茬鲜食玉米已经长出2~3片叶子，春茬玉米秸秆收获后就可以消除光照的遮挡。这种播种方式，可以使夏茬鲜食玉米的收获期更加提前，争得更高的收购价格。

2. 品种选择

品种的选择应该从以下3个方面考虑：第一要考虑鲜食玉米的用途，做加工用的，一般与加工企业签订单，种植品种由加工企业决定，并由企业提供种子；第二，若农户自己选择品种，除考虑产量外更要注重品种的商品性、品质、外观和口味等指标，才能取得较好的效益；第三，产出的玉米是以鲜食果穗直接销售到批发市场，果穗收获的时间即鲜食玉米的上市时间，对鲜食玉米的价格影响很大，所以种植鲜食玉米还应该考虑其生育期长短。

一般情况下，第一茬可以选用生育期相对较短的甜玉米品种，这样可以提早上市，增加效益，如京科甜183、中农大甜413、中农大甜419、京科甜2000等，其生育期一般在80天左右；第二茬由于时间比较富裕，可以先用产量相对较高的糯玉米品种，如京科糯2000、紫香糯、黑糯玉米等产量高、品质好、颜色特殊的品种，其生育期一般在85~90天。京科糯2000近几年在京郊种植面积较大，占甜糯玉米品种总面积的20%，其表现相对比较稳定，抗性较好，产量一般情况下在1 300kg/亩左右，见表5-76。

表5-76　2012年北京市鲜食玉米主推品种简介

品种名称	生育期	品种特点	种植密度（株/亩）	鲜穗产量（kg/亩）
京科甜183	春播84天	鲜食甜玉米，口感佳，中早熟	3 000~3 500	900
奥甜8210	春播80天，秋播75天	鲜食甜玉米，口感佳，早熟	3 500	900
科甜120	85天	鲜食、加工甜玉米，口感佳，中早熟	3 300~3 500	950
农大甜单10号	85天	鲜食、加工甜玉米，口感佳，中早熟	3 000~3 200	850
奥甜01	85天	鲜食甜玉米，口感佳，早熟	4 000	800

（续表）

品种名称	生育期	品种特点	种植密度（株/亩）	鲜穗产量（kg/亩）
斯达 204	86 天	鲜食甜玉米，口感佳	4 000	800
中糯 1 号	春播 95 天，夏播 80 天	鲜食糯玉米，口感佳，中早熟	3 000 ~ 3 500	1 000
斯达 22	80 ~ 90 天	鲜食糯玉米，口感佳，中早熟	3 500	750
京科糯 2000	春播 85 ~ 90 天，夏播 80 天	鲜食糯玉米，高产，口感较佳，中熟	3 000 ~ 3 500	900

注：生育期指从播种到鲜穗采收的时间

3. 隔离种植

大田生产的鲜食玉米多为甜玉米、糯玉米、笋玉米等隐性纯合体特种玉米。为防止其与普通玉米品种间相互传粉而影响鲜食玉米的籽粒品质，种植鲜食玉米时要与其他类型的玉米之间进行隔离。另外，不同的鲜食玉米品种之间也要进行隔离。

隔离方式主要有两个：空间隔离，要求在种植区外围 300 ~ 400m 范围内避免有其他玉米品种栽种，如有林木、山冈等天然屏障，可适当缩短隔离间距；时间隔离，若不能实行空间隔离的，则应采取时间隔离（错开播种期）的方法来避免与其他品种的花期相遇，两个不同品种的播种期间隔时间一般为 20 ~ 25 天。在上述两种方法不便于实施的情况下，也可以用塑料薄膜做成屏障进行隔离。

4. 春茬鲜食玉米栽培技术模式

（1）播前准备

冬犁地、春造墒：春种地冬犁，可将潜藏在土中的病菌暴露在低温下使其停止生育而死亡，减少第二年病害的发生。第一年越冬前要深翻土地，然后轻耙镇压，做到地平整，上实下虚，无土坷垃。土壤水分是影响出苗的主要因素，底墒水对鲜食玉米的产量起着决定性的作用。若第二年早春 2 ~ 3 月份没有明显的降水，播种前要进行人工造墒，喷灌 3 ~ 4 小时，保证墒情适宜（田间持水量 70% 左右）。

施足底肥：要坚持“施足底肥，轻施苗肥，巧施秆肥，猛攻穗肥，酌施粒肥”的施肥原则，做到氮、磷、钾和有机与无机肥配合施用，以满足玉米各个生育时期对养分的全面需求。一般条件下，春茬底肥应以有机肥为主，化肥为辅，每亩施农家肥 2 000kg + 复合肥 20kg 混匀带施。若全部按照化肥计算，在肥力水平一般的地块上，玉米全生育期每亩施纯氮 8 ~ 12kg，五氧化二磷 5kg 左右，氧化钾 8 ~ 10kg。全部磷、钾肥及 60% 的氮肥可以作为底肥一次施入，40% 的氮肥可以作为追肥施入。春茬底肥可采用耕前撒施或者起垄时条施。另外，玉米对锌非常敏感，如果土壤中有效锌少于 0.5 ~ 1.0mg/kg，就需要施用锌肥。土壤中锌的有效性在酸性条件下比碱性条件下要高，所以现在碱性和石灰性土壤容易缺锌。长期施磷肥的地区，由于磷与锌的拮抗作用，易诱发缺锌，应给予补充。常用锌肥有硫酸锌和氯化锌。基肥亩用量 0.5 ~ 2.5 kg，可先用 25 ~ 50kg 干粪或塘泥拌匀，再与施用的其他化肥拌匀后使用。如果复合肥中含有一定量的锌，就不必再单独施用锌肥。

起垄覆膜：根据近几年调查结果，提高玉米成穗率、大棒率的优良种植模式是大小行种植。一般情况下，起垄要求垄面宽上为60cm，下为70cm，垄高10～15cm，垄沟宽为40cm。采用大小行种植，小行间距40cm，大行间距70cm。薄膜覆盖垄上双行玉米，地膜规格一般用宽80cm、厚度为0.005～0.008mm的超微膜或者超微型膜。杂草较多的地区，可采用厚度为0.01mm的普通地膜。地膜要保证平展紧实，以防止被大风吹起影响保温效果。播种前5～7天起垄覆膜利于提高地温，然后再打孔播种，这样可以使种子提早发芽果穗提早上市。

种子处理：种子处理可以防治丝黑穗病、瘤黑粉病等病害以及地老虎、蝼蛄等地下害虫，同时能促进幼苗生长，有利于全苗、壮苗，增产作用明显。种子处理的具体方法：①晾晒：播种前3～5天选晴天把种子摊开在干燥向阳处晒2～3天，不能曝晒。②包衣剂处理：可以选用10%咯菌腈（适乐时）种子包衣剂，每50 kg种子用药50～100mL，均匀拌种晾干播种，或者选用玉丰收专用包衣剂包衣，每50mL包种子5～7kg。需特别注意，若购买的种子已经过包衣剂处理，就切勿再浸种。

（2）种植密度、播种量和播种方法

鲜食玉米作为一种商品出售，一定要注意果穗的商品特性，不能单纯考虑产量。因为果穗是分级收购的，要尽量提高商品率，要根据市场商品要求、经济效益大小来确定适宜的种植密度，尽可能在单位面积上有更高的收入。鲜食玉米的种植密度一般控制在3 000～4 000株/亩。但具体的种植密度与品种特性、自然条件及肥水管理水平有关，要根据研究部门的试验结果来确定。一般情况下每亩播种量为：甜玉米1～1.5kg，糯玉米1.5～2.0kg。

播种方法可以采用本生产技术模式中先覆膜提高低温后播种的方式，也可以采用先播种、后覆膜或者大面积采用机播、覆膜一次作业的方式。但注意对于先播种、后覆膜和机播的地块，要及时放苗，以防高温烧苗，放苗的同时要用土压严膜孔以防止杂草滋生。

播种深度直接影响到出苗的快慢，出苗早的幼苗一般比出苗晚的要健壮，据试验，播深每增加2.5cm出苗期平均延迟1天，因此，幼苗就弱。鲜食玉米的播种深度：一般甜玉米约3cm，糯玉米约5cm。

（3）扣小拱棚

播种后及时扣上1.8m宽的小拱棚，薄膜两边压实压严，中间用竹竿支撑。早春如遇大风，应及时检查。

（4）田间管理

去除小拱棚、间苗定苗、培土：玉米苗3～4叶时，气温稳定后拆去小拱棚；根据品种的要求进行间苗定苗，去弱苗留壮苗，去杂苗留纯苗，去病苗留健苗，间苗、定苗最好选在晴天进行，因为，受病虫危害或生长不良的幼苗在阳光照射下常发生萎蔫，易于识别，有利于间苗、定苗。间苗、定苗同时进行培土，用土压严膜孔，以防滋生杂草。

去除分蘖：拔节期前后甜糯玉米容易发生分蘖，分蘖上一般无法育成具有商品价值的果穗。要密切关注及时去除分蘖，以减少分蘖对养分的消耗。

追肥：施足底肥之后，剩下的氮肥都作为追肥施入。追肥分苗肥、秆肥、穗肥和粒肥四个追肥时期，并将以下两个时期作为重点。①秆肥：一般拔节后10天内追施，有促进茎秆生长和促进幼穗分化的作用。将追肥中氮肥的1/3做拔节肥，开沟10～15cm深施后覆土，肥与苗的距离5～7cm。②穗肥：剩下的全部氮肥在玉米抽雄前10～15天大喇叭口期施入，此期是玉米营养的最大效率期，需要养分的绝对数量和相对数量都最大，吸收速度也最快，肥料的作用最大。此时，肥料施用量适宜能有促进穗大粒多，并对后期籽粒灌浆有良好效果。

及时灌溉和排水：拔节期前控水防涝，促使根系深扎。孕穗、抽穗、开花、灌浆期需水多，要保持充足的水分。大喇叭口期和吐丝期是需水的临界期，一旦遇旱应及时浇水，保持田间持水量达到70%～80%，促进雌雄穗分化和雄穗花粉的形成和发育。在春茬鲜食玉米开花结时期如遇到暴雨等极端天气，还要及时排除农田积水，才能促进鲜食玉米的正常生长。

控制株高：控制玉米株高可以减少倒伏的发生，增强抗风能力，从而提高商品率。在雄株抽雄前7～10天，也就是在玉米大喇叭口后期喷施1次玉米壮丰灵，可使玉米提早5～7天成熟。

人工辅助授粉和去雄：人工辅助授粉是满足雌穗所需花粉、减少秃顶、缺粒的有效措施。玉米吐丝期如遇极端高温干旱天气，玉米花粉量减少，生活力下降。此时，应于早上露水干后8：00～9：00时，用竹竿敲打植株促使雄蕊更好地散粉。或者用脸盆（下垫纱布）等工具收集花粉，直接撒在花丝上，随采随撒，使花丝全面授粉。雄穗对冠层内的光照影响较大，故在刚抽雄时，可隔行去雄或隔株去雄，去雄株数不超过全田株数的一半，授粉结束后再将余下的雄穗全部拔掉。试验表明，去雄后一般可使玉米增产6.83%～10.35%。去雄时不能把上部的叶片去掉，去掉顶部叶片将导致减产。注意：一旦遇连续阴雨或高温时，不宜去雄。

去除多余果穗：一般玉米都会自上而下结出2～3个果穗，为将整株玉米的所有营养集中在第一个果穗上从而使其更加饱满，需要及时摘除上数第二个及以下的果穗。通常情况下摘除多余果穗可以是玉米产量增加15%～20%。玉米笋是近年来国际上新兴的一种高档蔬菜，既可鲜食和速冻，也很适宜制成罐头，是烹饪和宴席之佳品，也可用来炒、煮、腌制泡菜、拌凉菜等。如果有市场需求，在第二至第三个果穗吐丝后2～3天摘除，可以将幼嫩的果穗作为玉米笋出售，增加种植户的收入。

拔除空秆：辅助授粉10天后，对全田植株逐一进行检查，拔除空秆，减少空秆对光、水、肥等资源的竞争和消耗，达到提高产量的目的。

（5）适时收获

鲜食玉米适时收获是保证其风味品质和商品质量的关键环节，也是玉米鲜穗加工利用的保证。因食味随着籽粒的生育进程而变化，最佳食味期就是最适宜的采收期。

一般在清晨或者傍晚采收，在阴凉处存放，避免阳光直晒和大堆存放。普甜玉米采收期在吐丝授粉后21～22天，籽粒含水量60%左右；超甜玉米采收期在吐丝授粉后18～22天，籽粒含水量70%左右；加甜玉米采收期在吐丝授粉后21～25天，籽粒含水量60%左右；糯玉米采收期在吐丝授粉后25～30天，籽粒含水量约50%。表观判断标准：剥开果穗苞叶，用手指甲掐穗中间籽粒有少量浆液时采收。春播鲜食玉米收获时正处在夏季高温时期，灌浆速度快，种植户要注意观察及时收获，避免降低品质。

采收后的鲜食玉米不能存放，应及时销售或加工。采收与上市或加工间隔时间：普甜玉米一般不超过6小时；超甜玉米、加强甜玉米一般不超过12小时；糯玉米一般不超过24小时

（6）秸秆处理

鲜食玉米采收后茎叶碧绿，含糖量10%～12%，碳水化合物含量30%以上，蛋白质含量2%左右，脂肪含量0.5%～1.0%，矿物质含量2.0%，青嫩多汁，柔软香甜，营养丰富，收割后，可作为畜禽养殖业的优质饲料。

果穗收获后秸秆要迅速采收，以避免降低饲用品质。同时，春茬鲜食玉米秸秆处理之后，可以为夏茬鲜食玉米的播种腾让出土地，秸秆处理后，也可以减少夏茬玉米病虫害的发生。

5. 夏茬鲜食玉米栽培技术模式

夏茬鲜食玉米相对于春茬鲜食玉米具有以下特点：灌浆期间气候适宜，有利于养分的积累，其鲜果穗的口味和品质明显优于鲜食春玉米，深受消费者欢迎。另外，夏秋鲜食玉米的播种期为6月中旬至7月上旬，能够根据市场需求灵活选用播种时间从而控制采收时间，做到均衡上市。更重要的是，夏茬鲜食玉米遭受的自然灾害明显比鲜食春玉米少，没有鲜食春玉米苗期面临的低温冻害，又避开了鲜食春玉米灌浆期间的暴雨、高温及干旱等自然灾害。同时，夏秋鲜食玉米收获时秸秆糖分含量高，青贮质量明显高于鲜食春玉米秸秆，深受奶牛场等养殖单位的欢迎。

夏茬鲜食玉米栽培技术与春茬基本一致，但需有以下几点区别。

（1）土地准备

第一茬甜玉米收获后及时将田间废残膜全部清除干净回收处理，防止土壤污染。整地可采用旋耕机旋一遍，再进行一次轻耙，也可以直接旋两遍之后做畦。也可以不整地直接在春茬鲜食玉米的畦面上播种。

（2）播种

夏茬鲜食玉米播种期易遇高温干旱天气，如土壤较干，可先沟灌大半沟水，慢慢湿润畦面，经1～3天后待土壤干湿适中时即可播种。

夏茬鲜食玉米的播种期较长，可从6月中旬春茬鲜食玉米采收完毕到7月上旬期间分批播种，以便分批采收，便于产品的销售。

（3）抗旱保苗和清沟排水

夏茬鲜食玉米在幼苗时期如遇连续高温干旱天气，出现部分幼苗叶片疲软萎蔫状态，应沟灌半沟水抗旱，切忌大水漫灌不利玉米生长。如遇大雨，要及时清沟排水。

（4）重追肥

经过一茬春玉米的生长，地力消耗较大，如果采用不整地施基肥而直接播种的方式种植夏茬鲜食玉米，一定要特别注重追肥，特别是提苗肥和攻穗肥。提苗肥在5叶期前后追施，每亩施尿素或复合肥10kg。攻穗肥在拔节后、小喇叭口前追施，每亩施尿素或复合肥25～30kg，确保玉米生长所需养分，促生成大穗。

（5）清沟培土，防倒抗旱

穗肥施后要清沟培土，防倒伏。遇狂风暴雨过后，一要注意清沟排水；二要在雨后当日或次日清晨马上扶正植株，避免迟迟不扶导致玉米茎秆逐渐弯曲而影响产量；三要进行培土，防止发生倒伏。

夏秋季遇旱要及时抗旱，特别是大喇叭口期至抽雄吐丝期，是玉米一生中肥水吸收量最大的时期，同时，在生殖生长开始过程中对水分很敏感，必须保证水分的供应，防止土壤干旱而严重影响产量。

（7）适时采收

秋玉米采收期为凉爽季节，采收后品质蜕变放缓，货架期拉长。同时，适宜的采收期较长，可根据市场需求，分批采收应市。但一定要在霜降前收完，避免因为冻害而失去商品价值。

（8）加强病虫害的防治

由于夏茬鲜食玉米是在已经在种植过一季玉米的地块中播种，生长期间正值高温多雨、病虫害严重季节，需要密切关注病虫害的发生，及时防治，提高鲜食玉米的成品率，以减少病虫害造成的损失。

露地鲜食玉米一年两熟的新型种植模式有效地利用北京地区有限的积温和土地资源，使单位面积的土地获得更高的收益，符合节约型农业的发展方向；该模式两熟玉米分别在6月中旬和10月上旬采收，均错开了大面积露地玉米采收季节，满足了市场和加工企业的需求，获得了更高的经济效益。另外，玉米早春覆膜和小拱棚种植减少了早春大面积农田土地的暴露时间，减少了风沙对环境的危害。

（三）制定优质鲜食甜、糯玉米生产规程

北京市农林科学院玉米研究中心于2005年制定了《优质鲜食甜、糯玉米生产技术规程》（见附件3：北京市地方标准，DB11/T 321—2005）

（四）示范推广效果

2010—2011年，北京市房山区农科所在房山地区220多亩的土地上采用一年两熟的鲜食玉米种植模式，两茬产量共计2 050kg，同时，由于错开了普通玉米生产的旺季，加工企业收购玉米的价格每千克高出0.04元，平均每千克销售价为1.5元，亩利润2 200元。种植鲜食玉米属于高效集约型农业，甜、糯玉米除果穗外茎叶还是上好的青饲料，平均可亩产青饲料1 000kg，增加收入50元（每千克秸秆0.05元），每亩总收入可达到2 250多元。

第六节 轻简高效玉米配套栽培技术体系

随着冬小麦、夏玉米两茬平播种植制度的推广应用及农村劳动力的大量转移，特别是玉米生产恰值一年中最酷热的季节，作业十分艰苦，农民种地既为增产，更希望省力省工，因此，降低农耗时间和减轻劳动强度成为农民种地的强烈愿望。为了适应生产形势，20世纪90年代北京市农科院作物所陈国平研究员主持研发了夏玉米简化栽培技术模式，该技术体系是在充分满足夏玉米生长发育要求的前提下，采用现代化技术措施，

将过去“精耕细作”的田间作业工序删繁就简或合并，以达到省工、省力、高效、增产和培肥地力的目的。多年来，世界玉米生产技术突飞猛进发展，如高芽率种子、单粒播种机械、长效缓效肥料、籽粒直收机械等，为玉米进一步简化生产创造了条件。北京市农业技术推广站按照京郊都市型现代农业发展的要求，立足打造“高产、高效、优质、生态、安全”型玉米产业，实行农机农艺深度融合，在研究示范的基础上，创建“玉米轻简高效栽培技术模式”，以实现京郊玉米生产全程无人工作业和经济效益再上新台阶。

本节重点介绍由陈国平研究员主持研发的夏玉米简化栽培技术模式；由于北京市农业技术推广站主持实施的玉米轻简高效栽培技术模式，目前正在实施过程中，本节仅就该技术模式的目标设计和技术路线进行简单介绍。

一、夏玉米简化栽培技术模式

（一）概述

所谓简化栽培技术，就是在充分满足夏玉米生长发育要求的前提下，采用现代化技术措施，对田间作业工序删繁就简或合并，以达到省工、省力、高效、增产和培养地力的目的。该技术模式包括麦秸还田、底施氮肥、精量半精量播种和化学除草 4 项核心技术，其关键是将过去夏玉米从种到收需要的 11 ~ 12 道管理工序，经简化后只需 7 道工序。1990 年和 1991 年两年示范推广表明，简化栽培技术具有显著的高产、省工、省力和高效作用，平均每亩可增产 15%，节省用工 27.2%，增收 24.6%，很受农民欢迎。该技术模式获得 1997 年北京市科技进步二等奖和 1991 年北京市农业技术推广奖一等奖。

（二）核心技术内容及增产机理

该技术模式包括麦秸粉碎还田、底施氮化肥、精量或半精量播种和化学除草四项关键技术环节。田间作业程序：在机收小麦的同时，将秸秆粉碎并撒施在地面，撒施底化肥后耕翻、整平，用精量播种机进行精量播种，以后不再间定苗，播种后在地面上喷撒化学除草剂。具体操作如下。

1. 麦秸还田

麦秸还田是夏玉米简化栽培技术模式的第一大关键技术环节。秸秆还田是培养地力的主要途径，在高肥力地上即使少施肥料，也很容易达到每亩 500kg 以上的产量；而在低肥地上，即使大量施肥，也很难达到亩 500kg。决定土壤肥力最重要的因素是有机质含量，而秸秆还田则是增加有机质含量、培养地力最有效的途径。在每年实行小麦、玉米两茬秸秆还田的情况下，土壤有机质平均每年可提高 0.03 个百分点。据测定，作物秸秆的成分及含有的化肥数量是：小麦秸秆含氮 0.45%，每亩折碳铵 11.9kg；$P_2O_5$0.2%，折普钙 6kg；K_2O 0.9%，折硫酸钾 8.8kg。玉米秸秆含氮 0.75%，每亩折碳铵 19.9kg；$P_2O_5$0.3%，折普钙 9kg；K_2O1.6%，折硫酸钾 14.7kg（图 5－109）。

秸秆可以提供大量的有机物质，翻压以后对改良土壤有极其重要的作用。秸秆还田时每亩约向土壤提供 500kg 干物质，这对改良土壤物理结构起到了很好作用。有机质是作物营养的主要来源，作物根系所吸收的大部分氮、1/5 ~ 1/2 的磷和大部分钾都来自

图 5－109　脱粒场上麦秸堆积如山

（图片由陈国平提供）

土壤有机质，而且有机质在腐解过程中还能源源不断地放出 CO_2，对提高叶片的光合效率很有意义。

麦秸还田对土壤物理性状的影响，见表 5－77。秸秆还田后，土壤容重降低了 7.4%～9.8%，总孔隙度增加 6.3%～13.0%，其中，非毛管孔隙增加了 69.1%～74.9%。

表 5－77　麦秸还田对土壤物理性状影响

（陈国平等，1991）

项目	层次（cm）	高肥地		低肥地	
		麦秸还田	对照	麦秸还田	对照
容重（克/m^3）	0～5	1.281	1.387	1.423	1.527
	5～10	1.233	1.373	1.367	1.498
	10～15	1.222	1.380	1.331	1.424
	平均	1.245	1.380	1.374	1.483
总孔隙（%）	0～5	55.08	47.66	49.70	48.68
	5～10	53.51	48.21	49.57	44.09
	10～15	53.90	47.93	48.49	46.26
	平均	54.16	47.93	49.25	46.34
毛管孔隙（%）	0～5	42.79	40.50	39.85	42.44
	5～10	41.00	40.87	41.05	39.15
	10～15	38.71	39.70	40.28	41.71
	平均	40.83	40.36	40.39	41.10

（续表）

项目	层次（cm）	高肥地		低肥地	
		麦秸还田	对照	麦秸还田	对照
非毛管孔隙（%）	0 ~ 5	12. 29	7. 16	9. 85	6. 24
	5 ~ 10	12. 51	7. 34	8. 52	4. 94
	10 ~ 15	15. 19	8. 23	8. 21	4. 55
	平均	13. 33	7. 58	8. 86	5. 24

2. 底施氮化肥

底施氮肥是简化栽培技术的第二项关键技术环节，是保证秸秆还田后玉米不减产的重要措施。主要机理包括两方面：一方面，微生物在分解秸秆以前必须先繁殖自己躯体，而微生物躯体的细胞主要由蛋白质组成，所以，它们在繁殖时必须吸收一定氮素来合成蛋白质。但是一般禾本科作物的秸秆碳氮比过宽，一般达到 70：1 以上，而秸秆腐解的适宜碳氮比是（20 ~25）：1，这个差距就需要通过补施氮肥来缩小。秸秆还田而不增施氮肥，微生物就被迫从土壤中吸收速效氮，从而造成幼苗因缺氮而发黄、生长缓慢甚至减产。另一方面，增施底氮肥可以促进夏玉米壮苗早发。夏玉米生育期很短，因热量紧张而不能充分成熟是产量的主要限制因素。为了使夏玉米有更长的生育时间，早播重要，快长更重要，因夏玉米一般不施有机肥，而过去习惯的施肥方法是定苗后和大喇叭口期追两次肥。按照这种做法，从出苗到定苗这 15 ~20 天内就会造成土壤缺氮，从而导致幼苗生长缓慢，植株不够健壮，致使开花期延迟而降低粒重。

表 5 –78 为不同底氮肥量对夏玉米苗期生长的影响研究结果，如表 5 –78 所示，在秸秆还田条件下，耕翻前不施底化肥的，拔节期玉米各生育性状都不如同样施肥的对照。在高肥地上，秸秆还田的株高降低 6. 7%，茎粗减少 8. 5%，叶片数减少 3. 5%，叶面积缩减 41. 8%。而低肥地上由于土壤中氮素含量低，秸秆还田后更加剧了幼苗的缺氮，结果株高下降 22. 5%，茎粗减少 25. 5%，叶片数减少 7. 5%，叶面积缩小 73. 9%。这充分说明，秸秆还田之后，微生物的分解活动需要一定氮源，如果不补充就得从土壤中吸收，从而造成微生物与幼苗争氮的现象。

表 5 –79 为不同底氮肥量对夏玉米产量构成因素的影响。秸秆还田而不施底氮肥的（处理 2），穗粒数有所增加，但千粒重降低，结果是单穗粒重略有降低，反映了秸秆还田土壤脱氮所造成的后果。在底施氮肥的情况下，穗粒数和千粒重都有增加。可见，秸秆还田时增施氮化肥增产的原因主要是靠穗粒数的增加和千粒重的提高。其根本原因是氮肥促进了壮苗早发，使植株生长具有一壮二早的特点。

3. 精量或半精量播种

精量播种是国内早已采用并被证明是行之有效的玉米播种方法。但在该模式建立和推广时期，由于种子质量及播种机性能等客观因素的影响而未能达到苗全、苗齐、苗匀的要求，因而只能推行半精量播种。所谓半精量播种，就是用两粒种子保一株苗，这一作法虽然仍需定苗，但较常规播种技术的间定苗已经节省了很多人力。

表 5－78　不同底氮肥量对夏玉米苗期生长的影响

（陈国平等，1991）

处理	高肥地				低肥地			
	株高（cm）	茎粗（mm）	可见叶片数	叶面积（cm^2）	株高（cm）	茎粗（mm）	可见叶片数	叶面积（cm^2）
1. 秸秆不还田，定苗37.5，大喇叭口 17.5	54.2	7.7	8.9	207.1	50.1	6.9	8.6	173.9
2. 秸秆还田，定苗 37.5，大喇叭口 17.5	50.8	7.1	8.6	146.1	40.9	5.5	8.0	100.0
3. 秸秆还田，底施 17.5，封行 37.5	58.2	8.5	9.5	258.6	53.1	7.6	9.1	182.2
4. 秸秆还田，底施 37.5，封行 17.5	63.2	9.6	9.5	319.4	64.2	9.9	9.9	293.7
5. 秸秆不还田，底施52.5	65.2	9.9	10.0	332.8	66.2	10.0	10.0	339.4

注：每亩施氮肥量单位为千克；各处理每亩均施硫铵 52.5kg

表 5－79　不同底氮肥量对夏玉米产量构成因素的影响

（陈国平等，1991）

处理	穗粒数（个）	千粒重（g）	穗粒重（g）
1. 秸秆不还田，定苗 37.5，大喇叭口 17.5	359.2	254.0	92.5
2. 秸秆还田，定苗 37.5，大喇叭口 17.5	365.9	249.2	91.9
3. 秸秆还田，底施 17.5，封行 37.5	365.6	247.8	97.0
4. 秸秆还田，底施 37.5，封行 17.5	381.7	267.7	103.5
5. 秸秆不还田，底施 52.5	403.3	238.9	105.2

注：显著水平测定 0.01

4. 化学除草

夏玉米苗期正值降水较多、气温较高时期，因行距较宽，封行以前田间通风透光良好，致使杂草危害较重。北京地区夏玉米田常见的杂草有：马唐、稗草、画眉草、藜、狗尾草、反枝苋、马齿苋、葎草、扁蓄、柳叶刺蓼、龙葵、苍耳、苘麻、打碗花、蔓陀萝、荠菜、铁苋菜、小蓟、苣荬菜等。采用化学除草与人工和畜力除草相比，具有效果好、省工省力、减少田间作业伤苗、降低生产成本的优点。

（1）除草效果好

人工除草包括人工锄地和畜力行间中耕。由于许多杂草具有再生性，夏季又雨多气温高，被除掉的草不容易被晒死还能重新恢复生长。而化学除草的效果一般能达到90%以上，直到收获前地面干净无草。

（2）省工省力

夏季高温高湿，人工除草不仅劳动强度大，且田间环境艰苦。而化学除草只要播后苗前机械进地喷药即可，无需动用大量人力。

（3）降低成本

化学除草的药剂和机械作业开支每亩 3 元多（1990 年价格），喷 1 次药能解决全生育期的草害问题。而人工锄草每个人工的日值是 10 元（1990 年价格），而且每块地起码要锄两次草，效果差、成本高。

（4）减少田间作业伤苗

化学除草一般是播后苗前喷药，对幼苗毫无损伤。而人工特别是畜力除草时，由于行不直或牲畜行走不正，往往会出现伤苗和压苗现象。据北京市农科院作物所调查，畜力中耕除草一般每亩要损伤几百株苗，经常会因此导致穗数不足造成减产。

（三）核心技术应用操作方法

1. 秸秆还田技术

京郊基本上实行机收小麦的同时将麦秸粉碎还田。在小麦联合收割机上安装秸秆粉碎装置，在机收脱粒的同时，将麦秸粉碎并均匀地撒施于地面。如果小麦收获机没有秸秆粉碎装置或麦收时留茬太高、秸秆未能达到所要求的粉碎程度，则需用秸秆粉碎机进行 2 次进地粉碎后再翻耕。

2. 底施化肥技术

撒施底化肥的操作要求是，把化肥按亩用量均匀地撒在地面并及时耕翻下去。比较理想的施肥工具是小麦播种机，只要把化肥装入施肥箱，调整好排肥量，使播种器悬空，在播种机行进的过程中就能均匀撒在地面上。机施底化肥的优点是效率高、进度快，而且能施得很均匀。在没有小麦播种机的地区也可采用人工撒肥，但要求严格控制施肥量，撒肥均匀，所用化肥品种最好是尿素、硝铵或硫铵等不易挥发的化肥。如果用碳铵，要求一定要在施肥之前将肥块压碎，施后立即耕翻，否则，就会造成氮素挥发，降低肥效。

3. 精量或半精量播种技术

精量播种每亩只需用种 1～1.25kg，比普通播种每亩节省种子 2kg 以上。采用精量播种，按计划留苗密度播种相应数量有发芽能力的种子粒数，无需再间苗和定苗，用工大大节省。精量播种还有利于培育壮苗。精量播种的技术要求如下：①种子要具有很高的发芽率，至少要达到 95% 以上。②精量播种机的性能一定要好，保证按规定株距下种。③土地一定要精细整平，做到既无墒沟伏脊，又无坷垃。地面高低不平，播种深度就不可能一致，影响出苗。④土壤底墒一定要充足。底墒不足或不匀，干的地方种子就不能出苗。要求实行精播的地块在麦收前 5～7 天浇 1 次底墒水。实行喷灌的也可先播种后喷水。如果上述条件不具备，可采用半精量播种。就是把精量播种的株距缩小一半，播种量增加 1 倍，用两粒种子保一棵苗。定苗时只需拔掉多余的苗（图 5－110）。

播种方法：

（1）根据种子发芽率确定播种量

根据计划留苗株数和种子发芽率计算每亩的播种量。从出苗到收获大约损伤 10%～15% 的株数，因此，实际播种时还要再加上 10%～15% 的种子量。

（2）调整播种机

①把行距调整为 67～70cm。②调整播种深度，夏玉米的播深一般定为 5cm 左右，

图 5－110　玉米精量播种

（图片由陈国平提供）

土壤湿润的可变浅至 3～4cm；底墒不足的可增加到 6～7cm。③调整播种量：先将播种机架起，使行走轮能自由转动。把种子加入播种箱内，其数量一般不少于种子箱容量的 1/3，然后在每个排种口上挂一个布口袋，按播种机的行驶速度转动，计算出行走轮每分钟的转速，转动 20～30 转之后，把每个排种口下布口袋中的种子收集起来称重，与实际播种量相比较。如不符合要求再调整排种口或孔径，直至实际播种量与计划播种量相差 2%～3% 时为止。此外，还要检查播种机行距和播种浓度是否符合要求和均匀一致。要求相邻两个行距相差不超过 ±2.5cm，播深相差不超过 ±1.5cm。

当一切检查都符合要求之后就可以正式开始播种，要求拖拉机中途尽量不停车。要注意两个播幅之间的衔接，既不要漏播，也不能重播。要求播种行笔直，以保证以后中耕、施肥和收获等机械化作业得以顺利进行。如果土壤过于疏松或干燥，可在播种机后带一组"V"形镇压器镇压。

4. 化学除草技术

化学除草最经常采用的是播种后到幼苗期进行地面喷药。由于夏玉米通常与小麦搭配种植，玉米收获后接种小麦，而小麦对阿特拉津又很敏感，用药过量就会产生死苗。所以，如果单一地使用阿特拉津，则每亩用量不得超过 175g，而且要保证喷药均匀，不能重喷。目前比较普遍采用的方法是，阿特拉津和另一种除草剂混合使用。如阿特拉津液胶悬液 150g 加 50% 的草净津悬液 200g，每亩对水 30～50kg。喷药机械要以一定的速度行驶，绝不允许有重喷或漏喷的现象发生，前者会造成用药过量，导致下茬小麦死苗，后者则达不到除草的目的。

化学除草的效果同土壤表层的含水量有很大的关系。土壤湿润则化学除草效果好，土壤干燥则化学除草效果下降。所以，当土壤墒情不足时，不要在播后勉强喷药，可以等玉米出苗，待下雨或灌溉之后再喷药。化学除草剂一般都具有毒性，喷药过程中要规范操作。完成喷药作业后，要用清水洗手、洗脸和更换衣服。

5. 创新与特色

从满足夏玉米生育要求出发，采用麦秸还田、底施氮化肥、精量机播和化学除草等现代化综合技术，将过去夏玉米从种到收需要的11～12道管理工序经简化为7道工序。不但能促进壮苗早发和早熟高产，而且省工省力，降低成本，提高效率和培肥地力。

6. 推广效果及典型事例

夏玉米简化栽培技术研究1989年通过专家鉴定，1990年开始被列入市政府重点示范推广计划（同时，列入农业部全国农业重点推广项目）。在示范推广过程中，对麦秸还田、底施氮化肥、精量机播、化学除草等关键技术都进行了研究、改进、总结，从而提高了原成果应用于生产的可行性。两年示范推广一致表明，简化栽培技术具有显著的高产、省工、省力和高效的优点。平均每亩可增产15%，节省用工27.2%，增收24.6%。

由于该技术效果显著，作用突出，深受各级领导和广大农民欢迎，因而迅速推广。就顺义、通县等9个县不完全统计，1991年推广面积119.76万亩，应用2～3项技术的面积达148.46万亩，分别占1991年全市夏玉米面积54%和66.9%，平均每亩多产玉米47.08kg，增产粮食5 638.30万kg；节省人工164.1万个，增收2 819.15万元。两年共推广全项简化技术206.76万亩，应用2～3项面积274.26万亩。两年共增产粮食9 734.26万kg，节省人工283.26万个，增加收益4 867.13万元。总括其工作方法、推广速度、覆盖面、经济效益等居全国同类研究领先水平，为科研成果尽快转化为生产力树立了典范。该技术模式随后在京郊及我国华北广大一年两熟制种植夏玉米区迅速推广普及，为提高玉米生产水平，增加粮食产量，发展机械化，实现用养地和农田生态的良性循环，巩固、发展规模化农业生产新体制等发挥了重要作用。

二、玉米轻简高效栽培技术模式

2010年前后，京郊实施玉米高产创建，涌现出一批平均亩产超800kg的春玉米万亩高产示范片，带动了京郊春玉米连年增产，同时，玉米生产经济效益也得到大幅度提高。尽管这一时期随着雇工工资的增长使玉米生产人工成本增加较多，但受玉米价格大幅攀升和生产资料价格平稳两项利好因素的影响，京郊春玉米生产一直保持了增收的势头，玉米高产创建示范区每亩纯效益可达1 500元左右。因此虽然京郊种植业结构调整幅度较大，但玉米种植面积一直稳定在200万亩左右，玉米生产成为京郊农民最喜欢种植的农作物之一，是其就业和致富的重要选项。2013年之后，随着土地流转的加快进行，玉米规模生产逐步推行，对玉米生产全面机械化的要求更加迫切，进一步简化玉米生产作业工序，全面取消人工作业环节，并继续提高经济效益已势在必行。

按照北京市都市型现代农业发展的要求，打造“高产、高效、优质、生态、安全”型春玉米产业。立足进一步提高玉米单产和简化栽培管理措施，在创新研究基础上，实施农机农艺深度融合，创建“京郊春玉米高产轻简栽培技术体系”。实现京郊春玉米生产全程无人工作业、经济效益大幅度提高。针对春玉米全程机械化作业存在的播种、追肥和收获3个薄弱环节，开展针对性研究试验，筛选确定适宜京郊北部山区春玉米生产的单粒（精量）播种、中耕追肥和收获3个重点环节的农机具，通过农机农艺的深度融合，实现全程作业组装配套。创建京郊玉米高产轻简栽培技术模式。

（一）单粒播种技术

玉米单粒播种技术在20世纪60年代初期国外发达国家就开始推广应用，并取得显著的效果。我国在 20 世纪 80 年代中期也提出过“精量播种”技术，但由于当时受到条件限制，这一技术没有被推广开来。伴随着美国先锋公司选育的“先玉 335”品种大面积推广，我国引进了单粒播种的概念和技术，正式实行玉米精致包装、单粒播种。

北京市农业技术推广站开展试验研究，2012 年在实施玉米高产创建项目中，开展了单粒播种技术的试验示范工作。选用纯度达到 99% 以上、发芽率达到 93% 以上的玉米种子及品种，利用市农业技术推广站购置 2BYFJ 型玉米多功能精位播种机和现有“迪尔”精准播种机进行玉米单粒播种，保证种植密度达到 4 500株/亩以上，实现省种、省工、省水、省肥和增产增效的目标。试验示范结果，详见本书第五章第二节“玉米高产创建综合配套技术模式”部分。

北京市 2013 年该技术应用面积约为 25 万亩，主要集中在北部山区春玉米区，以郑单 958 和农华 101 等几个种子质量较高的品种为主。2014 年全市单粒播种技术应用率达 69%，较上年提高了 44 个百分点。其中春玉米应用比例 75%，较上年提高 45.3 个百分点；夏玉米应用比例 59%，较上年增加 39.0 个百分点。玉米单粒播种技术快速发展主要是大力推广了郑单 958、农华 101 等单粒播种适宜品种和迪尔、海轮王等适宜的农机具。应用单粒播种技术可以减免间定苗环节作业，有效降低人工作业成本（图 5 - 111、图 5 - 112、图 5 - 113）。

图 5 - 111　迪尔机单粒播种

（二）缓释肥一次侧深施技术免追肥

缓释肥研究进展及应用情况：自 1955 年合成微溶性尿醛化合物（UF）商品化及 1967 年聚合物包膜肥料投入生产，缓释或控制释放肥料的生产已有 50 多年的历史。美国 90% 以上的缓释/控制释放肥料用于非农业市场，而日本主要用于农业市场。我国于 20 世纪 70 年代开始先后试制和生产了一些包膜肥料。目前，市场上常见的几种缓释肥主要为施可丰，沃夫特、金正大、艳阳天等，主要在东北春玉米产区和黄淮海夏玉米产区有部分地区应用，面积较小。我市玉米生产上自 2014 年开始较大范围使用缓释肥料，春、夏玉米缓释肥施用比例明显增加，春玉米施用比例占总播种比例的 27.3%，夏玉米施用比例占总播种比例的 48%，可省掉追肥环节，有效节约劳动力成本。

北京市农业技术推广站开展试验研究明确了春玉米适宜缓释肥料及对产量的影响：

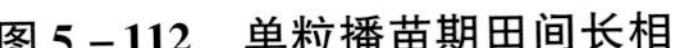

图5－112　单粒播苗期田间长相

图5－113　单粒播苗期田间长相

通过选用金正大（21：10：11）、金正大（25：13：13）、新沭化（25：12：11）3种缓释肥料和底肥＋5个追肥时期的对照试验，施用缓释肥（40kg）及底肥复合肥（40kg）后期追施尿素（20kg）两种施肥方式均比仅施底肥复合肥（40kg）产量高，差异均达到显著水平，其中，新沭化（25：12：11）一次性底施、金正大（25：13：13）一次性底施、6月17日、6月24日、7月1日和7月15日追肥处理产量与对照差异达到极显著水平。所有处理中复合肥底施＋7月1日追肥处理产量最高为891.7kg/亩，缓释肥处理中金正大（25：13：13）一次性底施处理产量最高为871.7kg/亩，缓释肥处理和复合肥＋追肥处理之间产量无显著性差异。

缓释肥一次侧深施技术：针对玉米生理特性和营养需求特点以及当地的气候特征和土壤条件，根据玉米目标产量，按配方施肥理论和肥料改型改性制造技术，改过去玉米生育期间多次施肥为一次性施肥，即将玉米整个生育期所需的养分在播种同时利用深施肥机一次侧深施在10cm耕层内（距离种子8～10cm处）。推荐北京市壤土或黏壤土的夏播青贮玉米（生育期短）地块使用（图5－114、图5－115）。

图5－114　缓控肥料

图5－115　缓控肥料一次性底施

（三）玉米机械化收获技术

玉米机械收获是玉米生产全过程机械化的关键一环，夏玉米可采用机收果穗收获方

式，春玉米可采用机收果穗或籽粒直收的收获方式进行收获，

技术研究进展及应用情况：世界上第一台玉米联合收获机是由澳大利亚昆士兰文巴的艾伦（George Hand）于1921年设计出来的，又经过多次完善和改进，随后在一些经济发达国家逐步开始生产和使用。在20世纪50～60年代国外玉米收获机械的研制与生产已基本成熟，实现了玉米收获机械化。目前，美国、德国、乌克兰、俄罗斯等西方国家，玉米的收获（包括籽粒和秸秆青贮）已基本实现了全部机械化作业，且大多数国家均采用玉米摘穗并直接脱粒的收获方式。我国玉米机械化起步晚、水平低，开始研制的时间与小麦收获机的研制基本同步，现有的玉米机械收获籽粒破损率、损失率、果穗损失率距国内标准还存在着相当大的差距，这在一定程度上制约了玉米收获机的发展。2010年，中国玉米耕种收综合机械化水平达到65.94%，其中，机耕、机播和机收水平分别为88.1%、76.5%和25.8%，机收作业机械化水平最低。

2014年，北京市农业技术推广站研究试验得出春玉米籽粒机械化直收技术关键指标及适宜品种：通过对15个参试品种灌浆期籽粒含水量日变化、收获期含水量、机收作业质量（破损、丢失率等）等关键指标的调查，筛选出宁玉735和宁玉525两个品种较为适宜籽粒直收。籽粒直收作业质量受包括品种特性、成熟度、农机、机手、天气因素等多方面影响，收获时籽粒含水量较高会导致破粒和丢穗，影响破损率和落穗损失率；反之收获时含水量过低也会导致杂质过高和落粒，影响杂质率和落粒损失率。但最终含水量与产量损失率呈正相关关系，即收获期玉米籽粒含水量越高，产量损失率越高。一年试验结果仅能反映出上述参试品种在当年试验条件的测试指标情况，更为准确的结果还需要今后多年、多次收获的重复试验来验证（表5－80）。

表5－80　籽粒直收技术节本增收效果（瑶亭）

类型	亩产量（cm）	亩纯效益（元）	亩用工（个）	劳动生产率（kg/工日）	劳动生产效益（元/工日）
籽粒直收		1 625	2.1	405.8	773.8
ck（机收果穗）	852.1	1 565	2.4	355.0	652.1
ck（人工掰穗）		1 325	3.1	274.9	427.4

2014年试验研究结果，在15个参试品种中新引进品种普遍表现较好，其中，单粒播种技术适宜品种：联创808、京科968、良玉66、宁玉525、宁玉735；籽粒直收技术适宜品种：宁玉525、宁玉735；丰产性排名顺序：真金8号、登海618、联创808、宁玉524、京科968。在北京市2014年前后应用的品种中，农华101和京科968在单粒播种和籽粒直收两项技术筛选试验中表现相对较好，两个品种粒距合格指数最高，可以满足单粒播种的要求；而京科968收获期籽粒含水量较低，农华101落粒损失率和落穗损失率较低，在现阶段也可基本满足生产上对籽粒直收技术的需求（图5－116）。

生产上根据上述试验结果，结合各品种产量差异，分别按照轻简栽培、高产栽培两个方向搭配选择适宜品种。今后将对新引进品种进一步开展试验研究印证，对农华101和京科968两个品种可考虑进行全程机械化轻简栽培技术示范推广。

图5-116 籽粒直收

第七节 玉米与多类作物连作栽培技术体系

随着京郊瓜类、饲料等作物的发展，北京市农业技术推广人员和广大农民探讨研发了玉米与这些作物搭配种植的高产高效栽培技术，并得到大面积示范推广应用，取得良好的效益。

本节重点介绍北京市农业技术推广站与有关区县农技推广站共同研发的早熟西瓜/春玉米高产高效技术和饲草小黑麦与玉米连作技术模式。

一、早熟西瓜/春玉米高产高效技术模式

2005年前后，京郊早熟西瓜每年种植面积超过20万亩，西瓜收获后一般平播中早熟粒用玉米。2005—2006年，北京市农业技术推广站与中国农业科学院作物研究所赵明研究团队合作，在顺义和通州两个区开展了“早熟西瓜/春玉米”改良模式及配套技术试验示范，用中晚熟玉米品种替换中早熟品种，并改平播为“西瓜套种玉米”模式，下茬玉米更加经济高效地利用西瓜茬土壤富集的养分，提高全年产量水平和经济效益。

示范基点设在北京西瓜产区顺义区李桥镇和通州区宋庄镇。两个基点的示范田土壤肥力水平为：李桥镇土壤有机质16.62g/kg，碱解氮89mg/kg，速效磷141.6mg/kg，速效钾92mg/kg；宋庄镇土壤有机质17.43g/kg，碱解氮91 mg/kg，速效磷148.6mg/kg，速效钾96mg/kg。李桥镇参试玉米品种为京单28，宋庄镇参试玉米品种为京科508，对照均为西瓜收获后夏平播郑单958。选用的参试品种生育期为120～125天。示范玉米实行大、小行种植，大行距为90cm，小行距为50cm，株距为19cm，在6月2日（早熟西瓜收获前20天左右）应用精量播种器人工播种于西瓜田中，播量为2kg/亩。参试品种采取大区顺序排列，每个品种示范面积为5亩。

参试各玉米品种于5叶期进行田间定苗，留苗密度为5 000株/亩左右。拔节期结合中耕培土追施尿素30kg/亩，磷酸二铵20kg/亩和硫酸钾43kg/亩。其他田间管理同传统模式。

参试各玉米品种的耐密性调查数据，见表5－81。由表5－81中数据可以看出，在留苗密度大致相同的情况下，李桥镇基点参试玉米品种京单28的亩实收穗数比对照品种郑单958增加了11.8%，空秆率降低了11.5个百分点，超级玉米和普通玉米的倒折率无明显差异；宋庄镇基点参试超级玉米品种京科508的亩穗数比对照品种高4.8%，空秆率降低3.3个百分点，两种参试类型玉米的倒折率也无明显差异。试验结果说明，超级玉米的耐密性明显优于普通玉米，高成穗率与低空秆率是超级玉米争取高产的关键因子之一。

参试玉米品种测产结果显示，玉米的产量明显高于普通玉米（表5－82）。李桥镇种植的玉米品种京单28单产达到700.2kg/亩，比对照品种郑单958增产24.5%。宋庄镇种植的玉米品种京科508产量达到726.4kg/亩，比对照增产8.7%。进一步分析发现，试验示范玉米的亩留株数、穗粒数和千粒重均明显优于对照玉米，特别是穗粒数较对照平均提高8.8%，千粒重较对照也有一定程度提高，产量构成三因素发展均衡度明显优于对照，库容量大，光合产物积累速率高。西瓜田套种玉米，玉米生育期延长，可以充分利用西瓜土壤富集的养分，争取高产稳产。

表5－81　供试玉米品种的耐密性

示范地点	品种	亩留株数	亩收穗数	空秆率（%）	倒折率（%）
李桥镇	西瓜套京单28	5 270	5 170	1.9	0.7
	夏平播郑单958（CK）	5 240	4 624	13.4	1
宋庄镇	京科508	5 000	4 895	1.5	1.6
	夏平播郑单958（CK）	5 000	4 710	4.8	2.3

表5－82　品种产量与产量构成

示范地点	品种	亩穗数（穗）	穗粒数（粒）	千粒重（g）	产量（kg/亩）	产量增幅（%）
李桥镇	京单28	5 170	435.2	307.4	691.6	24.5
	夏平播郑单958（CK）	4 624	428.4	280.4	555.5	/
宋庄镇	京科508	4 895	437	349.8	726.4	8.7
	夏平播郑单958（CK）	4 910	389	339.6	668.1	/

示范模式和传统模式经济效益分析，见表5－83。示范模式由于未改变前茬作物，只是更换了下茬作物品种，因而示范模式和传统模式的前茬作物投入、产出是相同的。新模式的粮食产量和经济效益的变化主要体现在玉米品种的改良。由表5－83可见，在李桥镇基点，上茬西瓜效益为1 235.0元/亩，传统模式下茬对照的效益为269.4元/亩，而示范模式下茬套种玉米的经济效益达到了427.3元/亩，效益比对照提高58.6%，示范模式总效益达到1 662.3元/亩，比传统模式提高10.5%。在宋庄镇基点，套种玉米经济效益比对照提高16.9%，示范模式的总经济效益比传统模式提高12.6%，表明改良模式的产量、效益优势极为明显。

表5－83　新模式与传统种植效益分析

示范地点	模式	上茬早熟西瓜 产量（kg/亩）	上茬早熟西瓜 投入（元/亩）	上茬早熟西瓜 产值（元/亩）	上茬早熟西瓜 纯利润（元/亩）	下茬玉米 产量（kg/亩）	下茬玉米 产值（元/亩）	下茬玉米 投入（元/亩）	下茬玉米 纯利润（元/亩）	全年总效益（元/亩）
李桥镇	示范区	3 550.0	1 250.0	2 485.0	1 235.0	691.6	802.3	375.0	427.3	1 662.3
	对照区					555.5	644.4	375.0	269.4	1 504.4
宋庄镇	示范区	4 600	795.0	2 760	1 965.0	726.4	842.6	375.0	467.6	2 663.9
	对照区					668.1	775.0	375.0	400.0	2 365.0

注：西瓜价格0.7元/kg，玉米价格1.16元/kg

早熟西瓜/粒用玉米高产高效技术：

①配套玉米品种熟期的选择：京郊早熟西瓜通常在6月下旬成熟收获，留余的安全生长期100天左右，根据西瓜套种玉米试验结果，西瓜、玉米的适宜共生期为20～25天，因此，应选择生育期120～125天的品种作为“西瓜套种玉米”模式的配套玉米品种。

②精细选种：西瓜套种玉米模式套种玉米采用半精量人工点播，因而必须保证种子质量，才能确保苗齐苗旺。

③保墒：西瓜套种玉米模式套种玉米实行免耕播种，播种前应创造良好的底墒，播种后踩实压严，防止跑墒，争取苗齐苗旺。

④保苗：由于套种玉米与西瓜有一段共生期，因此，西瓜拉秧后须及时进行田间定苗，定苗原则是去弱留壮，提高整齐度，杜绝大小苗，保证留苗密度。

⑤施肥：由于套种玉米未施底肥，必须抓好追肥，通常追肥应结合中耕培土施入田中。

⑥培土：玉米拔节期须抓好中耕培土，以防生长中后期发生倒伏。

⑦除草：必须抓好除草工作，可结合中耕培土进行（图5－117、图5－118）。

图5－117　西瓜—玉米示范田（共生期长势）

图5－118　西瓜收获后玉米长势

二、饲草小黑麦—中晚熟优质籽粒玉米高产高效技术模式

饲草小黑麦是一个优势上茬作物，其适播期为9月底至10月初，翌年5月中旬收割饲草。其下茬适合安排中晚熟籽粒玉米品种。该模式的组配作物品种为饲草小黑麦和高油115玉米。小黑麦一般在5月中旬收获青饲、青贮或晒制干饲草，随后播种高油115玉米。高油115可于9月中、下旬收割专用于玉米青贮，也可在收获籽粒后收割秸秆制作青贮饲料。该模式在平原区示范2 250亩，其产量结果和经济效益分析，见表5－84。

试验示范结果显示，饲草小黑麦—高油115（粮饲兼用）是一种高效利用资源、粮草兼顾的生产模式，上、下两茬作物产量高、品质优、效益好，模式全年经济效益分别达到760. 7元/亩和846. 5元/亩。该模式在京郊山前暖区具有广阔发展前景（图5－119、图5－120）。

图5－119　小黑麦青贮饲料生产田

图5－120　小黑麦干草示范田

表5－84　饲草小黑麦—中晚熟优质籽粒玉米模式产量结果及效益分析

<table>
<tr><th rowspan="2">品种</th><th rowspan="2">小黑麦</th><th rowspan="2">青贮玉米</th><th colspan="2">粮饲兼用玉米</th></tr>
<tr><th>籽粒</th><th>秸秆</th></tr>
<tr><td>产量（kg/亩）</td><td>2 666. 7</td><td>4 510. 3</td><td>458. 1</td><td>3 142. 0</td></tr>
<tr><td>产值（元/亩）</td><td>533. 2</td><td>676. 5</td><td>458. 1</td><td>314. 2</td></tr>
<tr><td>总成本（元/亩）</td><td>329. 0</td><td>120. 0</td><td colspan="2">132. 0</td></tr>
<tr><td>其中，种子</td><td>75. 0</td><td>20. 0</td><td colspan="2">20. 0</td></tr>
<tr><td>化肥</td><td>72. 0</td><td>60. 0</td><td colspan="2">60. 0</td></tr>
<tr><td>水费</td><td>12. 0</td><td>0</td><td colspan="2">0</td></tr>
<tr><td>机耕</td><td>50. 0</td><td>20. 0</td><td colspan="2">20. 0</td></tr>
<tr><td>土地使用税</td><td>100. 0</td><td>0</td><td colspan="2">0</td></tr>
<tr><td>用工</td><td>20. 0</td><td>20. 0</td><td colspan="2">30. 0</td></tr>
<tr><td>效益（元/亩）</td><td>204. 2</td><td>556. 5</td><td colspan="2">642. 3</td></tr>
<tr><td>小黑麦—青贮玉米效益合计（元/亩）</td><td colspan="4">760. 5</td></tr>
<tr><td>小黑麦—粮饲兼用玉米效益合计（元/亩）</td><td colspan="4">846. 5</td></tr>
</table>

注：表中数据为2002年情况。饲草小黑麦单价0. 2元/kg；专用青贮玉米单价0. 15元/kg；玉米籽粒单价1. 0元/kg；玉米秸秆青贮单价0. 10元/kg

三、冷凉山区饲草小黑麦、黑麦青饲—早熟青贮玉米种植技术模式

地处冷凉山区的延庆县，种植冬小麦—夏播籽粒玉米一年两熟热量不够。近两年尝试饲用作物一年两熟取得较好效果，目前技术已趋成熟，即于9月底播种上茬饲草小黑麦或黑麦，5月底前后收割饲草，下茬于5月底、6月初播种早熟青贮玉米，于9月底收割青贮，此种组合方式通过优化资源配置经济效益明显提高。生产实践表明，在冷凉山区地力水平较低的农田，上茬种植小黑麦中饲1890或黑麦冬牧70，下茬播种青贮玉米，均可取得较好收益。该模式产量结果与效益分析，见表5－85。通过两茬作物的合理搭配，实现生育期互补，充分利用土壤和气候资源增产增收，既可为北部山区发展畜牧业创造条件，又有利于生态环境建设（有效治理冬春季裸露农田）。该模式适宜在北部山区畜牧业生产基地推广应用（图5－121）。

图5－121　小黑麦制种田

表5－85　冷凉山区饲草小黑麦、黑麦—早熟青贮玉米模式产量结果及效益分析

试验示范点	大柏老村		西红寺村	
作物	饲草小黑麦	青贮玉米	饲草黑麦	青贮玉米
产量（kg/亩）	1 600.0	3 520.0	1 710.0	3 443.0
产值（元/亩）	320.0	528.0	342.0	516.5
总成本（元/亩）	170.0	230.0	200.0	240.0
效益（元/亩）	150.0	298.0	142.0	276.5
全年效益（元/亩）	448.0	418.5		

注：饲草小黑麦单价0.2元/kg；专用青贮玉米单价0.15元/kg

平原区发展小黑麦繁种—早熟青贮玉米种植技术模式具有良好的经济效益，该模式构成作物小黑麦或黑麦于9月下旬播种，6月底收获种子；下茬青贮玉米可选用京早13，于7月初播种、9月下旬收获。该模式产量结果及效益分析，见表5－86。

饲草小黑麦繁种—青贮玉米早熟品种种植模式全年光热资源分配合理，饲草小黑麦制种产量高，青贮玉米品质好，全年经济效益比传统模式平均提高19%。若饲草小黑麦能

在制种技术上有所创新，增加种子产量、降低生产成本，有望还可进一步提高生产效益。

表 5-86 小黑麦繁种—早熟青贮玉米模式产量结果及效益分析

品种	小黑麦种子	青贮玉米
产量（kg/亩）	175.1	2 900.0
产值（元/亩）	490.3	435.0
总成本（元/亩）	288.0	210.0
效益（元/亩）	202.3	225.0
全年效益（元/亩）	427.3	
与冬小麦+普通夏玉米比较	+19.0%	

注：小黑麦种子单价 2.8 元/kg；专用青贮玉米单价 0.15 元/kg

第八节 玉米风险互助试点情况介绍

2005—2006 年，北京市农业技术推广站依托北京谷物协会，为了落实“中央一号”文件建立农业保险制度的精神和市政府工作报告关于“积极探索建立政策性农业保险”的文件精神，根据《北京市关于进行农业保险试点工作的意见》“逐步建立北京农业风险管理和灾害补偿制度，稳定农业生产和农民生活”的精神，在市财政和市农委的支持下，开展了玉米风险互助试点工作。按照协会风险互助工作着眼于试点的目的，在实施中，力求涉及京郊玉米生产的各种类型和全部区县。经过 2 个年度的试验示范，收集到大量基础数据，摸索出许多可供借鉴的工作经验，为京郊构建农业保险运行体系提供了依据，也为试点区农民的抗灾、减灾、救灾发挥了重要作用。

本节重点介绍北京谷物协会 2005—2006 年开展玉米风险互助试点工作的方法、期间玉米灾害发生的特点及互助赔付率分析。

一、险种的设立及补助办法

准确地确定作物灾害风险互助种类，关系到互助工作的成否。协会试点工作确定灾种的原则是首先选择发生频率高、危害性大的灾害，对于易人为减灾、致灾或加重灾情的灾害先不纳入。根据北京地区灾害发生统计数据，风、旱、雹、涝、高温及突发性病虫害发生最为严重。玉米作物选择了雹灾、风灾、涝灾和持续高温造成的结实率低 4 种灾种。京郊十年九旱，且旱灾易人为管理控制，目前，暂不作为互助灾种。依据大量研究结果，制定了《玉米风险互助灾害认定等级和补助细则》。

（一）灾害等级

为了便于操作，根据《实施办法》第二十五条风险互助金补助标准，所有自然灾害造成的损失可分为 1～4 个等级。分别称为轻、中等、较重、重。

（二）受灾面积

1. 受灾面积认定和补助

受灾面积成方连片大于 1 亩时，参与风险互助的会员可按合同有关条款提出灾害认定和补助，协会及时进行灾害认定并提供灾害补助。

2. 实际受灾面积确定

①用 GPS 定位的方法，估测实际受灾面积；

②根据实际受灾面积的长、宽和几何形状来确定受灾面积。

(三) 不同种类自然灾害等级标准

1. 冰雹

(1) 气象条件

由区县负责风险互助的单位与农户双方均认可的发生冰雹天气现象，且范围涵盖参加风险互助的会员种植的地块。

(2) 雹灾程度认定（表 5 - 87）

表 5 - 87　雹灾受灾程度认定及补助金额

<table>
<tr><th>受灾时间</th><th>特征</th><th>受灾程度</th><th>补助金额</th><th>赔付说明</th></tr>
<tr><td>大喇叭口期以前</td><td rowspan="3">田间 80% 以上的茎、叶受到损害</td><td>轻</td><td>每亩补助风险金的 3 ~ 4 倍 (9 ~ 48 元)</td><td>/</td></tr>
<tr><td>大喇叭口期以后</td><td>中</td><td>每亩补助风险金的 7 ~ 8 倍 (21 ~ 96 元)</td><td>/</td></tr>
<tr><td>90% 叶片展开—抽雄</td><td>较重</td><td>每亩补助风险金的 9 ~ 10 倍 (27 ~ 120 元)</td><td>/</td></tr>
<tr><td rowspan="4">抽雄—吐丝 15 天</td><td>田间 30% 以上的茎、叶、雄穗和雌穗受到损害</td><td>轻</td><td>每亩补助风险金的 5 ~ 6 倍 (15 ~ 72 元)</td><td>/</td></tr>
<tr><td>田间 50% 以上的茎、叶、雄穗和雌穗受到损害</td><td>中</td><td>每亩补助风险金的 7 ~ 8 倍 (21 ~ 96 元)</td><td>/</td></tr>
<tr><td>田间 70% 以上的茎、叶、雄穗和雌穗受到损害</td><td>较重</td><td>每亩补助风险金的 8 ~ 9 倍 (24 ~ 108 元)</td><td>/</td></tr>
<tr><td>田间 90% 以上的茎、叶、雄穗和雌穗受到损害</td><td>重</td><td>每亩补助风险金的 9 ~ 10 倍 (27 ~ 120 元)</td><td>可酌情收获青贮饲料</td></tr>
<tr><td rowspan="2">吐丝 15 天以后</td><td>田间 50% 以上的茎、叶、雌穗受到损害</td><td>轻</td><td>每亩补助风险金的 3 ~ 4 倍 (9 ~ 48 元)</td><td>/</td></tr>
<tr><td>田间 80% 以上的茎、叶、雌穗受到损害</td><td>中</td><td>每亩补助风险金的 5 ~ 6 倍 (15 ~ 72 元)</td><td>/</td></tr>
</table>

会员对上述灾害认定结果和补助金额有异议，可在玉米收获前 5 ~ 10 天对实际受损失情况进行核实，按实际核实结果给予补助。

核实方法一：

①在田间随机取有代表性的 3 ~ 5 个样点（根据受灾面积大小确定样点数量），每个样点取 10m 双行，数穗数，并折算每平均亩穗数。

②在每个样点中随机取 10 穗玉米果穗脱粒，求千粒重，计算平均穗粒数。

③估计当年该品种的千粒重（以各区县推广站灌浆速度测定为依据）。

④单产计算：单产（kg/亩）= 亩穗数 × 穗粒数（粒）× 千粒重 ÷ 1 000 000 × 0.85。

⑤根据计算出的单产和签订风险互助合同时约定的单价，计算亩产值。

⑥亩产值低于会员约定的风险金额的，协会补助差额部分。

（3）最终补助确定

核实方法二：

①在田间选择有代表性的3～5个样点（根据受灾面积大小确定样点数量），每个点取10m行长的两行玉米，收获。由区县负责风险互助的单位和农户各取回两个点的全部玉米果穗，晒干、脱粒、称重，测定水分，根据公式将单产调节到含水量14%标准含水量下的单产。

②根据单产和签订风险互助合同时约定的单价，计算亩产值。

③亩产值低于会员约定的风险金额的，协会补助差额部分。

2. 风灾（泥石流）

（1）气象条件

①市或区县气象台（站）观测到有中到大雨（日降水量50mm以上或12小时内降水超过30mm的强降水）、并伴随6级以上大风或发生泥石流，且范围涵盖参加风险互助的会员种植的地块。

②如气象台（站）并未观测到六级以上大风，但会员报告其参加风险互助的地块发生了六级以上大风，须由气象部门工作人员进行现场调查，根据树木或其他地物受损情况足以证明当地确实发生过六级以上大风者，可给予受灾户以补贴，如没有证据则不能补贴。

（2）除外责任

①在电视或广播预报第二天有大风的情况下，农户仍进行灌水造成的倒伏，协会不负责提供补助。

②如因栽培措施不当导致密度过大（超过品种的合理密度）或玉米螟发生严重未采取治虫措施，没有刮大风也出现倒伏的玉米田，协会不给予补助。

（3）风灾受灾程度认定（表5－88）

表5－88　风灾受灾程度认定及补助金额

受灾时间	特　征	受灾程度	补助金额
吐丝前	田间50%以上的植株倒伏，倒伏的倾角超过65°	轻	每亩补助风险金的2倍（6～24元）
	田间80%以上的植株倒伏，倒伏的倾角超过85°	中	每亩补助风险金的3～4倍（9～48元）
吐丝后	田间50%以上的植株发生倒伏，倒伏的倾角超过45°	轻	每亩补助风险金的3～4倍（9～48元）
	田间50%以上的植株发生倒伏，倒伏的倾角超过65°	中	每亩补助风险金的5～6倍（15～72元）
	田间80%以上的植株发生倒伏，倒伏的倾角超过85°	较重	每亩补助风险金的7～8倍（21～96元）
大喇叭口期以后	田间20%以上的植株发生倒折	中	每亩补助风险金的6～7倍（18～84元）
	田间40%以上的植株发生倒折	较重	每亩补助风险金的9～10倍（27～120元）
	田间60%以上的植株发生倒折	重	每亩补助风险金的12～15倍（36～180元）

（4）最终补助确定

会员对上述灾害认定结果和补助金额有异议，可在玉米收获前5~10天对实际受损失情况进行核实，按实际核实结果给予补助。

核实方法一：

①在田间随机取有代表性的3~5个样点（根据受灾面积大小确定样点数量），每个样点取10m双行，数穗数，并折算每平均亩穗数。

②在每个样点中随机取10穗玉米果穗脱粒，求千粒重，计算平均穗粒数。

③估计当年该品种的千粒重（以各区县推广站灌浆速度测定为依据）。

④单产计算：单产（kg/亩）=亩穗数×穗粒数（粒）×千粒重÷1 000 000×0.85。

⑤根据计算出的单产和签订风险互助合同时约定的单价，计算亩产值。

⑥亩产值低于会员约定的风险金额的，协会补助差额部分。

核实方法二：

①在田间选择有代表性的3~5个样点（根据受灾面积大小确定样点数量），每个点取10m行长的两行玉米，收获。由区县负责风险互助的单位和农户各取回两个点的全部玉米果穗，晒干、脱粒、称重，测定水分，根据公式将单产调节到含水量14%标准含水量下的单产。

②根据单产和签订风险互助合同时约定的单价，计算亩产值。

③亩产值低于会员约定的风险金额的，协会补助差额部分。

3. 涝灾

（1）气象条件

市或区县气象台（站）观测到有大到暴雨（日降水量100mm以上或12小时内降水超过70mm的强降水，或10天内连续降水量达到300mm以上），且范围涵盖参加风险互助的会员种植的地块。

（2）除外责任

在汛期（6月20日至8月20日），农户未采取任何排水措施（如挖排水沟等），协会不负责提供补助。

（3）涝灾程度认定（表5-89）

表5-89 涝灾受灾程度认定及补助金额

受灾时间	特 征	受灾程度	补助金额	赔付说明
拔节前	50%以上的植株发生涝害症状（叶片发黄，基部叶片发红），死苗率达30%以上	轻	每亩补助风险金的3~4倍（9~48元）	依据受害轻重，采取减灾措施，恢复生产或改种短生育期作物
	80%以上的植株发生涝害症状（叶片发黄，基部叶片发红），死苗率达50%以上	中	每亩补助风险金的5~6倍（15~72元）	
拔节后	无法排水水造成田间积水时间达到6天以上，50%以上的植株发生涝害症状，叶片发黄	轻	每亩补助风险金的2倍（6~24元）	/
	无法排水水造成田间积水时间达到8天以上，80%以上的植株发生涝害症状，叶片发黄	中	每亩补助风险金的3~4倍（9~48元）	/

(4) 最终补助确定

会员对上述灾害认定结果和补助金额有异议，可在玉米收获前 5～10 天对实际受损失情况进行核实，按实际核实结果给予补助。

核实方法一：

①在田间随机取有代表性的 3～5 个样点（根据受灾面积大小确定样点数量），每个样点取 10m 双行，数穗数，并折算每平均亩穗数。

②在每个样点中随机取 10 穗玉米果穗脱粒，求千粒重，计算平均穗粒数。

③估计当年该品种的千粒重（以各区县推广站灌浆速度测定为依据）。

④单产计算：单产（kg/亩）＝亩穗数×穗粒数（粒）×千粒重÷1 000 000×0.85。

⑤根据计算出的单产和签订风险互助合同时约定的单价，计算亩产值。

⑥亩产值低于会员约定的风险金额的，协会补助差额部分。

核实方法二：

①在田间选择有代表性的 3～5 个样点（根据受灾面积大小确定样点数量），每个点取 10m 行长的两行玉米，收获。由区县负责风险互助的单位和农户各取回两个点的全部玉米果穗，晒干、脱粒、称重，测定水分，根据公式将单产调节到含水量 14% 标准含水量下的单产。

②根据单产和签订风险互助合同时约定的单价，计算亩产值。

③亩产值低于会员约定的风险金额的，协会补助差额部分。

4. 高温灾害

(1) 气象条件

市气象台报道了持续高温天气现象发生（以市气象台的气象简报为准，日最高气温超过 37℃ 持续发生 5 天以上，大气相对湿度低于 50%），且范围涵盖参加风险互助的会员种植的地块。

(2) 除外责任

农户选用的品种有花期相遇困难的特点，或由于栽培措施不当造成花期不遇的，协会不负责提供补助（表 5－90）。

表 5－90　高温灾害程度认定及补助金额

受灾时间	特　征	受灾程度	补助金额
抽雄前 3 天至抽雄后 7 天	田间 70% 以上植株的叶片全天发生卷曲，空秆率达到 30% 以上，果穗结实率 70% 以下	轻	每亩补助风险金的 2 倍（6～24 元）
	田间 80% 以上植株的叶片全天发生卷曲，空秆率达到 50% 以上，果穗结实率 50% 以下	中	每亩补助风险金的 3～4 倍（9～48 元）
	田间 90% 以上植株的叶片全天发生卷曲，空秆率达到 70% 以上，果穗结实率 30% 以下	较重	每亩补助风险金的 5～6 倍（15～72 元）

(3) 最终补助确定

会员对上述灾害认定结果和补助金额有异议，可在玉米收获前 5～10 天对实际受损失情况进行核实，按实际核实结果给予补助。

核实方法一：

①在田间随机取有代表性的3～5个样点（根据受灾面积大小确定样点数量），每个样点取10m双行，数穗数，并折算每平均亩穗数。

②在每个样点中随机取10穗玉米果穗脱粒，求千粒重，计算平均穗粒数。

③估计当年该品种的千粒重（以各区县推广站灌浆速度测定为依据）。

④单产计算：

单产（kg/亩）＝亩穗数×穗粒数（粒）×千粒重÷1 000 000×0.85。

⑤根据计算出的单产和签订风险互助合同时约定的单价，计算亩产值。

⑥亩产值低于会员约定的风险金额的，协会补助差额部分。

核实方法二：

①在田间选择有代表性的3～5个样点（根据受灾面积大小确定样点数量），每个点取10m行长的两行玉米，收获。由区县负责风险互助的单位和农户各取回两个点的全部玉米果穗，晒干、脱粒、称重，测定水分，根据公式将单产调节到含水量14%标准含水量下的单产。

②根据单产和签订风险互助合同时约定的单价，计算亩产值。

③亩产值低于会员约定的风险金额的，协会补助差额部分。

二、2005—2006年京郊玉米生产期间气候情况

北京市气象台决策服务中心监测统计：2005年玉米生长期间共发生雹灾8次，强风雨天气15次，7～8月还出现了连续高温天气，正值春、夏玉米开花散粉期。2006年玉米生长期间全市共发生雹灾12次，暴雨16次，大风15次。2006年试点区受灾率低于2005年，但危害程度高于2005年。

三、灾情的确认与赔付

接到报案以后，主要采取四个工作步骤：①及时组织市和区（县）人力进行现场勘察；②根据具体情况提出适宜的减灾建议；③坚持两次勘察现场后定损；④严格依据受灾程度和《玉米风险互助灾害等级和补助细则》确定赔付款额。

四、实施结果与分析

（一）参试区县及规模

从试点目的出发，在农民自愿的基础上，参试区县覆盖通州、房山、顺义、怀柔、昌平、密云、延庆、平谷和大兴9个玉米生产区（表5－91）。两年总参试面积37 067.1亩，其中2005年面积8 179.6亩，2006年为28 887.5亩，后者占全市当年玉米种植面积的1.42%。涉及45个乡镇的3 810个农户（农场）。

表 5－91　各区县参试面积

区县	参试面积（亩）			占全市试点规模（%）
	2005 年	2006 年	合计	
通州	1 200.0	7 547.6	8 747.6	23.6
房山	3 672.0	3 235.0	6 907.0	18.6
顺义	1 200.0	5 384.4	6 584.4	17.7
怀柔	987.6	4 443.0	5 430.6	14.7
昌平	—	3 070.0	3 070.0	8.3
密云	—	2 967.5	2 967.5	8.0
延庆	620.0	1 270.0	1 890.0	5.1
平谷	500.0	570.0	1 070.0	2.9
大兴	—	400.0	400.0	1.1
合计	8 179.6	28 887.5	37 067.1	/

（二）不同类型玉米参试规模

参试玉米类型包括京郊春、夏播生产的籽粒、青贮、鲜食及制种玉米全部类型（表 5－92）。籽粒玉米参试规模最大，达到 17 794.0亩，占到总参试面积的一半以上，其次为制种玉米和青贮玉米，鲜食玉米规模最小。但从 2006 年各类玉米参保率（参试面积占种植面积比率）看，制种玉米参保率最高，达 35.07%，其他类型玉米参保率较低，均未超过 3%（表 5－92）。

表 5－92　各类型玉米参试面积

玉米种类	不同类型玉米参试面积（亩）			占总参试面积比重（%）	2006 年参试面积占种植面积比重（%）
	2005 年	2006 年	合计		
籽粒	4 070.0	13 724.0	17 794.0	48.0	0.84
制种	1 407.6	7 015.5	8 423.1	22.7	35.07
青贮	500.0	6 563.0	7 063.0	19.1	2.98
鲜食	2 202.0	1 585.0	3 787.0	10.2	1.52
合计	8 179.6	28 887.5	37 067.1	—	—

（三）各区县交纳互助金情况

两年农户共交纳风险互助金 25.8262 万元，2005 年为 5.4518 万元，2006 年为 20.3744 万元。2006 年农民交纳互助金较 2005 年增加了 2.74 倍，通州占比重最大，其他交纳较多的区县依次为顺义、怀柔、昌平、房山。两年试点区亩均交纳互助金 6.97 元，2005 年为 6.67 元/亩，2006 年 7.05 元/亩，2006 年增加 0.38 元/亩，增 5.7%。各区县平均每亩交纳互助金额以平谷最高，为 12 元/亩，其次是昌平，为 9.8 元/亩

（表5－93）。

表5－93　各区县交互助金额

区县	2005年		2006年		两年亩均交互助金（元）
	交互助金（万元）	占比重（%）	交互助金（万元）	占比重（%）	
通州	0.3600	6.6	6.1047	30.0	7.39
房山	2.4990	45.8	2.3747	11.6	7.06
顺义	0.3600	6.6	3.1286	15.4	5.30
怀柔	0.8888	16.4	3.2343	15.9	7.60
昌平	—	—	3.0084	14.7	9.80
密云	—	—	0.9938	4.8	3.35
延庆	0.7440	13.6	0.7260	3.6	7.78
平谷	0.6000	11.0	0.6840	3.4	12.00
大兴	—	—	0.1200	0.6	3.00
合计	5.4518	—	20.3744	—	6.97

（四）各类型玉米参保互助金情况

从参加风险互助玉米类型统计分析，鲜食玉米亩交保费最高，为9.88元/亩，比其他类型玉米高2.17～4.88元/亩。反映出农户对高产值作物舍得投入和期望获得较高赔付的心理（表5－94）。

表5－94　各类玉米参保互助金额

玉米类型	交纳互助金（万元）	占总交纳互助金（%）	亩均参保互助金（元）
籽粒玉米	10.5776	51.9	7.71
制种玉米	3.5086	17.2	5.00
青贮玉米	4.7226	23.2	7.20
鲜食玉米	1.5656	7.7	9.88
合计/平均	20.3744	100	7.05

（五）不同类型灾害的发生情况

两年试点区各类受灾发生情况，见表5－95。总受灾面积9 792.19亩，平均受灾率26.4%。2005年4种灾害均有发生，但主要是风灾和暴雨造成的玉米倒折、倒伏和冲毁灾害，占到一半以上。2006年的灾害则绝大部分是风灾、暴雨灾害，达到88.2%，两年平均达80.3%。而其他灾害的发生程度不同年份则不同（图5－122至图5－125）。

表 5－95　玉米不同灾害类型发生情况

灾害种类	玉米受灾情况	2005 年		2006 年		2006 年比 2005 年占受灾比率 ±（百分点）
		受灾面积（亩）	占受灾比率（%）	受灾面积（亩）	占受灾比率（%）	
风灾（暴雨）	倒折、倒伏、冲毁	1 485.0	52.5	6 140.24	88.20	35.74
雹灾	叶片、茎秆受损	700.0	24.7	681.20	9.79	－14.94
涝灾（暴雨）	生长受到抑制	100.0	3.5	140.25	2.01	－1.53
持续高温	结实率低	545.5	19.3	0.00	0.00	－19.27
合计	—	2 830.5		6 961.69		－10.5

图 5－122　2005 年通州倒伏灾害

图 5－123　2005 年怀柔雹灾

图 5－124　2005 年怀柔制种高温灾害

图 5－125　2006 年顺义涝灾

（六）灾害的危害程度

两年试点区灾害的危害程度，见表 5－96。总体上 2006 年的灾害的危害程度较高。在 5 个等级中，2006 年轻度和中度的发生率均低于 2005 年，而较重、重、和绝收的比例则高于去年，特别是重度等级高于去年 20.8 百分点，高出 40 倍以上。

表 5－96　危害程度

受灾补助程度	2005 年		2006 年		2006 年比 2005 年 ±	
	面积（亩）	占受灾比率（%）	面积（亩）	占受灾比率（%）	面积（亩）	百分点（%）
轻（1～2 倍）	632	22. 33	580. 6	8. 34	－51. 4	－13. 99
中（3～4 倍）	1 448. 5	51. 17	2 339. 7	33. 61	891. 2	－17. 56
较重（5～6 倍）	323	11. 41	1 220. 54	17. 53	897. 54	6. 12
重（7～8 倍）	15	0. 53	1 484. 6	21. 33	1 469. 6	20. 8
绝收	412	14. 56	1 336. 25	19. 19	924. 25	4. 63
合计	2 830. 5	—	6 961. 69	—	—	—

（七）不同类型玉米受灾率

从不同玉米类型受灾情况看（表 5－97），2005 年受灾率最高的是青贮玉米达到 60. 0%，其次为籽粒玉米，制种玉米受灾率最低。2006 年受灾率最高的是鲜食玉米达到 51. 9%，其次为青贮玉米 34. 9%，制种玉米受灾率最低仅 5. 3%。两年试点结果表明，青贮和鲜食玉米风险较高，籽粒玉米为中等，制种玉米风险最低。

表 5－97　受灾程度

玉米类型	2005 年			2006 年			平均受灾率（%）
	参保面积（亩）	受灾面积（亩）	受灾率（%）	参保面积（亩）	受灾面积（亩）	受灾率（%）	
籽粒	4 070. 0	1 535. 0	37. 7	1 3724. 0	3 473. 2	25. 3	28. 1
青贮	500. 0	300. 0	60. 0	6 563. 0	2 292. 0	34. 9	36. 7
鲜食	2 202. 0	730. 0	33. 2	1 585. 0	822. 0	51. 9	41. 0
制种	1 407. 6	265. 5	18. 9	7 015. 8	374. 45	5. 3	7. 6
合计/平均	8 179. 6	2 830. 5	34. 6	28 887. 5	6 961. 7	24. 1	26. 4

（八）不同区县受灾率

从 2006 年不同区县受灾情况看，参加玉米风险互助的 9 个区（县）除大兴试点区未发生灾害外，其他 8 个区县均不同程度发生灾害，受灾率最高的是平谷和延庆，分别达到了 63. 2% 和 51. 2%，其次为通州和昌平，达到 36. 6% 和 35. 6%。通州试点规模较大，占全市试点区受灾面积的比例也较高，接近 40%（图 5－126）。

（九）赔付总额与赔付率

2005—2006 年，玉米风险互助的赔付情况，见表 5－98，两年赔付额分别为 9. 52 万元和 51. 01 万元，为收取互助金总额的 2. 34 倍，受灾面积亩均补助 61. 81 元，互助总面积平均亩赔付 16. 33 元。

从两年不同玉米类型的赔付情况看（表 5－98）：青贮玉米受害程度最大，赔付率

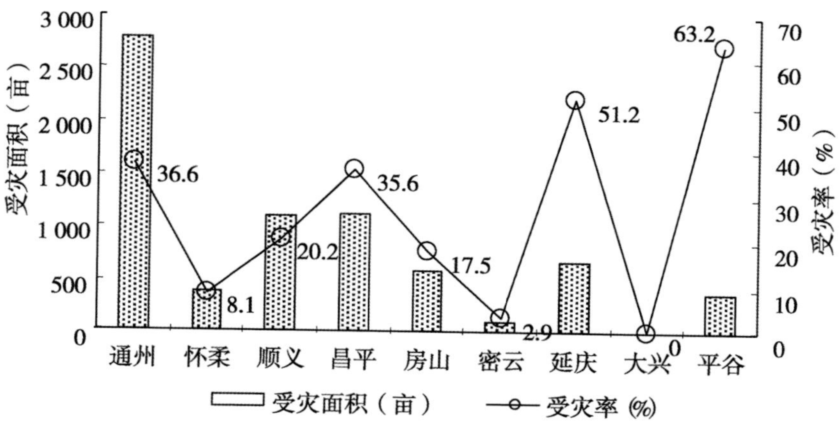

图 5－126　各区县玉米受灾面积与受灾率

也最高，达到 513. 3% ～1 111. 1%，虽然其规模不到总试点规模的 1/5，但赔款却占总赔付额的 31. 5% ～47. 5%；鲜食玉米的赔付率列第二位，为 147. 3% ～323. 2%，由于参试规模较小，赔款占 31. 7% ～10. 0%；籽粒玉米的赔付率在 100% 以上，200% 以下；制种玉米还略有余额。

表 5－98　各类型玉米赔付额及赔付率

玉米类型	2005 年				2006 年				平均赔付额（%）
	交互助金（万元）	赔付额（元）	赔付率（%）	占赔付比例（%）	交互助金（万元）	赔付额（元）	赔付率（%）	占赔付比例（%）	
籽粒玉米	1. 68	19 500	116. 1	20. 48	10. 58	184 400	174. 3	36. 14	—
制种玉米	1. 45	10 700	73. 8	11. 24	3. 51	32 700	93. 2	6. 41	—
青贮玉米	0. 27	30 000	1 111. 1	31. 51	4. 7	242 400	513. 3	47. 50	—
鲜食玉米	2. 05	30 200	147. 3	31. 72	1. 57	50 600	323. 2	9. 92	—
合计/平均	5. 45	95 200	174. 7	—	20. 37	510 068	250. 4	—	233. 7
受灾面积亩均	—	33. 63	—	—	—	73. 28	—	—	61. 81
参试面积亩均	6. 66	11. 64	—	—	7. 05	17. 66	—	—	16. 33

表 5－99　各区县赔付额及赔付率

区（县）	2005 年			2006 年			平均赔付率（%）
	赔付额（元）	赔付率（%）	占总赔付额比例（%）	赔付额（元）	赔付率（%）	占总赔付额比例（%）	
通州	38 400. 0	1066. 7	40. 3	136 158. 8	223. 0	26. 7	338. 7
怀柔	5 238. 0	58. 9	5. 5	49 848. 8	154. 1	9. 8	136. 8
顺义	7 590. 0	210. 8	8. 0	32 616. 0	104. 3	6. 4	123. 7

（续表）

区（县）	2005 年			2006 年			平均赔付率（%）
	赔付额（元）	赔付率（%）	占总赔付额比例（%）	赔付额（元）	赔付率（%）	占总赔付额比例（%）	
昌平	—	—	—	152 160.0	505.8	29.8	505.8
房山	24 855.0	99.5	26.1	35 820.0	150.8	7.0	123.5
密云	—	—	—	1 464.0	14.7	0.3	14.7
延庆	5 472.0	73.5	5.7	78 000.0	1 074.4	15.3	746.1
大兴	—	—	—	0.0	0.0	0.0	0
平谷	13 680.0	228.0	14.4	24 000.0	350.9	4.7	293.5
合计	95 235.0	—	—	510 067.6	—	—	—
平均	—	174.7	—	—	250.4	—	233.7

2005—2006 年玉米风险互助的平均赔付率为 233.7%。从不同区县赔付情况看（表 5－99），除大兴和密云外，其余 7 个区县的赔付率均超出 100%，也就是说，这 7 个区县的赔付款均超出了所收的互助金款。特别是延庆和昌平区县，由于青贮玉米参试面积较多，绝收比重大，赔付率也高，分别达到 7 倍和 5 倍以上，通州由于 2005 年青贮玉米参试地块绝收，平均赔付率较高，平谷鲜食玉米参试比重较大，赔付率也相对较高。而密云由于制种玉米占比例大，赔付率低（图 5－127 至图 5－131）。

图 5－127　有关专家考察灾情

图 5－128A　相关专家灾后第一时间亲赴致灾现场实地评估

五、实施结果评估

（一）京郊玉米生产主要灾害是大风和暴雨造成的倒折、倒伏

2005—2006 年，试点区玉米的主要灾害是风灾和暴雨造成的玉米倒折、倒伏，两年平均发生率达 80.3%。其他灾害不同年份发生程度不同。

图 5－129　专家评估灾损情况

图 5－130　2005 年通州赔付

图 5－131　2006 年房山赔付

（二）不同类型玉米之间受灾率和赔付率差异明显

两年的试点结果表明，制种玉米受灾率和赔付率最低，所交互助金还略有余额；籽粒玉米的赔付率在 100%～200%；鲜食玉米的赔付率为 150%～330%；青贮玉米风灾最重，且一旦倒折或后期倒伏即是绝收，赔付率极高，赔付率高达 5 倍至 10 倍。因此，需要对青贮玉米单独确定费率和赔付标准。

（三）不同区县玉米受灾率和赔付率需多年数据分析规律

由于不同区县参试面积差异大、参试玉米类型不同，仅靠两年的数据还不能得出各区县玉米受灾率和赔付率的规律，需要通过积累多年和大面积的参试数据而进行分析。

2005—2006 年，玉米风险互助试点区平均受灾率 26.4%，赔付率 233.7%，受灾面积每亩平均得到补助 61.81 元，参试面积亩平均得到补助 16.33 元。玉米自然灾害较重，风灾和暴雨造成的玉米倒折、倒伏危害最重，赔付率较高，不同类型玉米之间受灾率和受灾程度差异明显，玉米风险互助工作意义重大。

附　　录

附录 1

ICS 65. 020. 20
B 22
备案号：XXX－2005

DB

北　京　市　地　方　标　准

DB11/T 257—2005

饲料用籽粒玉米生产技术规程

Rules for the production technology of grain maize used as feeds

2005－03－28 发布　　2005－04－28 实施

北京市质量技术监督局　发布

前 言

本标准由北京市农业局提出并归口。

本标准起草承担单位：北京市农业技术推广站、北京市谷物协会。

本标准起草人：宋慧欣、周春江、王大山、马春香、周永香、付铁梅、鲁立平、王崇旺、郑伯秋。

饲料用籽粒玉米生产技术规程

（一）范围

本标准规定了饲料用籽粒玉米生产过程中的播前准备、品种选择、病虫草害防治、田间管理、收获时期及晾晒脱粒等生产技术要求。

本标准适用于北京地区饲料用籽粒玉米的生产。

（二）规范性引用文件

下列文件中的条款通过本标准的引用而成为本标准的条款。凡是注日期的引用文件，其随后所有的修改单（不包括勘误的内容）或修订版均不适用于本标准，然而，鼓励根据本标准达成协议的各方研究是否可使用这些文件的最新版本。凡是不注日期的引用文件，其最新版本适用于本标准。

GB/T 3543.4—1995 农作物种子检验规程 发芽试验。

GB 4404.1—1996 粮食作物种子—谷物。

GB 15671—1995 主要农作物包衣种子技术条件。

GB/T 17890—1999 饲料用玉米。

NT/T 503—2002 中耕作物单粒（精密）播种机作业质量。

（三）术语和定义

下列术语和定义适用于本标准。

1. 饲料用籽粒玉米

用于饲料生产的玉米，籽粒达到完熟期收获。

（四）产地环境条件

选择远离污染源，适宜机械作业，排灌设施配套的生产区域。

（五）产量指标

春播：每667m^2 生产饲料用籽粒玉米500～600kg；

夏播：每667m^2 生产饲料用籽粒玉米300～400kg。

（六）生产技术

1. 播前准备

（1）整地

前茬作物秸秆收获利用或就地粉碎还田。

（2）品种与种子

①品种

选用丰产、优质，春播生育期 130 以内、夏播生育期 100 天以内的抗逆、抗病，并通过北京市或相应地区审定的优良杂交品种。

②种子：

质量　达到 GB 4404. 1 规定的二级以上标准。

发芽率试验　播前可做发芽率试验，试验按 GB/T 3543. 4 确定的方法进行。

药剂处理　为防治病虫害应选用包衣种子或用高效、低毒药剂处理。处理方法及条件按 GB 15671 规定进行。

（3）施肥

①肥料用量：根据土壤肥力、产量水平和品种需肥特点平衡施肥。

—— 春播施用有机肥；化肥：纯 N ：14 ~ 16kg/667m^2、P_2O_5：7 ~ 8kg/667m^2、K_2O：8 ~ 10kg/667m^2。

—— 夏播施用化肥：纯 N：12 ~ 16kg/667m^2、P_2O_5：3kg/667m^2 左右、K_2O：8 ~ 12kg/667m^2。

②底化肥用量：有机肥播前均匀撒入田间。磷、钾肥全部底施。选用长效氮肥，可将全生育期的施氮量一次性底施；而用速效氮肥，40% 以上底施，也可用玉米专用复合肥 15kg/667m^2 做底肥。应根据播种机的具体情况，调节和确定底化肥用量，原则是重施底化肥，但应避免化肥烧种子。

2. 播种

（1）播种期

—— 春播：当 0 ~ 10cm 土层温度稳定在 10℃以上，一般播种时间为 4 月下旬至 5 月中旬。

—— 夏播：麦收后力争早播，不宜晚于 6 月 25 日。

（2）播种量

精量播种，应根据密度、种子发芽率和田间出苗率计算播种量。计算公式为：

$$\text{播种量}（kg/667m^2）=\frac{\text{每 }667m^2\text{ 计划种植密度（播种粒数）}\times\text{千粒重（g）}}{\text{发芽率（\%）}\times\text{田间出苗率（\%）}\times 10^6} \quad (1)$$

（3）土壤墒情

适墒播种，播后遇旱及时浇水。

（4）播种方法

①播种机械：采用免耕播种机。

②播种机的调试：播种机的调试步骤。

a. 调整行距，65 ~ 70cm；

b. 调整播种深度，3 ~ 6cm；

c. 调整播种量；

d. 调整施底肥深度，适宜深度为 8 ~ 10cm，种肥间隔 3cm 以上。

③播种操作要求：牵引机以 2～3 档速度行驶，行速要匀，路线要直。

（5）播种质量

一般作业条件下，播种质量应符合 NT/T 503 规定的标准。

3. 化学除草与杀虫

（1）药剂的选择与用量

化学除草与杀虫可选用的除草剂、杀虫剂及剂量、用量，见附表 1－1。

附表 1－1　除草剂和杀虫剂、有效成分、剂型、用量

药剂类型	药剂名称及剂型	用量（mL/667m²）	备注
除草剂	38%莠去津 SC	150～200	
	50%乙草胺乳油 EC	100	
	20%百草枯（WC）或 41%草甘膦（水剂）	100～150 或 100～200	当土壤表面有大量明草时用，若草多时使用高剂量
杀虫剂	40%氧化乐果 EC	50	黏虫超过 5 头/m² 时用
	80%敌敌畏乳油	25～50	

（2）使用方法

采用机械喷药：将上述（附表 1－1）剂量的除草剂、杀虫剂对清水 20～40kg/667m²，混合后于播后苗前地面喷药，进行土壤封闭。喷药过程不要重喷、漏喷。喷药之后若 3 天内无雨进行喷灌，喷水量 15m²/667m²，使喷在秸秆上的药液淋溶于土壤表面，化除效果更好。

4. 田间管理

（1）定苗

玉米长至 5 叶期前完成定苗，应根据选用的品种特性和当地土壤肥力水平确定留苗密度。种植密度，见附表 1－2。

附表 1－2　不同类型品种和土壤肥力水平适宜种植密度　（株/667m²）

种植方式	品种株型和土壤肥力					
	紧凑型			平展型		
	高肥力	中肥力	低肥力	高肥力	中肥力	低肥力
春播	3 800～4 300	3 500～4 000	3 300～3 800	3 500～4 000	3 300～3 800	3 000～3 300
夏播	4 200～4 700	4 000～4 500	3 700～4 200	3 800～4 300	3 500～4 000	3 300～3 800

（2）追肥与中耕除草

将全生育期氮肥总量的 60% 于拔节至小喇叭口期追施，追肥用量根据底肥施入纯 N 量调整；追肥后进行中耕培土和除草。

(3) 灌水

遇严重干旱，玉米叶片上午出现严重卷曲时需进行灌溉，浇水量 20～30m^3/667m^2。

(4) 防治虫害

虫害防治对象及方法，见附表 1－3。

附表 1－3　病虫害防治对象及方法

防治对象	防治时期	药剂、剂型	用量	方法
玉米螟	心叶中期	BT 乳剂	200～300 倍液 mL/667m^2	对清水 10kg 灌心，每株 2 mL
	成虫产卵始盛期	释放赤眼蜂	放蜂量 1.5 万～3 万头/667m^2	每 667m^2 放 5～10 个点，将蜂卵挂在玉米植株中部叶背
黏虫	苗期及中后期	40% 氧化乐果 EC 加 80% 敌敌畏乳油	(50＋30) mL/667m^2	苗期百株虫量超过 5 头，中后期百株虫量超过 20 头

5. 收获

在玉米苞叶完全枯黄并松开，玉米进入完熟期，籽粒基部与穗轴连接处出现“黑层”后收获，籽粒含水率达到 35% 以下。

(七) 晾晒和脱粒

玉米果穗收获后，尽快晾晒至籽粒含水率达到 25% 以下，避免籽粒发生霉变。脱粒时注意不要造成籽粒破碎而影响质量，之后继续晾晒至籽粒含水率达到 14%。

(八) 运输和贮存

玉米籽粒的运输和贮存，应符合保质、保量、运输安全和分类、分等储存的要求，严防污染。

(九) 产品质量

达到 GB/T 17890 规定的标准。

附录 2

ICS 65.020.20
B 22
备案号：XXX－2005

DB

北 京 市 地 方 标 准

DB11/T 258—2005

夏播青贮玉米生产技术规程

Rules for the production technology of summer silage maize

2005－03－28 发布　　　　2005－04－28 实施

北京市质量技术监督局　发布

前言

本标准由北京市农业局提出并归口。

本标准起草单位：北京市农业技术推广站，北京市谷物协会。

本标准起草人：宋慧欣、周春江、李季、王大山、马春香、周永香、付铁梅、鲁立平、王崇旺、郑伯秋。

夏播青贮玉米生产技术规程

（一）范围

本标准规定了夏播青贮玉米生产过程中的播前准备、播种方法、田间管理和收割等生产技术要求。病虫草害防治。

本标准适宜于北京地区麦茬夏播青贮玉米的生产。

（二）规范性引用文件

下列文件中的条款通过本标准的引用而成为本标准的条款。凡是注日期的引用文件，其随后所有的修改单（不包括勘误的内容）或修订版均不适用于本标准，然而，鼓励根据本标准达成协议的各方研究是否可使用这些文件的最新版本。凡是不注日期的引用文件，其最新版本适用于本标准。

GB/T 3543.4—1995　农作物种子检验规程　发芽试验。

GB 4404.1—1996　粮食作物种子—谷物。

GB 15671—1995　主要农作物包衣种子技术条件。

NT/T 503—2002　中耕作物单粒（精密）播种机作业质量。

（三）术语和定义

下列术语和定义适用于本标准。

青贮玉米

收获包括玉米果穗在内的地上鲜嫩整株，用于做青贮饲料。

（四）产地环境条件

选择远离污染源，适宜机械作业，排灌配套的生产区域。

（五）产量指标

每 667m^2 生产青贮玉米 3 500kg 以上。

（六）生产技术

1. 播前准备

（1）整地

前茬作物（小麦）收获时秸秆就地粉碎还田。

（2）品种与种子

①品种：选用生育期 100～120 天，生物产量高，品质优良，抗逆、抗病，粗蛋白

含量≥7%、中性洗涤纤维≤55%、酸性洗涤纤维≤30%，并通过北京市或相应地区审定的专用青贮玉米杂交品种。

②种子：

质量　达到 GB 4404.1 规定的二级以上标准。

发芽率试验　播前做发芽率试验，试验按 GB/T 3543.4 方法进行。

药剂处理　为防治病虫害，应选用包衣种子或用高效、低毒药剂处理。处理方法及条件按 GB 15671 规定进行。

（3）施肥

①肥料用量：根据土壤肥力、产量水平和品种需肥特点平衡施肥。化肥施用量应多施氮肥，促营养体生长。一般纯 N：14～18kg/667m^2、P_2O_5：3kg/667m^2 左右、K_2O：6～8kg/667m^2。

②施肥方法：磷、钾肥全部底施。选用长效氮肥，可将全生育期的施氮量一次性底施；若用速效氮肥，40%底施，须保证种、肥分开 3cm 以上。也可用玉米专用复合肥 225kg/hm^2 做底肥。应根据播种机的具体情况，调节和确定底化肥用量，原则是重施底化肥。

2. 播种

（1）播种期

麦收后力争早播，争取积温，一般不能晚于 7 月 10 日。

（2）播种量

精量播种，应根据密度、种子发芽率和田间出苗率计算播种量。计算公式为：

$$\text{播种量（kg/667m}^2\text{）}=\frac{\text{每 667m}^2\text{ 计划种植密度（播种粒数）}\times\text{千粒重（g）}}{\text{发芽率（\%）}\times\text{田间出苗率（\%）}\times 10^6} \tag{1}$$

（3）土壤墒情

适墒播种，播后遇旱及时浇水。

（4）播种方法

①播种机械：采用免耕播种机。

②播种机的调试：播种机的调试步骤。

——调整行距，65～70cm；

——调整播种深度，3～6cm；

——调整播种量；

——调整施底肥深度，适宜深度为 8～10cm。种肥间隔 3cm 以上。

③播种操作要求：牵引机以 2～3 档速度行驶，行速要匀，路线要直。

（5）播种质量

一般作业条件下，播种质量应符合 NT/T 503 规定的标准。

3. 化学除草与杀虫

（1）药剂的选择与用量

化学除草与杀虫可选用的除草剂、杀虫剂及剂量、用量，见附表 2－1。

附表 2-1　除草剂和杀虫剂、有效成分、剂型、用量

药剂类型	药剂名称及剂型	用量（mL/667m²）	备注
除草剂	38%莠去津 SC	150～200	
	50%乙草胺乳油 EC	100	
	20%百草枯（WC）或41%草甘膦（水剂）	100～150 或 100～200	当土壤表面有大量明草时用，若草多时使用高剂量
杀虫剂	40%氧化乐果 EC	50	黏虫超过5头/m² 时用
	80%敌敌畏乳油	25～50	

（2）使用方法

采用机械喷药：将上述（附表 2-1）剂量的除草剂、杀虫剂对清水 20～40kg/667m²，混合后于播后苗前地面喷药，进行土壤封闭。喷药过程不要重喷、漏喷。喷药之后若3天内无雨进行喷灌，喷水量为 15m³/667m²，使喷在秸秆上的药液淋溶于土壤表面，化除效果更好。

4. 田间管理

（1）定苗

玉米长至5叶期前完成定苗，应根据选用的品种特性和当地土壤肥力水平确定留苗密度。种植密度，见附表 2-2。

附表 2-2　不同类型品种和土壤肥力水平适宜种植密度　（株/667m²）

品种株型	紧凑型			平展型		
土壤肥力	高肥力	中肥力	低肥力	高肥力	中肥力	低肥力
适宜种植密度	4 700～5 200	4 500～5 000	4 200～4 700	4 300～4 800	4 000～4 500	3 800～4 300

（2）追肥与中耕除草

将全生育期氮肥总量的60%于拔节期追施，追肥用量根据底肥施入纯N量调整；追肥后进行中耕培土和除草。

（3）灌水

遇严重干旱，玉米叶片上午出现严重卷曲时需进行灌溉，喷水量 20～30m³/667m²。

（4）防治虫害

虫害防治对象及方法，见附表 2-3。

附表 2-3 病虫害防治对象及方法

防治对象	防治时期	药剂、剂型	用量	方法
玉米螟	心叶中期	BT 乳剂	200 ~ 300 倍液 mL/667m^2	对清水 10kg 灌心，每株 2mL
	成虫产卵始盛期	释放赤眼蜂	放蜂量 1.5 ~ 3 万头/667m^2	每 667m^2 放 5 ~ 10 个点，将蜂卵挂在玉米植株中部叶背
黏虫	苗期及中后期	40% 氧化乐果 EC 加 80% 敌敌畏乳油	50 + 30 mL/667m^2	苗期百株虫量超过 5 头，中后期百株虫量超过 20 头

5. 收割

青贮玉米适宜收割期为乳熟末期至蜡熟初期。此期收割，玉米植株含水率为 65% ~70%，制作青贮营养、品质最好。选择专用青贮玉米收割机收割。

附录 3

ICS 65. 020. 20
B 22
备案号：17771 –2006

DB

北 京 市 地 方 标 准

DB11/T 321—2005

优质鲜食甜、糯玉米生产技术规程

The regulation of production technique for the fresh sweet-corn and waxy-corn

2005 –12 –27 发布　　2006 –03 –01 实施

北京市质量技术监督局　发布

前　言

本标准由北京市农业局提出并归口。

本标准起草单位：北京市农林科学院玉米研究中心。

本标准主要起草人：史亚兴、赵久然、卢柏山、滕海涛。

优质鲜食甜、糯玉米生产技术规程

1　范围

本标准规定了鲜食甜、糯玉米的生产技术，包括品种、种植地点、肥料、灌溉方法等的选用，从播种到收获的管理措施及相关产品质量要求。

本标准适合于北京地区鲜食甜、糯玉米的生产。

2　规范性引用文件

下列文件中的条款通过本标准的引用而成为本标准的条款。凡是注日期的引用文件，其随后所有的修改单（不包括勘误的内容）或修订版均不适用于本标准，然而，鼓励根据本标准达成协议的各方研究是否可使用这些文件的最新版本。凡是不注日期的引用文件，其最新版本适用于本标准。

NY/T 523—2002 甜玉米

NY/T 524—2002 糯玉米

GB/T 4404. 1—1996 粮食作物种子 禾谷类

NY/T 391—2000 绿色食品 产地环境技术条件

3　术语和定义

下列术语和定义适用于本标准。

3. 1

甜玉米 Sweet corn

见 NY/T 523 术语和定义。

3. 2

糯玉米 Waxy corn

见 NY/T 524 术语和定义。

4　分类

4. 1　甜玉米 4. 1. 1　普通甜玉米：携带有单一隐性普甜基因（su1）。

4. 1. 2　超甜玉米：携带有单一隐性超甜基因 sh2（皱缩）、bt 或 bt2 等。

4. 1. 3 加强甜玉米：携带隐性普甜基因（su1）和加甜修饰基因（se）。

4. 2　糯玉米

携带有单一隐性基因 wx（蜡质）。

5　产地环境

符合 NY/T 391 的要求。

6 甜糯玉米生产技术

6.1 播期

露地种植，可在早春气温稳定超过12℃时开始播种，一般在4月下旬即可。采取地膜覆盖可提早（10~15）天播种；采用薄膜育苗移栽技术，可提早20天播种。最晚播期宜在7月10日之前，以保证在早霜之前能适期采收。

6.2 品种及种子的选用

应选用通过审定并适宜北京地区的甜、糯玉米品种，种子质量达到GB/T 4404.1规定的二级以上标准。

6.3 播种

6.3.1 隔离种植

与其他玉米品种相距应300m以上，或调整播种时期，错开授粉，春播一般错期播种25天以上，夏播一般15天以上。

6.3.2 露地播种技术

6.3.2.1 土壤条件

地块平整，墒情适宜（田间持水量70%左右），土壤类型以壤土为宜，地力水平中等以上。

6.3.2.2 播种量

根据种植、种子发芽率和行距计算播种粒距和播种量。计算公式为：

$$\text{播种粒距（cm）}=\frac{667\times10^{4}\times\text{发芽率}\times\text{田间出苗率}}{\text{行距}\times\text{每}667\text{m}^{2}\text{计划种植密度}}$$

$$\text{播种量（kg/667m}^{2}\text{）}=\text{每}667\text{m}^{2}\text{播种粒数}\times\text{千粒重}\times10^{5}$$

一般情况下：甜玉米（1~1.5）kg/667m²，糯玉米（1.5~2.0）kg/667m²。

6.3.2.3 播种方法

播种应根据市场需求合理确定种植面积和播种期，每隔（5~10）天播种一期。

机械播种：行距（65~70）cm；施底肥深度为（8~10）cm；播种深度甜玉米约3cm，糯玉米约5cm。要求行速均匀，播种深浅一致。

育苗移栽：选择地势高、排水良好靠近大田的地块作苗床。施腐熟有机肥（4 000~5 000）kg/667m²，播前浇足水，划6cm的方格，每格播（1~2）粒种子，覆盖1.5cm营养土。早春播种应采取薄膜覆盖育苗。出苗前不揭膜，控制膜内温度（20~35）℃，床土保水量为75%，出苗后床温30℃以内不揭膜，温度过高需通风降温，当苗龄1叶1心时施腐熟稀粪水（350~400）kg/667m²，一般不施化肥，以免烧苗，2叶1心时要降温炼苗。在3叶期带土移栽，大小苗分开，及时浇水。

地膜覆盖：一般采用双行覆盖，膜上行距50cm左右，膜间行距80cm左右，1叶1心期破膜放苗，在拔节期，结合中耕除草和追施穗肥，及时揭膜捡净，防止地膜造成的土壤污染。

6.4 种植密度

种植密度一般控制在（3 000~4 000）株，（3~4）叶期间苗，（5~6）叶期定苗。

7 田间管理

7.1　施肥

根据土壤的肥力水平合理施肥，一般条件下全生育期每667m^{2}施纯氮（8～12）kg，五氧化二磷5kg左右，氧化钾（8～10）kg。全部磷、钾肥及60%的氮肥底肥一次施入，40%的氮肥在小喇叭口期施入。

7.2　浇水

播种至出苗期保证底墒，在大喇叭口至采收期前保证水分供应。苗期注意防涝。

7.3　去除分蘖

拔节期如发现分蘖，及时去除。

7.4　化学除草

除草剂有效成分、剂型和用量参见表1。

表1　除草剂有效成分、剂型、用量

药剂名称、有效成分及剂型	用量（ml/667m^2）	备注
38%莠去津（剂型）（阿特拉津）	100～200	
48%拉索（剂型）或50%乙草胺（剂型）	100～150	
50%百草枯（剂型）或41%草甘磷（剂型）	200～250	当土壤表面有大量明草时用，若草量多适当增加用量。

7.5　病虫害防治

病虫害防治对象及方法参见表2。

表2　病虫害防治对象及方法

防治对象	防治时期	药剂、剂型或其它	用量	方法
丝黑穗病	①播前种子准备 ②植株出现病症时	① 12.5% 特谱唑可湿性粉剂	① 0.5%/kg 种子	① 拌种 ② 拔除病株，消灭病源
玉米螟	① 心叶末期 ② 成虫产卵始盛期	① BT 乳剂 ②释放赤眼蜂	①（150～200）ml/667m^2，兑水40kg ②放蜂量（0.8～1.0）万头/667m^2	① 灌心② 将蜂盒挂在地头玉米植株上。
蚜虫	①心叶期 ②抽雄散粉期	10%吡虫啉可湿性粉剂	（10～20）g/667m^2，兑水50kg	喷雾

8　采收

一般在清晨或傍晚采收，在阴凉处存放，避免阳光直晒和大堆存放，且及时上市或加工处理。

采收与上市或加工间隔时间：普甜玉米一般不超过6小时；超甜玉米、加强甜玉米一般不超过12小时；糯玉米一般不超过24小时。

普甜玉米采收期在吐丝授粉后（21～22）天，籽粒含水量60%左右；

超甜玉米采收期在吐丝授粉后（18～22）天，籽粒含水量70%左右；
加甜玉米采收期在吐丝授粉后（21～25）天，籽粒含水量60%左右；
糯玉米采收期在吐丝授粉后（25～30）天，籽粒含水量约50%。

9 产品质量标准

产品外观品质质量标准见表3。

表3 甜、糯玉米穗外观品质质量标准

外观品质	具有本品种应有特性，穗型粒形一致，正品率98%，籽粒饱满，排列整齐紧密，具有该品种乳熟时应有的色泽，基本无秃尖，无虫咬，无霉变，无损伤，苞叶包被完整，新鲜嫩绿。	具有本品种应有特性，穗型粒形基本一致，正品率90%，有个别籽粒不饱满，籽粒排列整齐，色泽稍差，秃尖≤1cm，无虫咬，无霉变，损伤粒少于5粒，苞叶包被较完整，新鲜嫩绿。	基本具有本品种应有特性，穗型粒形稍有差异正品率88%，饱满度稍差，籽粒排列基本整齐，有少量籽粒色泽与本品种不同，秃尖≤1.5cm，无虫咬，无霉变，损伤粒小于10粒，苞叶包被基本完成。	少量果穗具有本品种应有特性，穗型粒形不一致，正品率80%以下，籽粒不饱满，排列不整齐，秃尖>2cm，有虫咬或霉变，损伤粒大于10粒，苞叶包被不完整。
产品等级	一级	二级	三级	四级

参考文献

［1］陶然雅士的博客．北京市辖区范围的调整变化．新浪博客，2011. 11. 7.

［2］北京市地方志编纂委员会．北京志・农业卷・种植业志．北京出版社，2001.

［3］郭庆法，王庆成，汪黎明．中国玉米栽培学．上海科学技术出版社，2004.

［4］孙政才，赵久然．玉米栽培研究50年・陈国平先生文集．中国农业科学出版社，2005.

［5］北京市人民政府农林办公室，北京市农业局．粮油作物生产技术．中国农业出版社，1998.

［6］宋慧欣，石建红，付铁梅，等．京郊主栽玉米品种等雨播种安全期及产量分析．作物杂志，2008（5）.

［7］陈国平．北京玉米生产17年．北京农业科学，1999，17（3）.

［8］陈国平．《夏玉米的栽培》．农业出版社，1994. 5.

［9］陈国平．《紧凑型玉米高产栽培的理论与实践》．中国农业出版社，1996. 4.

［10］赵久然．紧凑型玉米适宜密植定额研究．北京农业科学，1991，9（3）：7－9.

［11］赵久然，宋慧欣，扬国航．玉米雨养旱作科技示范工程论文集．北京：中国农业出版社，2009.

［12］赵久然．延庆县降水特点分析及玉米生产相应对策．北京农业科学，1991，9（3）：7－9.

［13］北京市农业局．农业常用数字手册．北京出版社，1980.

［14］宋慧欣．雨养玉米播种适宜土壤墒情与降雨量研究．《玉米雨养旱作科技示范工程论文集》，中国农业科学出版社2009年．

［15］国家玉米产业技术体系．玉米简报第1期，2009.

［16］宋慧欣．夏玉米免耕播种栽培技术模式的技术规程．北京农业，1997（5）.

［17］宋同明．高油玉米—农作物的新突破，中国科技信息，1998（23）.

［18］蒋钟怀，等．高油玉米研究的历史和前景，北京农业科学，1994，12（5）.

［19］梁志杰，等．特用玉米，农业出版社，1997.

［20］恽友兰，等．非传统麦田套种玉米高产耕作技术研究与实践，华北农学报，1998（13）（增刊）．．

［21］恽友兰，等．非传统麦田套种玉米高产耕作技术研究，作物杂志，1997（4）.

［22］宋慧欣，等．非传统麦田套种玉米的生态环境与生育特性研究，华北农学

报，2000（19）（增刊）.

[23] 宋慧欣，等．非传统麦田套种玉米的适宜熟期品种与最佳共生期研究，北京农业科学，2001（4）.

[24] 周春江，等．非传统麦田套种玉米高产耕作技术研究与实践，华北农学报，1998（13）（增刊）.

[25] 朱志方，等．玉米高产高效栽培技术．地质出版社，1996..

[26] 山东省农业科学院，中国玉米栽培学．上海科学技术出版社，1962.

[27] 山东省农业科学院（北方本），上册，作物栽培学．农业出版社，1980.

[28]“十、五”兵团农业科技攻关项目投标书（内部资料）新疆农垦科学院作物所，1999.

[29] 种子延迟发芽技术试验总结（内部资料）新疆农垦科学院作物所，1999.

[30] “非传统套种技术”在新疆试验示范（内部资料）新疆农垦科学院土肥所，2000.

[31] 探索新疆棉花早播预防烂种冻害死苗的试验总结（内部资料），2000.

[32] 高旺盛，等．中国保护性耕作制．中国农业大学出版社，2011.

[33] 王树忠．北京农技推广 30 年．中国科学技术出版社，2013.

[34] 宋慧欣．北京玉米栽培改革与发展．中国科学技术出版社，2012.

[35] 王恒亮，吴仁海，朱昆，等．玉米倒伏成因与控制措施研究进展．河南农业科学，2011，40（10）.

[36] 张继余，刘妹，宋朝玉，等．玉米倒伏的原因分析及预防措施．山东农业科学，2009，ll.

[37] 李妍妍，景希强，丰光，等．玉米倒伏的主要相关因素研究进展．辽宁农业科学，2013（4）.

[38] 丰光，黄长玲，邢锦丰．玉米抗倒伏的研究进展．作物杂志，2008（4）.

[39] 徐丽娜，黄收兵，陈刚，等．玉米抗倒伏栽培技术的研究进展．作物杂志，2012（1）.

[40] 北京耕作改制学术讨论会资料选编．北京作物学会耕作组，1978.

[41] 佟屏亚．套种玉米需肥规律和经济施肥技术．北京市玉米科技训练班材料（一），北京市农林局，1979.

[42] 李继扬．搞好第三茬 全年夺丰收．北京市玉米科技训练班材料（一），北京市农林局，1979.

[43] 李继扬．玉米营养钵矮化育苗移栽技术经验总结，玉米营养钵矮化育苗移栽技术经验选编，，北京市农林局，1978.

[44] 李继扬，刘培棣．改革耕作制度要因地制宜．光明日报，1979（1. 27）.

[45] 李继扬．才能是怎样练成的．中国农业科学技术出版社，2013 年，第三章（237）.

[46] 李船江．关于推广杂交玉米的几个问题．北京市玉米科技训练班材料（一），北京市农林局，1979.

［47］北京市农科院作物研究所，一项完善三种三收种植制度的好经验．玉米营养钵矮化育苗移栽技术经验选编，北京市农林局，1978.

［48］程序，钱友山．两茬平作是京郊平原地区耕作制度的方向．光明日报，1979（1. 21）.

［49］张新兴．北京郊区的三种三收制大有可为．光明日报，1979（3. 4）.

［50］向世英等．《北京种业五十年》，中国农业科技出版社 . 2003. .

［51］李力生，潘世强，张盛文．我国玉米种子加工业的现状及发展对策，吉林农业大学学报。2001，23（1）：116 –120.

［52］李月明，孙丽惠，郝楠．浅析我国玉米种子加工技术的现状与发展趋势，杂粮作物。2010，30（6）：450 –451.

［53］朱明，陈生斗，陈友权．我国种子工程实施的新进展，农业工程学报 . 1999，15 增刊：96 –102.

［54］宋秉彝．现代化吨粮技术与实践，中国农业科技出版社 . 1995. 4.

［55］陈国平．近年我国玉米超高产田的分布、产量构成及关键技术．作物学报，2012，38（1）：80 –85.

［56］张振寰．北京郊区玉米生产的演变与发展．北京农业科学，增刊（北京农业发展研究文集），1994（56 –60）.